零基础学电脑

恒盛杰资讯　编著

视频自学版

从入门到精通

机械工业出版社
China Machine Press

图书在版编目（CIP）数据

零基础学电脑从入门到精通：视频自学版／恒盛杰资讯编著. —北京：机械工业出版社，2018.7（2022.3重印）

ISBN 978-7-111-60206-4

Ⅰ. ①零… Ⅱ. ①恒… Ⅲ. ①电子计算机－基本知识 Ⅳ. ① TP3

中国版本图书馆 CIP 数据核字（2018）第 128298 号

本书是专为新手编写的电脑操作与应用入门教程，精选了满足日常生活和工作需求的各种实用操作进行详细讲解，力求达到“一书在手不求人”的学习效果。

本书内容分 15 章。第 1 章讲解电脑的入门知识，包括电脑选购和日常使用的注意事项、开关机操作、鼠标和 USB 设备的使用等。第 2 ~ 5 章讲解 Windows 10 操作系统的基本操作，包括系统常用设置、系统自带程序和文字输入法的使用、文件和文件夹管理等。第 6 章讲解常用的工具软件，包括下载软件、压缩软件、照片美化软件、在线音乐软件等。第 7 ~ 9 章讲解上网操作，包括浏览器的使用、上网获取资讯、网上购物、网上聊天互动等。第 10 章讲解电脑的日常维护与安全使用。第 11 ~ 15 章讲解 Word、Excel、PowerPoint 三大 Office 组件在日常办公中的应用。

本书内容丰富实用，讲解通俗易懂，能够帮助读者快速提升电脑操作水平与应用能力，既适合新手自学，也可作为老年大学和社会培训机构的教材。

零基础学电脑从入门到精通（视频自学版）

出版发行：机械工业出版社（北京市西城区百万庄大街 22 号 邮政编码：100037）
责任编辑：杨 倩　　责任校对：庄 瑜
印　　刷：涿州市京南印刷厂　　版　　次：2022 年 3 月第 1 版第 6 次印刷
开　　本：185mm×260mm 1/16　　印　　张：17
书　　号：ISBN 978-7-111-60206-4　　定　　价：55.00 元

客服电话：（010）88361066 88379833 68326294　　投稿热线：（010）88379604
读者信箱：hzjsj@hzbook.com

版权所有・侵权必究
封底无防伪标均为盗版

PREFACE

前言

在当今这个信息时代，电脑在各行各业和日常生活中的应用已非常普及，并且随着技术的不断进步，电脑的操作也趋于简单和人性化，从未接触过电脑的新手经过简单的学习就能轻松上手。本书是专为新手编写的电脑操作与应用入门教程，帮助他们熟练运用电脑，让工作更加轻松高效、生活更加丰富多彩。

◎内容结构

本书内容分 15 章。第 1 章讲解电脑的入门知识，包括电脑选购和日常使用的注意事项、开关机操作、鼠标和 USB 设备的使用等。第 2 ～ 5 章讲解 Windows 10 操作系统的基本操作，包括系统常用设置、系统自带程序和文字输入法的使用、文件和文件夹管理等。第 6 章讲解常用的工具软件，包括下载软件、压缩软件、照片美化软件、在线音乐软件等。第 7 ～ 9 章讲解上网操作，包括浏览器的使用、上网获取资讯、网上购物、网上聊天互动等。第 10 章讲解电脑的日常维护与安全使用。第 11 ～ 15 章讲解 Word、Excel、PowerPoint 三大 Office 组件在日常办公中的应用。

◎编写特色

本书所有知识点都配有详尽的操作指导和直观的图片演示，让新手一看就能明白。书中选用的软件也是当前较为热门和实用的，做到了理论和实践相结合。相信本书能带领读者踏上一段轻松、自信的学习之旅。

◎读者对象

本书既适合电脑新手自学，也可作为老年大学和社会培训机构的教材。

由于编者水平有限，本书难免有不足之处，恳请广大读者批评指正。读者除了可扫描封面上的二维码关注微信公众号获取学习资源，也可加入 QQ 群 733869952 与我们交流。

编者

2018 年 5 月

如何获取云空间资料

扫描关注微信公众号

在手机微信的“发现”页面中点击“扫一扫”功能，进入“二维码 / 条码”界面，将手机摄像头对准封面上的二维码，扫描识别后进入“详细资料”页面，点击“关注公众号”按钮，关注我们的微信公众号。

获取资料下载地址和提取密码

点击公众号主页面左下角的小键盘图标，进入输入状态，在输入框中输入本书书号的后 6 位数字“602064”，点击“发送”按钮，即可获取本书云空间资料的下载地址和提取密码，如右图所示。

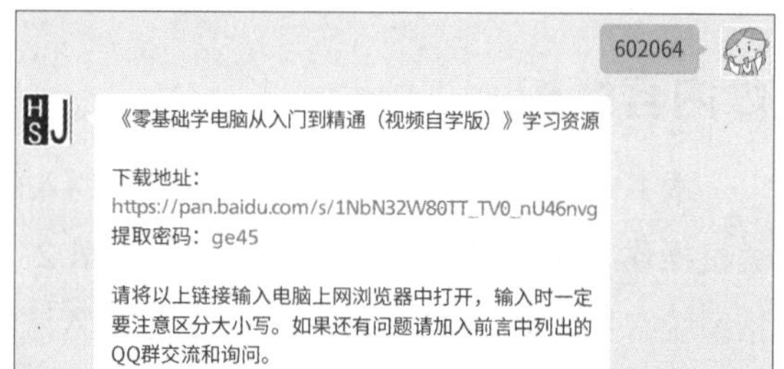

打开资料下载页面

在计算机的网页浏览器地址栏中输入获取的下载地址（输入时注意区分大小写），如右图所示，按【Enter】键即可打开资料下载页面。

https://pan.baidu.com/s/1NbN32W80TT_TV0_nU46nvg

Microsoft - Official　Office,Office试用,　Adobe官方网站

四　输入密码并下载文件

在云空间资料下载页面的“请输入提取密码”文本框中输入获取的提取密码（输入时注意区分大小写），再单击“提取文件”按钮。在新页面中单击打开资料文件夹，在要下载的文件名后单击“下载”按钮，即可将其下载到计算机中。如果页面中提示需要登录百度账号或安装百度网盘客户端，则按提示操作（百度网盘注册为免费用户即可）。下载的文件如果为压缩包，可使用 7-Zip、WinRAR 等软件解压。

提示

读者在下载和使用云空间资料的过程中如果遇到自己解决不了的问题，请加入 QQ 群 733869952，下载群文件中的详细说明，或者向群管理员寻求帮助。

目 录 CONTENTS

第 3 章　方便好用的系统自带程序

第 4 章　文字输入与字体安装

第 5 章　学会管理文件和文件夹

第 6 章 学习常用的电脑软件

第 7 章 网页浏览全接触

第 8 章 娱乐、生活资讯，上网搞定

第9章 网上互动——QQ和电子邮件

第10章 电脑的日常维护与安全

第11章 Word 2016基本操作

第12章 制作图文并茂的文档

第13章 Excel 2016基本操作

第14章 PowerPoint 2016基本操作

第15章 制作有声有色的幻灯片

第1章 电脑并不难学，多玩就能会

熟练使用电脑不仅是求职时必备的工作技能，而且能给日常生活带来极大的便利。许多初学者对学用电脑跃跃欲试，但又觉得电脑这么先进的东西自己学不会，其实这种担心完全是多余的，因为随着科技的进步，电脑的操作已变得相当简单和人性化，学习的难度也大大降低。只需跟随本书一步一个脚印地学习，初学者也能轻松自如地操作电脑。本章就来对电脑进行初步的认识。

1.1 怎样选择适合自己的电脑

在学习使用电脑之前，得先拥有一台电脑。本节将针对选购电脑前的准备工作、电脑的外观认识、电脑的内部结构、选购时的注意事项等进行详细介绍。

1. 选购电脑前的准备工作

▶ 首先要明确的就是购买电脑的用途，并根据自己的经济条件确定一个适当的心理价位，建议采取“够用就好”的原则，不盲目追求高端配置。对于大多数非专业用户来说，对电脑的要求一般都是能够上网聊天、看新闻、看电影、听音乐、玩休闲游戏等。这一类型的电脑并不需要高端配置，一般的实用功能型电脑就可以满足需求。

▶ 明确了购买用途和心理价位后，还要根据自己的需求确定预算资金的消费重点。例如，主要用电脑来长时间办公的用户，可考虑选购较好的键盘和鼠标；而需要运行较多大型软件的用户，则考虑选购较大容量的内存和硬盘。

▶ 接下来还要确定是购买品牌电脑还是自己选购配件组装。对于非专业用户来说，由于不熟悉电脑硬件的技术和市场行情，购买品牌电脑更为省心。如果确定自己选购配件组装，可以先去电商网站了解行情，或去电脑城找销售商询价，货比三家。另外，砍价不用砍得太狠，以防有的不法商家在硬件或售后服务等方面采用欺骗手法来压缩成本。

2. 从外观上来认识电脑

从组成上来看，电脑的结构其实很简单，除了像电视机一样的显示器以外，还有主机、音箱、键盘和鼠标等设备，如下图所示。

❶ 主机	主机外部为机箱，内部包括CPU、主板、硬盘、显卡等部件。机箱起着保护主机的作用，购买时要注意检查机箱是否结实
❷ 显示器	建议使用尺寸合适的液晶显示器。购买液晶显示器时要注意是否有坏点、响应时间过长等问题
❸ 音箱	看电影、听音乐的声音就是音箱发出的。音箱的价格从几十元到数千元不等，主要区别是输出的音质不一样
❹ 键盘、鼠标	键盘用来输入文字，鼠标用来通过控制指针移动更方便地操作电脑

3．了解电脑主机内部结构

除了要了解电脑外部组成设备，了解一下电脑主机的内部结构也是非常必要的，下面就来看一下电脑主机内部都有些什么硬件设备吧，如下图所示。

❶ 电源	电源为所有主机内部硬件提供符合要求的电流，电源的稳定性直接决定着其他硬件设备能否正常工作。目前，市面上较为稳定的电源有金河田、大水牛等品牌
❷ CPU及风扇	CPU 的主要功能是逻辑运算与数据处理。如果把电脑当作人，那么 CPU 就相当于人的大脑。所谓的双核处理器，就是指在一个处理器上集成了两个运算核心，从而提高运算速度。选购CPU一般看主频就可以了，CPU 的主频即 CPU 内核工作的时钟频率。通常来说，同一类型的 CPU 主频越高，运算速度也就越快。目前市面上都是 Intel 与 AMD 两家厂商的 CPU。Intel 的 CPU 稳定性比较好，而 AMD 的 CPU 则是价格比较实惠，推荐选用 Intel 的产品。CPU 一般都配有专用风扇，起散热降温的作用
❸ 主板	主板是决定电脑稳定性的主要部件，几乎所有的电脑内部硬件设备都会被安装到这里。很多主板还会集成显卡、声卡、网卡等设备。一般来说，主板的插槽越多，扩展性就越好。目前市面上流行的性能较好的主板一般为华硕、技嘉等品牌
❹ 显卡插槽	显卡插槽用于连接相应接口的显卡。而显卡的基本作用就是控制电脑的图形输出。现在很多型号的主板都集成了显卡，就不用再购买独立显卡了。目前，市面上流行的独立显卡有七彩虹、影驰等品牌。选购显卡一般看显存容量大小，同等情况下，显存越大，性能越好。如果没有特殊需求，推荐选用性价比较高的集成显卡

❺ 内存	内存是用来存储存盘以前的程序和数据的硬件。理论上来说，同一类型的内存容量越大，电脑运行速度也就越快，推荐选购4 GB以上容量的内存。目前，市面上的内存品牌主要有金士顿、海盗船等
❻ 硬盘	简单地说，硬盘是存储数据资料的地方。硬盘分为固态硬盘和机械硬盘，机械硬盘是主流。机械硬盘的品牌不多，常见的有希捷、西部数据、东芝等。固态硬盘主流品牌有英特尔、金士顿、三星、浦科特、镁光、闪迪、威刚等。机械硬盘存取速度比固态硬盘慢，但是容量大、价格便宜。而固态硬盘虽然存取速度快，但是同样容量的固态硬盘价格比机械硬盘贵很多

提示

因为现在很多资源都是通过U盘和移动硬盘等设备存储的，对光盘的需求大大减少，所以电脑可以不用选配光驱，如果需要经常读取光盘也可以配置光驱。

4．选购电脑时的注意事项

▶ 建议去正规的电脑城或电商网站购买品牌机。因为品牌机的稳定性及售后服务比较好，而且其中的配件也不会出现假冒伪劣产品。

▶ 检查电脑是否能正常工作，开机检查电脑的 CPU、内存、硬盘、显卡等设备是否运行正常，是否与配置单相符，可以用一些测试软件进行测试，如鲁大师、CPU-Z 等。

▶ 检查随机提供的硬件驱动程序及各类光盘是否齐全，注意是否有保修卡。

▶ 如果是自己选购配件组装电脑，则需要检查各配件的包装盒是否为原装、是否完好无损、是否第一次拆封等。

1.2 使用电脑的注意事项

随着人们使用电脑的时间越来越长，电脑与健康的关系也引起了普遍关注。良好的电脑操作习惯有利于身心健康，不当的电脑操作习惯则会给身体带来各种不良影响。本节就来介绍使用电脑时的坐姿与时间安排。

1．长时间使用电脑的危害

使用电脑一般采用坐姿。电脑的操作具有高度重复性，且大部分集中于键盘及鼠标的操作。长期处于这种情况下，容易出现局部性骨骼肌肉系统的疲劳或损伤，例如肩膀、手腕、上臂、背部、颈部等的疲劳、酸痛、麻木甚至僵硬。

长期使用电脑还会造成视力下降。使用电脑时，眼睛会经常盯着屏幕，显示器的亮度不当、屏幕的闪烁和反光都会引起视觉疲劳。

因此，注意合理使用电脑，掌握操作电脑的正确坐姿，就显得尤为重要。

2．保持正确坐姿，合理安排电脑使用时间

建议使用电脑的时间不宜过长，每天操作电脑最好不要超过 4 小时；连续操作电脑的时间也

不宜过长，最好不要超过 2 小时；此外，最好每操作 1 小时电脑就适当休息，推荐每进行 1 小时电脑操作就休息 10 分钟左右。

操作电脑需要掌握正确的坐姿。下面对坐姿进行详细讲解。

首先，如下图所示，正确的坐姿应该是上半身保持颈部直立，使头部获得支撑，两肩自然下垂，上臂贴近身体，手肘自然弯曲，尽量使手腕保持水平姿势；下半身腰背部挺直，紧贴椅背，膝盖自然弯曲，双脚着地，不要交叉双脚，以免影响血液循环；眼睛与屏幕距离保持 50 ～ 70 cm 为佳。

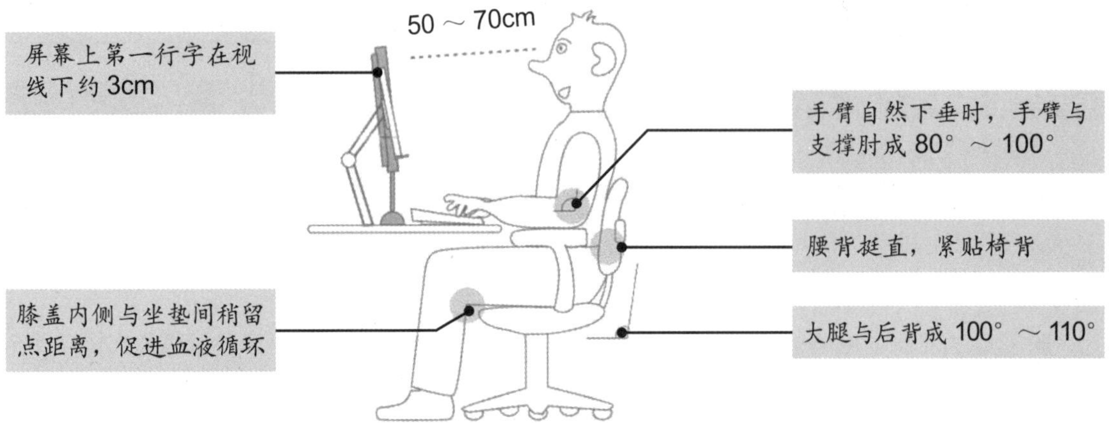

其次，建议选择符合人体工程学设计要求的电脑桌和电脑椅，同时遵循“三个直角”原则：膝盖与坐垫处形成第一个直角，大腿和后背是第二个直角，手臂在肘关节形成第三个直角。肩胛骨靠在椅背上，不要含胸驼背。电脑椅最好有支持性的椅背及扶手，能自由调整高度更佳，如下图所示。

3．注意日常保健

▶ 增强自我保健意识，注意适当休息。像前面说的那样，操作电脑 1 小时后应该休息 10 分钟左右，让眼睛和身体得到放松，以消除疲劳。休息时要勤做室内运动，如散步、收腹挺胸、甩手腕，这样效果更佳。

▶ 注意保护视力，要避免长时间连续操作电脑。同时室内光线要柔和适宜，不可过亮或过暗，显示器的亮度也不宜过高。

▶ 勤洗脸和手。因为有的显示器屏幕表面带有大量静电荷，容易积聚灰尘，所以操作者的脸和手这些裸露的部位就容易沾染这些污染物。

1.3 开机、关机相关操作

不良的开关机习惯会导致电脑运行速度变慢，各类硬件设备老化速度加快，甚至有可能会直接引起硬盘等硬件设备的损坏，从而缩短电脑使用寿命。本节就来学习正确的开机、关机相关操作。

1.3.1 正常开机

正常开机是指正常启动处于关闭状态的电脑。开机的顺序一般是“先外后内”，即先开显示器、音箱等要使用的外围设备，然后开主机，这样可以避免主机受到打开外围设备时产生的电流的冲击。

步骤01 打开显示器

按下显示器上的电源开关，打开显示器，如下图所示。

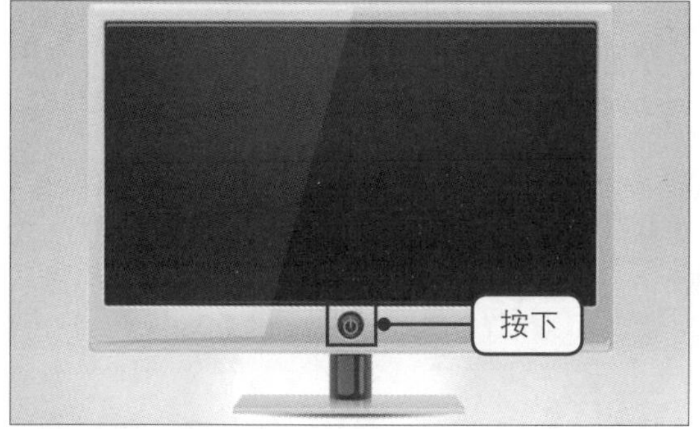

步骤02 启动主机

按下机箱上的电源开关，开启主机，电源开关一般是主机上最大的按钮，如下图所示。

步骤03 显示用户登录界面

经过开机启动画面，进入用户登录界面，如下图所示。如果设置了用户密码，则需要输入密码才能进入系统。

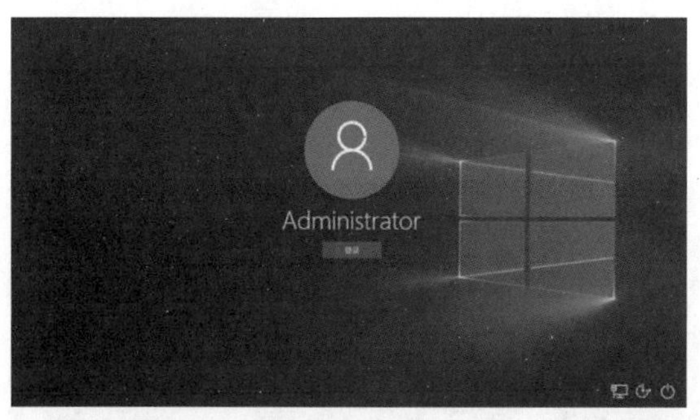

步骤04 显示操作系统界面

系统加载完成后，就进入了操作系统的桌面，如下图所示。

1.3.2 正常关机

正常关机是指正常关闭运行状态中的电脑。如果用户非正常关机，则有可能会造成软件系统错误或一定程度上的硬件受损，严重的时候甚至可能会损坏硬盘，让电脑无法正常启动。

关机要遵循“先内后外”的原则，即先关闭主机，再关闭显示器及其他外围设备。最常见的错误操作就是直接断掉主机供电，如拔电源线、关掉插座等。

步骤01 单击“电源”按钮

❶单击桌面左下角的“开始”按钮。❷在弹出的菜单中单击“电源”按钮，如下图所示。

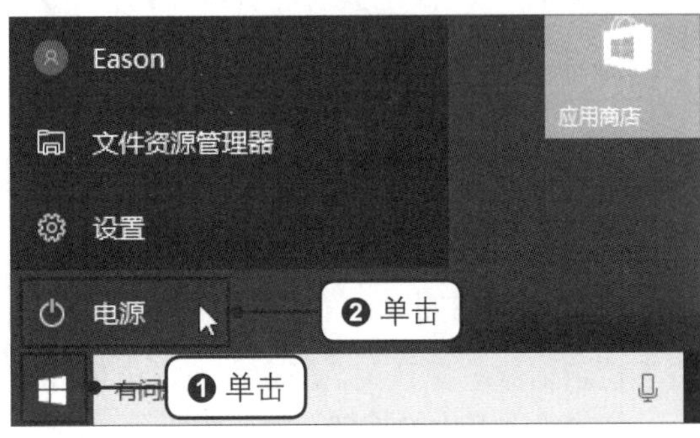

步骤02 单击“关机”命令

在弹出的菜单中单击“关机”命令，如下图所示。

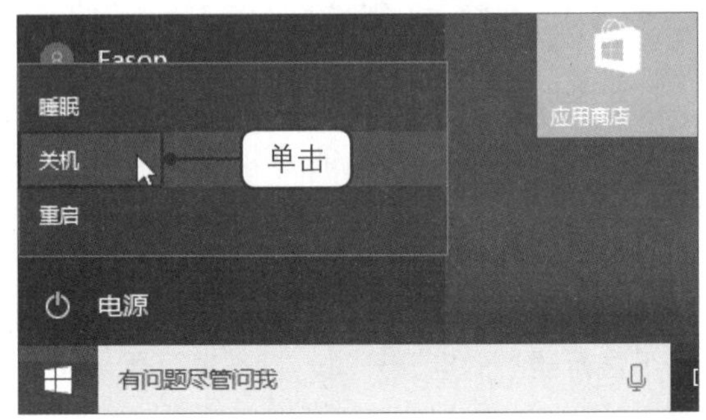

步骤03 正在关机画面

单击“关机”命令以后，系统开始保存设置，进入关机画面，如右图所示。随后显示器画面变黑，主机停止工作。

1.3.3 重启电脑

电脑运行了很长一段时间后，运行速度可能会明显变慢，或新安装了重启之后才能运行的程序，这时候就需要重新启动电脑了。

步骤01 单击“电源”按钮

❶单击桌面左下角的“开始”按钮。❷在弹出的菜单中单击“电源”按钮，如下图所示。

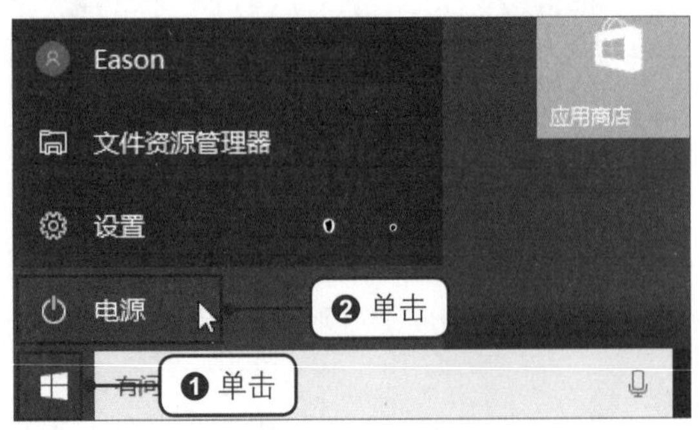

步骤02 单击“重启”命令

在弹出的菜单中单击“重启”命令，如下图所示，即可重启电脑。

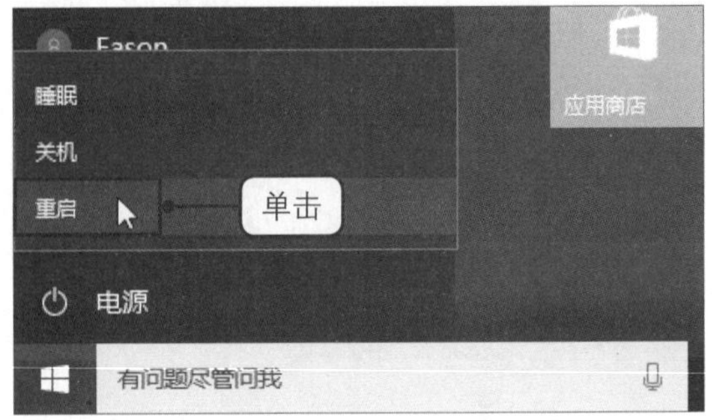

提示

在遇到死机（电脑失去反应）时，按主机上电源开关旁边的RESET键可强制重启。

1.3.4　电脑睡眠，节约电能

当暂时不用电脑时，可让电脑进入睡眠状态，以减少电力消耗。该方式不仅不会导致数据丢失，还能让系统在尽可能短的时间内恢复到工作状态。电脑处于睡眠状态时，只需按下主机上的电源开关，即可将系统唤醒，恢复到原来的工作状态。

步骤01　单击“电源”按钮

❶单击桌面左下角的“开始”按钮。❷在弹出的菜单中单击“电源”按钮，如下图所示。

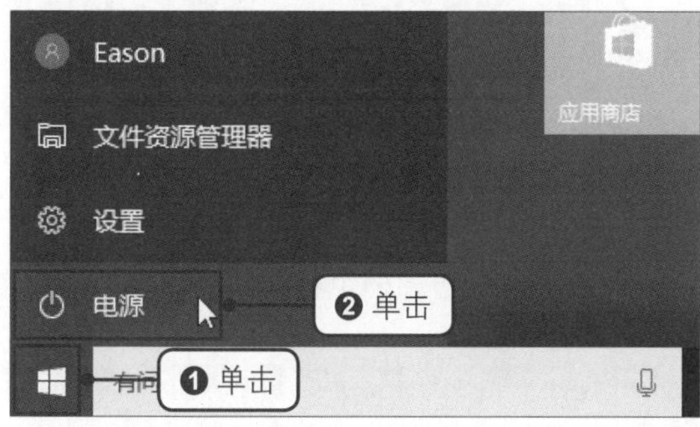

步骤02　单击“睡眠”命令

在弹出的菜单中单击“睡眠”命令，即可进入睡眠状态，如下图所示。

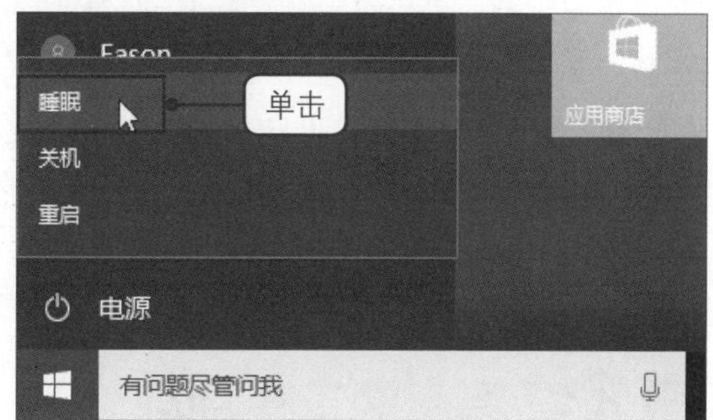

1.3.5　注销用户

注销用户是指退出当前登录的用户。当需要改用另一个用户身份来登录电脑，而又不想重新启动电脑时，就要用到注销了，注销会清空当前用户的缓存空间和注册表信息。

步骤01　单击用户名

❶单击桌面左下角的“开始”按钮。❷在弹出的菜单中单击当前用户名按钮，如下图所示。

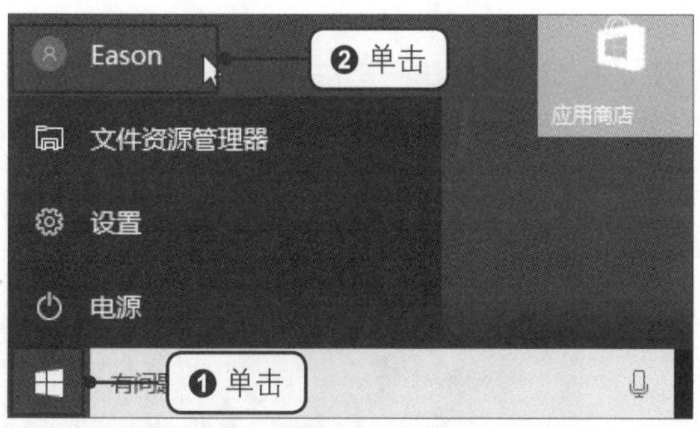

步骤02　单击“注销”命令

在弹出的菜单中单击“注销”命令，如下图所示。确定注销以后，就会切换到用户选择画面。

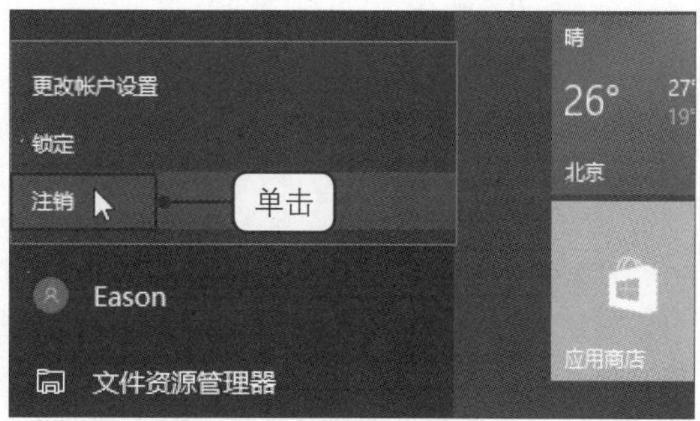

1.3.6 切换用户

切换用户是指退出当前正在使用的用户，切换到其他用户。系统中存在两个或两个以上的用户才能使用切换用户功能。

假设电脑上已经拥有两个用户，现已登录了一个用户，需要切换至另外一个用户中，可单击“开始 > 用户名”命令，在弹出的菜单中单击另外一个用户，如右图所示。进入用户选择画面后，选择要登录的用户并输入密码即可。

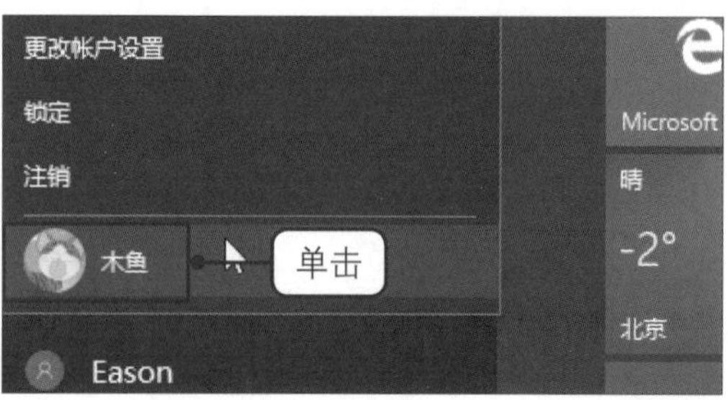

和注销用户不同的是，切换用户并不会清空当前用户的缓存空间与注册表等信息，登录新用户以后，系统会自动把原用户中启动的程序转入后台运行。

1.4 鼠标的正确握姿和使用方法

鼠标按照接口可以分为USB接口、PS2接口及COM接口鼠标，按照键数又可以分为两键、三键、四键鼠标等。目前，绝大多数用户使用的都是带中键（滑轮）的三键鼠标。

鼠标是电脑最重要的输入工具之一。操作鼠标需使用正确的姿势，好的握姿可在一定程度上减少疲劳，反之，不正确的握姿可能导致手腕酸痛。本节就来介绍鼠标的正确握姿及使用方法。

1.4.1 鼠标的正确握姿

通常来说，鼠标的位置越高，对手腕的伤害越大，鼠标距身体越远，对肩膀的伤害越大。相对来说，鼠标可以保持在一个稍低的位置，这个位置相当于坐姿情况下，上臂与地面垂直时手肘的高度。

将鼠标平放于鼠标垫上，轻松自然地握住鼠标，不用太紧，掌心贴近鼠标后半部分，食指与中指分别轻放在左、右键上，拇指与无名指轻夹两侧，如右图所示。

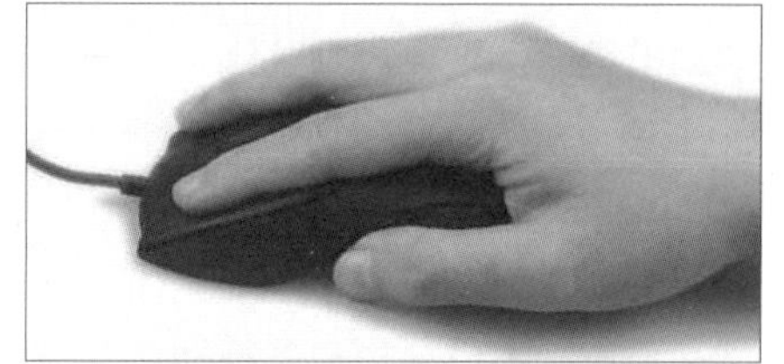

握好鼠标以后，在鼠标垫上移动鼠标，显示器屏幕上的鼠标指针就会随之移动。

1.4.2 鼠标的基本操作

鼠标的基本操作大致可以分为移动、单击、右击、双击、拖动等。鼠标中间的滑轮可以用来翻页和滚动窗口内容。

1．移动

轻松自然地握住鼠标，在鼠标垫上移动鼠标，可以看到，随着鼠标的移动，显示器屏幕上的鼠标指针也在移动。这样，用户可以通过操作鼠标来控制显示器屏幕上鼠标指针的位置，快而准地找到操作目标，如右图所示。

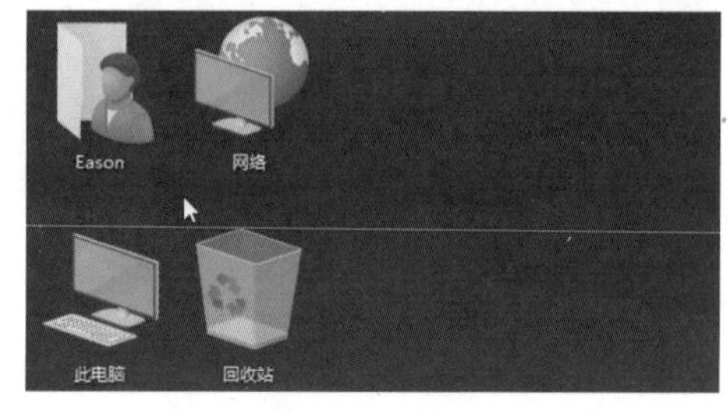

2. 单击

将鼠标指针移动到某一目标对象的图标上，如“此电脑”图标上，快速轻按一下鼠标左键，这样就完成了单击操作。对该图标进行单击操作以后，该图标即处于被选中的状态，如右图所示。

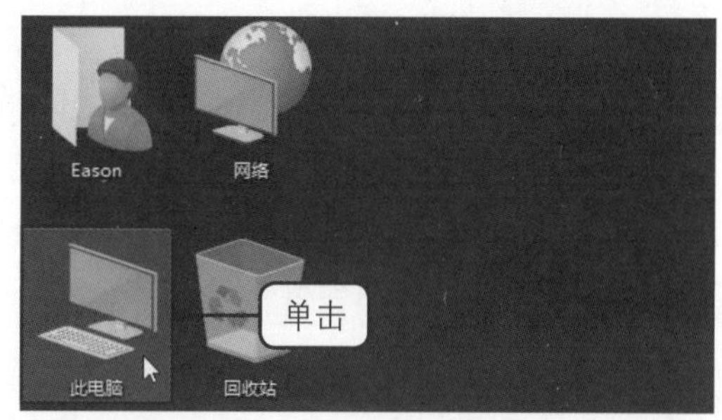

3. 右击

❶使鼠标指针停留在目标对象的图标上，快速轻按一下鼠标右键。

❷在弹出的快捷菜单中单击“打开”命令，如右图所示。可以在快捷菜单中选择相应命令对该目标对象进行管理、删除、重命名等操作。

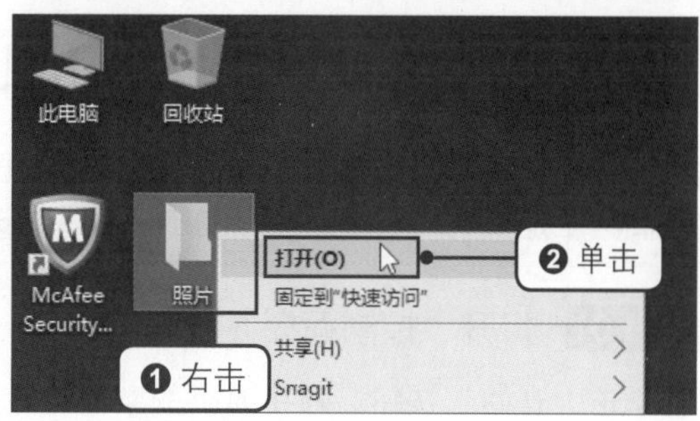

4. 双击

双击是指连续快速地轻按鼠标左键两下，通常用来打开程序或文档。移动鼠标使鼠标指针停在“此电脑”图标上，快速地连续按两下鼠标左键，如下左图所示，即可打开“此电脑”窗口，在窗口中可看到电脑中的各个磁盘分区等，如下右图所示。

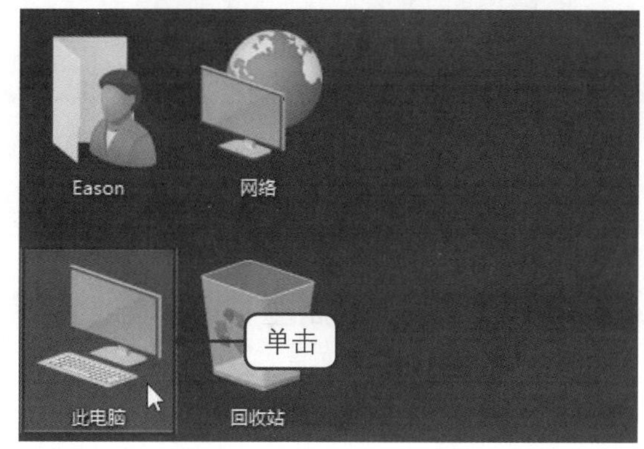

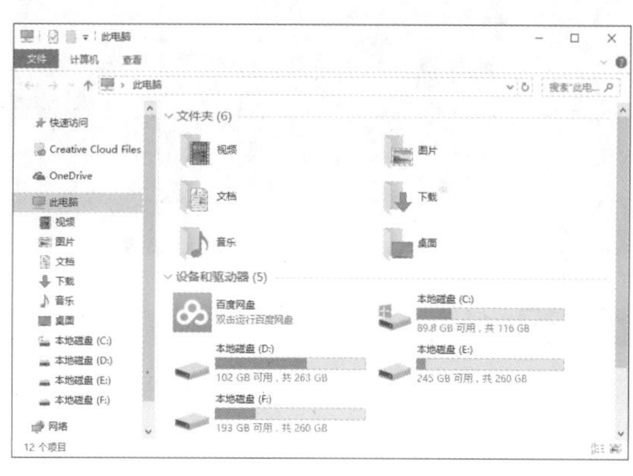

5. 拖动

单击选中准备拖动的对象，如“回收站”，按住鼠标左键不放，移动鼠标将图标拖动到新的位置，如下左图所示。再释放鼠标左键，选定的对象即被移动到指定的新位置，如下右图所示。

6. 鼠标中键翻页

鼠标中键一般用来翻页，滚动鼠标中键即可翻动带有滚动条的页面。还可以单击鼠标中键，如果鼠标指针变成↕样式，这时候上下移动鼠标也可以翻页，如右图所示。

1.4.3 调节鼠标属性，让鼠标用起来更顺手

实际操作过程中，有可能会觉得鼠标的操作并不太顺手，诸如移动速度过快、双击速度要求过高甚至是指针样式不显眼影响辨识等，这时候就需要调节鼠标的属性。

步骤01 打开“控制面板”窗口

❶单击“开始”按钮。❷在弹出的菜单中单击“Windows系统”。❸在展开的列表中单击“控制面板”命令，如下图所示。

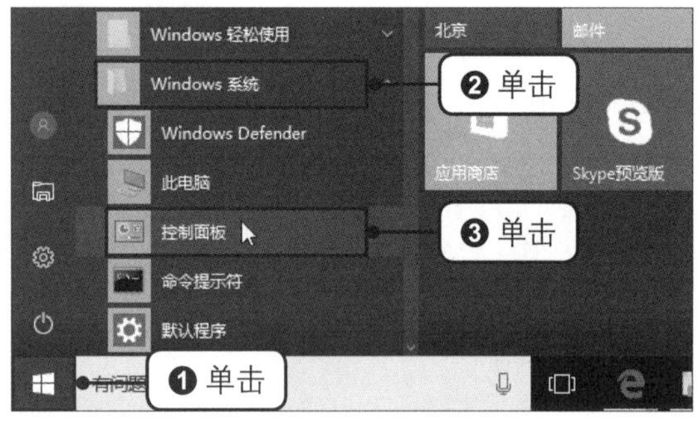

步骤02 更改查看方式

❶在弹出的“控制面板”窗口中单击“查看方式”右侧的下拉按钮。❷在展开的列表中单击“大图标”选项，如下图所示。

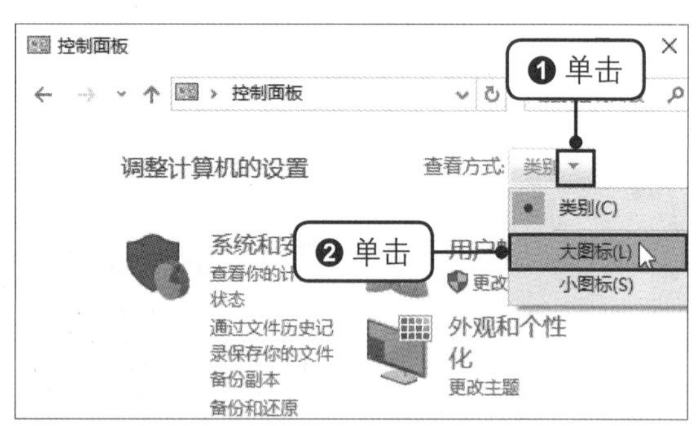

步骤03 单击“鼠标”图标

在“控制面板”窗口中找到“鼠标”图标，单击打开，如下图所示。

步骤04 设置鼠标键属性

弹出“鼠标 属性”对话框，在“双击速度”选项组中拖动“速度”滑块，调节鼠标的双击速度，如下图所示。双击选项组右侧的文件夹图标可测试双击速度。

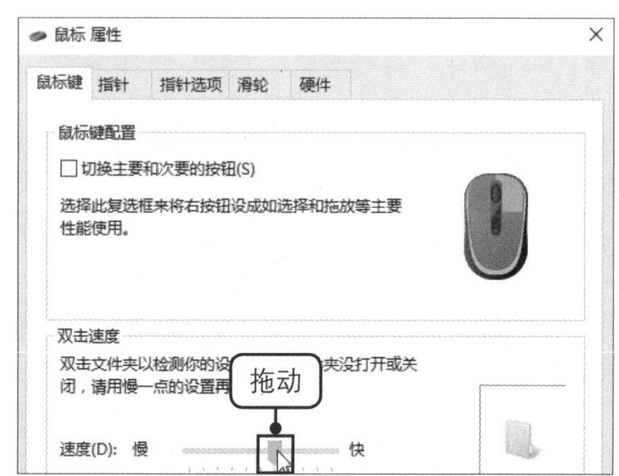

步骤05 设置指针

❶单击“指针”标签，切换到“指针”选项卡。❷在“指针”选项卡中可以选择喜欢的指针图标形状，此处单击“方案”右侧的下拉按钮。❸在展开的下拉列表中选择“Windows标准（大）（系统方案）”，如下图所示。

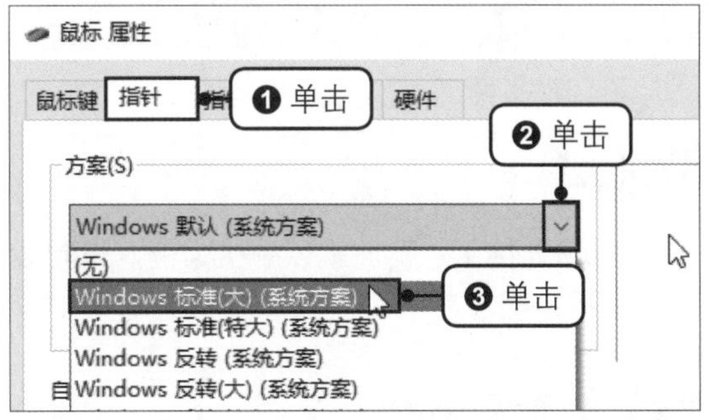

步骤06 设置指针选项

❶单击“指针选项”标签，切换到“指针选项”选项卡。❷在“移动”选项组下拖动滑块，可以设置鼠标指针移动的速度，如下图所示。此外，还可以设置是否显示轨迹等属性，设置完毕单击“确定”按钮即可。

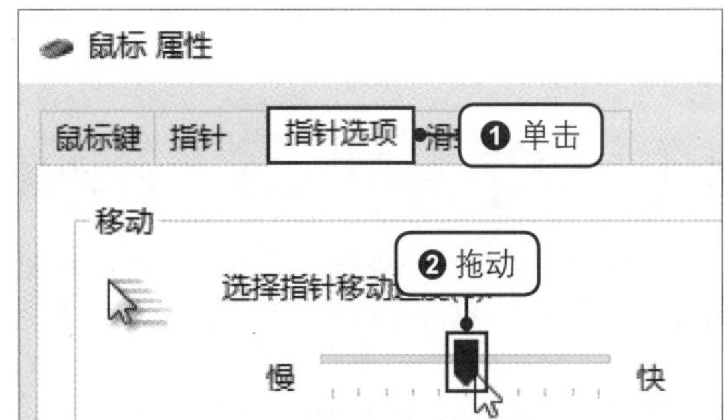

提示

在“鼠标 属性”对话框中的“滑轮”选项卡中，可以设置滚动一个鼠标中键齿格所下翻的行数与字符数。

1.5 数码设备的连接与拔出

操作电脑时，经常会遇到需要将 U 盘和手机等数码设备的资料复制到电脑中的情况，这时就需要将数码设备连接到电脑上了。本节将讲解如何将数码设备连接到电脑上及设备的正确拔出方式。

1.5.1 认识USB

USB 是一个使电脑周边设备连接标准化、单一化的接口标准，目前绝大多数数码设备都采用 USB 接口与电脑连接。U 盘自带 USB 接口，而智能手机、数码相机、移动硬盘等数码设备则通过 USB 数据线与电脑连接。

1. USB接口的外观

USB 接口呈扁平的长方形，比起其他接口来，非常容易辨认，如下左图所示为 USB 数据线上的 USB 接口。

2. 主机上的USB插孔

USB 接口通过 USB 插孔与电脑相连接。一般的机箱都配有前置的 USB 插孔，如下右图所示。如果机箱前部没有，不用担心，机箱的后部也能找到 USB 插孔。

1.5.2 把手机等数码设备连接到电脑上

对 USB 接口的外观有所了解后，接下来就应该动手练习连接了。下面就以手机为例，来看看数码设备怎么与电脑连接吧。

步骤01 将数码设备连接到电脑

将数据线的一端与手机连接起来，另外一端插入电脑的USB插孔，如下图所示。

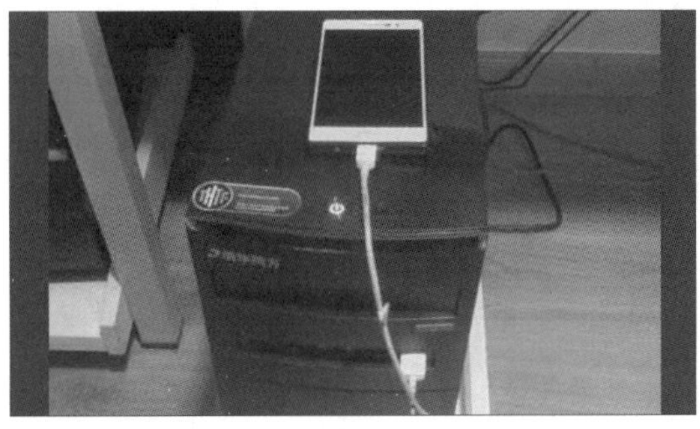

步骤02 查看设备

系统识别出新硬件以后，在“此电脑”中就可以看到连接的设备了，如下图所示。随后就可进行文件传输等操作。

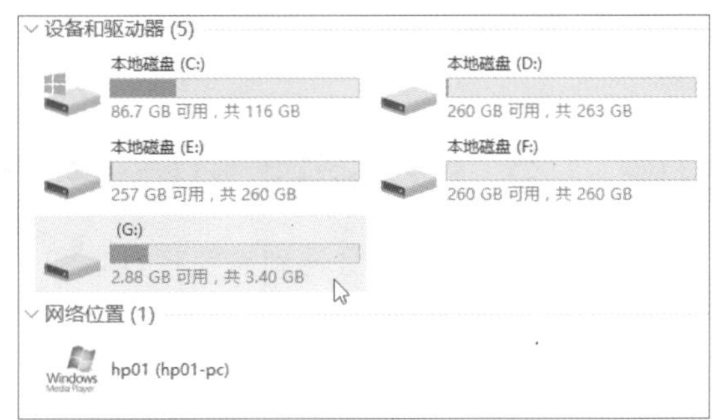

提示

如果在手机中插入了额外的存储卡，那么电脑上可能会显示出两个或多个盘符。

1.5.3 保护数码设备，拔出数码设备要注意

尽管现在绝大多数数码设备都支持热插拔功能（即带电插拔，不必关闭电源也能连接或断开设备），但还是建议按照下面讲解的方法拔出数码设备。因为长期直接拔数码设备会对设备本身的使用寿命造成一定影响，有时候还会导致文件丢失、数码设备损坏等严重后果。

步骤01 安全删除硬件

❶单击或右击桌面右下角插入设备后显示的图标。❷在弹出的快捷菜单中单击“弹出×××（设备名称）”命令，如下左图所示。

步骤02 安全地移除硬件

此时，可以看见系统弹出了“安全地移除硬件”提示，提示用户可以将设备安全地拔出了，如下右图所示。

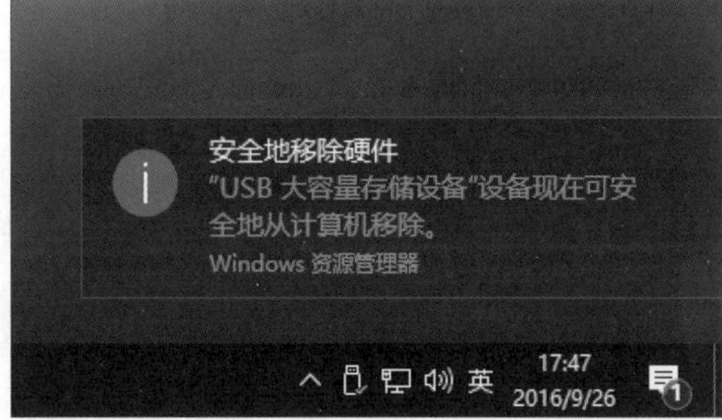

提示

在步骤 01 中，插入的设备不同，单击或右击图标后，快捷菜单中的命令也会不同，用户可根据实际情况选择命令。

学习笔记

第2章 简单设置让电脑使用更顺手

现在市场上销售的电脑一般都预先安装了操作系统，买回来后直接开机就可使用。但系统的默认设置可能并不符合用户的使用习惯，此时就需要对系统进行简单的个性化设置，让电脑用起来更顺手。

2.1 让“此电脑”图标显形

Windows 10 是目前微软最新的操作系统，在性能和易用性上有很大的进步，还对云服务、智能移动设备、自然人机交互等新技术进行融合。在操作系统安装完成后，默认的初始桌面中只有“回收站”图标，而没有“此电脑”“控制面板”和“网络”这些图标，不过这并不要紧，用户可以通过“设置”窗口中的“桌面图标设置”功能来将这些图标显示出来。

步骤01 单击“个性化”命令

❶右击桌面的空白区域。❷在弹出的快捷菜单中单击“个性化”命令，如下图所示。

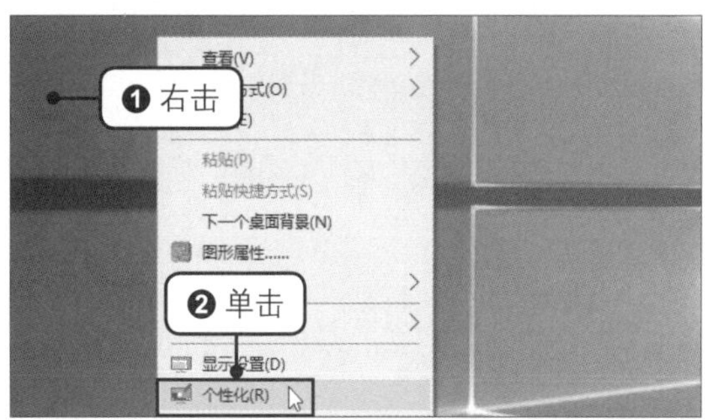

步骤02 单击“主题”选项

❶在弹出的“设置”窗口中单击“主题”选项。❷在右侧的“相关的设置”选项组中单击“桌面图标设置”，如下图所示。

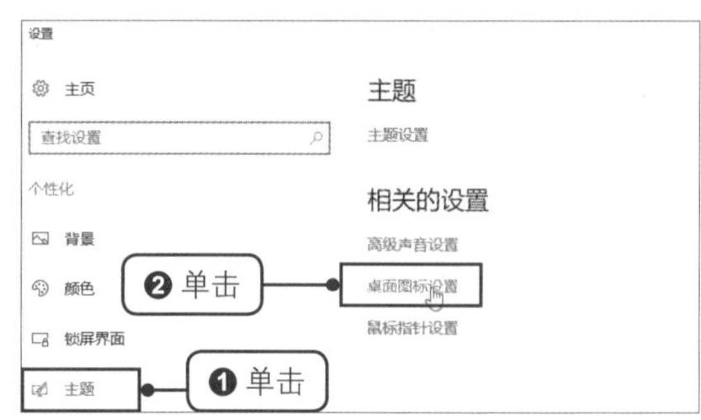

步骤03 勾选“计算机”复选框

弹出“桌面图标设置”对话框，在对话框中勾选“计算机”复选框，如下图所示，最后单击“确定”按钮。

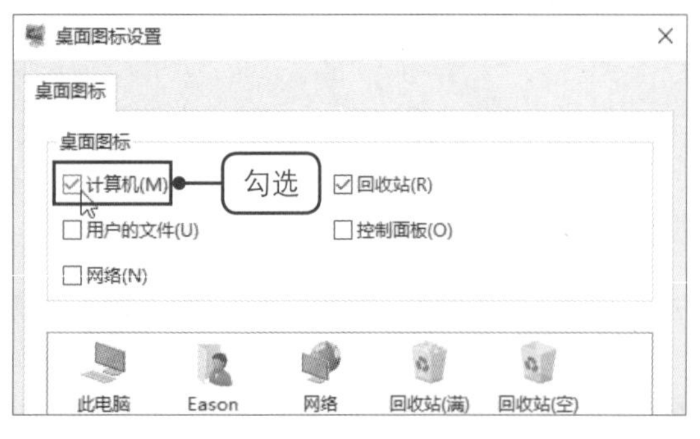

步骤04 图标显示效果

经过以上操作，“此电脑”图标就显示在桌面上了，如下图所示。其他桌面图标的显示也可以用相同的方法设置。

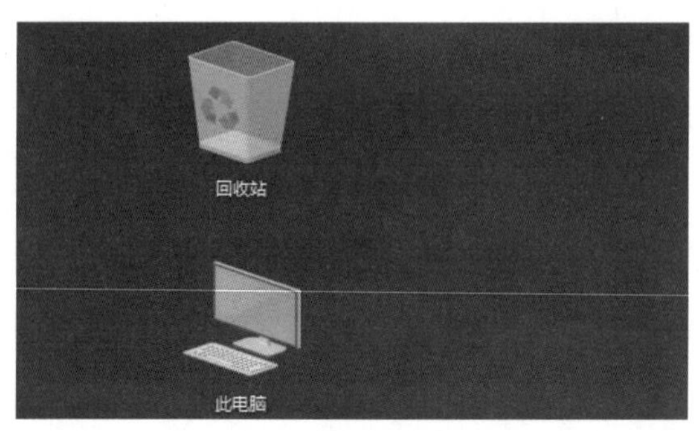

2.2 在桌面建立新的快捷方式图标

很多时候，用户会在桌面上创建自己常用的程序的快捷方式图标，以方便使用。直接双击创建好的快捷方式图标就可以启动对应的程序，避免了在磁盘中寻找的麻烦。除了程序，文件夹与文件也可以在桌面创建快捷方式，直接双击相应的快捷方式图标就可以打开文件夹或文件。

值得注意的是，快捷方式图标只是一个连接到启动对象的图标，并不包含任何原文件或程序的内容。

下面就来学习在桌面上创建快捷方式图标的方法。

步骤01 右键发送创建快捷方式

❶找到任意一个想要创建快捷方式的文件夹，如“文档”，然后右击该文件夹。❷在弹出的快捷菜单中单击“发送到>桌面快捷方式”命令，如下图所示。

步骤02 显示快捷方式图标

经过以上操作，在桌面上就会显示出该文件夹的快捷方式图标，如下图所示，直接双击该图标即可打开原文件夹。

提示

文件与程序的快捷方式图标创建方法与此类似，这里就不赘述了。

2.3 把照片设置为桌面背景

很多时候默认的桌面背景看久了会让人觉得有些厌倦，这时就需要用到系统自带的更改桌面背景功能，将自己喜欢的图片设置为桌面背景。

设置图片为桌面背景时，通常会遇到两种情况：一种是图片尺寸较大，能够覆盖屏幕，这时候直接用最快速简便的方法，右击图片设置为桌面背景就可以了。另外一种则是图片较小，这时候就要通过“个性化”功能来设置了。

下面就以将儿童照片设置为桌面背景为例，讲解更改桌面背景的方法。

2.3.1 通过快捷菜单命令设置桌面背景

设置图片为桌面背景最简单的办法，就是右击图片，在弹出的快捷菜单中单击“设置为桌面背景”命令。具体的操作方法如下。

步骤01 右击图片设置桌面背景

❶右击图片。❷在弹出的快捷菜单中单击“设置为桌面背景”命令，如下图所示。

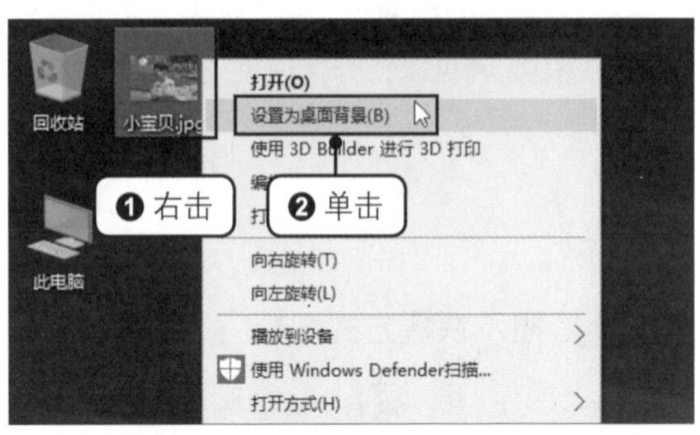

步骤02 显示效果

经过以上操作，桌面背景即换成了该图片，如下图所示。

提示

绝大部分格式的图片都可以通过直接右击设置为桌面背景。

2.3.2 通过个性化功能设置桌面背景

很多时候，想要设置为背景的图片尺寸不一定完全适合屏幕尺寸，如果右击图片设置为桌面背景，就会出现不能完全覆盖屏幕或者覆盖屏幕以后图像变形的情况。这时就需要通过另外一种方式来设置桌面背景了。

步骤01 单击“个性化”命令

❶右击桌面空白处。❷在弹出的快捷菜单中单击“个性化”命令，如下图所示。

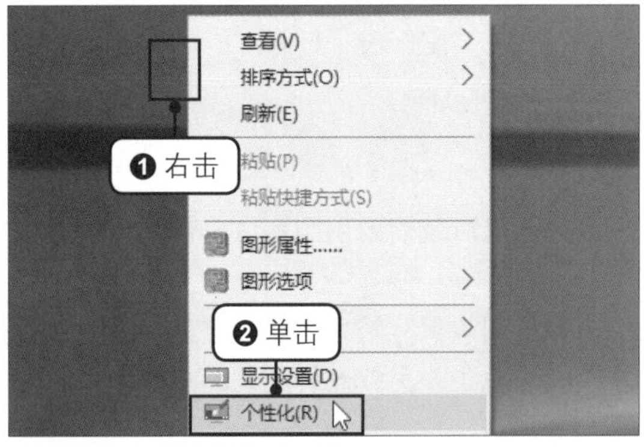

步骤02 打开“设置”窗口

在弹出的“设置”窗口中，单击“选择图片”下方的“浏览”按钮，如下图所示。

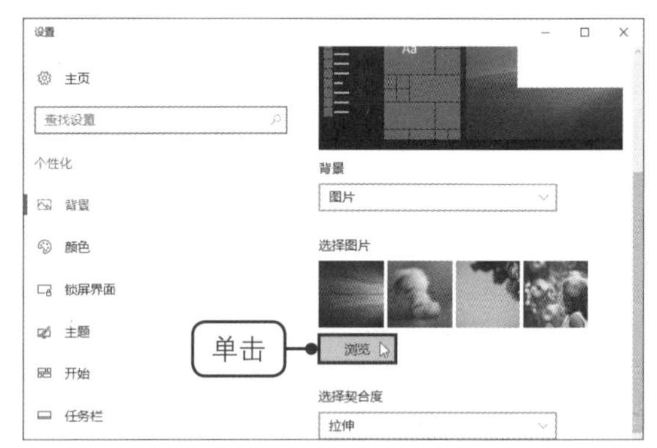

步骤03 选择图片

❶在弹出的“打开”对话框中，选择图片的存储路径。❷单击想设置为桌面背景的图片。❸单击“选择图片”按钮，如下左图所示。

步骤04 展开契合度选项

在“选择契合度”下方单击右侧的下拉按钮，如下右图所示。

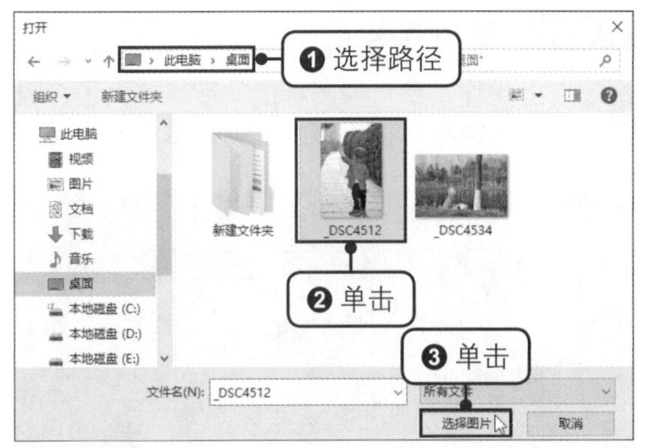

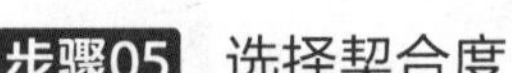

步骤05 选择契合度

在展开的列表中单击“填充”选项，如下图所示。

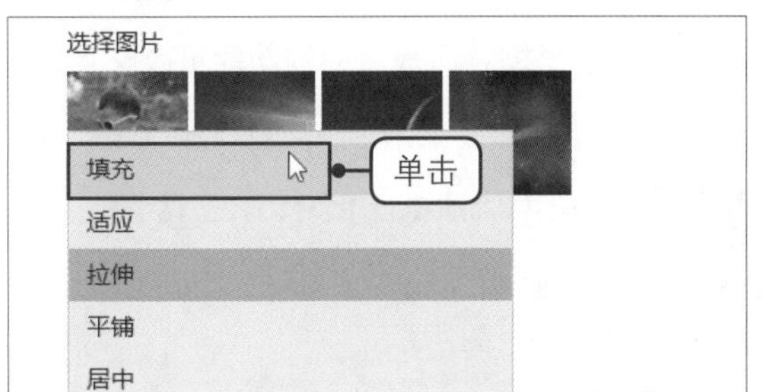

步骤06 显示设置效果

关闭“设置”窗口，返回桌面中，该图片即被成功地设置为了桌面背景，如下图所示。

2.4 放大窗口和图标的文字

如果用户觉得电脑窗口和桌面的图标文字较小，可以用本节介绍的方法放大窗口及图标的文字。

2.4.1 通过“设置”窗口放大窗口和图标的文字

在系统“设置”窗口中，用户可对窗口和图标文字的大小进行调整，具体的操作方法如下。

步骤01 单击“显示设置”命令

❶右击桌面空白处。❷在弹出的快捷菜单中单击“显示设置”命令，如下图所示。

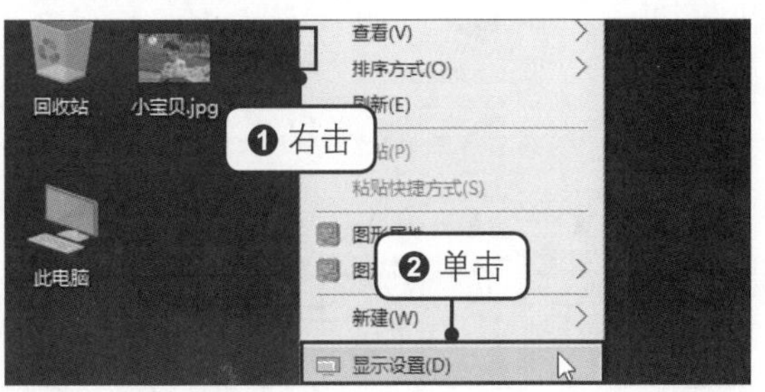

步骤02 打开“设置”窗口

在弹出的“设置”窗口中，将鼠标放置在右侧面板中“更改文本、应用和其他项目的大小：100%（推荐）”下的滑块上，如下图所示。

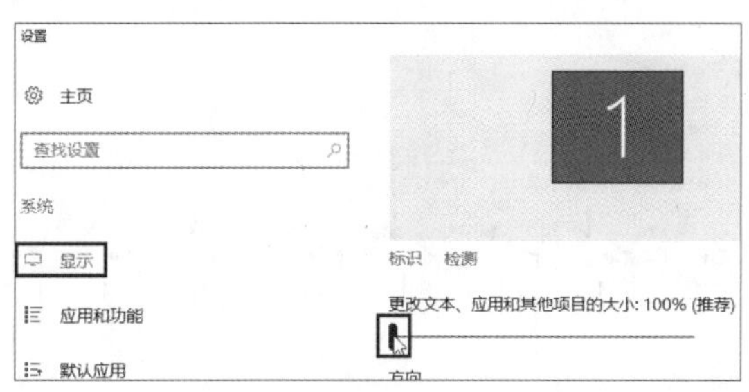

步骤03 拖动滑块

按住鼠标左键向右拖动滑块至150%，如下图所示。

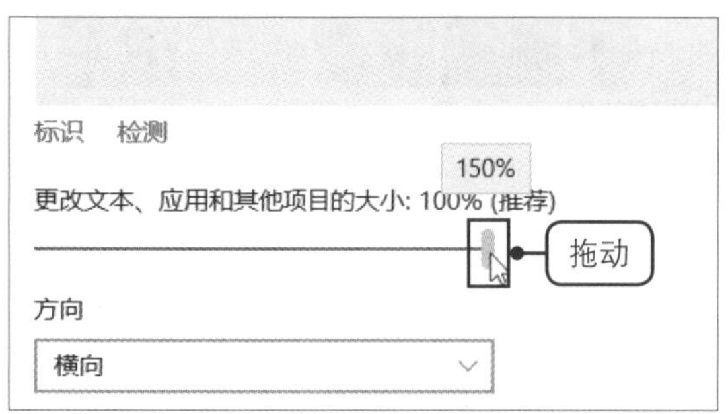

步骤04 显示效果

经过以上操作，窗口与图标的文字就放大了，眼睛离显示器屏幕稍远也能看清，如下图所示。

2.4.2 通过“控制面板”更改文字大小

除了通过以上方式放大窗口和图标的文字外，还可以通过“控制面板”中的功能更改文字的大小。具体的操作方法如下。

步骤01 单击“控制面板”命令

❶右击桌面左下角的“开始”按钮。❷在弹出的快捷菜单中单击“控制面板”命令，如下图所示。

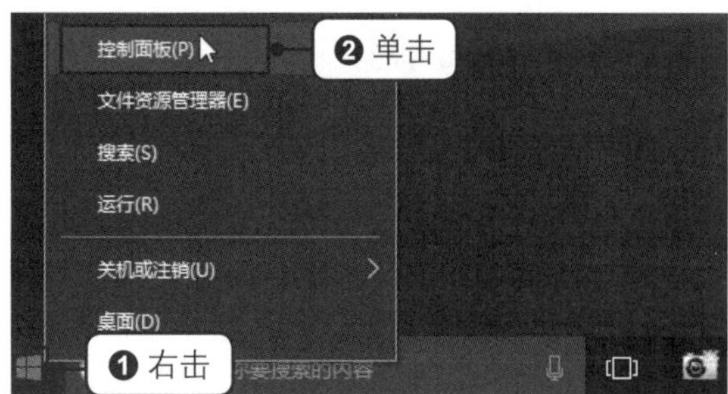

步骤02 单击“外观和个性化”按钮

弹出“控制面板”窗口，单击“外观和个性化”按钮，如下图所示。

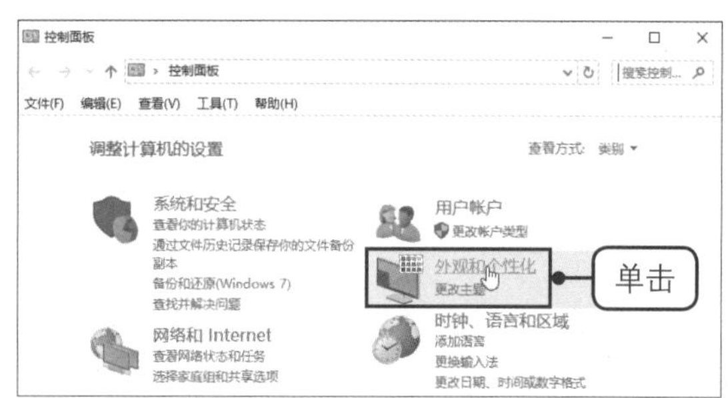

步骤03 单击“显示”按钮

在窗口的新界面中单击“显示”按钮，如下图所示。

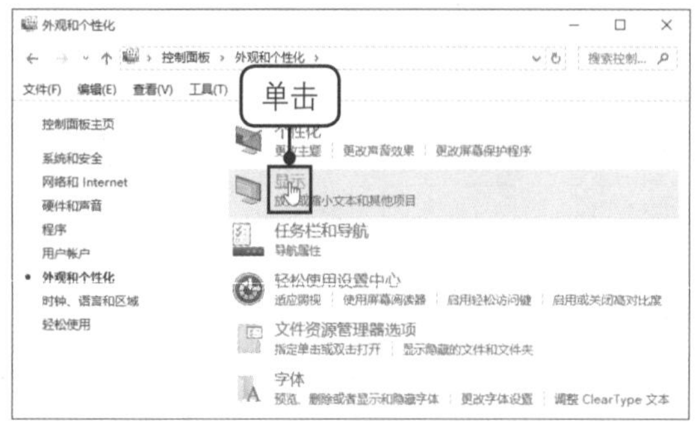

步骤04 选择要更改的项目

❶单击“仅更改文本大小”选项组下项目右侧的下拉按钮。❷在展开的列表中单击“图标”选项，如下图所示。

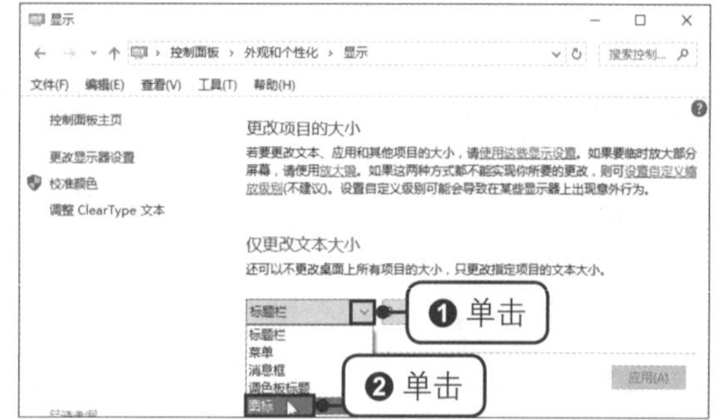

步骤05 更改字号

❶单击字号右侧的下拉按钮。❷在展开的列表中单击“14”，如下图所示。

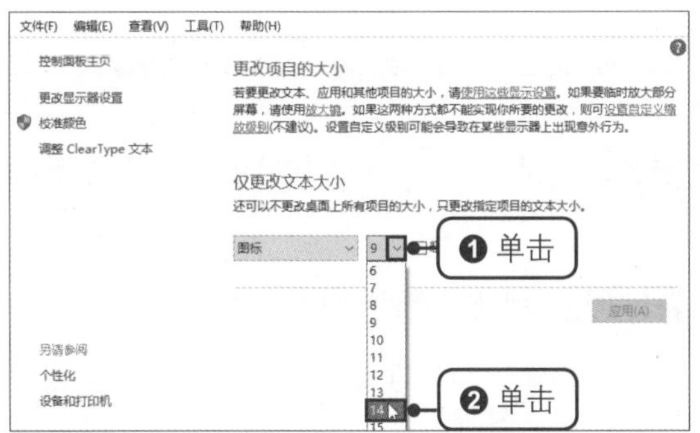

步骤06 保留更改

❶勾选“粗体”复选框。❷单击“应用”按钮，如下图所示。

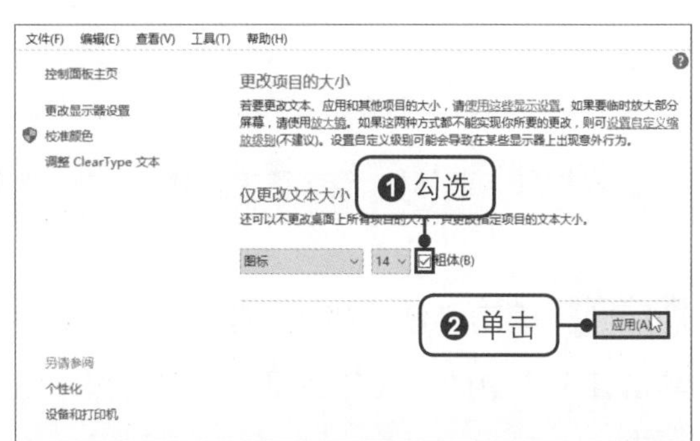

步骤07 显示更改效果

关闭窗口，返回桌面中，即可看到更改桌面图标文字大小后的效果，如右图所示。用相同方法还可更改标题栏、菜单等处的文字大小。

2.5 使用“任务视图”

Windows 10 系统中有一个“任务视图”功能，利用此功能可以预览当前正在运行的所有程序，还可以将不同的程序“分配”到不同的“虚拟”桌面中，从而实现多个桌面下的多任务并行处理操作。

2.5.1 通过“任务视图”关闭程序

步骤01 单击“任务视图”按钮

单击任务栏中的“任务视图”按钮，如下图所示。

步骤02 关闭选中的程序

此时可以看见正在运行的三个程序都以缩略图形式平铺显示在桌面上，把鼠标指针放在要关闭的程序上，单击右上角浮现的“关闭”按钮，如下图所示。

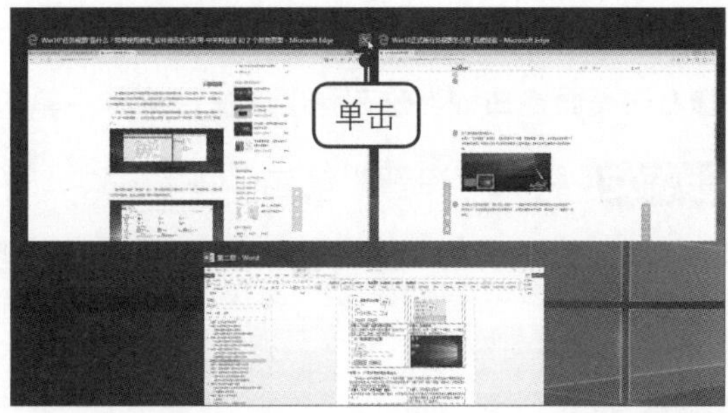

步骤03 关闭程序后的效果

关闭程序后，可发现正在运行的程序只剩下两个了，如右图所示。

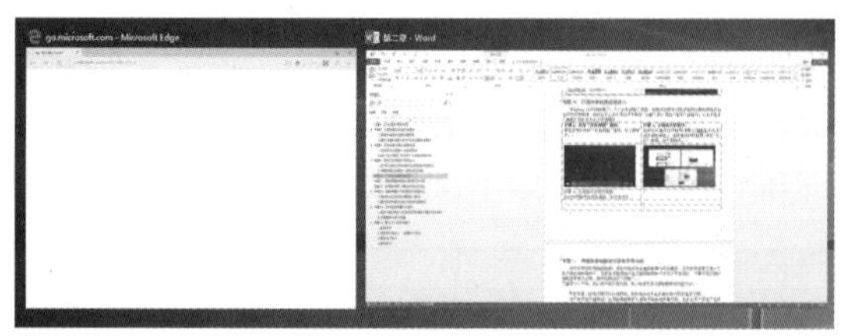

2.5.2 通过“任务视图”新建桌面

步骤01 单击“任务视图”按钮

单击任务栏中的“任务视图”按钮，如下图所示。

步骤02 单击“新建桌面”按钮

在弹出的缩略图界面右下角单击“新建桌面”按钮，如下图所示。

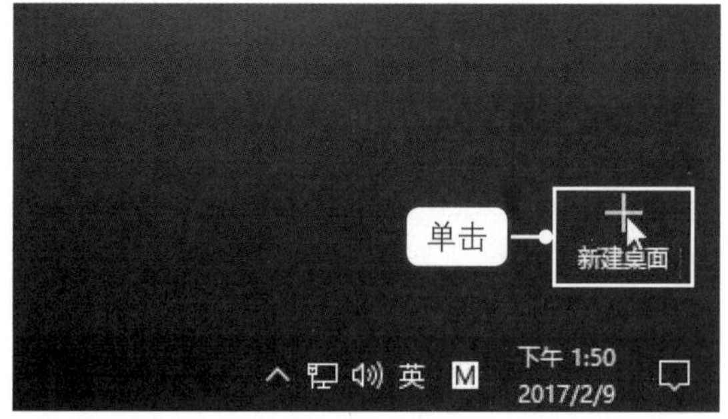

步骤03 “新建桌面”效果

此时可以看见新建的“桌面2”，可以在其中运行与“桌面1”不同的程序，如右图所示。

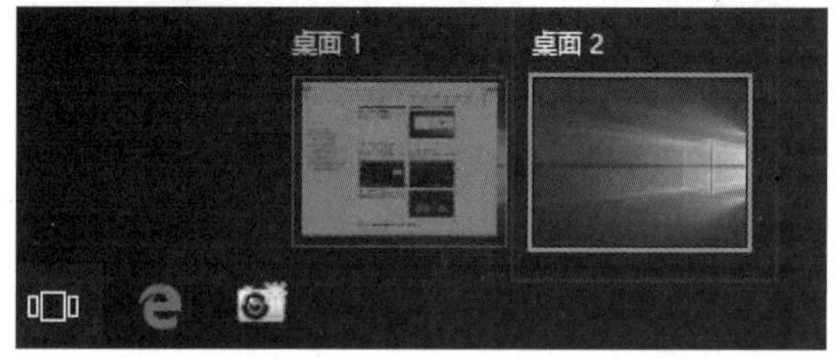

2.6 调整屏幕刷新频率消除闪烁

在使用 CRT 显示器的时代，经常会遇到屏幕快速闪烁的情况，这有可能是显示器刷新频率过低造成的，只要将显示器的刷新频率调高就可以解决。虽然对于现在的液晶显示器而言并不用担心这个问题，但是万一出现屏幕闪烁的情况，也可以通过调整刷新频率这个方法来解决。

步骤01 单击“显示设置”命令

❶右击桌面空白处。❷在弹出的快捷菜单中单击“显示设置”命令，如下左图所示。

步骤02 打开“设置”窗口

❶在弹出的“设置”窗口中，单击“显示”选项卡。❷在右侧单击“高级显示设置”选项，如下右图所示。

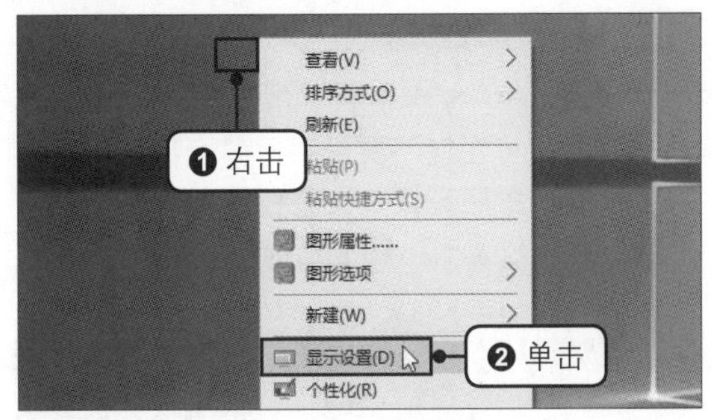

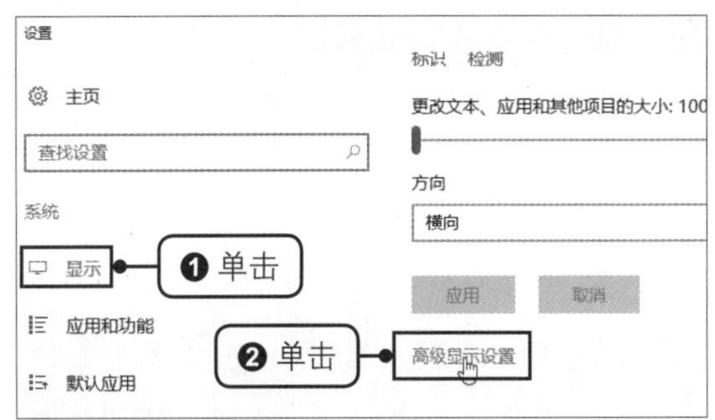

步骤03　选择“显示适配器属性”

在对话框中单击“显示适配器属性”，如下图所示。

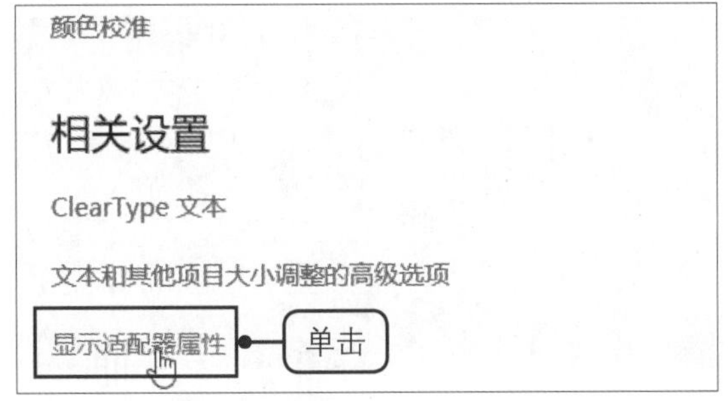

步骤04　切换到“监视器”选项卡

在弹出的新对话框中单击“监视器”选项卡，如下图所示。

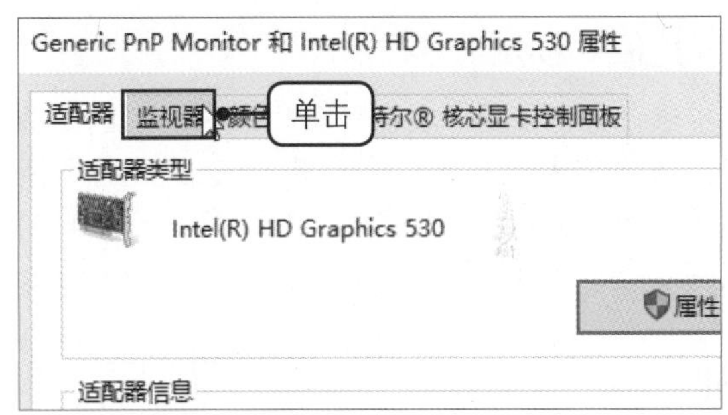

步骤05　选择频率

❶单击“屏幕刷新频率”右侧的下拉按钮。❷在展开的列表中单击“75赫兹”，如下图所示，最后单击“确定”按钮。

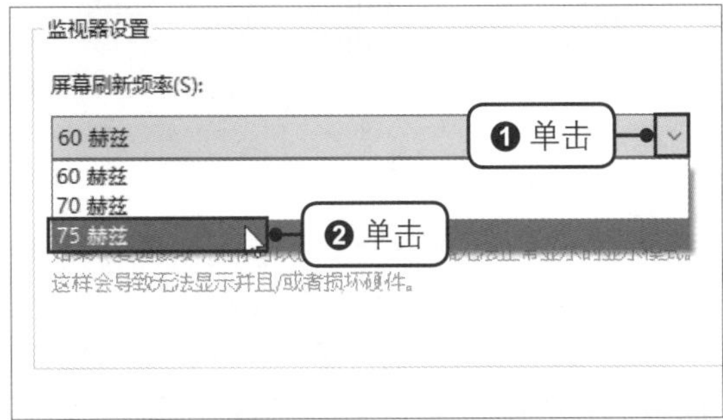

步骤06　保留更改

弹出“显示设置”对话框，提示是否保留这些显示设置，单击“保留更改”按钮，如下图所示。即可提高屏幕刷新频率。

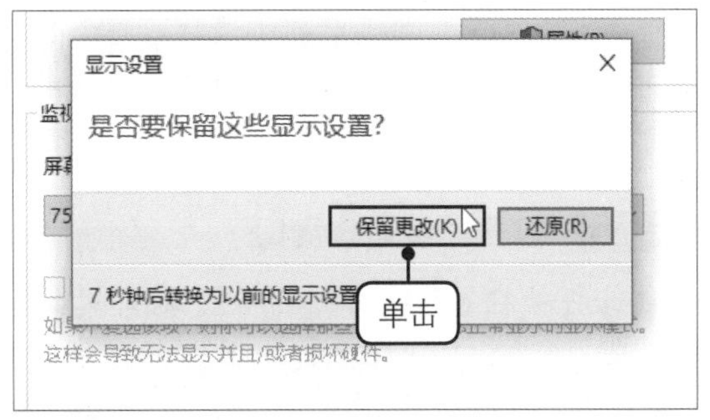

2.7 调整任务栏大小

Windows 的任务栏一般位于桌面底部，正在运行的应用程序都在任务栏上有一个相应的按钮，单击此按钮可快速切换到对应的程序窗口。如果觉得任务栏的高度太低，不便于窗口的切换，可对任务栏的高度进行调整。

步骤01 取消锁定任务栏

❶右击桌面底部的任务栏。❷在弹出的快捷菜单中单击“锁定任务栏”命令，取消任务栏的锁定，如下图所示。

步骤02 扩展任务栏

移动鼠标到任务栏上方，直到指针变成⇕形状。按住鼠标左键不要松手，向上移动鼠标，即可扩展任务栏高度，如下图所示。将任务栏扩展到理想位置时，释放鼠标即可。

步骤03 锁定任务栏

扩展任务栏以后，右击任务栏，在弹出的快捷菜单中单击“锁定任务栏”命令，如右图所示，即可重新锁定任务栏，防止任务栏被轻易移动。

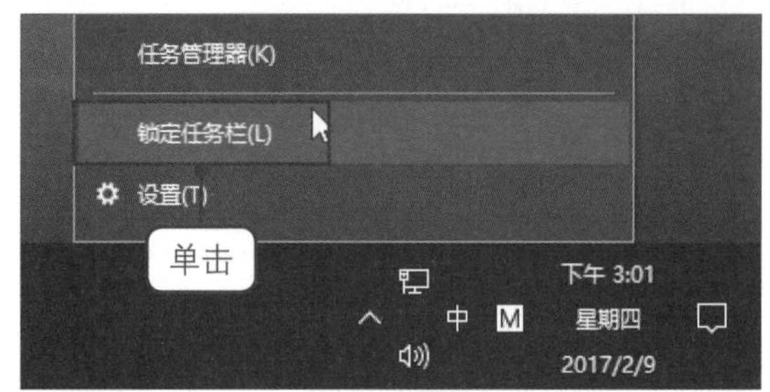

2.8 找回控制音量的小喇叭

对于初学者来说，学会音量的调节很重要，因为无论是听歌还是看电影都需要调节到合适的音量。但是，有可能某些操作会导致控制音量的图标在任务栏中消失，此时就需要通过以下操作找回该图标。

需注意的是，台式电脑中虽然有一个简易的喇叭，但它仅是电脑自检的报警器，不能作为音箱使用。虽然现在有少量的台式电脑自带音箱，但是，绝大多数台式电脑的机箱中是不带音箱的，必须插入耳机或者接上音箱，电脑才能发出声音。

步骤01 打开“设置”窗口

❶右击任务栏。❷在弹出的快捷菜单中单击“设置”命令，如下图所示。

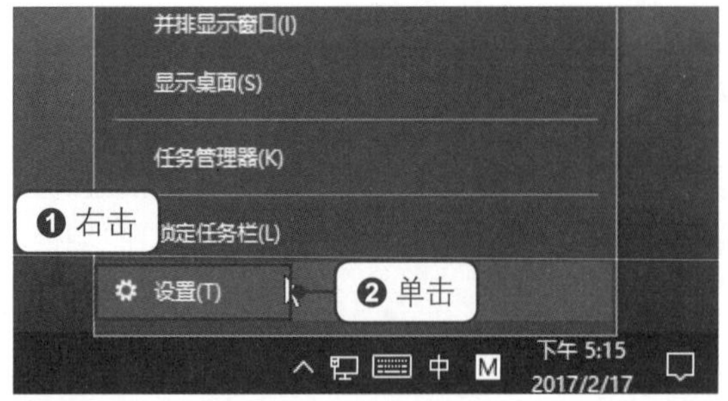

步骤02 设置通知区域

❶弹出“设置”窗口，自动切换至“任务栏”选项卡中。❷单击“通知区域”选项组下的“选择哪些图标显示在任务栏上”选项，如下图所示。

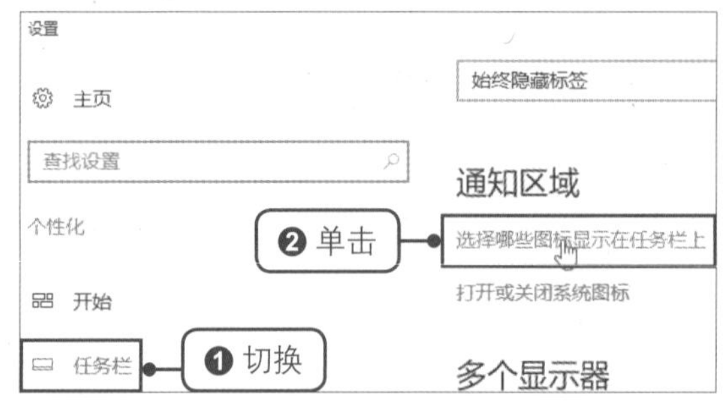

步骤03 显示音量图标

在窗口中的“选择哪些图标显示在任务栏上”组下，可看到图标的显示状态，在“音量”右侧单击开关按钮，如下图所示。

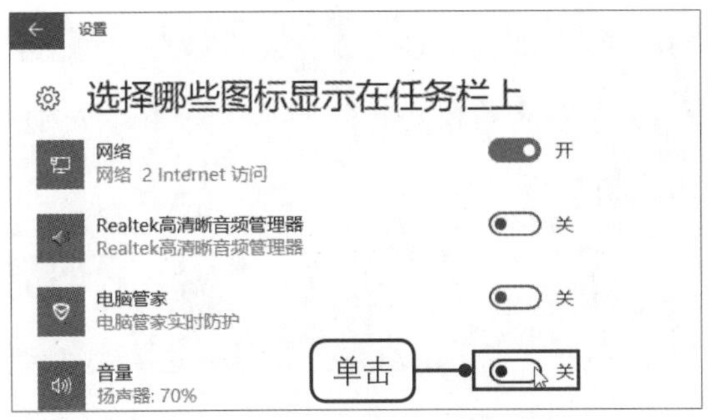

步骤04 调节音量

随后可看到任务栏中出现的音量图标，单击该图标，在弹出的“扬声器”面板中拖动滑块，可调节音量的大小，如下图所示。

2.9 快速启动软件

无论是什么软件，当用户想要使用时，都希望能够快速找到并启动它。本节将介绍几种快速启动软件的方法。

2.9.1 将常用软件的图标固定到任务栏

用户常使用的软件无非就是那几个。如果要快速启动这些软件，除了可以在桌面上创建快捷方式，还可以将这些软件的图标固定到任务栏上，具体的方法如下。

步骤01 固定软件图标到任务栏

❶单击“开始”按钮。❷在弹出的程序列表中右击要固定的软件，如“Microsoft Edge”。❸在弹出的快捷菜单中单击“更多>固定到任务栏”命令，如下图所示。应用相同的方法可将其他软件固定到任务栏上。

步骤02 取消固定软件图标

随后可看到任务栏中出现了该软件的图标，用户可单击该图标快速启动该软件。❶如果要取消该图标的固定，右击软件图标。❷在弹出的快捷菜单中单击“从任务栏取消固定”命令，如下图所示。

2.9.2 通过“开始”菜单启动软件

用户除了可以将常用的软件固定到任务栏快速启动外，还可以直接通过“开始”菜单按字母和拼音来查找和启动软件，具体的操作方法如下。

步骤01 单击拼音

❶单击“开始”按钮。❷在弹出的程序列表中单击任意分组字母，如“E”，如下图所示。

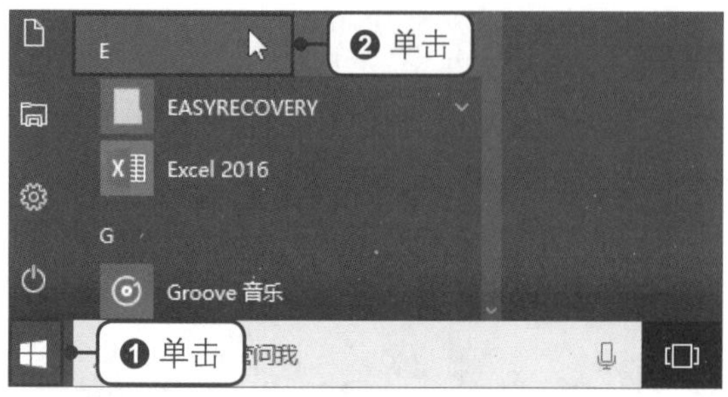

步骤02 选择要显示的软件的拼音

此时可以看到之前显示的程序列表切换为英文首字母和拼音首字母分组列表，单击“拼音J”，如下图所示。

步骤03 启动软件

随后自动跳转到首字拼音为“J”的软件分组中，单击组中某个软件的图标，即可启动该软件，如右图所示。

2.10 强制结束出现问题的程序

在某些时候，可能会出现打开的程序不能通过右上角的“关闭”按钮来关闭的情况，此时就可以使用任务管理器来强制关闭这些出现问题的程序。

步骤01 单击“任务管理器”命令

❶右击任务栏。❷在弹出的快捷菜单中单击“任务管理器”命令，如下图所示。

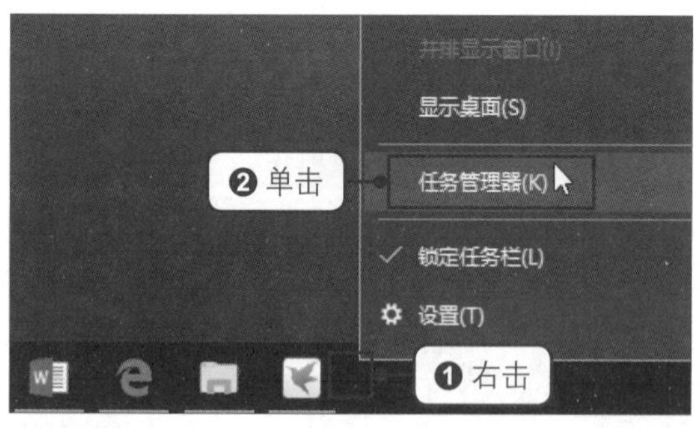

步骤02 结束任务

弹出“任务管理器”窗口，可在窗口中看到电脑中正在运行的程序。❶选中要结束的程序。❷单击“结束任务”按钮，如下图所示。

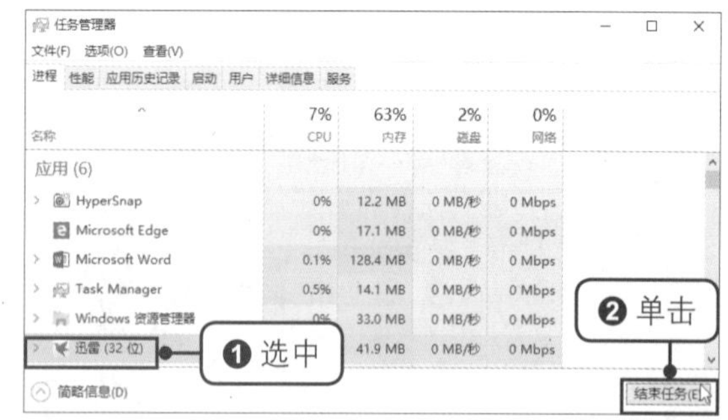

步骤03 关闭窗口

此时选中的程序消失，表示它已被强制关闭。单击窗口右上角的“关闭”按钮，如下左图所示。

步骤04 查看结束情况

返回桌面，在任务栏中可看到之前正在运行的“迅雷”已经消失了，如下右图所示。

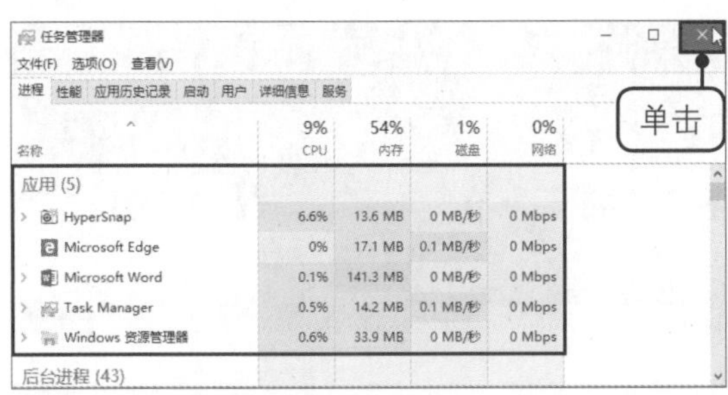

2.11 按自己的喜好设置窗口

为了方便查找文件或查看窗口，用户可将操作环境设置成符合自己喜好的效果，如窗口的大小和布局等。

2.11.1 设置窗口的大小和位置

利用窗口右上角的控制按钮，可以将窗口最大化或最小化。此外，有时为了同时查看多个窗口的内容，还需要调节窗口的大小，并移动窗口的位置，以将多个窗口排列在屏幕上，这些操作可以通过鼠标来完成。

步骤01 更改窗口高度

打开任意一个窗口，将鼠标放置在窗口的任意一条边线上，如下边线上，当鼠标指针变为⇕形状时，按住鼠标左键不放，可向上或向下拖动鼠标，此处向上拖动鼠标，如下图所示。

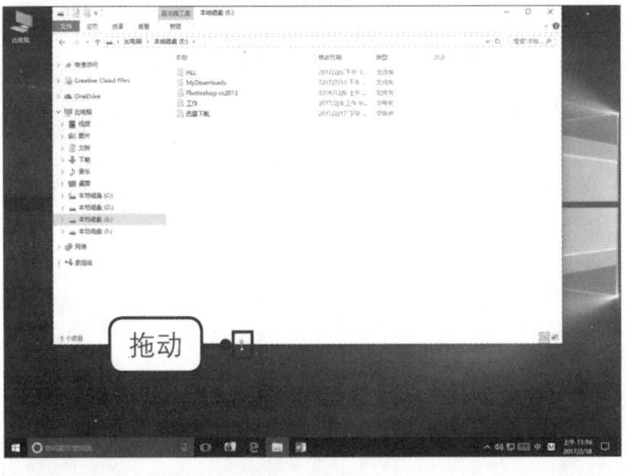

步骤02 同时更改高度和宽度

可看到窗口的高度有了变化。将鼠标放置在窗口的任意一个角上，如左下角上，当鼠标指针变为⤢形状时，按住鼠标左键向内或向外拖动鼠标，此处向内拖动，如下图所示。

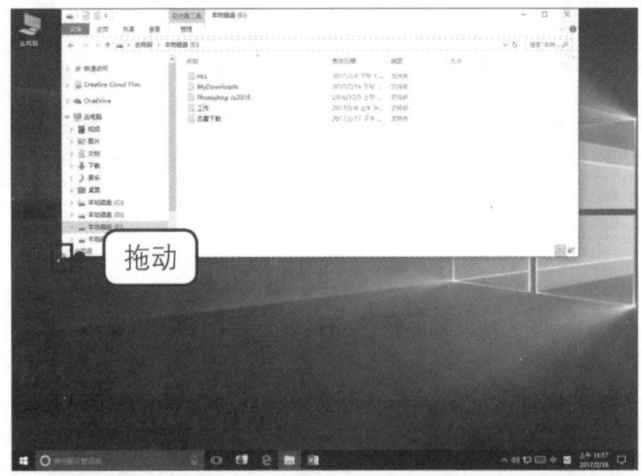

步骤03 显示更改效果

可看到窗口的高度和宽度同时在变小，更改为合适的大小后，释放鼠标即可，如下左图所示。

步骤04 移动窗口

随后将鼠标放置在窗口的标题栏上，按住鼠标左键不放，可随意拖动该窗口。如下右图所示，将该窗口移动到了桌面的左下角。

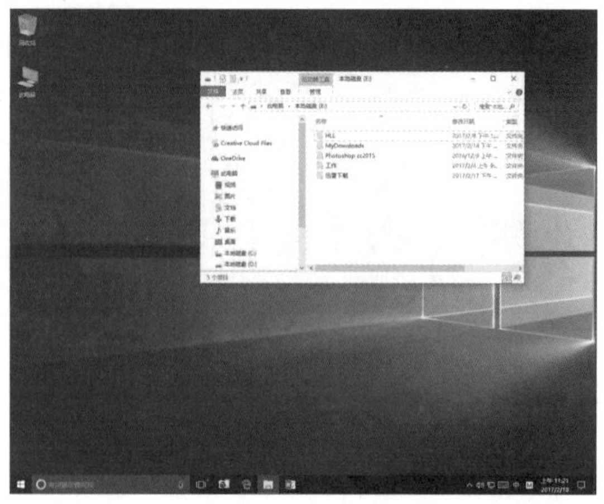

2.11.2 调整窗口的显示方式

如果用户想要在查看文件时快速找到需要的文件，可以设置一种符合自己习惯的布局效果，具体的操作方法如下。

步骤01 单击“查看”按钮

打开文件资源管理器，切换至任意一个文件夹或磁盘下，单击“查看”选项卡，如下图所示。

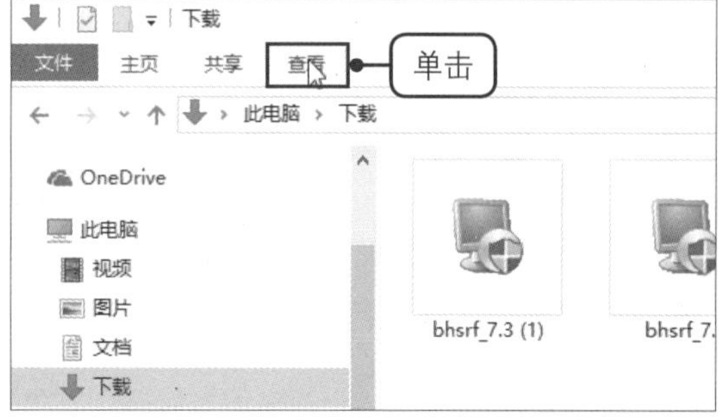

步骤02 设置布局方式

在展开的功能区中单击“布局”组中的“平铺”按钮，如下图所示。

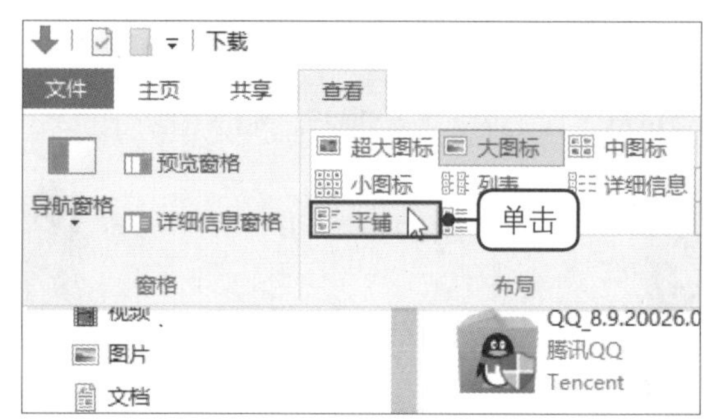

步骤03 显示平铺效果

随后可看到该文件夹或磁盘中的文件都以平铺的方式显示在窗口中，如右图所示。

第3章 方便好用的系统自带程序

Windows 10 操作系统自带了一些程序，无需另外安装就可以立即使用。读者可以使用这些程序中的“记事本”“画图”“照片”等来完成文字记事、手绘涂鸦、制作电子相册等工作，在闲暇时还可玩玩纸牌等小游戏，或者用 Windows Media Player 听听音乐、看看视频。

3.1 用“记事本”轻松写日记

俗话说“好记性不如烂笔头”，在日常生活和工作中每天都有大量的琐事需要进行记录，这里推荐大家使用 Windows 10 系统自带的“记事本”来记录。只要我们为这些电子记事本设置好记的文件名并保存，即便时间再久也可以查找到。

步骤01 打开“记事本”

依次单击“开始>Windows 附件>记事本”命令，如下图所示。

步骤02 在记事本中输入文本

打开“无标题-记事本”窗口，在记事本中输入文字内容，如下图所示。

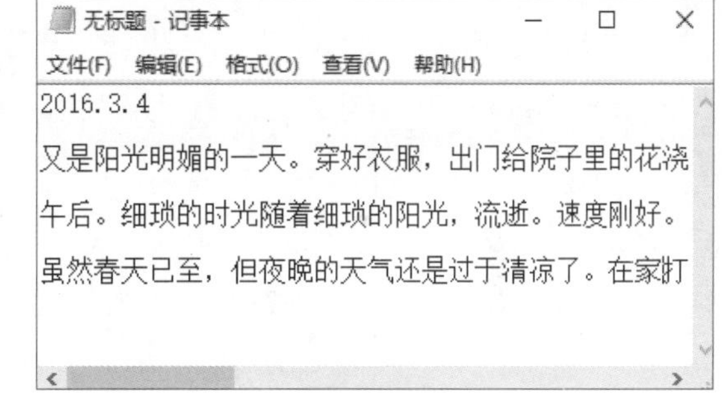

步骤03 设置自动换行

如果输入了一段很长的文本，这段文本在默认状态下是在一行中显示的，为便于查看，可以单击菜单栏上的“格式>自动换行”命令，让文字自动按照窗口大小进行换行，如下图所示。

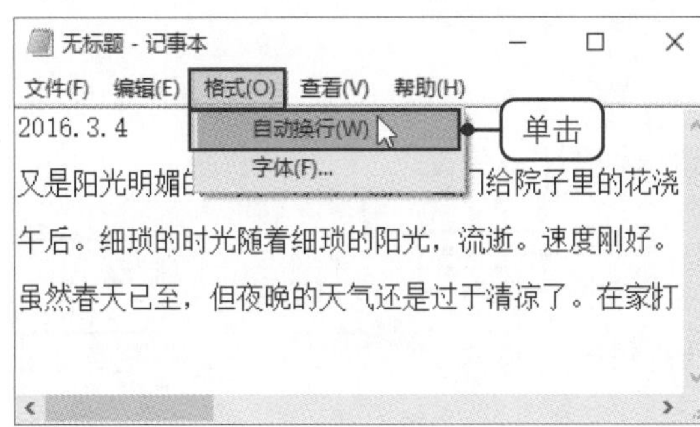

步骤04 显示设置效果

经过以上操作后，记事本中的文本自动换行显示，这样一来就能方便阅读，如下图所示。

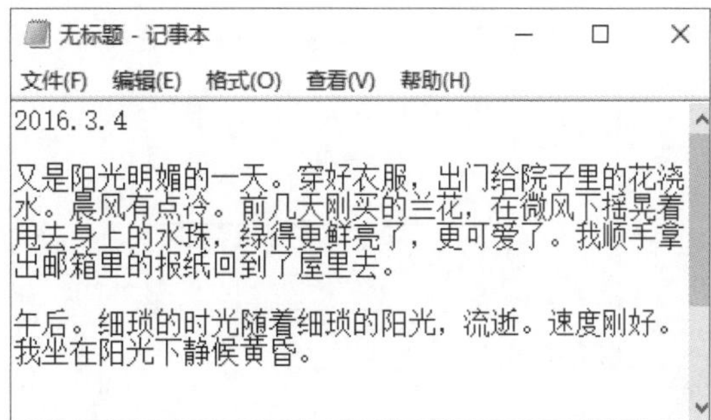

步骤05 打开“字体”对话框

单击菜单栏的“格式>字体”命令，如下图所示，即可打开“字体”对话框。

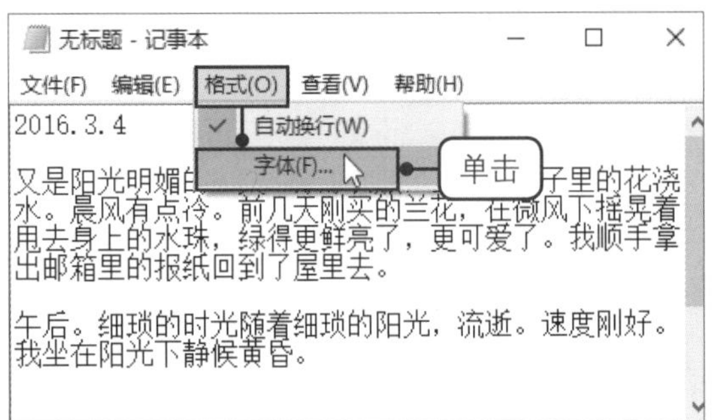

步骤06 设置字体格式

❶在“字体”下方的列表框中选择自己喜欢的字体。❷在“大小”下方的列表框中设置字号为“四号”。设置完毕后，如下图所示，最后单击“确定”按钮。

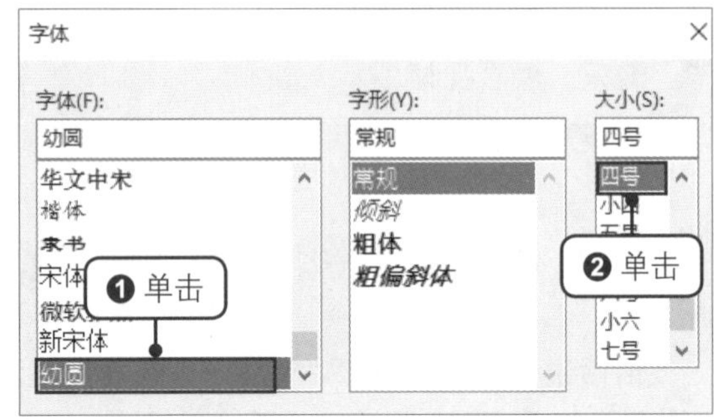

步骤07 显示设置字体后的效果

经过以上操作后，字体就变大了，更便于查看和修改，如下图所示。

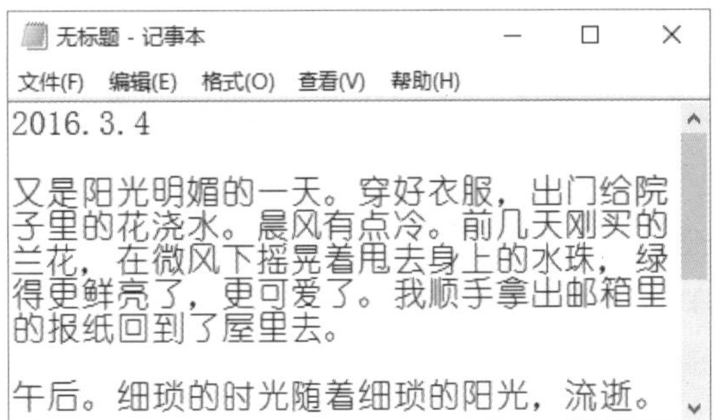

步骤08 打开“另存为”对话框

❶单击菜单栏的“文件”菜单。❷在弹出的子菜单中单击“保存”命令，如下图所示。

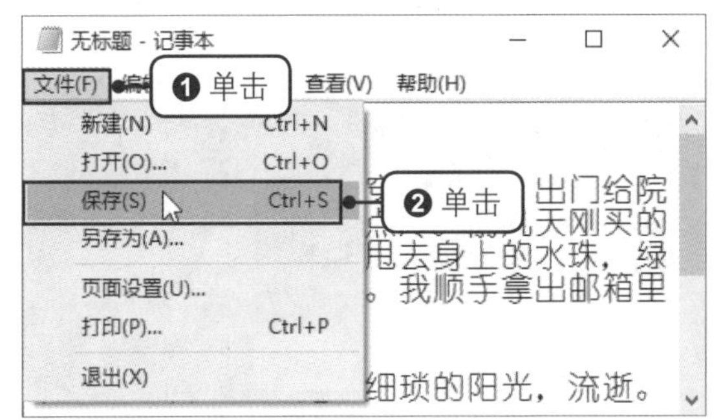

步骤09 设置文档保存路径

弹出“另存为”对话框，选择存放文档的位置，如下图所示。（最好有一个专门的文件夹来存放这些日常记录的琐事，这样便于保存和查找。）

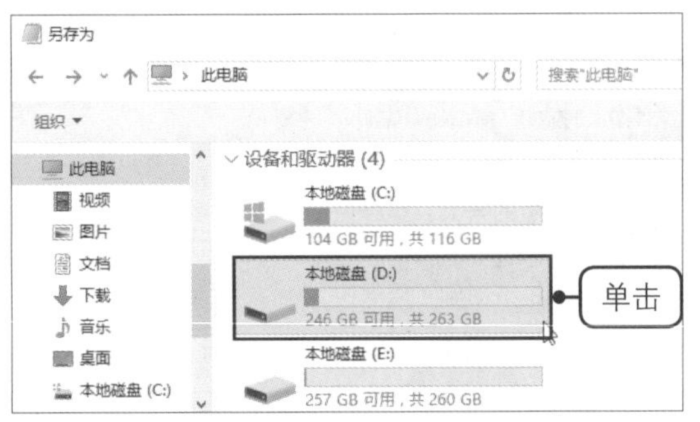

步骤10 保存记事本

❶在“文件名”右侧的文本框中输入文件名（文件名最好与文件内容有关联，以方便日后查找）。❷单击“保存”按钮，完成保存，如下图所示。

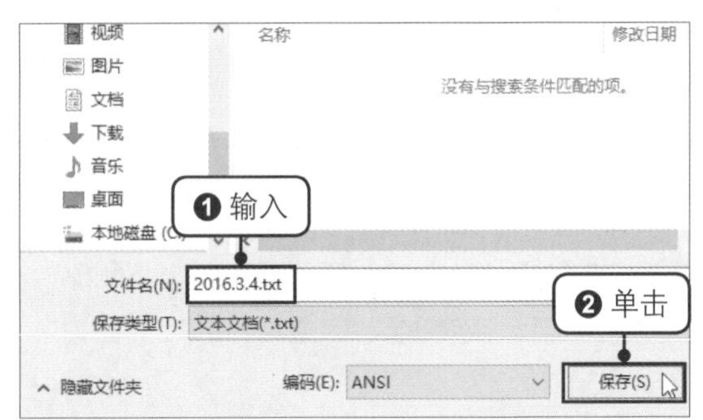

步骤11 退出记事本

保存以后，可看到标题栏的文件名称发生了改变，单击窗口右上角的“关闭”按钮即可退出记事本程序，如右图所示。

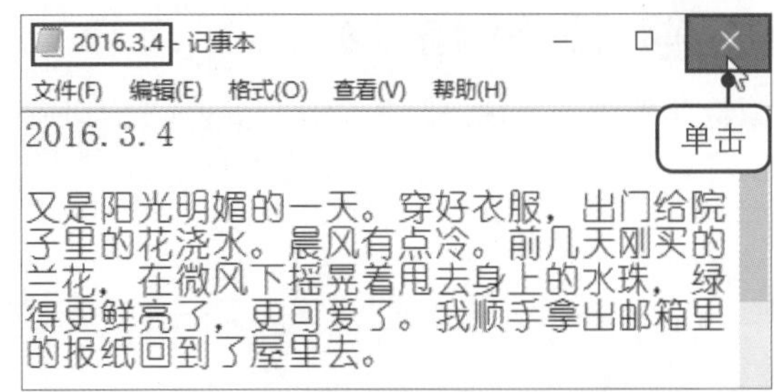

3.2 灵活使用系统提供的放大镜工具

有些时候如果眼睛距离屏幕过远，就有点看不清楚屏幕上的字。此时除了可以通过前面学习过的放大图标字体来解决这个问题外，还可以用系统提供的放大镜工具来放大屏幕内容。

步骤01 启动放大镜工具

❶单击“开始”按钮。❷在弹出的菜单中单击“Windows 轻松使用>放大镜”命令，如下图所示。

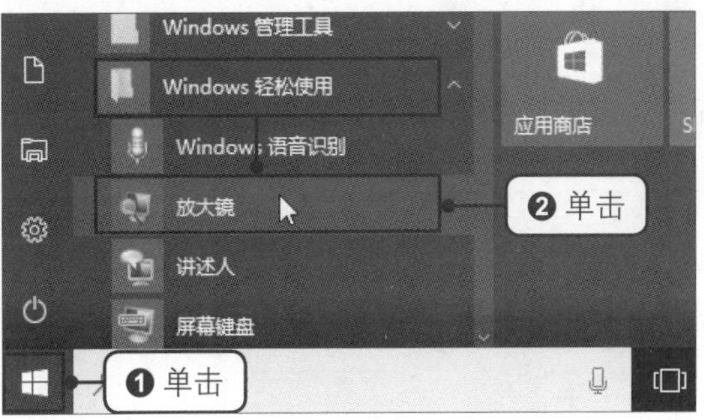

步骤02 显示放大镜窗口

打开放大镜工具以后，即可看到在屏幕上方出现了一个名为“放大镜”的窗口，如下图所示。

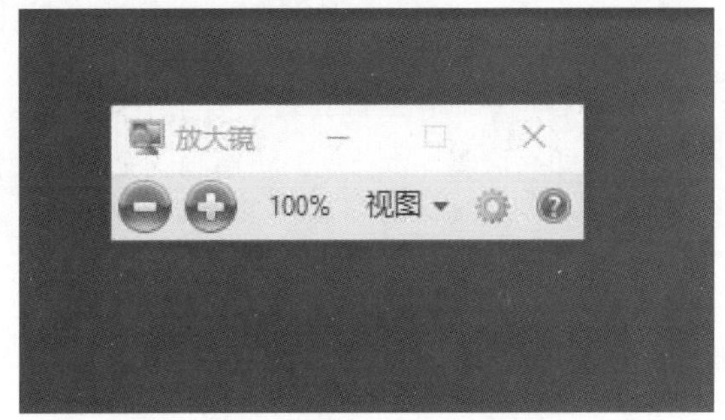

步骤03 激活放大镜窗口

放大镜窗口在屏幕上静止不动一段时间后，会变为一个放大镜图标，需要使用放大镜时，单击图标激活放大镜窗口，如下图所示。

步骤04 切换至放大镜镜头模式

单击窗口中的“视图>镜头”命令，如下图所示。

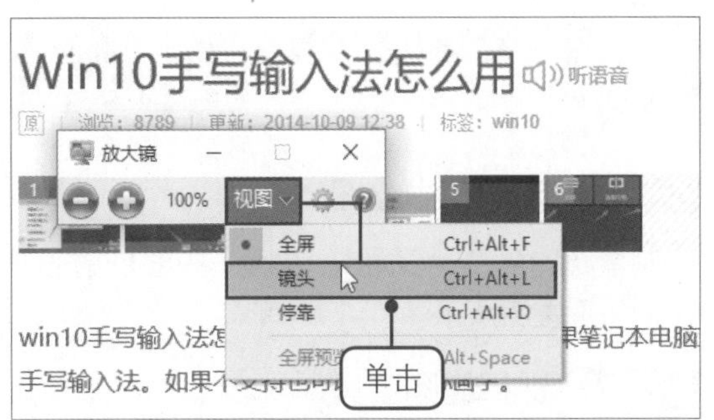

步骤05 在新位置显示窗口

鼠标指针周围出现一个矩形窗口，单击窗口中的“放大”按钮，即窗口中的“+”号，如下图所示。此时设置放大比例为“125%”。

步骤06 显示效果

移动鼠标至要查看的地方，可以看见矩形窗口内的内容被放大了，如下图所示。

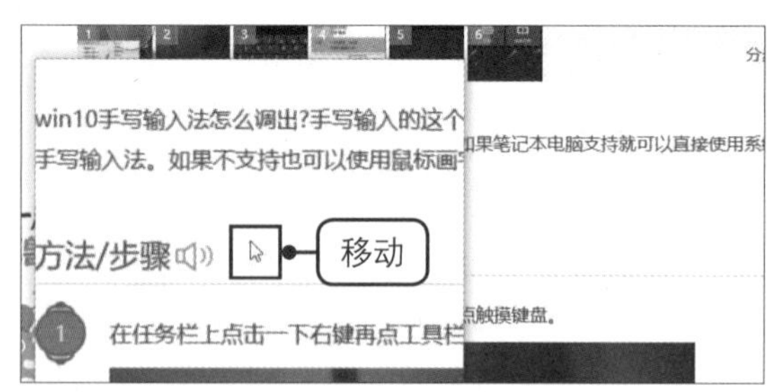

步骤07 关闭放大镜窗口

在放大镜窗口右上角单击“关闭”按钮，即可关闭放大镜窗口，如右图所示。

3.3 使用画图工具涂鸦

如果有想要画几笔的兴致，有了电脑以后，就不用再去找纸和笔了，在系统自带的画图工具中就可以即兴涂鸦。本节就来讲解画图工具的使用方法。

步骤01 启动画图工具

执行“开始>Windows附件>画图”命令，启动画图工具，如下图所示。

步骤02 选择铅笔工具

打开“无标题-画图”窗口，在“工具”组中单击“铅笔”按钮，如下图所示。

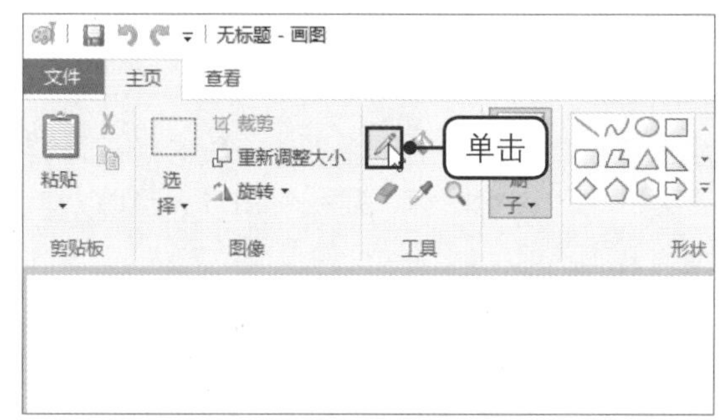

步骤03 在画布中绘图

此时鼠标指针变为了铅笔形状，在窗口的画布中拖动鼠标，即可沿着鼠标拖动的轨迹绘制出线条，如下左图所示。

步骤04 选择椭圆工具

利用“形状”组中预设的工具可以绘制出一些规则的图形。这里单击“形状”组中的“椭圆”工具，如下右图所示。

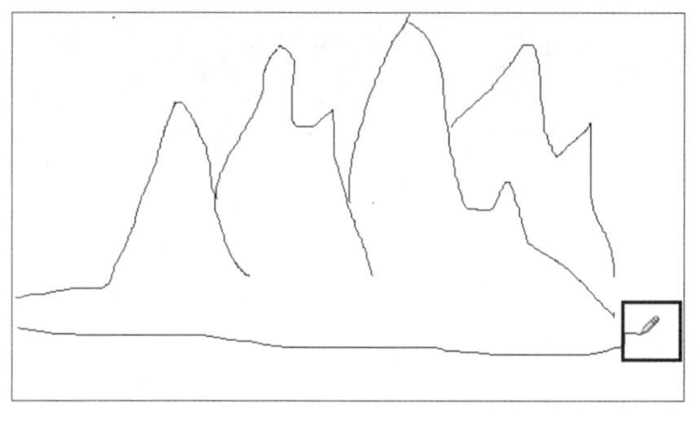

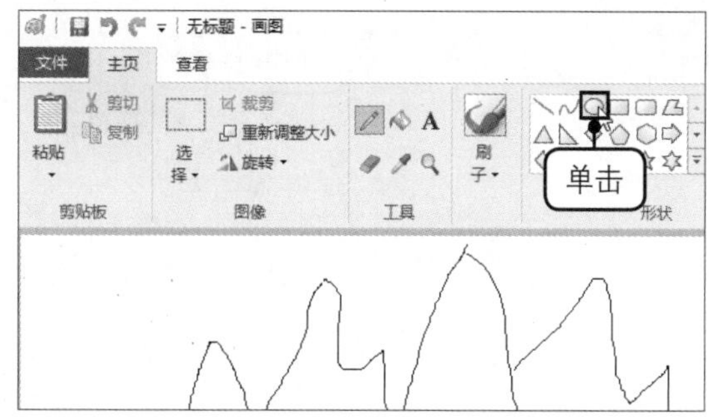

步骤05 选择线条的粗细

❶单击“粗细”下拉按钮。❷在展开的列表中选择粗细合适的线条，如下图所示。

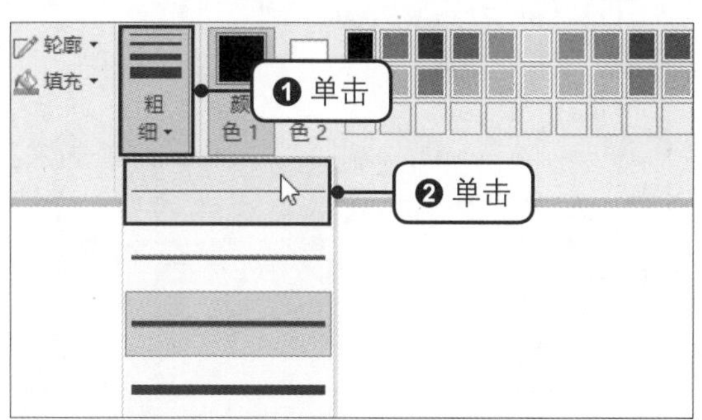

步骤06 使用椭圆工具

按住【Shift】键在画布的空白位置拖动鼠标，即可绘制出一个正圆图形，如下图所示。

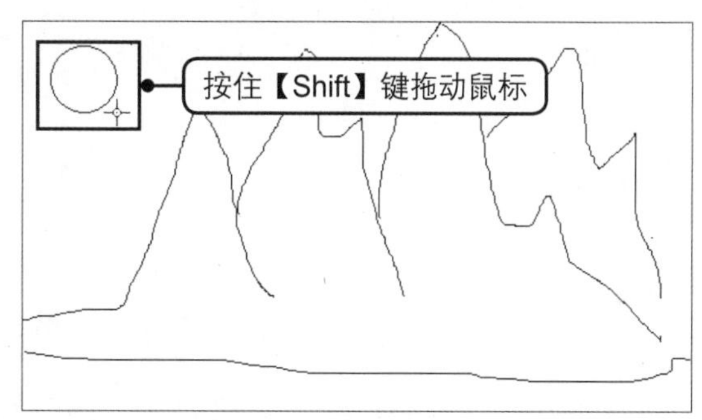

步骤07 选择橡皮擦工具

如果某些地方多画了几笔，还可以使用橡皮擦工具来擦除。单击“工具”组中的“橡皮擦”工具，如下图所示。

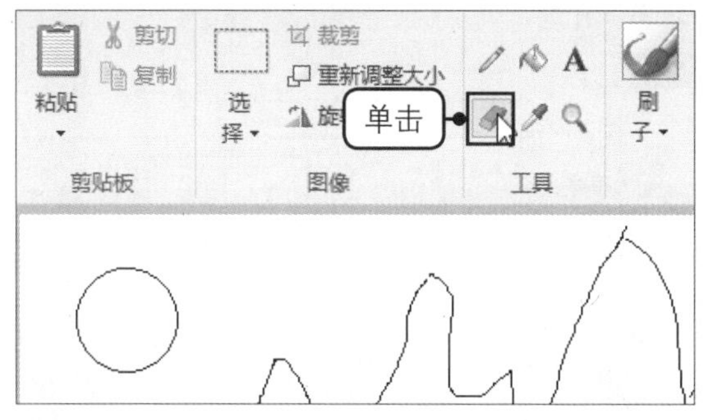

步骤08 使用橡皮擦工具

按住鼠标左键拖动，即可擦除画布中多余的部分，如下图所示。

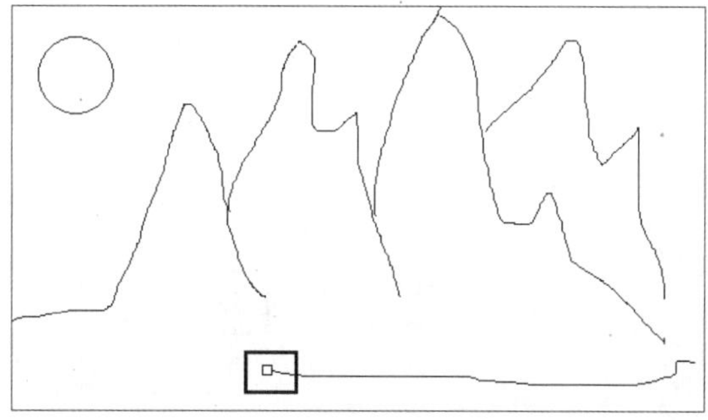

步骤09 单击“用颜色填充”按钮

画好了之后，如果觉得只有黑白两色过于单调，还可以为图像填充颜色。单击“工具”组中的“用颜色填充”按钮，如下左图所示。

步骤10 选择填充颜色

在“颜色”组中单击选择合适的颜色，如“黄色”，如下右图所示。

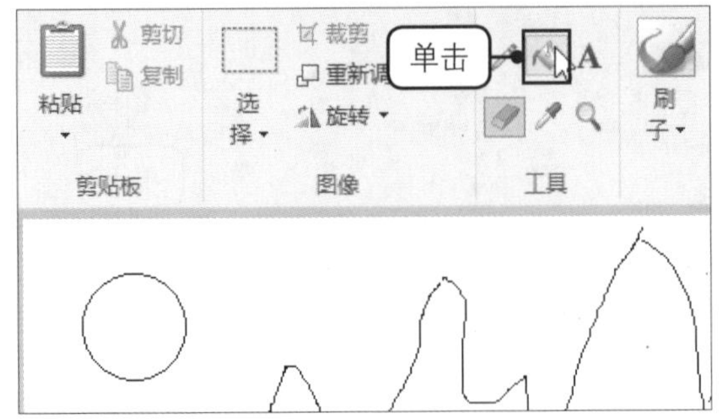

步骤11 填充颜色

单击图像，即可完成对该图像的着色，如下图所示。

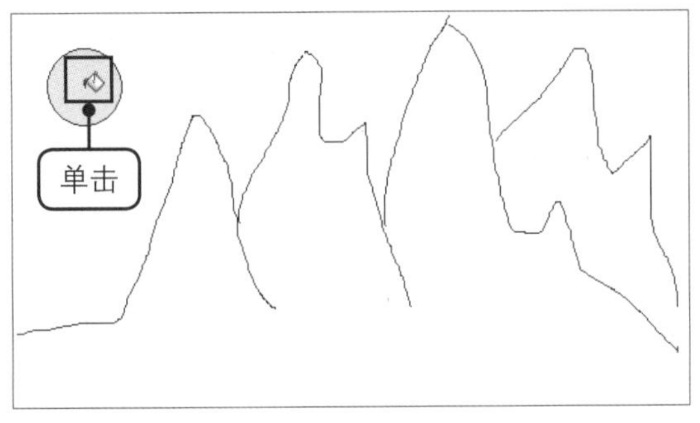

步骤12 单击“保存”按钮

单击窗口左上角快速访问工具栏中的“保存”按钮，如下图所示。

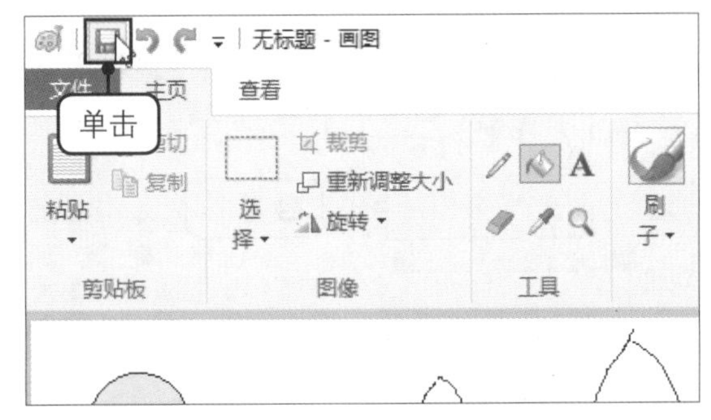

步骤13 保存图像

❶在“保存为”对话框中选择保存位置。❷在“文件名”右侧的文本框内输入文件名，如“日出”。❸单击“保存”按钮完成保存，如下图所示。

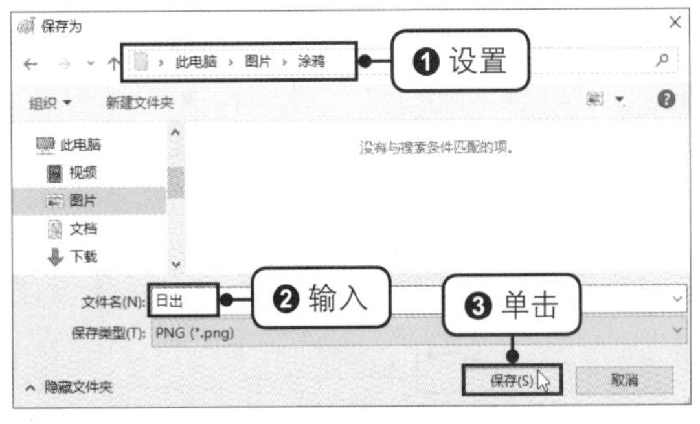

步骤14 显示保存的图像效果

关闭画图窗口，打开图像的保存位置，即可看到保存的涂鸦图像，如下图所示。

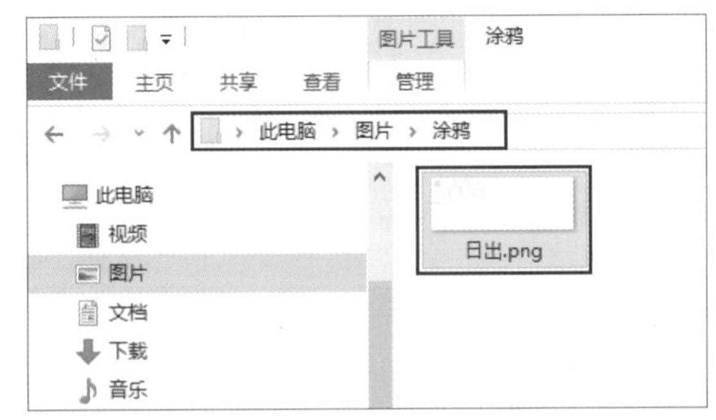

3.4 把照片做成电子相册

如果电脑上积累了很多照片，想要查看时，需要一张张地翻阅，这就显得有些麻烦。如果能将这些照片做成电子相册，那就方便很多了，而 Windows 10 系统自带的照片工具就具有制作电子相册的功能。下面就来看看怎么用照片制作电子相册吧。

步骤01　打开“照片”

❶单击“开始”按钮。❷在弹出的菜单中单击“照片”命令，如下图所示。

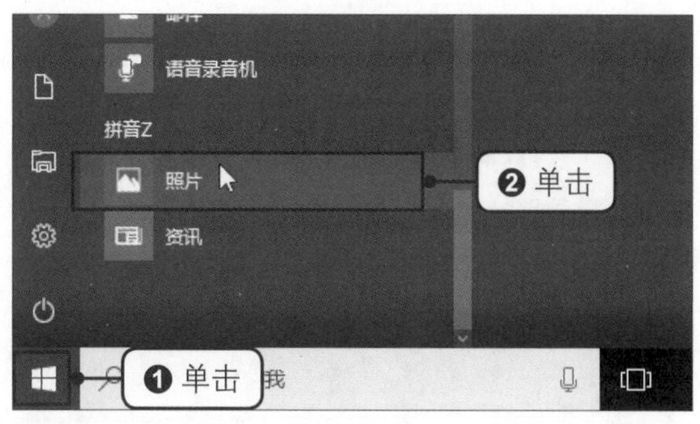

步骤02　打开“设置”页面

❶在弹出的“照片”窗口的“集锦”选项卡下，单击“查看更多”按钮。❷在弹出的菜单中单击“设置”命令，如下图所示。

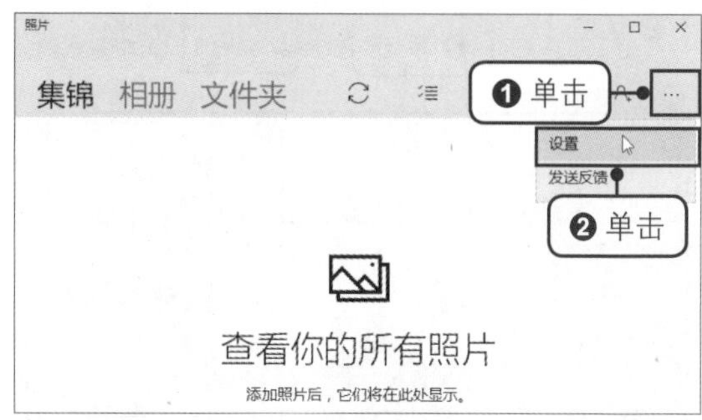

步骤03　添加文件夹

在“设置”页面下的“源”组中单击“添加文件夹”按钮，如下图所示。

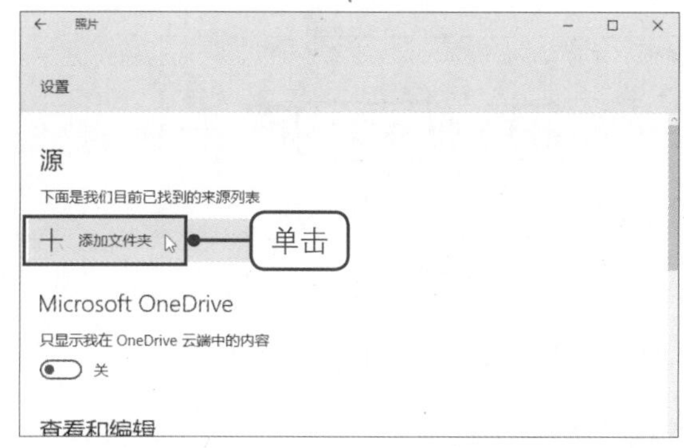

步骤04　选择文件夹

❶在弹出的“选择文件夹”对话框中选择想要制作电子相册的图片文件夹，如“照片”。❷单击“将此文件夹添加到图片”按钮，如下图所示。

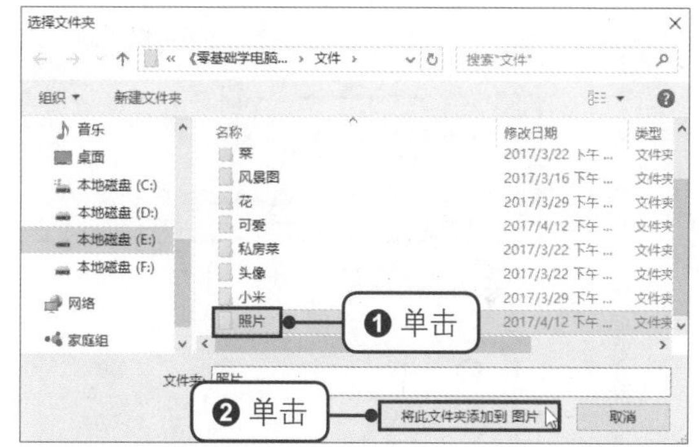

步骤05　文件导入成功

此时可以看见文件夹成功添加到了“源”组中，单击窗口左上角的向左方向箭头，如下图所示，返回上一级窗口。

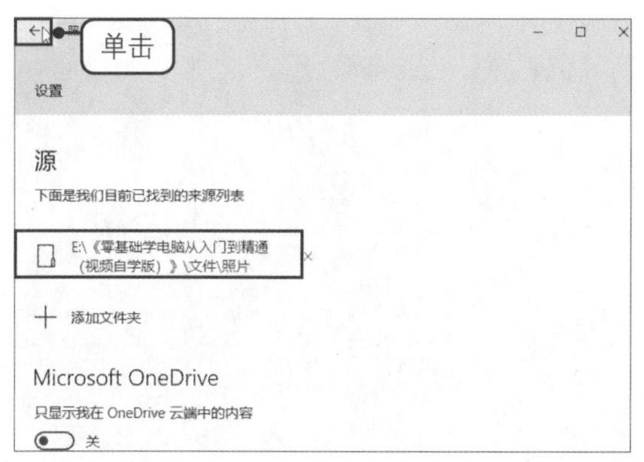

步骤06　选择图片

返回到“集锦”选项卡下，单击“选择”按钮，如下图所示。

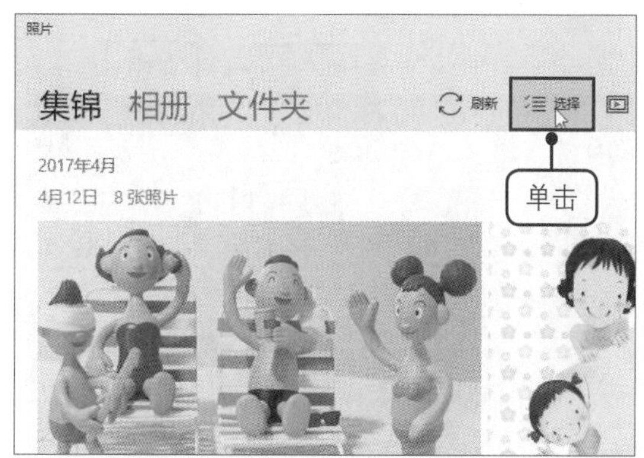

步骤07 添加图片

❶依次单击选中需要制作成电子相册的图片。❷单击“添加到相册”按钮，如下图所示。

步骤08 创建新相册

弹出“添加到相册”对话框，单击“创建新相册”按钮，如下图所示。

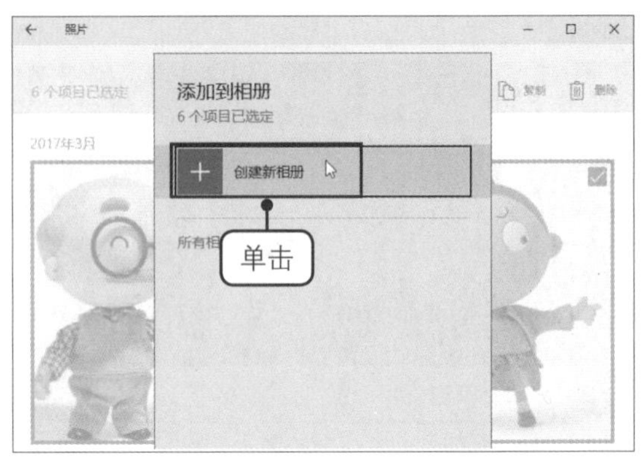

步骤09 命名并创建相册

❶在“为新相册命名”文本框中输入相册的名称，如“欢乐一家人”。❷单击“创建相册”按钮，如下图所示。

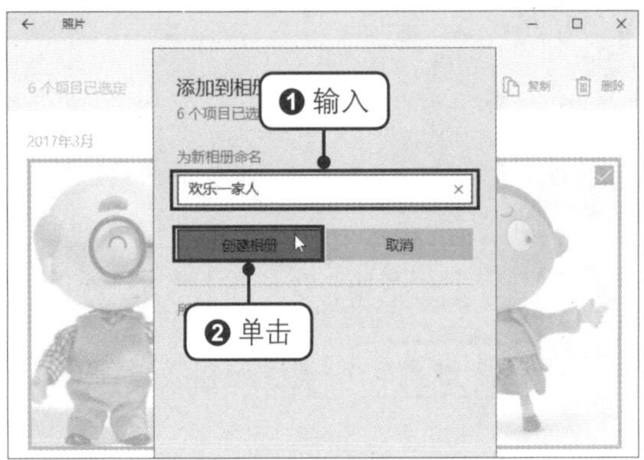

步骤10 查看相册位置

❶单击“相册”标签，切换至该选项卡下。❷单击新创建的相册“欢乐一家人”缩略图，如下图所示。

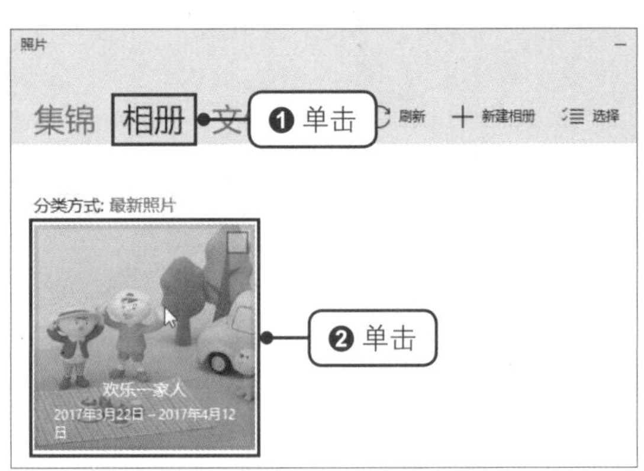

步骤11 放映相册

进入该电子相册的详情界面，单击“幻灯片放映”按钮，如下图所示。

步骤12 显示放映效果

随后，就可以看到相册中的图片以幻灯片模式一张一张地连续放映，如下图所示。

3.5 轻松时刻玩玩纸牌小游戏

Windows 10 系统除了自带各种小程序以外，还集成了几个可玩性较高的小游戏，供用户在无聊或者闲暇时消遣。闲来无事的时候，泡杯清茶，玩玩纸牌等游戏，那是多么惬意啊。本节将以 Windows 10 系统自带纸牌系列游戏中的 Klondike 游戏为例介绍其玩法。

为了叙述方便，我们把 Klondike 的游戏界面分为三个区：左上角的 1 叠牌为发牌区，右上角的 4 叠牌为收牌区，下方的 7 叠牌则为翻牌区。

游戏的规则很简单，通过拖动翻牌，将所有的纸牌拖动到收牌区即可获胜。收牌区的 4 叠牌代表 4 种不同的花色，每叠牌只能按同一花色、从 A 到 K、从小到大的规则叠放。翻牌区的牌只能按照花色黑红交替、从 K 到 A、从大到小的规则叠放，翻牌区被压住的牌不能被移动。

步骤01 打开纸牌系列游戏

❶单击“开始”按钮。❷在弹出的菜单中单击“Microsoft Solitaire Collection”命令，打开纸牌系列游戏，如下图所示。

步骤02 在游戏区选择游戏

此时显示出了包含多种游戏的窗口，第一排图标的游戏都是系统自带，不需要下载，而下面几排图标的游戏都需要下载才能玩，这里单击打开“Klondike”纸牌游戏，如下图所示。

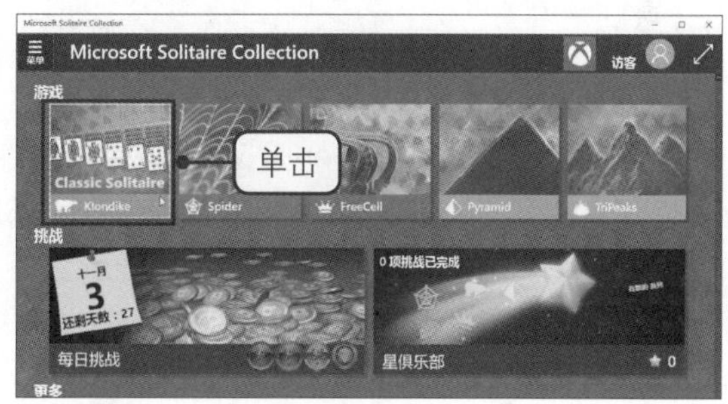

步骤03 排列翻牌区的牌

用鼠标移动翻牌区的牌，翻牌区的牌只能按照红黑交替、从大到小的顺序叠放，如下图所示。

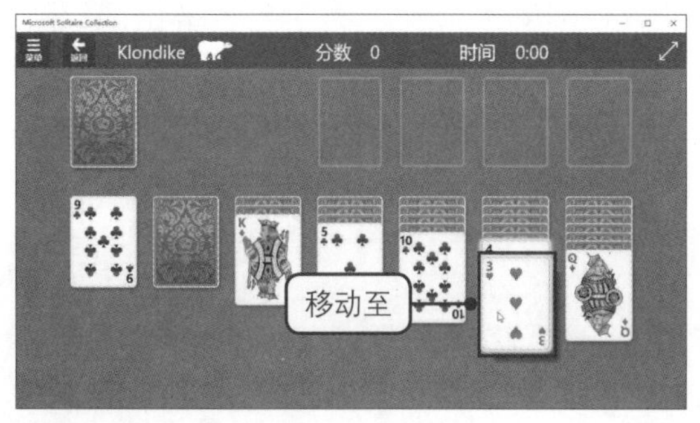

步骤04 翻出翻牌区的牌

若翻牌区的牌无法再移动，单击背面朝上的纸牌，翻出新的纸牌，再继续叠放，如下图所示。

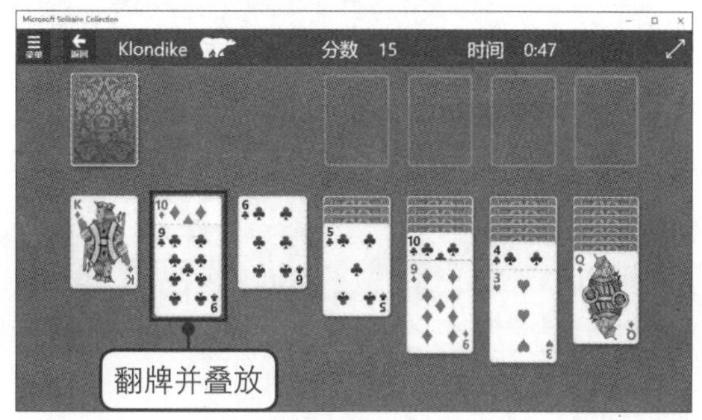

步骤05 翻出发牌区的牌

若翻牌区的牌无法再移动且没有空列，单击发牌区的纸牌背面，翻出新的三张牌，如下左图所示。

步骤06 移动A至收牌区

出现A就把A移动到收牌区，如下右图所示。

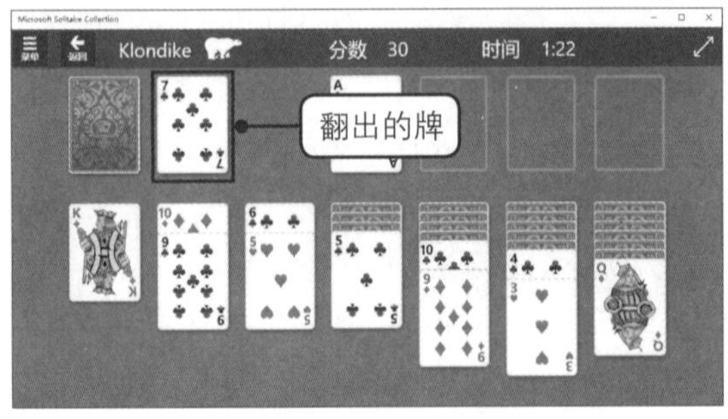

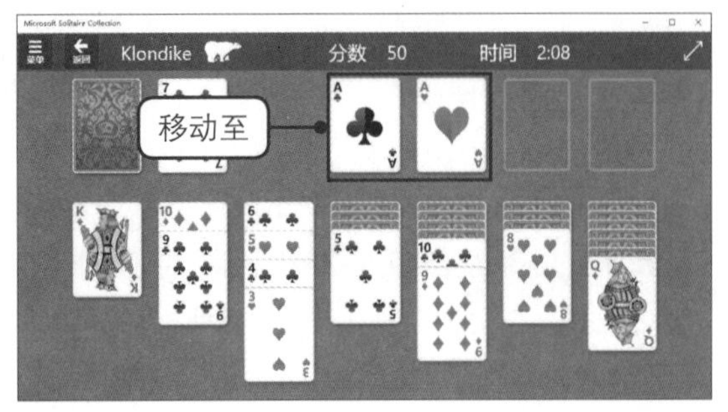

步骤07 将所有牌移动到收牌区

如果发牌区和翻牌区有和收牌区花色相同且大小相连的牌，就可以双击该牌将其快速移动至收牌区，如右图所示。将所有的牌都叠放到收牌区之后，就会获得游戏的胜利。

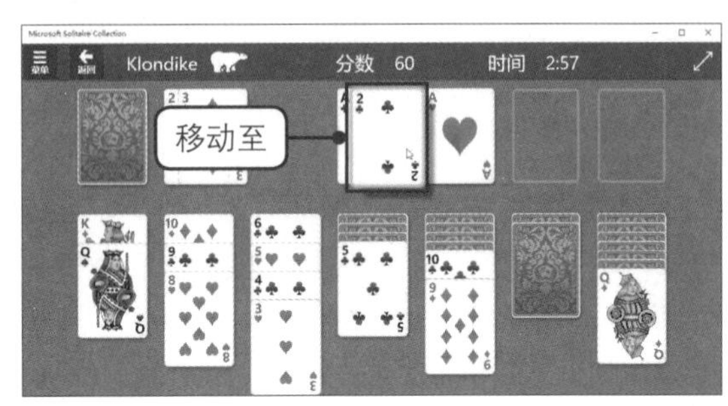

3.6 使用Windows Media Player

Windows Media Player 是 Windows 10 自带的一款多媒体播放工具，可以播放多种格式的多媒体文件，如 MP3、WAV、AVI、VOD、ASF、MPEG 等格式的文件。下面来看看 Windows Media Player 播放工具是怎么使用的吧。

步骤01 打开Windows Media Player

❶单击“开始”菜单。❷在弹出的菜单中单击“Windows 附件>Windows Media Player”命令，如下图所示。

步骤02 显示窗口

启动Windows Media Player以后，就可以看到它的播放窗口了，如下图所示。

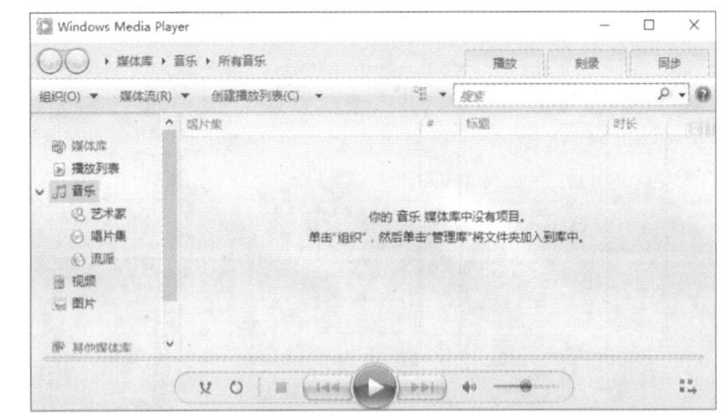

步骤03 打开音乐库工具

❶单击“组织”下拉按钮。❷在展开的下拉列表中单击“管理媒体库>音乐”选项，如下左图所示。

步骤04 选择要播放的媒体文件

在弹出的“音乐库位置”对话框中单击“添加”按钮，如下右图所示。

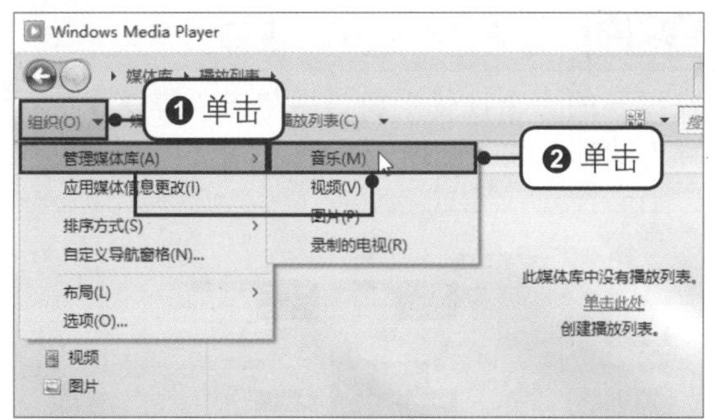

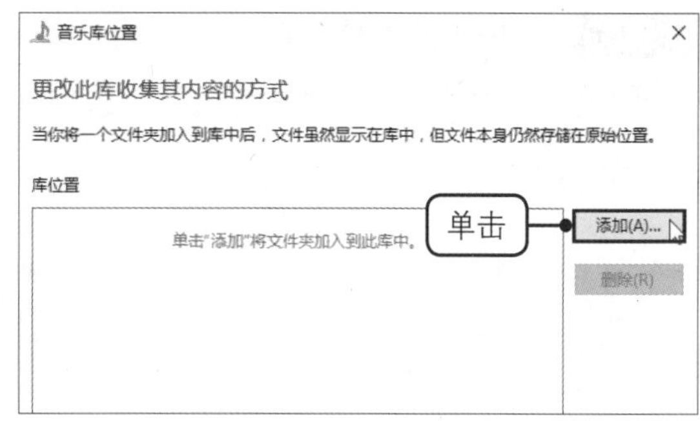

步骤05 添加播放文件夹

❶在弹出的对话框中找到并选中放置音乐的文件夹。❷单击“加入文件夹”按钮，如下图所示。

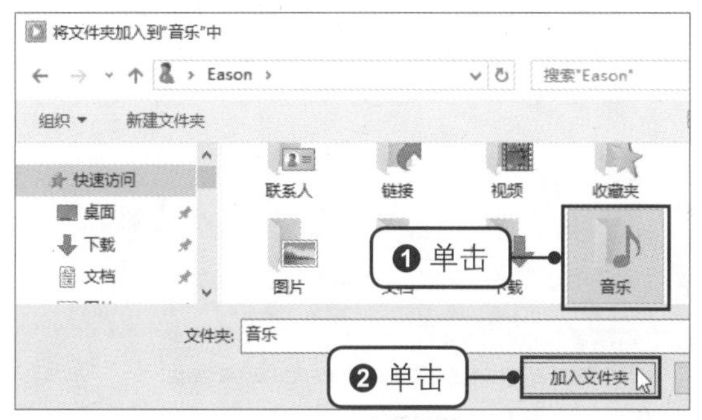

步骤06 播放音乐

单击“音乐库位置”对话框中的“确定”按钮，返回播放窗口中，单击“播放”按钮，Windows Media Player即开始播放添加的音乐，如下图所示。

3.7 关闭屏幕保护程序

屏幕保护程序是电脑为了保护显示屏而自动运行的一个程序。当长期不操作电脑，电脑就会自动进入屏幕保护界面。用户在看电影时，如果想要避免屏幕保护程序的干扰，可以把屏幕保护程序关闭。具体的操作方法如下。

步骤01 打开“控制面板”窗口

❶右击“开始”按钮。❷在弹出的快捷菜单中单击“控制面板”命令，如下图所示。

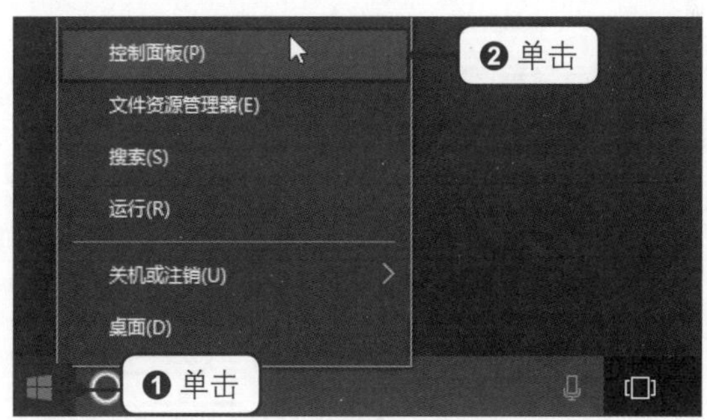

步骤02 单击“外观和个性化”选项

在弹出的窗口中单击“外观和个性化”选项，如下图所示。

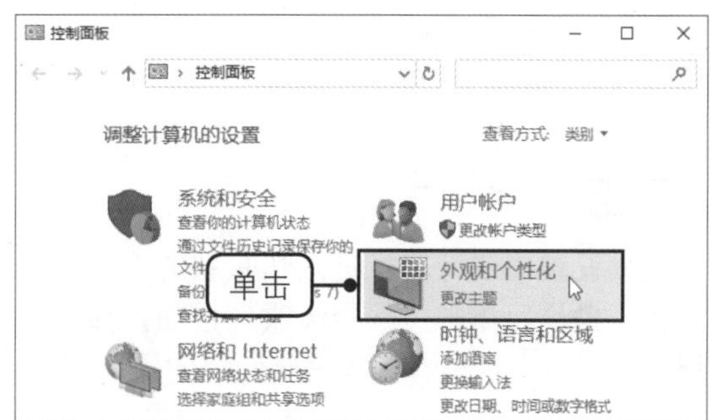

步骤03 打开主题设置窗口

在“个性化”选项组下，单击“更改主题”选项，如下图所示。

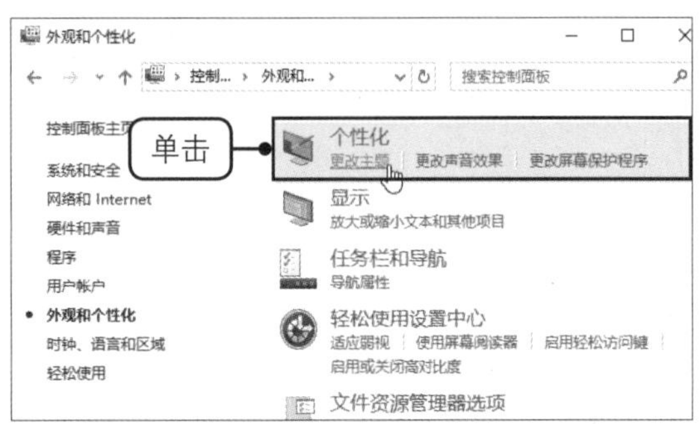

步骤04 打开“个性化”窗口

在打开的“个性化”窗口中单击“屏幕保护程序”选项，如下图所示。

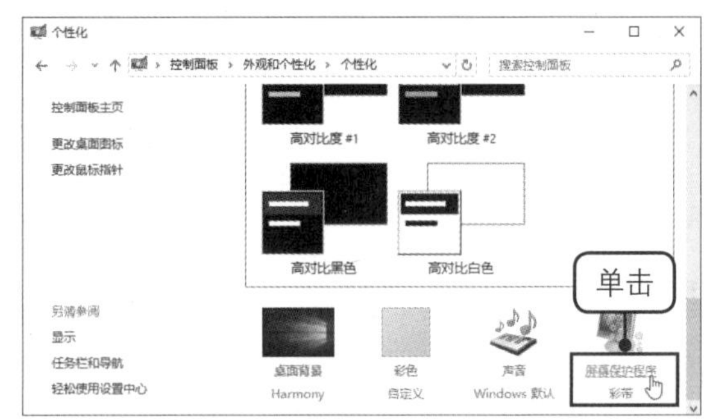

步骤05 设置“屏幕保护程序”

❶在弹出的“屏幕保护程序设置”对话框中，单击“屏幕保护程序”右侧的下拉按钮。❷在展开的列表中单击“(无)”选项，如下图所示。

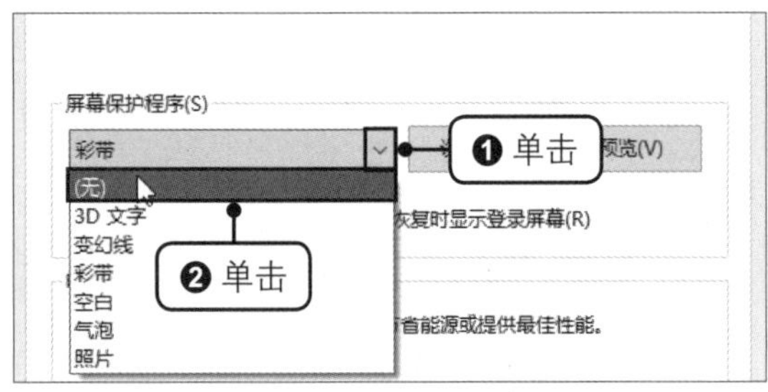

步骤06 打开“电源选项”窗口

在“屏幕保护程序设置”对话框中，单击“更改电源设置”选项，如下图所示。

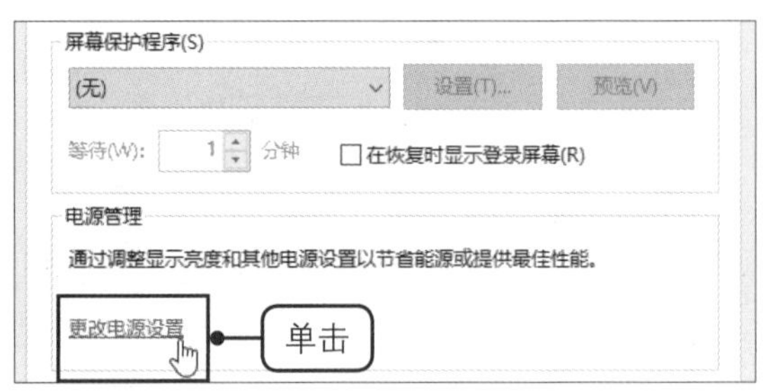

步骤07 选择关闭显示器的时间

在“电源选项”窗口下，单击左侧的“选择关闭显示器的时间”选项，如下图所示。

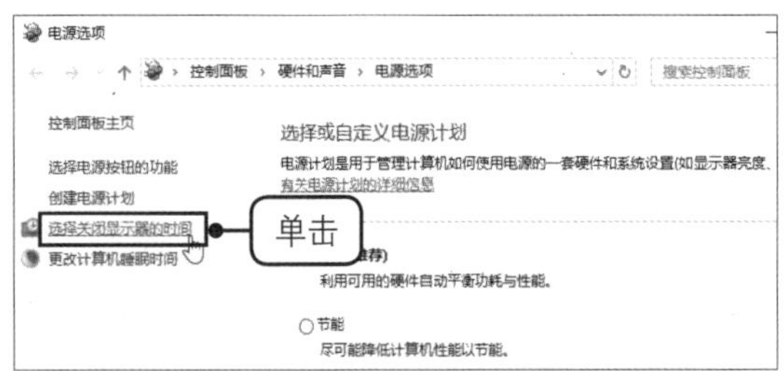

步骤08 设置从不关闭显示器

❶在“编辑计划设置”窗口中，单击“关闭显示器”右侧的下拉按钮。❷在展开的下拉列表中单击“从不”选项，如下图所示。

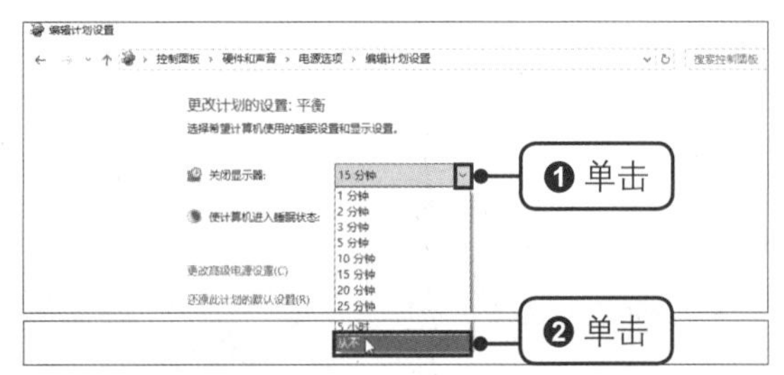

步骤09 设置完成

❶继续设置“使计算机进入睡眠状态”为“从不”。❷最后单击“保存修改”按钮，如右图所示。即可完成屏幕保护程序的关闭操作。

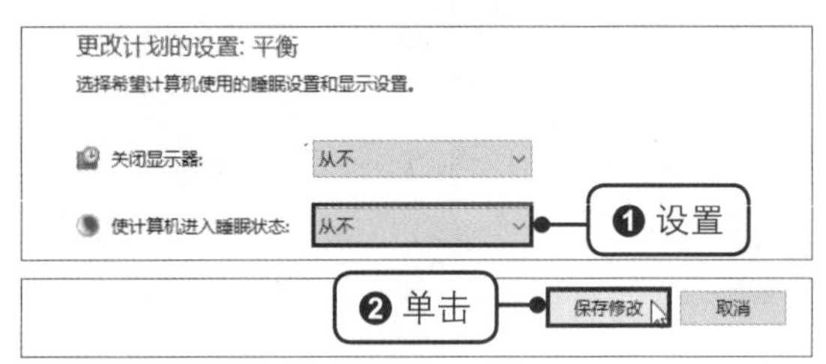

第4章 文字输入与字体安装

在使用电脑时，无论是查找资料，还是记录生活点滴，都需要输入文字，也就是俗称的打字。而要输入文字，就必须使用相应的文字输入法。电脑中的文字输入法有很多，用户选择一款适合自己的输入法并勤加练习即可。输入文字后，常常还要设置字体，既可以使用系统自带的字体，也可以自行下载和安装新字体。

4.1 学打字，从认识键盘开始

键盘是电脑最主要的输入设备之一，通过键盘可以将各种文字、数字、标点符号及指令等输入到电脑系统中。在学打字之前，对键盘有一定的了解是非常必要的。只有熟悉了键盘，文字输入才能更加方便和快捷。下面，就让我们一起来认识认识键盘吧。

4.1.1 键盘概述

对于大多数普通电脑用户来说，可按照外形将键盘分为标准键盘与人体工程学键盘两类。

1. 标准键盘

这一类键盘应用广泛，价格实惠，在市面上非常普及。目前的标准键盘一般都是 104 键或 107 键，107 键键盘比 104 键键盘多了关机、睡眠和唤醒三个键。如下左图所示为 104 键键盘。

2. 人体工程学键盘

人体工程学键盘是在标准键盘上将指法规定的左手键区和右手键区这两大区域左右分开，并形成一定角度，使操作者不必有意识地夹紧双臂，保持一种比较自然的姿势，如下右图所示。这种设计的键盘对于习惯盲打的用户来说，可以有效地减少左右手键区的误击率，如字母“G”键和“H”键。

4.1.2 认识键盘布局

键盘中的所有键按基本功能可分成四组，即为键盘的四个分区：主键盘区、功能键区、编辑键区和数字键盘区，如下图所示。

❶ 主键盘区	主键盘也称标准打字键盘，此键区除包含26个英文字母键、10个数字键、11个符号键（包括各种标点符号、数学符号、特殊符号）等共47个字符键外，还有若干基本的功能控制键，如【Backspace】键、【Enter】键、【Tab】键、【Shift】键、【Ctrl】键、【Alt】键等
❷ 功能键区	功能键区也称专用键区，包含【Esc】键、【F1】到【F12】共13个功能键，主要用于扩展键盘的输入控制功能。各个功能键的作用在不同的软件中通常有不同的定义
❸ 编辑键区	编辑键区也称光标控制键区，主要用于控制或移动光标。这个区域的各键都有指定功能，如用于上下翻页的【Page Up】键（有的键盘会简写为【PgUp】键）与【Page Down】键（有的键盘会简写为【PgDn】键），用于切换插入/改写的【Insert】键和用于删除的【Delete】键，还有用于截屏的【PrScn SysRq】键等
❹ 数字键盘区	数字键盘也称小键盘、副键盘或数字/光标移动键盘。其主要用于数字符号的快速输入。在数字键盘中，各个数字符号键的分布紧凑、合理，适于单手操作，在录入内容为纯数字符号的文本时，使用数字键盘将比使用主键盘中的数字键更方便，更有利于提高输入速度

4.1.3 了解常用的输入法

目前，汉字的输入法五花八门、种类繁多，在这里为大家介绍两类较为简单实用的输入法：手写输入法与拼音输入法。

1. 手写输入法

手写输入法是一种利用鼠标或手写板来输入文字的电脑输入法，其拥有强大的中文识别能力和丰富的词条联想功能。该输入法几乎不需要专门学习，只要会写字，就可流畅地完成文字的输入。

2. 拼音输入法

拼音输入法就是利用汉语拼音输入汉字的输入法，这是最容易学也最简单的键盘输入法。不过，因为汉语中的同音字比较多，拼音输入法的输入速度可能不是很快。为了解决这一问题，不少输入法都做了改进，如将常用字排列在前、词组组合简拼等智能化设置，从而提高了输入效率。

目前，常用的拼音输入法有微软拼音输入法（系统自带）、搜狗拼音输入法和QQ拼音输入法等。

4.2 最接近真实书写感的手写输入法

Windows 10 系统自带的触摸键盘可以实现手写输入，大大方便了初学者在网络上进行社交、搜索新闻和查找资料等活动。触摸键盘的手写输入主要通过两种方式来实现：一种是拖动鼠标输入，一种是通过手写板或触摸屏输入。由于手写板需要另外购买，电脑触摸屏也尚未普及，本节将主要介绍鼠标拖动法输入文字。

步骤01 显示触摸键盘

❶右击任务栏，❷在弹出的快捷菜单中单击“显示触摸键盘按钮”命令，如下图所示。

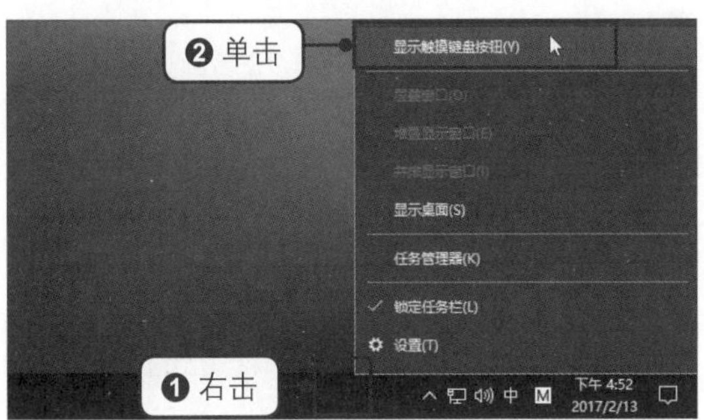

步骤02 启动触摸键盘

此时可以在任务栏的右下角看到添加的“触摸键盘”按钮，单击该按钮，如下图所示。

步骤03 更改输入方法

在桌面上弹出了和键盘类似的面板，单击该触摸键盘上的“更改输入语言和方法”按钮，如下图所示。

步骤04 选择手写方式

在展开的列表中单击表示手写方式的图标，如下图所示。

步骤05 显示触摸手写面板

可以看到触摸键盘由键盘效果变为手写面板，如下左图所示。

步骤06 使用鼠标手写文字

打开空白的文本文档，在手写面板中的第一个字符框中按住鼠标左键拖动，即把鼠标当成笔，在框中书写文字，由于此时还未书写完成，系统识别出的文字有可能不是用户需要的，如下右图所示。

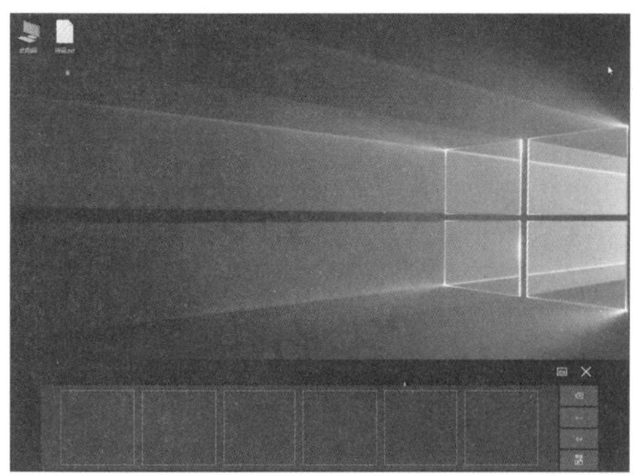

步骤07 选择文字

继续在字符框中拖动鼠标书写文字，完成后，可看到字符框上方的文字行中显示了多个文字及与该文字有关的词组，单击需要输入的文字，如下图所示。

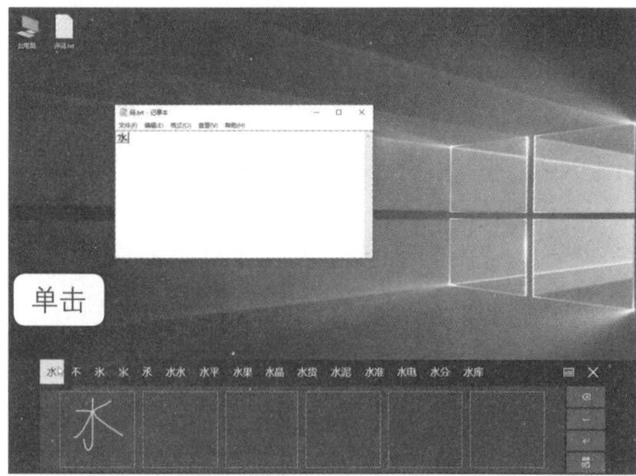

步骤08 换行

应用相同的方法继续在字符框中输入文字，如果需要换行，则单击面板上的“添加换行”按钮，如下图所示。

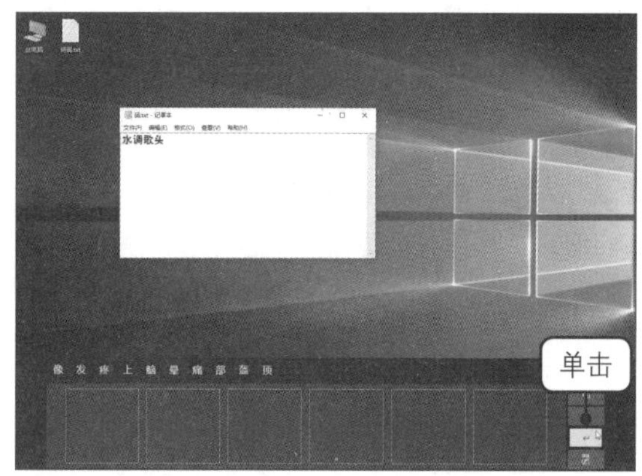

步骤09 删除错误字符

若输入了错误的字符，可单击面板上的“删除字符”按钮，如下图所示。

步骤10 关闭触摸键盘

完成字符的输入后，单击面板右上角的“关闭”按钮，如下图所示，即可完成触摸键盘输入的操作。

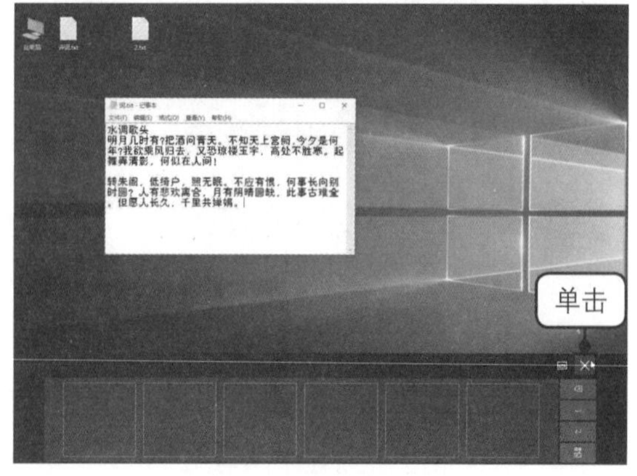

4.3 使用率最高的拼音输入法

相对于学习难度较大的五笔字型输入法来说，拼音输入法无疑简单许多，几乎不用花费什么时间学习，只要会汉语拼音拼写就可以使用。拼音输入法还可以根据地域特点的发音进行模糊设置，以解决部分用户发音不够标准的问题。在众多的拼音输入法中，搜狗拼音是使用最为广泛的输入法之一。下面就来看看该拼音输入法怎么使用吧。

4.3.1 认识搜狗拼音输入法

搜狗拼音输入法可以免费下载和使用。用户可以将自己的个性化常用词加进词库，还可以通过互联网备份词库和配置信息。搜狗拼音输入法的状态栏组成如下图所示。

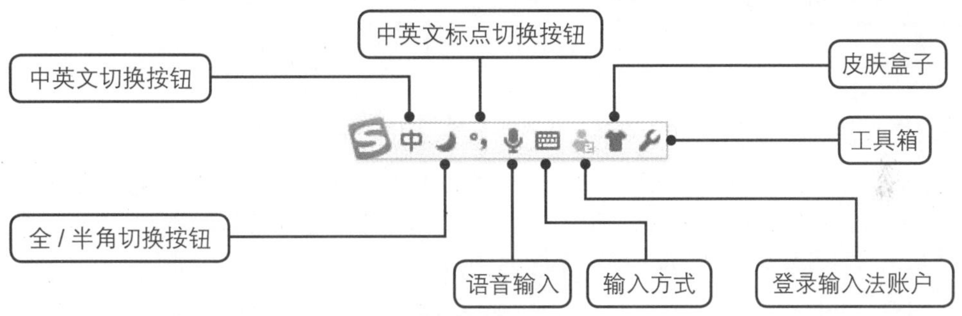

4.3.2 设置搜狗拼音输入法属性

安装好搜狗拼音输入法以后，其默认属性并不一定适合所有用户，这时候就需要修改搜狗拼音输入法的属性，如候选项数、外观及模糊音等，让输入法更加符合自己的使用习惯。

步骤01 打开“属性设置”对话框

❶使用组合快捷键【Ctrl+Shift】切换到搜狗拼音输入法，❷在该输入法状态栏上右击。在弹出的快捷菜单中单击“设置属性”命令，如下图所示。

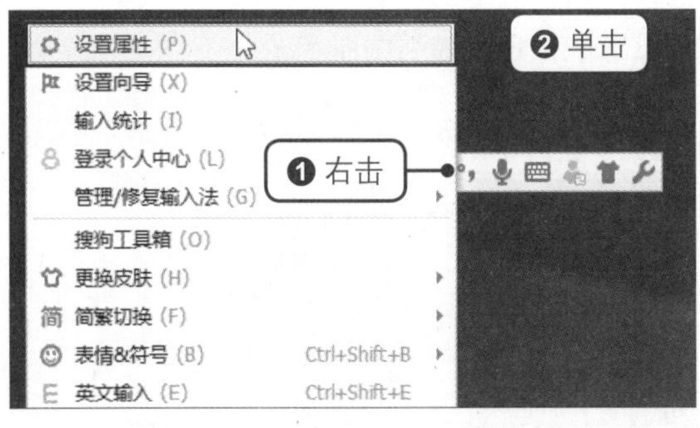

步骤02 设置候选项数

❶在弹出的“属性设置”对话框中单击“外观”标签。❷单击“显示设置”选项组下“候选项数”右侧的下拉按钮，在展开的列表中单击“7”，如下图所示。

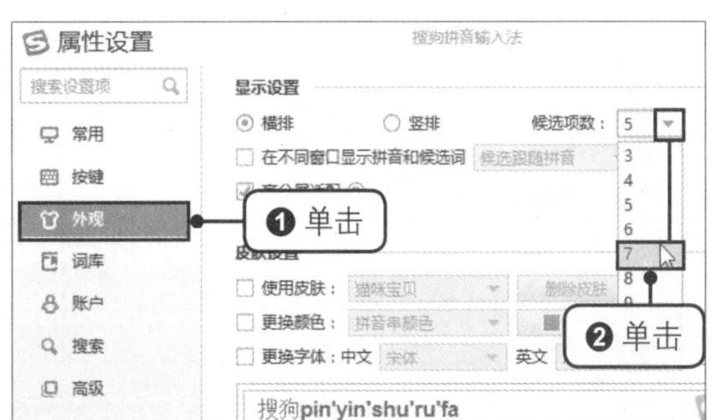

步骤03 设置皮肤

❶在“外观”选项卡中的“皮肤设置”选项组下勾选“使用皮肤”复选框。❷单击右侧的下拉按钮，在展开的列表中选择喜欢的皮肤样式，如“冰爽柠檬”，如下图所示。用户还可以更改皮肤的颜色和候选窗口的字体和字号。

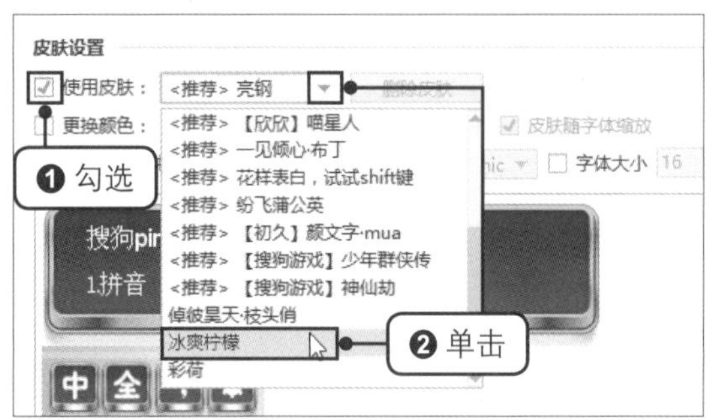

步骤04 切换至“词库”选项卡

随后可在“皮肤设置”下的预览框中看到设置后的候选窗口效果。单击“词库”标签，如下图所示。

步骤05 设置词库

在“词库”选项卡下的“细胞词库管理”选项组下的列表框中取消勾选不经常使用的词库复选框，勾选经常使用的词库复选框，如下图所示。

步骤06 高级设置

❶切换至“高级”选项卡。❷单击“智能输入”选项组下的“模糊音设置”按钮，如下图所示。

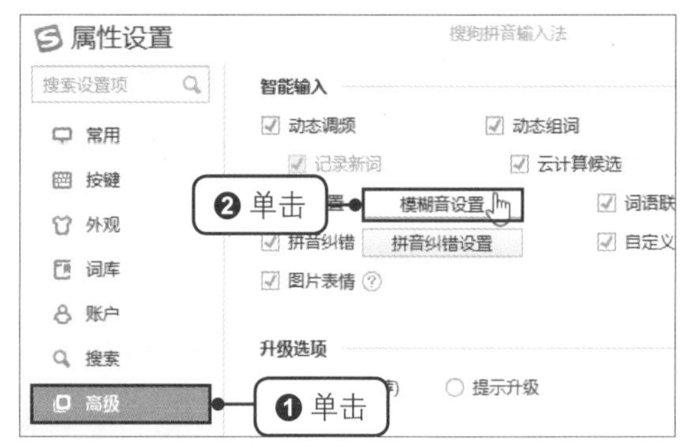

步骤07 设置模糊音

❶在弹出的“模糊音设置”对话框中勾选需要使用的模糊音复选框。❷完成后，单击“确定”按钮，如下图所示。

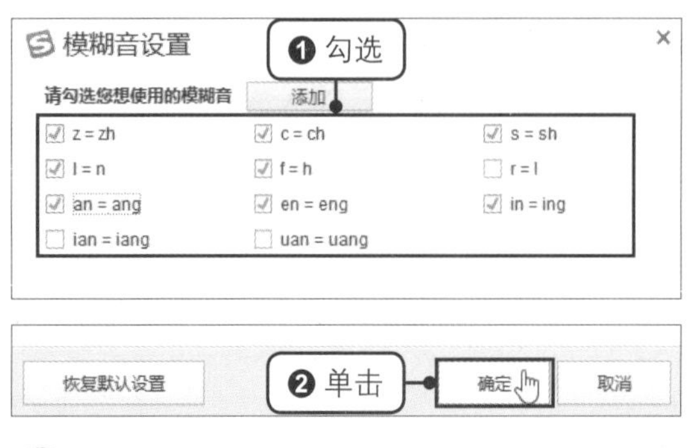

步骤08 设置自定义短语

返回“属性设置”对话框中的“高级”选项卡，单击“智能输入”选项组下的“自定义短语设置”按钮，如下图所示。

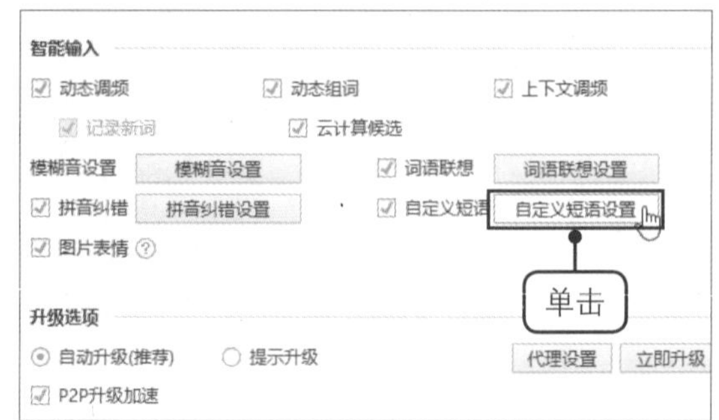

步骤09 添加新的短语

在弹出的“自定义短语设置”对话框中单击“添加新定义”按钮，如下图所示。

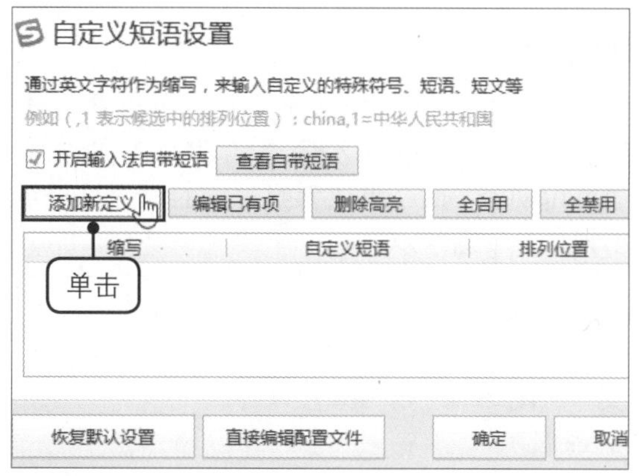

步骤10 输入自定义短语

❶在弹出的“添加自定义短语”对话框中输入“缩写”，如“limingxin”，此处必须为英文字符。❷保持默认的短语位置，在下面的空白文本框中输入“李明新”。❸完成后单击“确定”按钮，如下图所示。

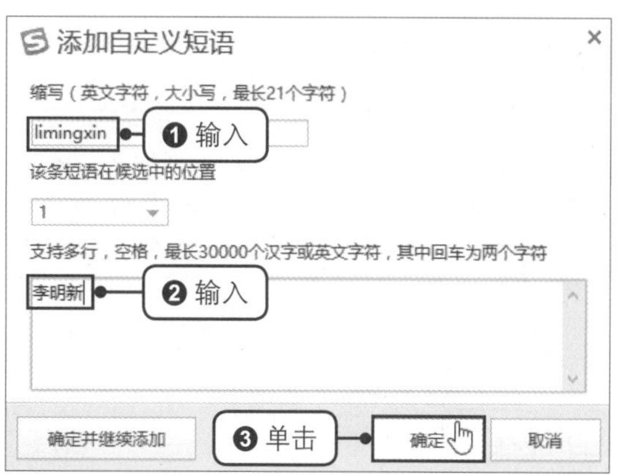

步骤11 完成属性的设置

返回“自定义短语设置”对话框，看到自定义的短语缩写及排列位置，单击“确定”按钮，如下图所示。再单击“确定”按钮，返回桌面。

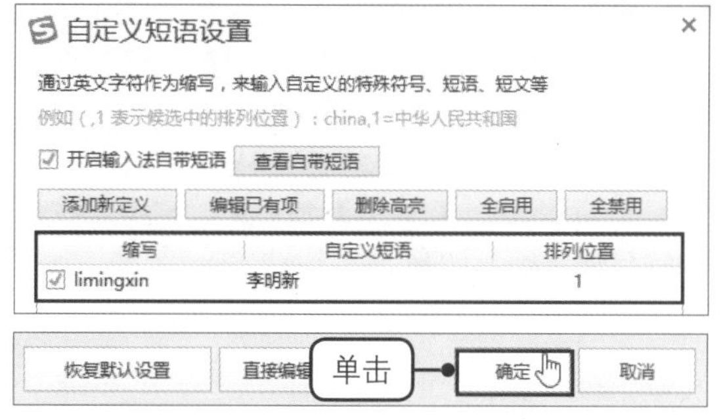

步骤12 移动搜狗输入法状态栏

可看到设置后的状态栏效果，将鼠标放置在状态栏上，按住鼠标左键不放，拖动鼠标，即可随意移动状态栏的位置，如下图所示。

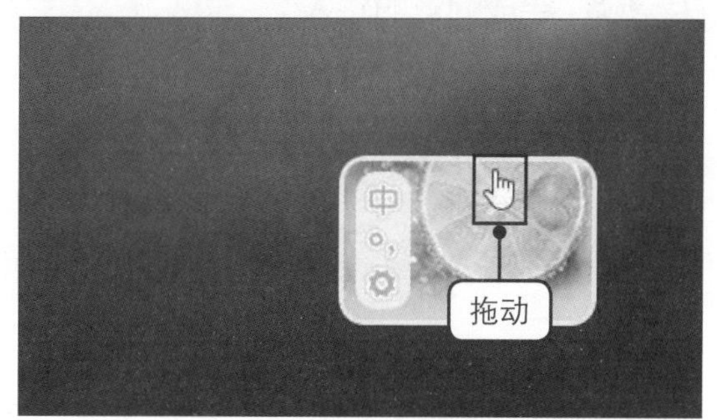

4.3.3 使用搜狗拼音输入法打字

设置好搜狗拼音输入法的属性以后，接下来就可以按照自己的习惯打字了。除了单字拼写以外，搜狗拼音输入法还能够进行很多词组的简拼输入，甚至输入一些可爱的符号。下面就来看看怎么使用搜狗拼音输入法打字吧。

步骤01 打开空白文档

新建一个文本文档，重命名后双击打开，如下左图所示。

步骤02 输入单字拼音

切换到搜狗拼音输入法之后，在光标处输入单字“水”的拼音“shui”，如下右图所示。

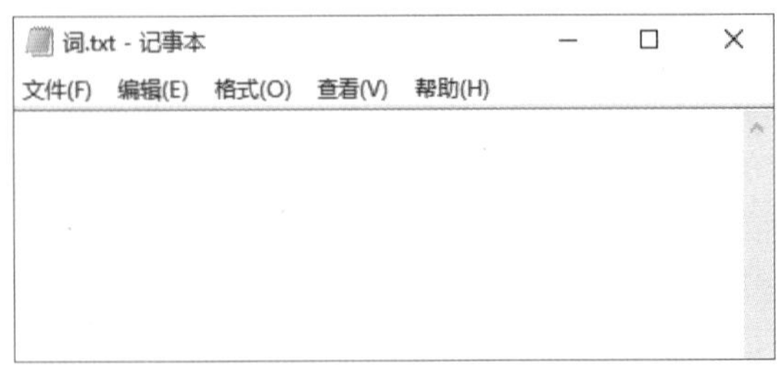

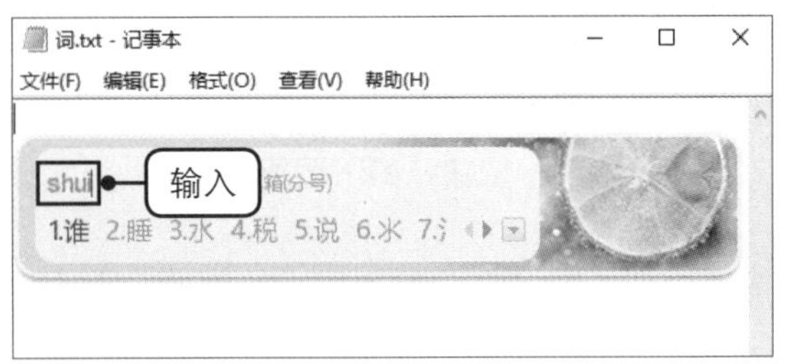

步骤03 完成单字的输入

在候选字中可看到“水”字对应的编号为“3”，所以按下数字键【3】，此时可以看到文本文档中输入了“水”字，如下图所示。如果在首页没有显示所需的文字，还可以按【-】和【=】键进行前后翻页。

步骤04 输入词语拼音

继续在文本文档中输入单字拼音并选择正确的文字编号。当输入词语“明月”的拼音“mingyue”时，可以看到对应的词语被显示出来，如下图所示。

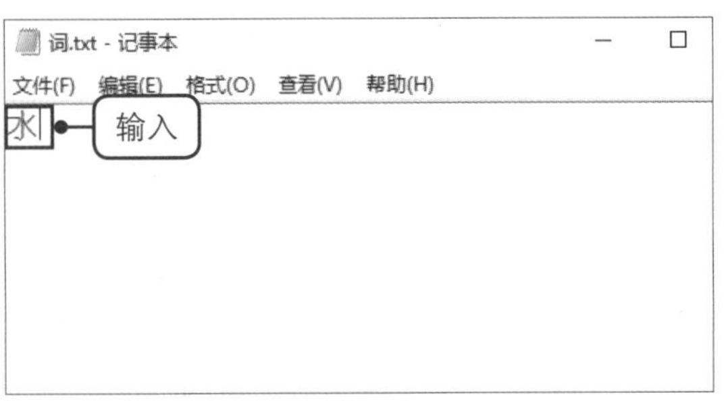

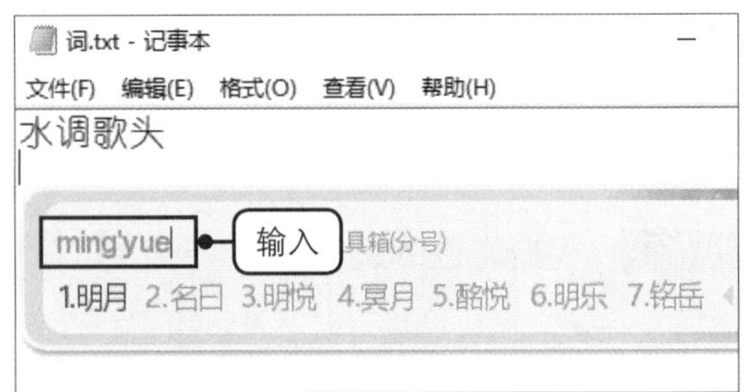

步骤05 完成词语的输入

因为词语“明月”对应的编号为“1”，所以按下数字键【1】或空格键都可输入“明月”两字，如下图所示。

步骤06 输入标点符号

继续输入词组或单字。此时要输入标点符号“？”，直接输入拼音“wenhao”，可发现数字编号“5”为想要的标点符号，如下图所示。也可以结合【Shift】键+键盘上的对应标点符号键来输入问号。

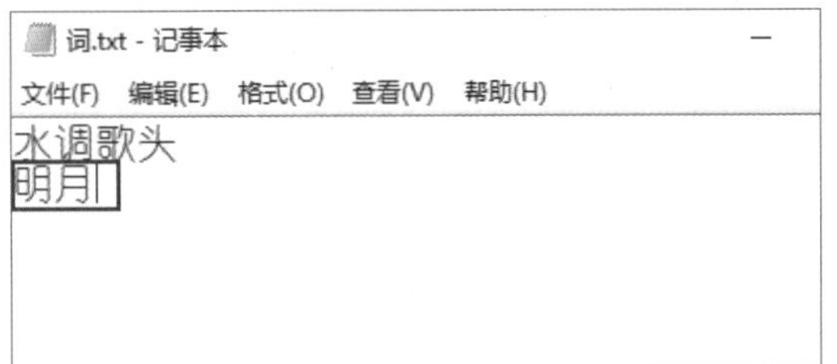

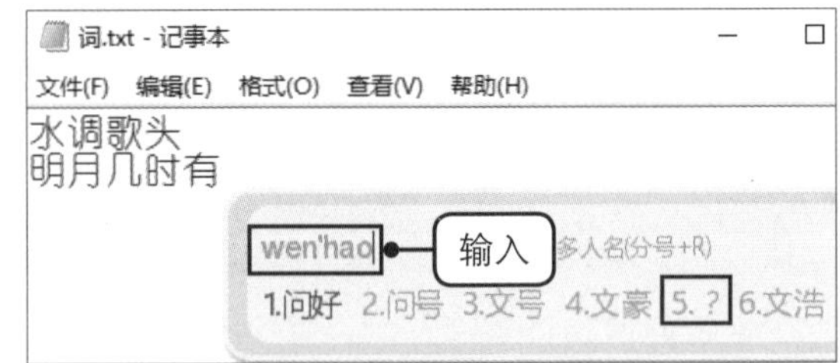

步骤07 输入词语简拼

很多常用词语或专业领域内的词语可以使用简拼来输入，从而大大提高输入的速度。如输入“把酒问青天”的拼音简写“bjwqt”，可以看到编号“1”为要输入的内容，如下左图所示。

步骤08 输入部分拼音

除了可以使用以上方法来输入文字，用户也可以输入部分拼音，如输入拼音“buzhitians”，可看到编号“2”直接将整句显示了出来，如下右图所示。

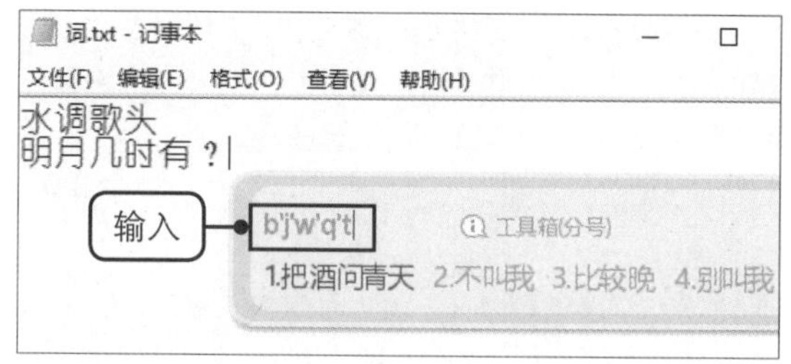

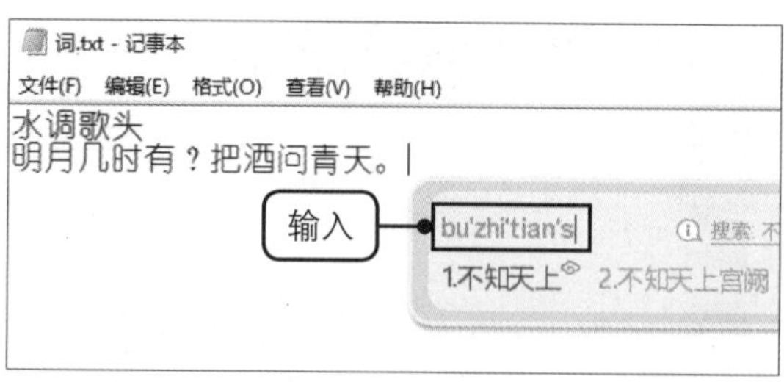

步骤09 完成文本的输入

最后，应用搜狗拼音输入法完成整首词的输入，如右图所示。

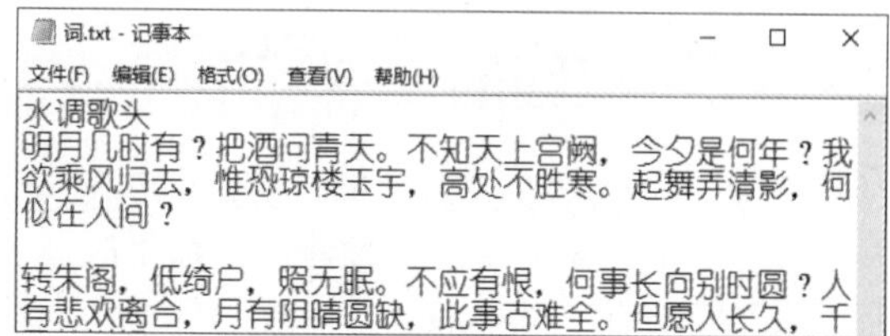

4.4 找回消失的常用输入法

用户可能会经常遇到这样的问题，在进行过杀毒或者系统优化等操作以后，常用的输入法就消失了，甚至有的时候按【Ctrl+Shift】输入法切换键也没有反应。

不用担心，本节就来讲解如何找回消失的输入法。输入法的消失大致可以分为两种情况：一种是输入法被隐藏了，另一种则是系统中与输入法相关的文件未启用。

4.4.1 找回隐藏的输入法图标

有时设置问题会导致语言栏图标消失。在这种情况下，用户只是看不到语言栏图标，但是默认的输入法依然存在，且按组合键【Ctrl+Shift】后也可切换输入法。

步骤01 打开“设置”窗口

❶右击任务栏。❷在弹出的快捷菜单中单击“设置”命令，如下图所示。

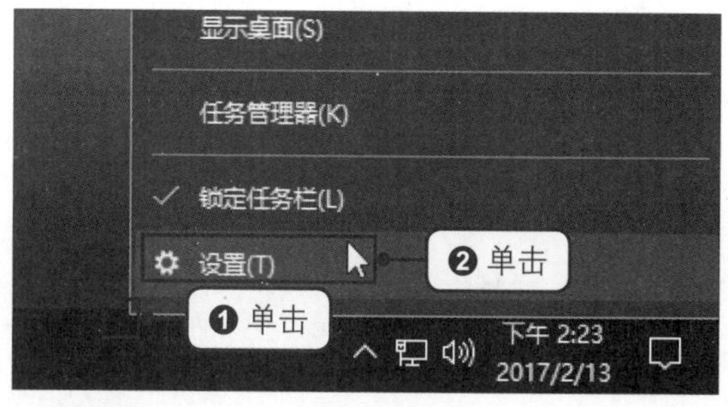

步骤02 打开或关闭系统图标

弹出“设置”窗口，在“任务栏”选项卡下单击“打开或关闭系统图标”选项，如下图所示。

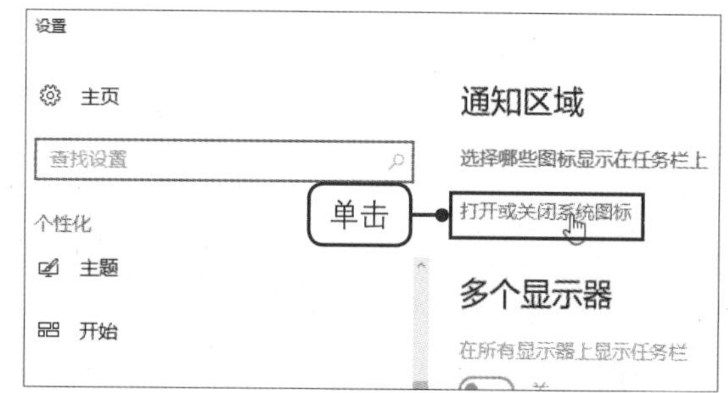

步骤03 打开输入指示图标

此时可以发现“输入指示”呈关闭状态，单击开关按钮，如下左图所示。

步骤04 重新显示输入法图标

关闭对话框，返回桌面，按【Ctrl+Shift】组合键，可看到输入法的图标效果，如下右图所示。

4.4.2 找回因设置错误而丢失的输入法

上小节中的情况只是图标消失，但是输入法依然存在。如果出现图标消失，输入法也不能使用的情况，则可能是在设置语言时出现了问题。具体的解决办法如下。

步骤01 打开“控制面板”窗口

❶右击“开始”按钮。❷在弹出的快捷菜单中单击“控制面板”命令，如下图所示。

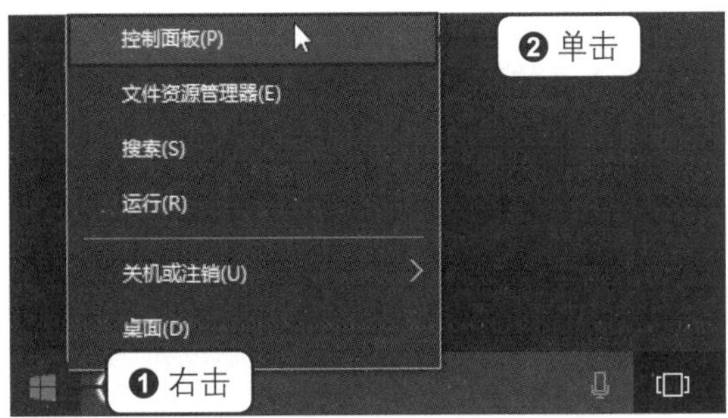

步骤02 更换输入法

在弹出的“控制面板”窗口中，在“查看方式”为“类别”的情况下单击“时钟、语言和区域”选项组下的“更换输入法”选项，如下图所示。

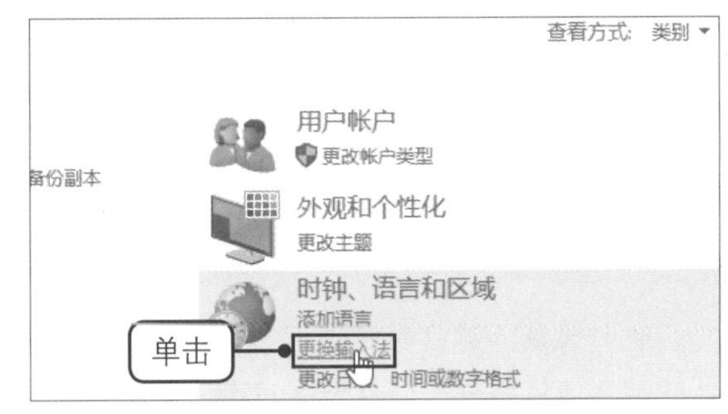

步骤03 单击“选项”选项

在“语言”窗口中单击“中文（中华人民共和国）”语言后的“选项”选项，如下图所示。

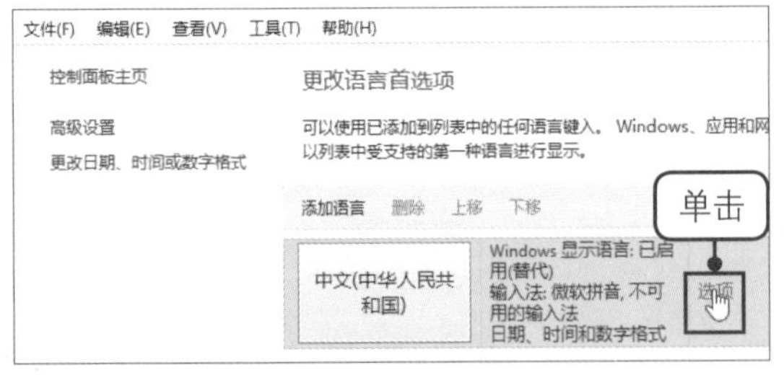

步骤04 添加输入法

在“语言选项”窗口中单击“输入法”选项组下的“添加输入法”选项，如下图所示。

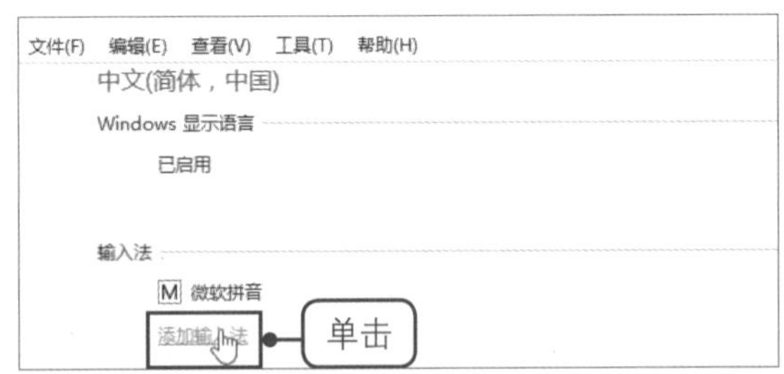

步骤05 添加输入法

❶在“输入法”窗口中选中要添加的输入法，如“搜狗拼音输入法”。❷单击“添加”按钮，如下左图所示。

步骤06 保存添加的输入法

返回“语言选项”窗口中，即可看到搜狗拼音输入法已被添加到输入法下，单击“保存”按钮，如下右图所示。随后按下【Ctrl+Shift】组合键，即可看到找回的输入法。

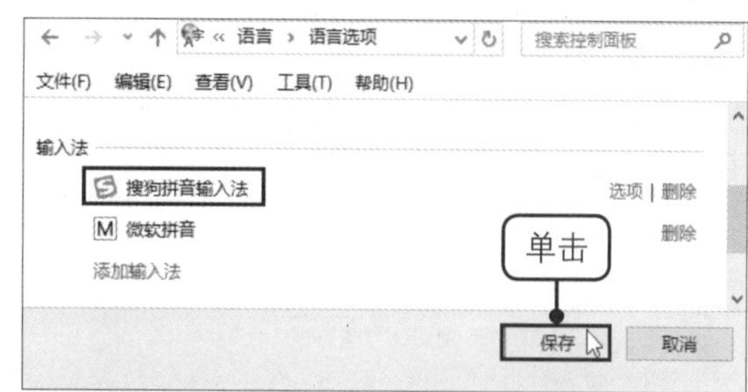

4.5 安装新的字体

Windows 10 系统自带了很多字体，但这些字体大多是以实用为主、美观为辅的。如果想要使用更多的字体，就需要自己动手安装了。

安装字体之前需要有字体文件。如果是个人使用，可在网上下载免费授权使用的字体，也可以去字体开发商的官方网店购买字体，如“汉仪字库”“方正字库”的淘宝店。下载文件和网络购物的方法将会在后面讲到，这里先不做介绍。下面就来看看获取到新的字体文件后如何安装吧。

步骤01　复制新的字体文件

❶打开有新字体的文件夹，选中并右击要安装的新字体。❷在弹出的快捷菜单中单击“复制”命令，如下图所示。

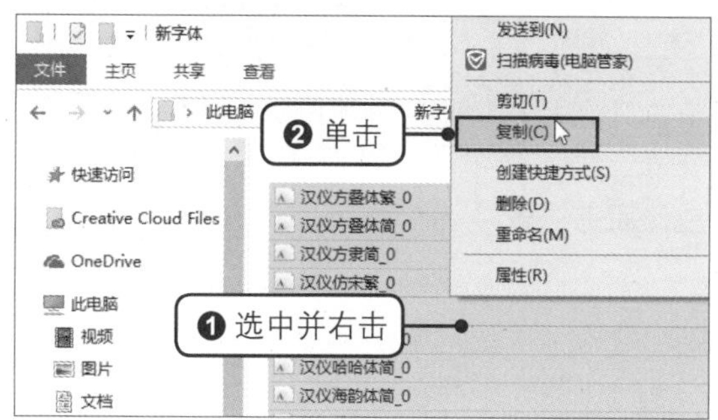

步骤02　打开“控制面板”

❶右击“开始”按钮。❷在弹出的快捷菜单中单击“控制面板”命令，如下图所示。

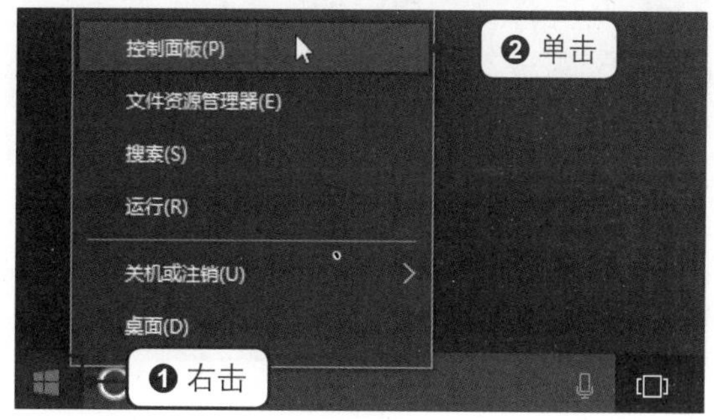

步骤03　单击“字体”按钮

❶在弹出的“控制面板”窗口中将“查看方式”更改为“大图标”。❷单击“字体”选项，如下图所示。

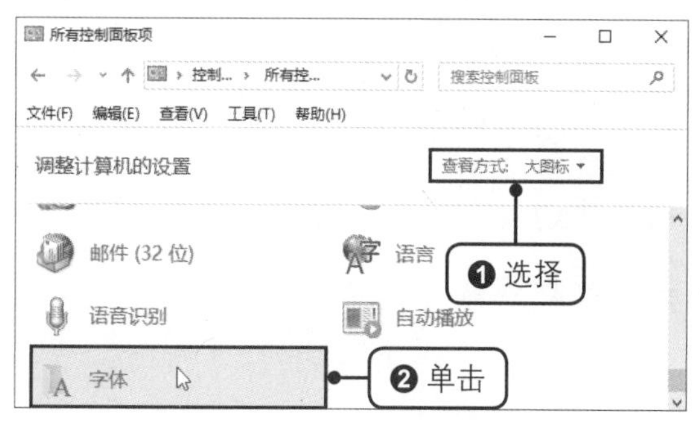

步骤04　查看安装的字体

打开“字体”窗口，可以看到当前系统中已经安装的所有字体，如下图所示。

步骤05 开始安装

按【Ctrl+V】组合键，弹出“正在安装字体”提示框，其中显示了安装进度，如下图所示。

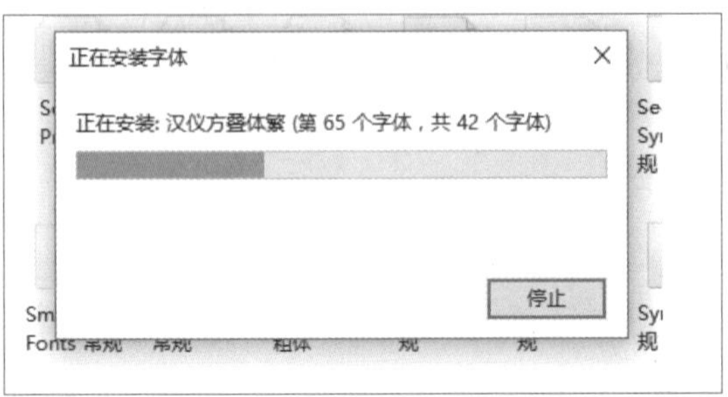

步骤06 显示安装效果

经过一段时间以后，字体便安装成功了，如下图所示。

提示

一般来说，字体的安装时间都很短，只要同时安装的字体不是太多，很快就可以完成安装。

步骤07 打开文本文件

双击打开任意一个有文字信息的文本文件，以查看新安装的字体效果，如下图所示。

步骤08 单击“字体”命令

❶打开的文本文件窗口中，单击菜单栏的“格式”按钮。❷在弹出的菜单中单击“字体”命令，如下图所示。

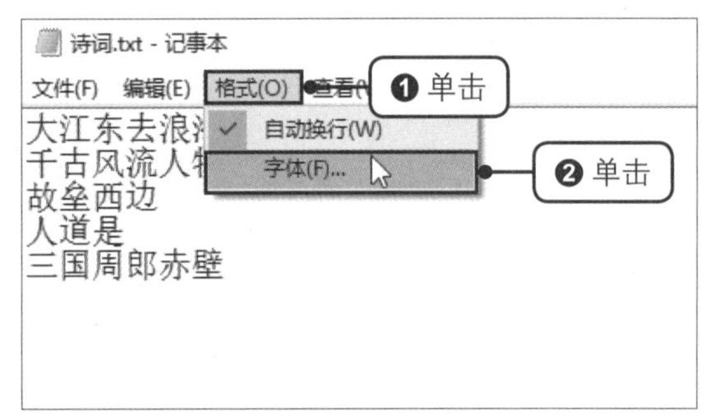

步骤09 设置字体格式

❶在“字体”对话框中的“字体”列表框中选择已安装的漂亮字体。❷在“大小”列表框中单击“三号”字号，如下图所示。设置完成后单击“确定”按钮。

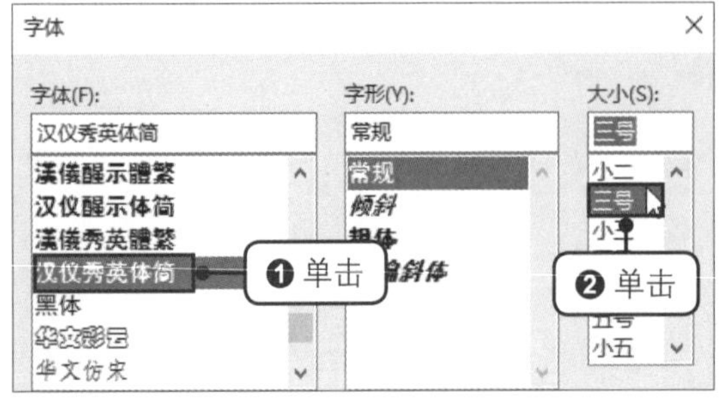

步骤10 显示字体效果

经过以上设置后，即可看到文字的字体已经变成了自己设置的漂亮字体，如下图所示。

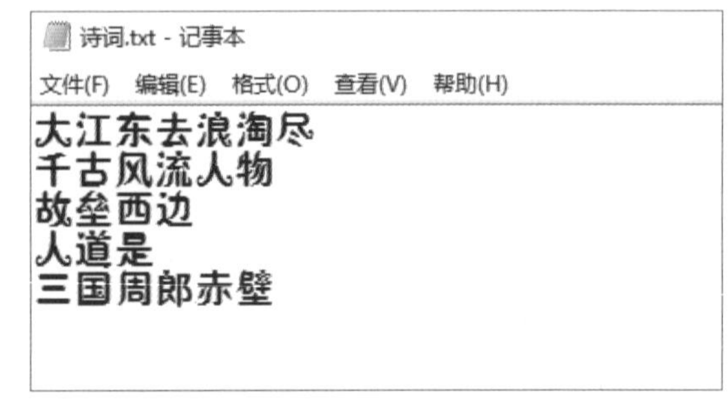

第5章 学会管理文件和文件夹

文件和文件夹是操作系统组织信息资源的基本形式。其中，文件是有名称的一组信息的集合，文件可以是文字、图形、图像、声音、视频等，也可以是一个程序。而为了让文件在电脑中的存储能够井井有条，还需要使用文件夹分门别类地存放文件。本章将讲解文件和文件夹的基本操作。

5.1 将文件资料放入新建文件夹中

随着使用时间的增长，在电脑上存储的文件会越来越多，如果不对这些文件进行科学的管理，文件的查找和使用就会变得很不方便。想让电脑中的文件井然有序，需要学会创建文件夹，并利用文件夹来分门别类地组织文件。

5.1.1 新建文件夹

文件夹是保存文件的地方，如果文件相当于日记本，那么文件夹就相当于抽屉。通过文件夹系统，用户可以更好地对文件进行分门别类的管理。

步骤01 选择磁盘

双击桌面上的“此电脑”图标后，在弹出的窗口左侧单击要新建文件夹的磁盘盘符，如“本地磁盘（D:）”，如下图所示。

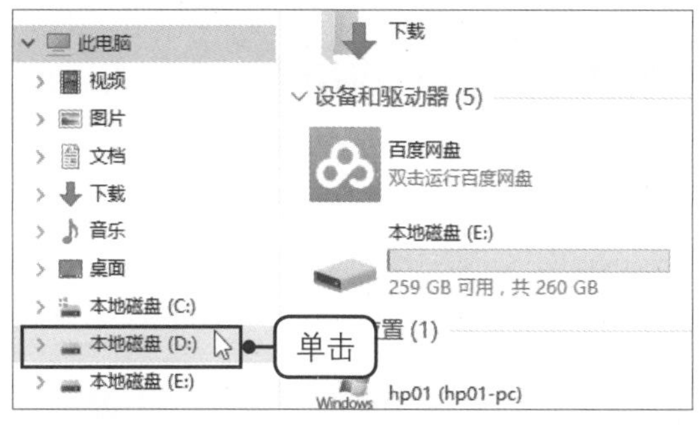

步骤02 新建文件夹

❶右击窗口右侧的空白区域。❷在弹出的快捷菜单中单击“新建>文件夹”命令，如下图所示。

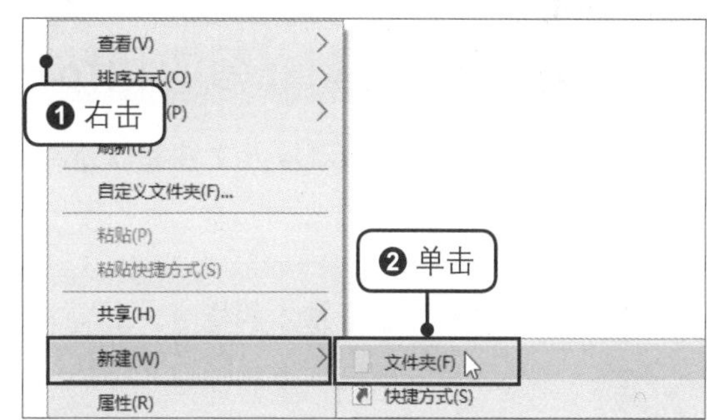

步骤03 显示新建的文件夹

随后可看到D盘中新建了一个空白文件夹，如右图所示。

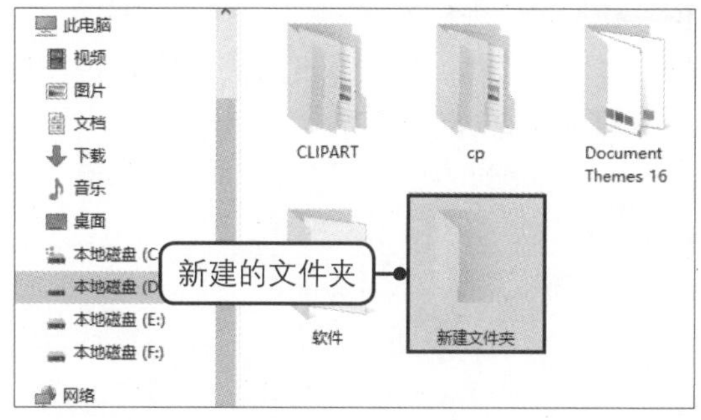

5.1.2 将文件拖动到文件夹中

在新建了文件夹后，就可以将文件放置在该文件夹中，以便更好地对文件进行管理。

步骤01 拖动文件到新建文件夹

❶单击选中要放入的文件，如“2017年旅游计划.txt”。❷按住鼠标左键不放，将选中文件拖至“新建文件夹”的图标上，如下图所示。

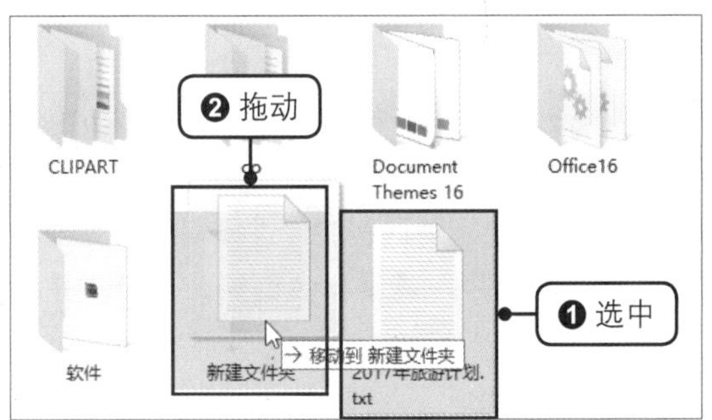

步骤02 双击新建文件夹

松开鼠标后可以发现D盘中的目标文件消失了，双击“新建文件夹”，如下图所示。

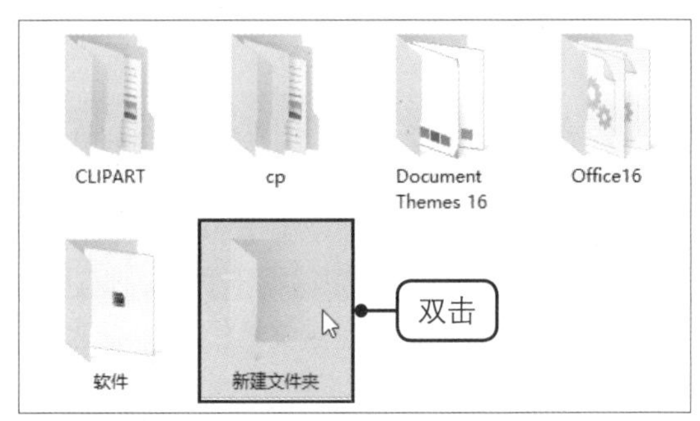

步骤03 显示文件

此时可看到目标文件放置在D盘的“新建文件夹”中了，如右图所示。需注意的是，当目标文件夹和文件处于同一磁盘中时，拖动后文件将不在原来的位置。而当目标文件夹和文件处于不同磁盘中时，拖动后文件将在之前的位置保留一份副本。

5.1.3 通过复制、剪切和粘贴将文件放到文件夹中

除了用鼠标将文件拖动放入文件夹以外，通过剪切、复制和粘贴也可以实现一样的效果。

1. 复制文件

复制是系统操作里最基本的指令，其会将复制的对象生成一份一样的信息，使对象从 1 份变成 2 份。复制成功以后，可将复制的文件粘贴到目标位置，此时，原文件依然存在。

步骤01 复制文件

❶右击目标文件。❷在弹出的快捷菜单中单击“复制”命令。如右图所示。

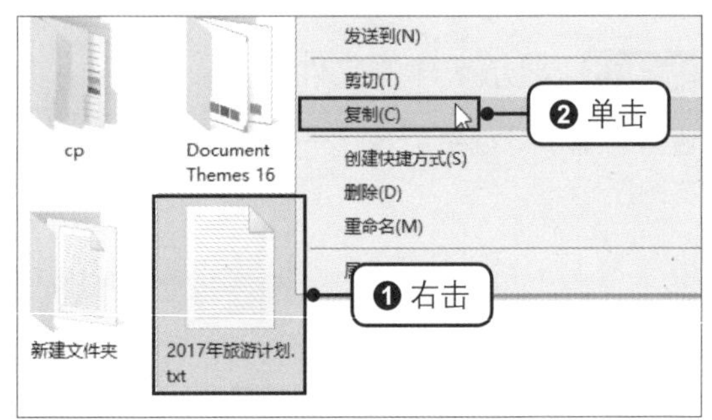

步骤02 粘贴到目标文件夹

❶双击打开“新建文件夹”，右击文件夹右侧存放文件的空白处。❷在弹出的快捷菜单中单击“粘贴”命令，如下图所示。

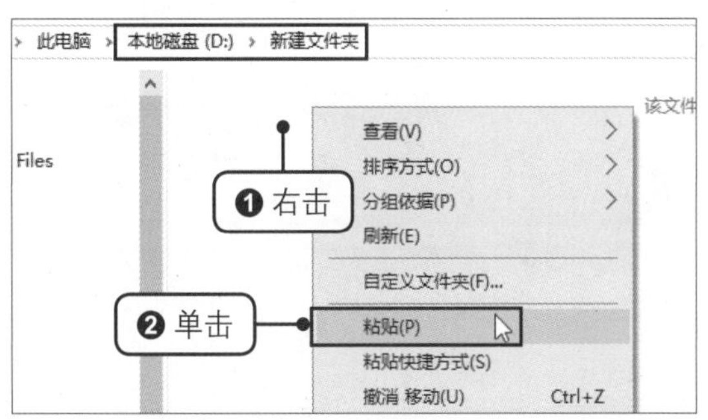

步骤03 显示文件

经过以上操作，就可以看到该文件已经被复制到了“新建文件夹”中，如下图所示。

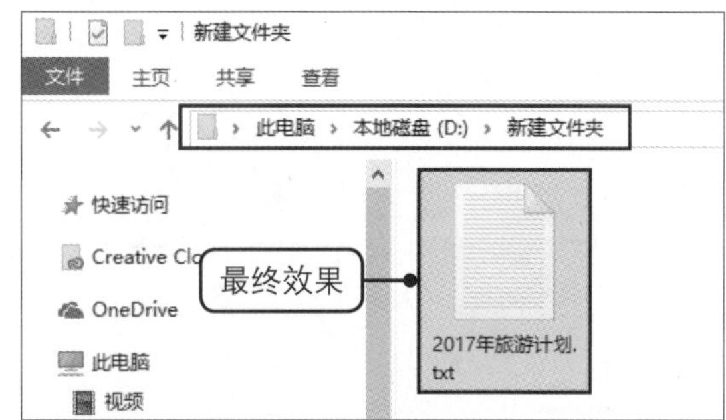

提示

因为文件很小，所以复制几乎是瞬间完成，如果是复制很大的文件，需要的时间就长了。

2. 剪切文件

剪切文件也就是移动文件的意思，剪切的操作与复制类似，不过操作的结果不同，被剪切的文件粘贴到目标文件夹以后，原文件就不存在了。

步骤01 剪切文件

❶右击目标文件。❷在弹出的快捷菜单中单击“剪切”命令，如下图所示。

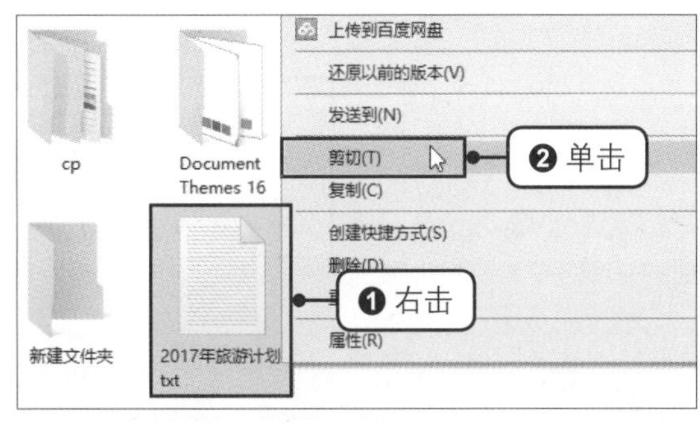

步骤02 显示剪切后的目标文件

文件被剪切后，可发现该文件的图标变成了半透明的样式，如下图所示。在要放置的文件夹中执行“粘贴”命令，就可以将剪切的文件移动到该文件夹中。

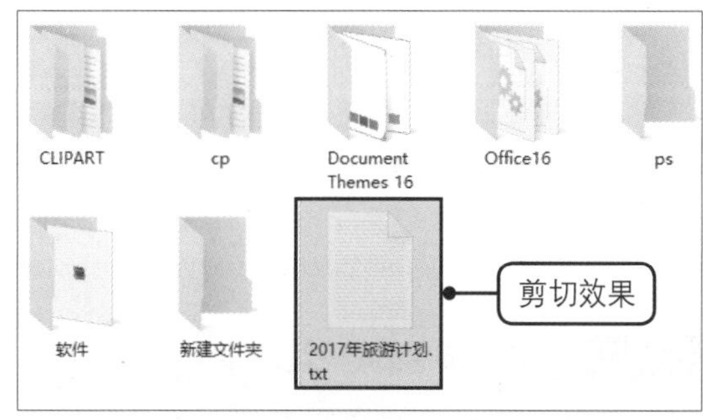

5.1.4 选取多个文件的方法

有时可能会遇到要将多个文件放入同一文件夹的情况，这就需要用到选取多个文件的操作。操作的方式分为三种：区域范围选取、多个连续目标的选取、多个不连续目标的选取。

1．区域范围选取

步骤01 将鼠标放置在开始位置

将鼠标放置在要选取区域的第一个文件左侧空白处，如下图所示。

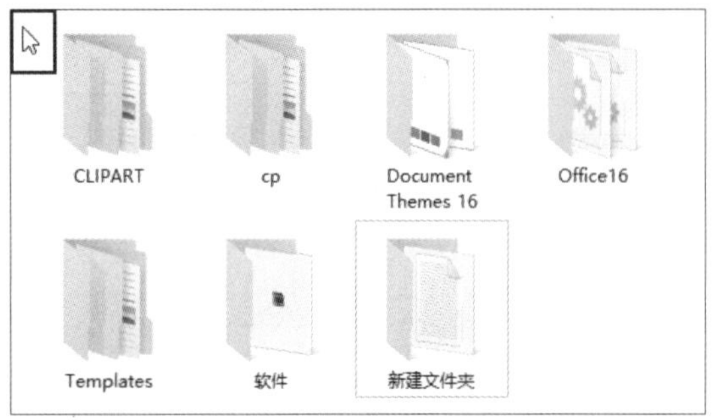

步骤02 拖动鼠标

按住鼠标左键不松手，向右移动鼠标至要选取区域的最后一个文件位置，如下图所示。

步骤03 显示选中的多个连续文件

屏幕上鼠标指针拖过区域内的文件即被选中，如右图所示。

2．多个连续目标的选取

步骤01 单击选取第一个文件

单击要选取的第一个文件，如下图所示。

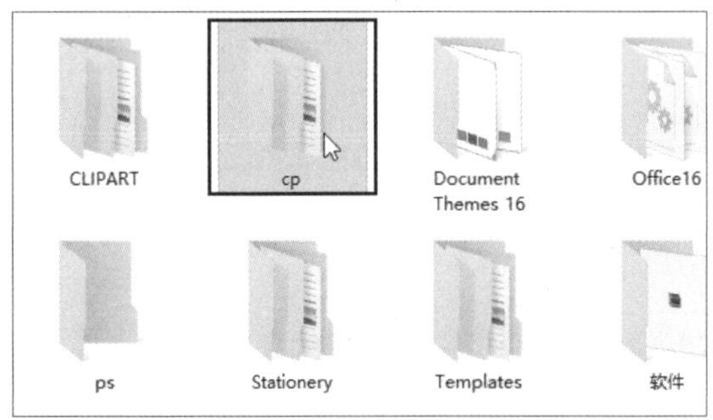

步骤02 单击选取最后一个文件

按住【Shift】键不放，再单击最后一个文件，如下图所示。

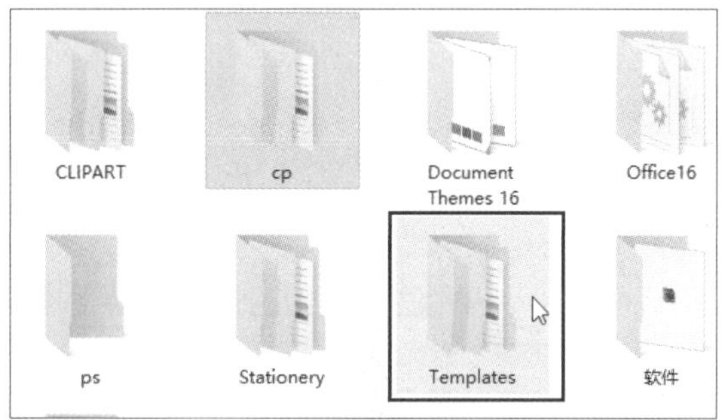

步骤03 显示选中的连续文件

释放【Shift】键，可看到两个文件之间以从左至右、自上而下顺序排列的所有文件都被选中，如右图所示。

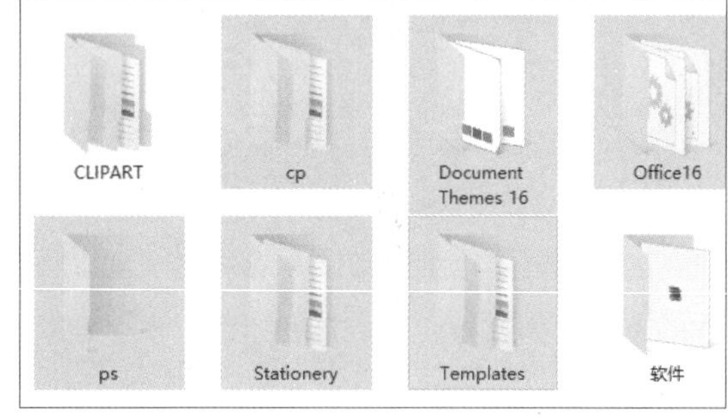

3. 多个不连续目标的选取

按住【Ctrl】键不放，依次单击要选取的文件，被单击到的文件即被选中，如右图所示。在日常生活中，这种选取方式最常用到。

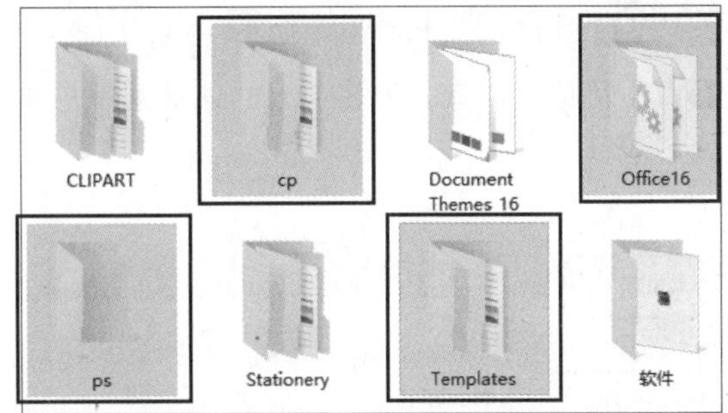

提示

删除文件的时候可能会用到全部选取，全部选取的快捷键是【Ctrl+A】。

5.1.5 为文件夹重命名

建立文件夹以后，为了方便查找及管理，用户一般都会根据日期或者用途等给新建文件夹命名。正是有了可以给文件夹重命名的功能，电脑的文件管理工作才会变得轻松简单。下面就来讲解文件夹重命名的具体操作方法。

步骤01 执行“重命名”命令

❶右击要重命名的文件夹图标。❷在弹出的快捷菜单中单击“重命名”命令，如下图所示。

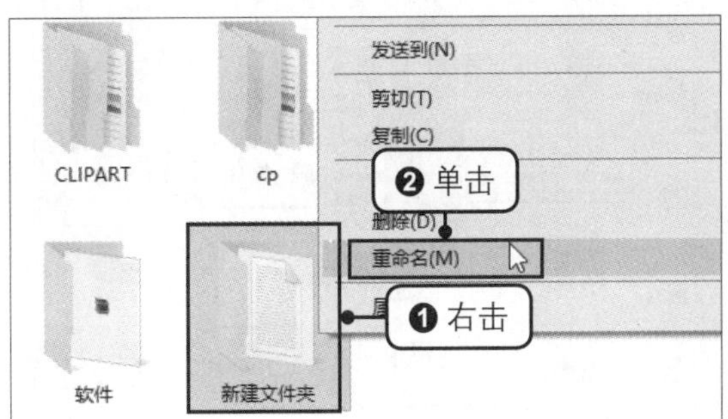

步骤02 显示可编辑的文件夹名称

此时可以看到文件夹的名称呈可编辑状态，如下图所示。

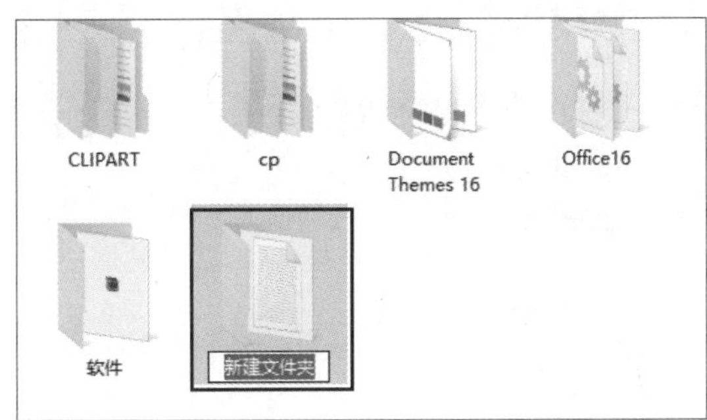

步骤03 完成重命名

使用键盘上的【Delete】键删除原有的名称，然后输入新的名称，如“2017年计划”，如右图所示。按下键盘上的【Enter】键，即可完成文件夹的重命名操作。

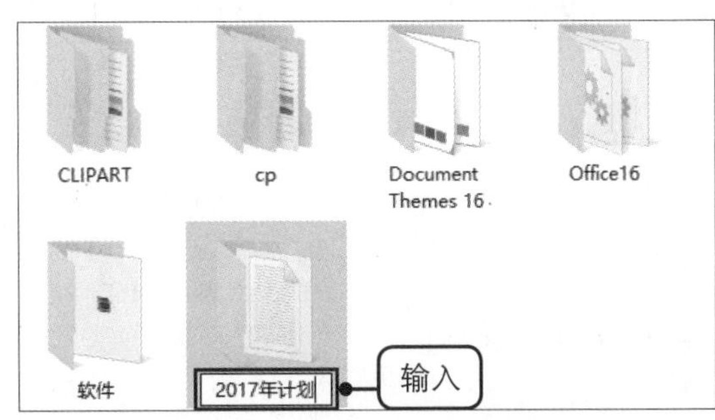

5.2 更改文件夹图标

系统自带的文件夹图标都是一样的，看久了会让人觉得没有新意。用户可对已有的文件夹或自己创建的文件夹的图标进行更改，变换出一套属于自己的文件夹图标外观。具体的操作方法如下。

步骤01 打开文件夹属性设置

❶右击目标文件夹。❷在弹出的快捷菜单中单击“属性”命令，如下图所示。

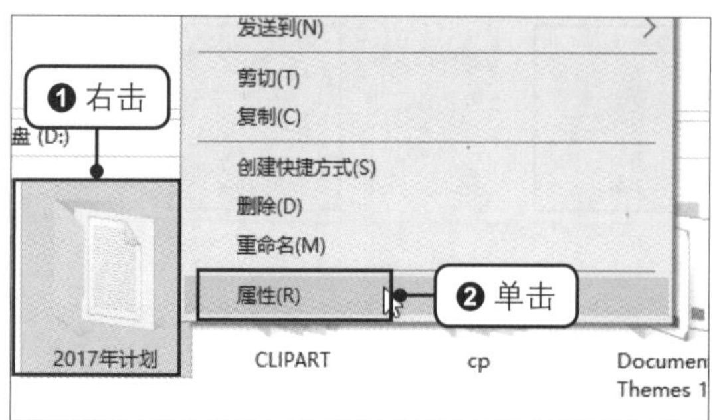

步骤02 自定义文件夹属性

在弹出的“2017年计划 属性”对话框中单击“自定义”标签，如下图所示。

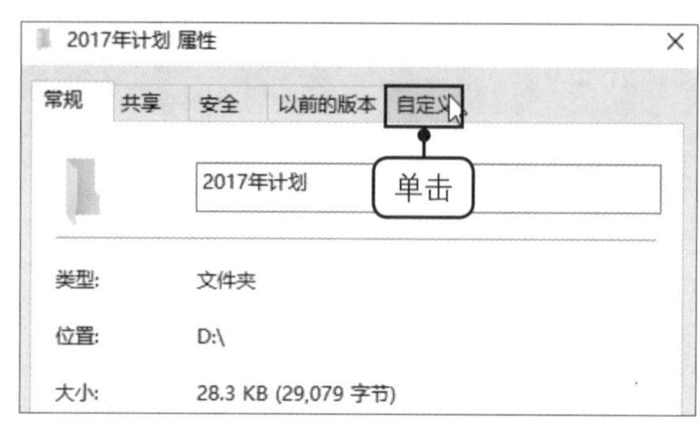

步骤03 更改图标

在切换到的“自定义”选项卡中，单击“更改图标”按钮，如下图所示。

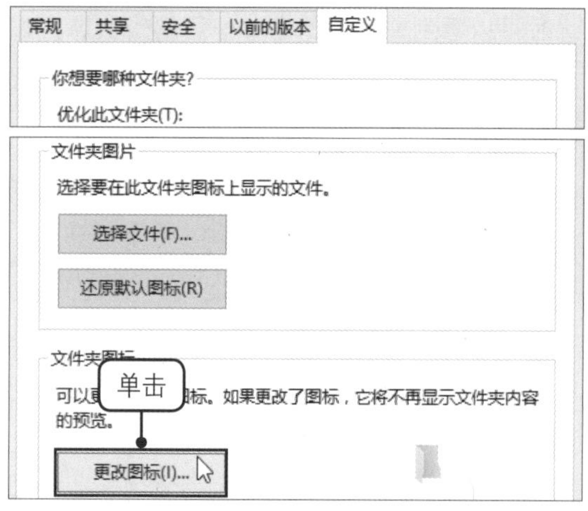

步骤04 选择喜欢的图标

❶在新弹出的对话框中拖动图标框下面的滚动条。❷单击合适的图标，如下图所示。

步骤05 执行“刷新”命令

连续单击“确定”按钮，返回原有的文件夹位置，可发现此时文件夹图标还未改变。❶右击空白处。❷在弹出的快捷菜单中单击“刷新”命令，如下图所示。

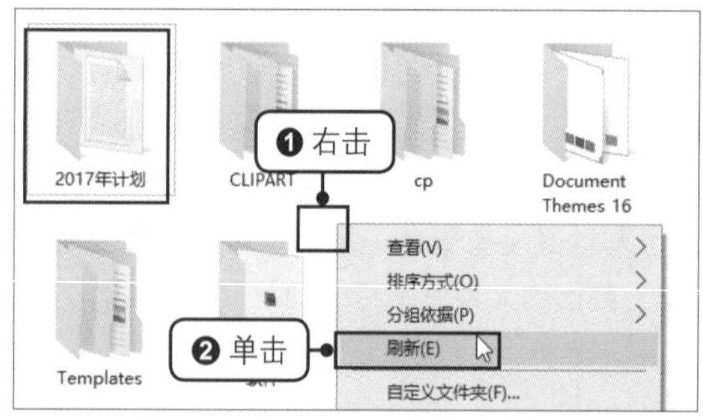

步骤06 显示更改图标的效果

即可看到更改文件夹图标后的效果，如下图所示。

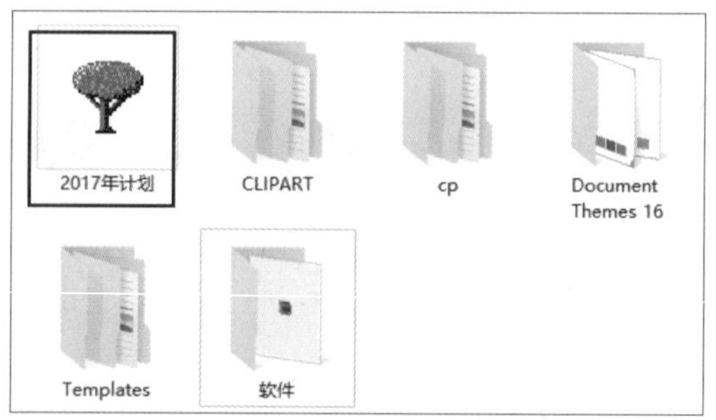

5.3 巧用文件排序法快速查找文件

随着时间的累积，很多文件夹中存储的文件也越来越多，查找文件的难度也越来越大。因此，掌握快速查找文件的方法就显得非常重要。本节将对排序法查找文件进行具体介绍。

步骤01 按名称排列文件

❶打开目标文件所在文件夹，右击空白处。❷在弹出的快捷菜单中执行“排序方式>名称”命令，如下图所示，所有文件即按照名称排序。排序的标准是先从数字1到9，再从字母A到Z，在此基础上还可选择“递增”或“递减”。

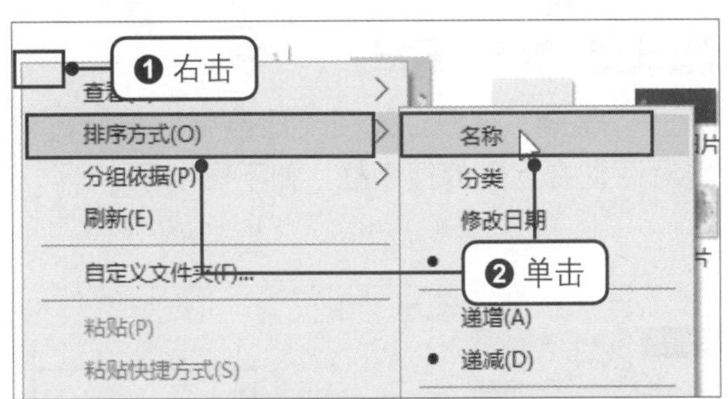

步骤02 显示排序效果

经过以上操作，系统便会根据名称顺序的先后对文件夹中的文件进行排序。如果记得目标文件的文件名首字母或文件名全称，则可以通过该排序方法来查找目标文件，如下图所示。

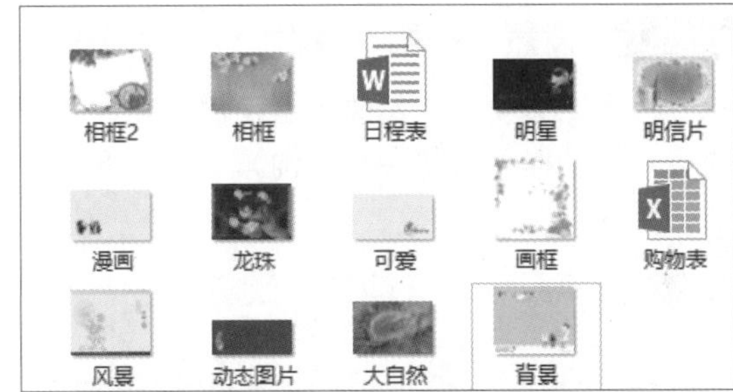

提示

除了可以按名称来排序外，还可以按文件的类型、创建日期、修改日期或者大小等排序。无论选择哪种排序方式，其操作方法都类似，在这里就不赘述了。

5.4 用搜索工具查找文件

前面介绍了在文件夹中排序查找文件的方法，但是如果连目标文件放在哪个文件夹中也不记得了，或者连文件名等条件都不记得了，就不能再用上面的方法来查找文件了。这时候可以使用搜索工具来进行搜索。本节将介绍如何通过搜索工具来查找文件。

步骤01 打开“此电脑”

在桌面上双击“此电脑”图标，如下图所示。

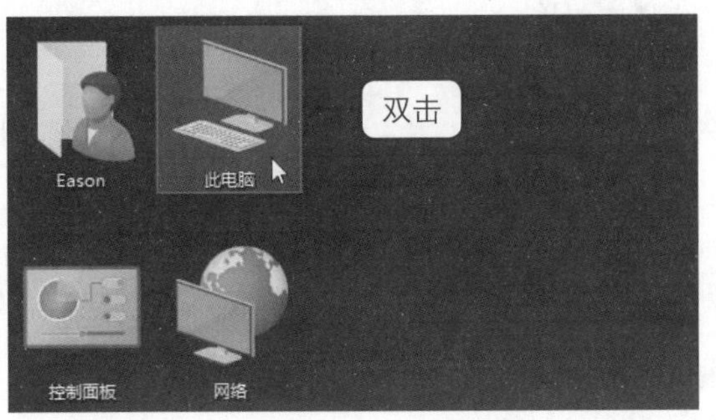

步骤02 打开“查看”选项卡

在“此电脑”窗口中，单击“查看”选项卡，如下图所示。

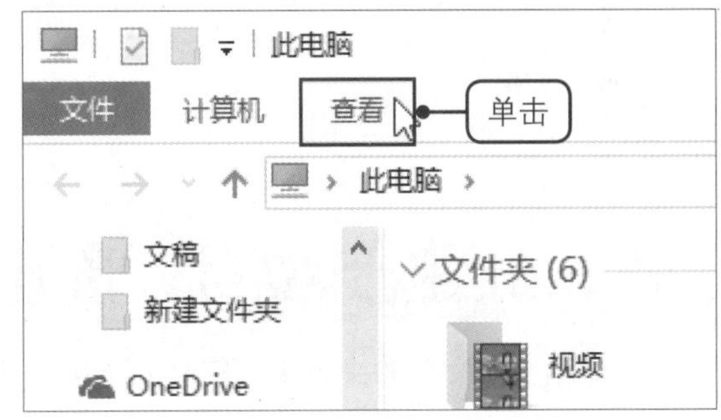

步骤03 单击“选项”按钮

在弹出的功能区中单击“选项”按钮，如下图所示。

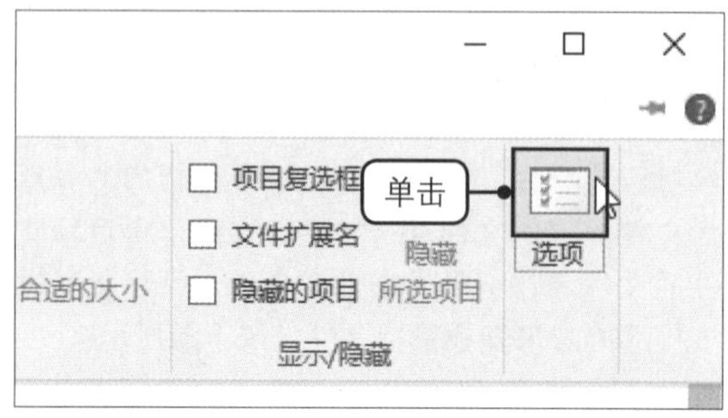

步骤04 切换到“搜索”选项卡

在弹出的“文件夹选项”对话框中，单击“搜索”选项卡，如下图所示。

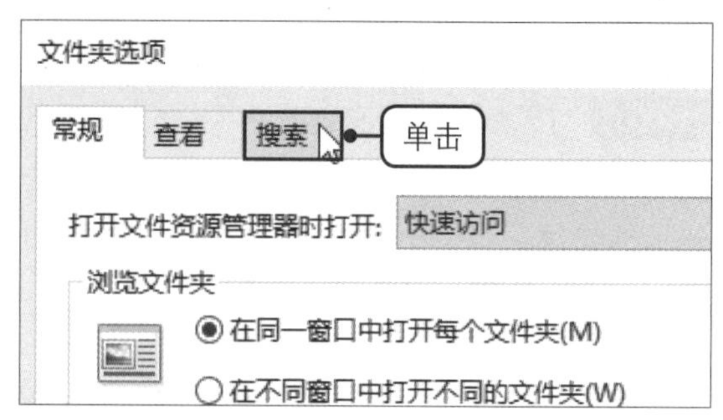

步骤05 设置“搜索”条件

在“搜索”选项卡下勾选“始终搜索文件名和内容（此过程可能需要几分钟）”复选框，如下图所示。

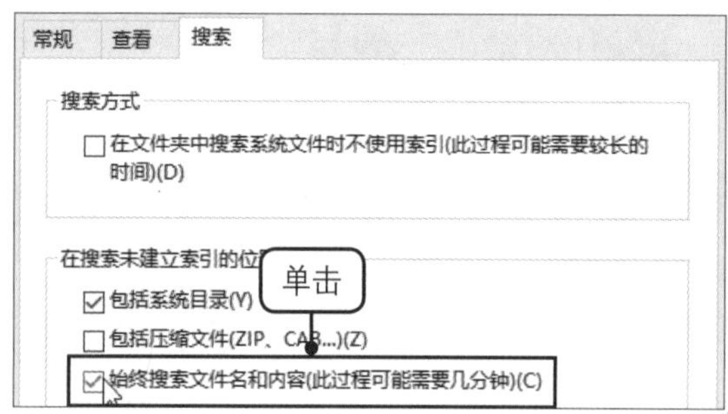

步骤06 单击搜索框

单击“确定”按钮，返回“此电脑”窗口，单击对话框右上角的搜索框，如下图所示。

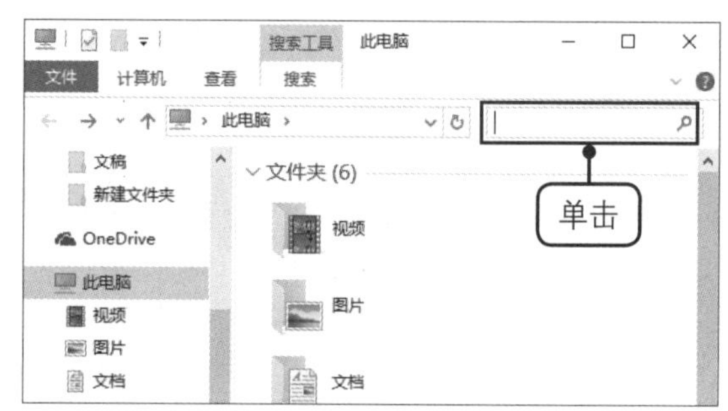

步骤07 开始搜索文件

在搜索框中输入“庐山日”，可以看到地址栏中有个绿色的“‘此电脑’中的搜索…”进度条，此时已经开始搜索文件，如下图所示。

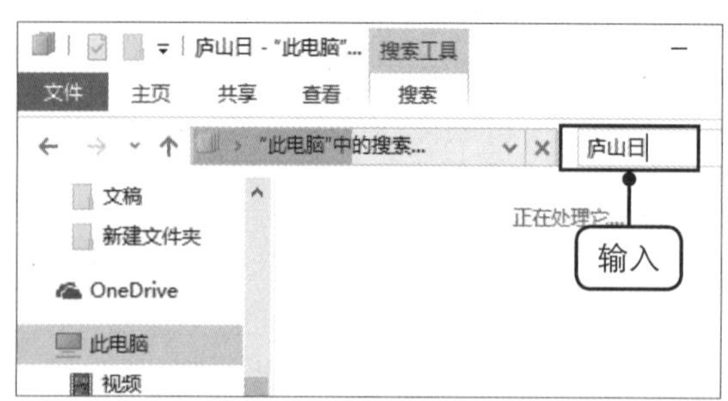

步骤08 显示搜索结果

搜索完成后，可以看见已经搜索出文件名中含有“庐山日”的文件，如下图所示。

名称	修改日期	类型
庐山日5	2013/8/2 下午 2:...	JPG 文件
庐山日4	2013/8/2 下午 2:...	JPG 文件
庐山日3	2013/8/2 下午 2:...	JPG 文件
庐山日2	2013/8/2 下午 2:...	JPG 文件
庐山日1	2013/8/2 下午 2:...	JPG 文件
庐山日	2013/8/2 下午 2:...	JPG 文件

5.5 删除文件，腾出硬盘空间

当电脑上的文件越来越多，硬盘的可用空间将越变越小，电脑的运行速度也可能受到影响。

如果不打算加装新的硬盘，就要考虑将无用的文件删除，以腾出硬盘空间。本节就来讲解删除文件的方法。

5.5.1　删除文件到回收站

如果暂时觉得文件没有留下来的必要，但又怕将来的某个时刻可能要用到这些文件，就可以将文件删除到回收站，因为回收站中的文件还可以找回。

1．通过快捷菜单删除

❶右击不需要的文件。❷在弹出的快捷菜单中单击“删除”命令，如下图所示。

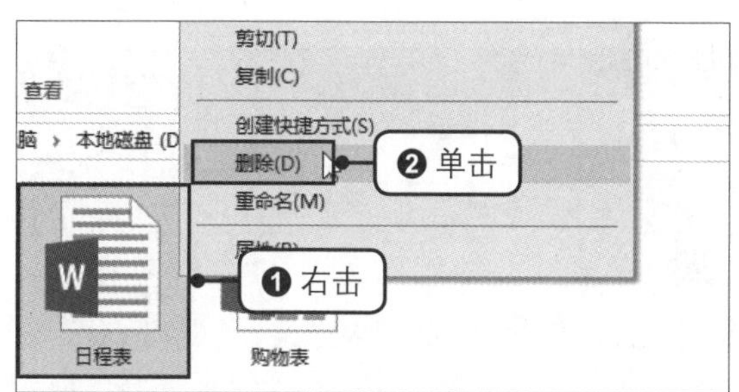

2．通过快捷键删除

选中文件，如“日常开销统计表”，如下图所示，直接按下键盘上的【Delete】键也可以将其删除。

提示

如果被删除的文件体积很大，系统会提示回收站存放不下，若单击“是”按钮，文件就会被彻底删除，而不会存放在回收站。

5.5.2　彻底删除指定文件

即使文件已经被删除至回收站中，其还是会像正常文件一样占据硬盘空间。所以，对于确定无用的文件，可以在回收站中将它们彻底删除。

步骤01　打开回收站

双击桌面上的“回收站”图标，如下图所示，打开“回收站”窗口。

步骤02　删除文件

❶右击不需要的文件。❷在弹出的快捷菜单中单击“删除”命令，如下图所示。

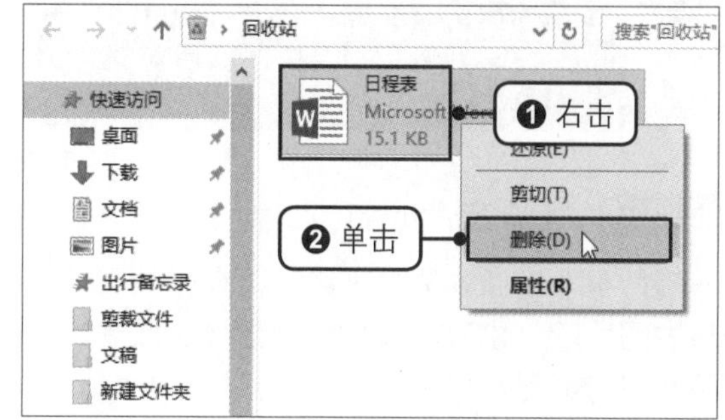

步骤03 确认删除文件

在弹出的“删除文件”对话框中，单击“是”按钮确认删除，如右图所示。

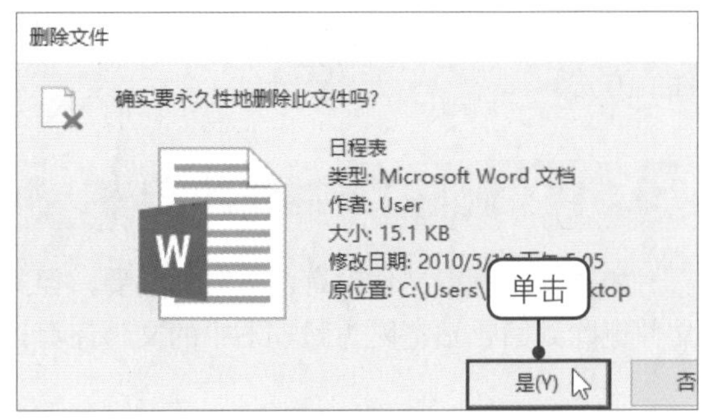

提示

选中文件，然后按【Shift+Delete】键可以直接彻底删除文件。

5.5.3 清空回收站

如果确定回收站中的所有文件都已无用，可以一次性清空回收站，具体操作如下。

❶右击桌面的“回收站”图标。❷在弹出的快捷菜单中单击“清空回收站”命令，如右图所示，即可彻底删除回收站中的所有文件。

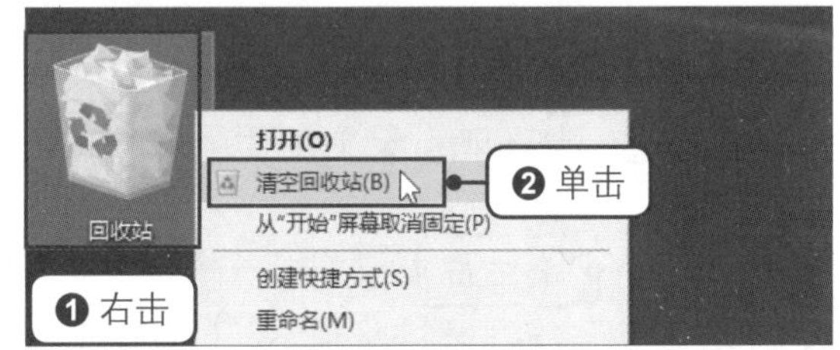

5.6 恢复回收站中的文件

在日常使用电脑的过程中，经常会遇到这样的情况：一不留神就把某个重要文件给删除了，然后懊恼不已。如果文件还在回收站则不用担心，文件还可以恢复。

步骤01 打开回收站

双击桌面上的“回收站”图标，如下图所示。

步骤02 还原文件

❶打开回收站，右击要恢复的文件。❶在弹出的快捷菜单中单击“还原”命令，如下图所示。

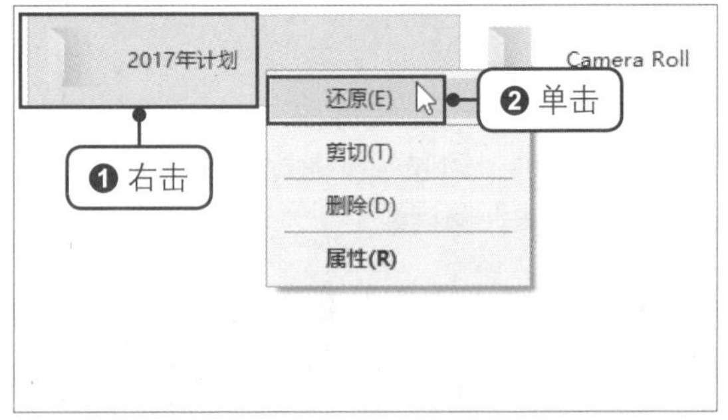

步骤03 还原文件成功

随后即可发现回收站中已经不再存在该文件，如右图所示。这时，该文件已经被还原到了删除之前的位置。

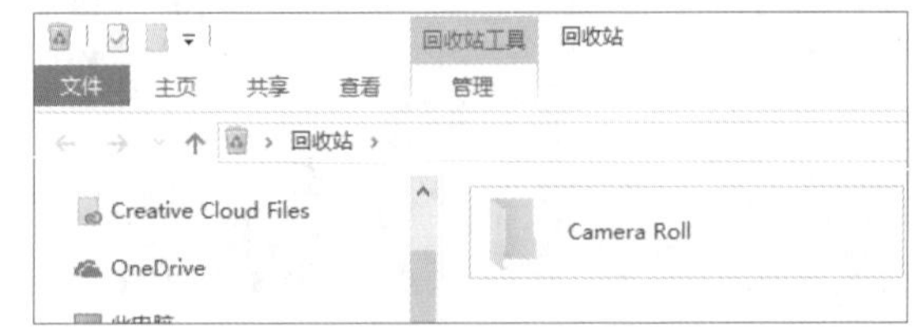

第6章 学习常用的电脑软件

在使用电脑时，除了会用到系统自带的程序，有时还需要使用一些常用的工具软件，如使用迅雷下载文件，使用 WinRAR 压缩 / 解压文件，使用美图秀秀美化图片，使用酷狗音乐欣赏歌曲等。这些工具软件大都可以从网上下载并免费安装使用。本章将首先介绍下载和安装软件的方法，然后讲解几个常用工具软件的实际应用。

6.1 下载网络中的资源

在平常使用电脑的时候，经常会从网上下载诸如软件、文献资料、影视等方面的大量资源。而要下载这些资源，就需要使用各种浏览器和下载工具。本节即以 IE 浏览器和迅雷软件为例，讲解如何下载网络中的资源。

6.1.1 使用浏览器下载软件

当电脑中还未安装任何下载工具时，就必须通过系统自带的浏览器下载需要的软件安装包或其他资源，具体的操作步骤如下。

步骤01 在搜索引擎中输入关键词

单击“开始”按钮，在展开的菜单中选择要启动的浏览器。❶在浏览器的地址栏中输入搜索引擎的网址，如输入“https://www.baidu.com/”，按下【Enter】键，即可打开“百度”搜索引擎。❷在搜索框中输入关键词拼音，如“xunleixiazai”，如下图所示。

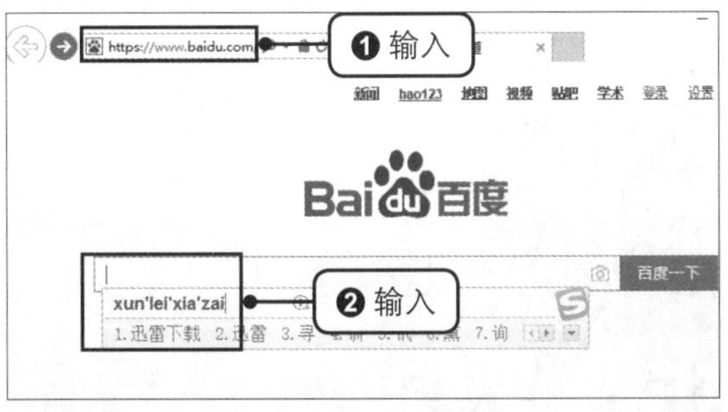

步骤02 显示搜索结果

按下【1】键，在搜索框中可看到输入的关键词“迅雷下载”，且在新的页面中可发现搜索引擎自动在搜索框的下方列出了与关键词相关的搜索词，用户可直接在列表框中选择合适的关键词，或者单击“百度一下”按钮，如下图所示。

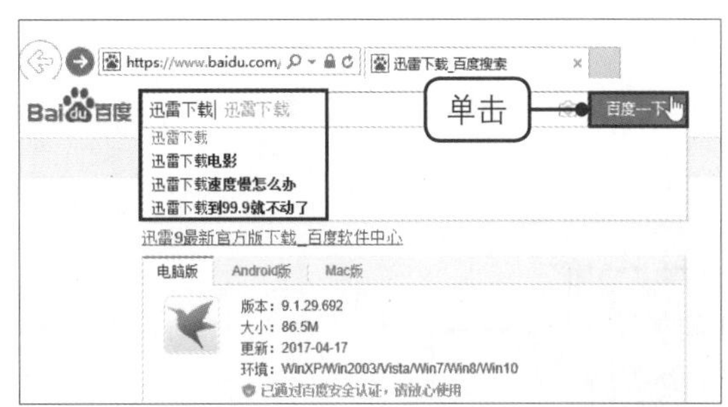

步骤03 下载文件

在搜索结果的网页中单击“立即下载”按钮，如下左图所示。

步骤04 保存下载文件

弹出新的网页界面，在该界面的下方单击“保存”按钮，如下右图所示。

步骤05 打开文件夹

经过一段时间后，完成软件安装包的下载，单击“打开文件夹”按钮，如下图所示。

步骤06 显示下载的文件

弹出“下载”窗口，可看到通过浏览器下载的软件安装包，如下图所示。

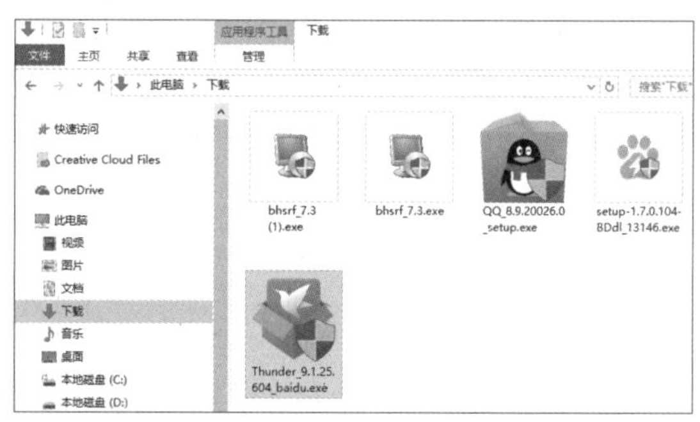

6.1.2 安装下载的软件

通过浏览器下载软件安装包后，要想使用该软件，需要先安装，具体的操作方法如下。

步骤01 启动安装程序

找到下载软件安装包的位置，双击要安装的软件图标，如下图所示。

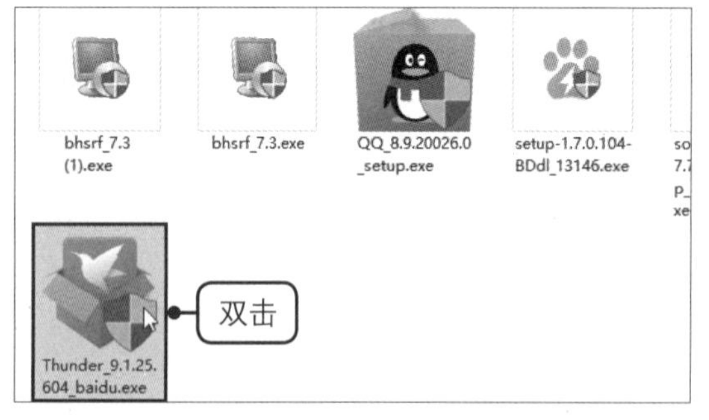

步骤02 一键安装

弹出提示框，提示用户“是否允许此应用对你的设备进行更改”，单击“是”按钮后，在弹出的安装窗口中单击“一键安装”按钮，如下图所示。

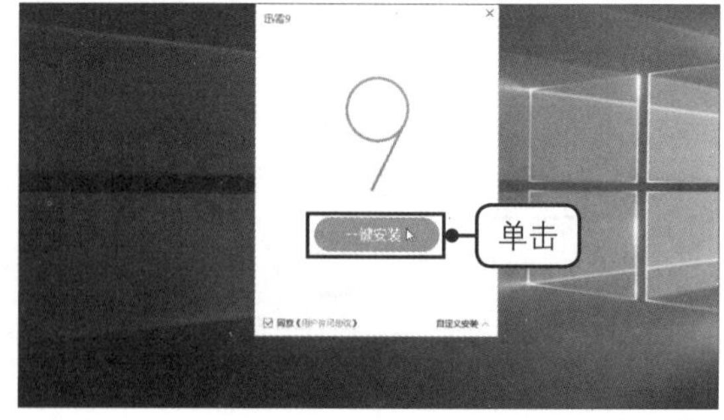

步骤03 显示安装进度

随后即可看到弹出的窗口中显示的迅雷安装效果，在该窗口的下方，可看到安装的进度条，如下左图所示。

步骤04 完成软件的安装

安装完成后，弹出了软件的窗口，如下右图所示。用户就可以使用该软件下载视频、软件和小说等资源了。

6.1.3 使用专用的下载工具下载文件

使用浏览器下载资源虽然操作简单，但在下载速度及下载中断后的断点续传方面比较弱，如果经常下载影视等文件体积较大的资源，最好使用专用的下载工具。本小节以上小节中下载并安装的迅雷软件为例，详细讲解资源的下载过程。

步骤01 搜索文件

❶启动安装好的迅雷软件后，在搜索框中输入要下载的内容，如“WPS”。❷单击“全网搜”按钮，如下图所示。

步骤02 查看搜索结果

打开新的界面，可看到根据关键词获取的搜索结果，单击较可靠的网站，如位于搜索结果第一位的官方网站，如下图所示。

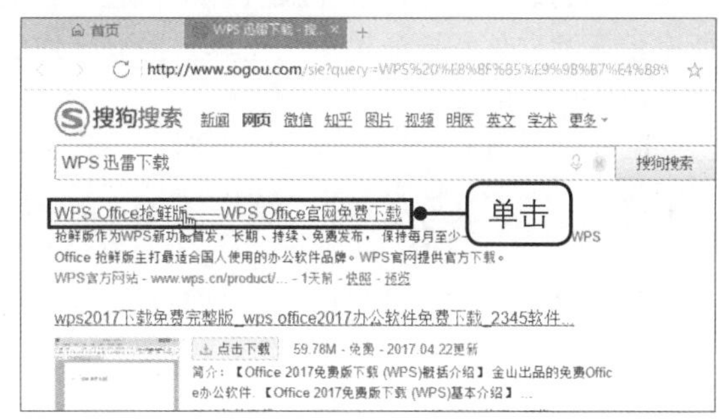

步骤03 单击下载

在新的界面中，单击“免费下载”按钮，如下图所示。

步骤04 下载目标文件

弹出“新建任务”对话框，在该对话框中可看到下载文件的大小及保存位置，单击“立即下载”按钮，如下图所示。

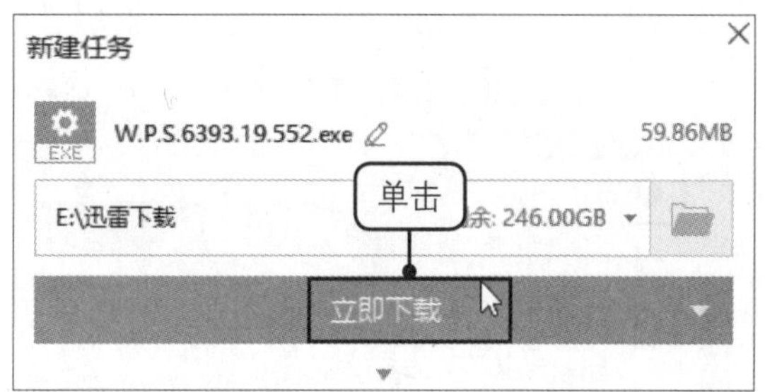

步骤05 显示下载进度

返回迅雷窗口，可在左侧看到正在下载的文件及下载进度，如下图所示。

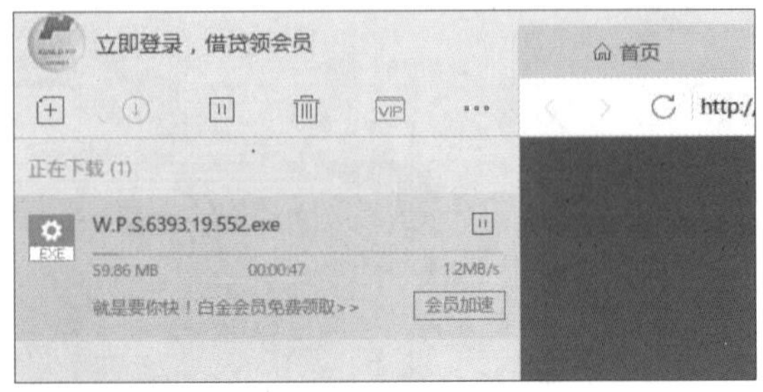

步骤06 打开文件夹

完成下载后，单击文件右侧的“打开文件夹”按钮，如下图所示。

步骤07 查看下载的文件

弹出“迅雷下载”窗口，可看到文件夹中的下载文件，如右图所示。

6.2 使用WinRAR压缩、解压文件

为了减少文件大小，方便文件的传输和复制，网上下载的文件通常都是压缩文件，此处的压缩文件指的是将一个或多个文件压缩打包在一起的文件。除了 exe 格式的自解压文件以外，几乎所有的压缩文件都要通过解压工具来提取文件后才能使用。下面就将介绍如何使用 WinRAR 工具来压缩文件与解压文件。

6.2.1 将多个文件压缩成一个文件

WinRAR 压缩工具可以将一个文件或多个文件压缩为一个压缩包。文件压缩的具体方法如下。

步骤01 添加到压缩文件

❶选中要压缩的文件并右击。❷在弹出的快捷菜单中单击“添加到AcrobatDCPortable.rar”，如下图所示。这里的“AcrobatDCPortable.rar”并不是固定的文件名，而是系统根据要压缩的文件自动生成的一个名称。

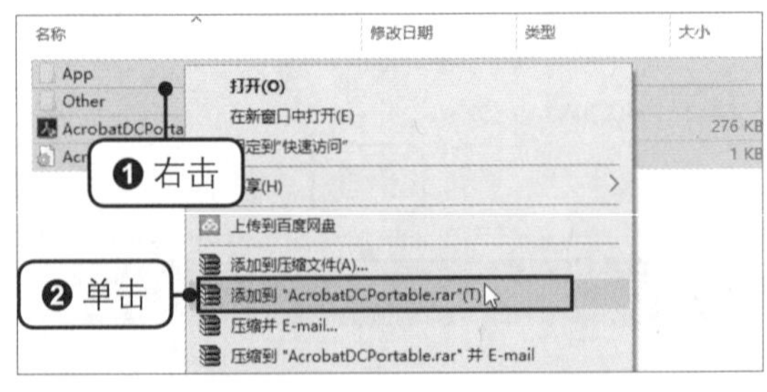

步骤02 查看压缩进度

随后弹出一个窗口，显示了正在创建压缩文件的进度，如下图所示。如果要暂停或取消压缩，可直接在对话框中分别单击“暂停”或“取消”按钮。

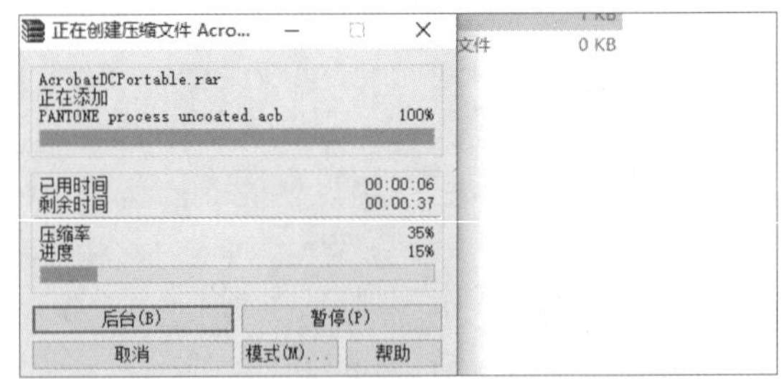

步骤03 打开压缩文件

经过一段时间后，压缩完成，可看到在保存文件的文件夹下出现了一个压缩包，双击该压缩包，如下图所示。

步骤04 显示压缩结果

打开压缩包后，弹出一个窗口，可在该窗口中看到被压缩的文件，如下图所示。

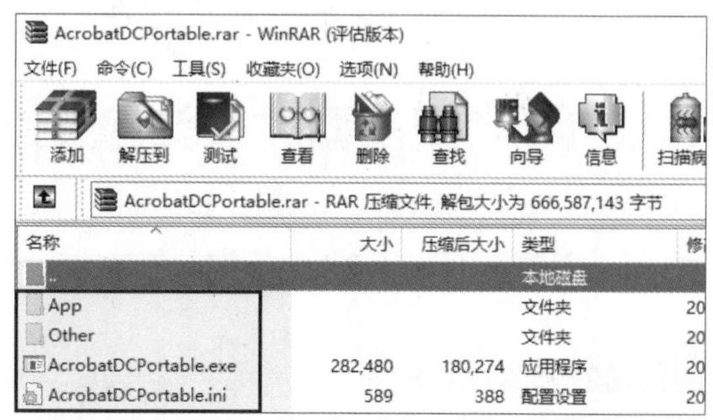

6.2.2 使用WinRAR解压文件

除了可以使用 WinRAR 软件将一个或多个文件压缩，还可以通过该软件解压压缩包，从而使压缩包中的文件能够正常使用。

步骤01 解压文件

❶右击压缩包。❷在弹出的快捷菜单中单击“解压到 迅雷下载”命令，如右图所示。一般情况下，最好选择该解压类型，因为此种方式在解压后会自动将压缩包中的多个文件放置在一个文件夹中，避免多个文件的压缩包解压后引起的混乱现象。

步骤02 显示解压进度

弹出一个窗口，在窗口中显示了当前压缩包的解压进度，如下图所示。

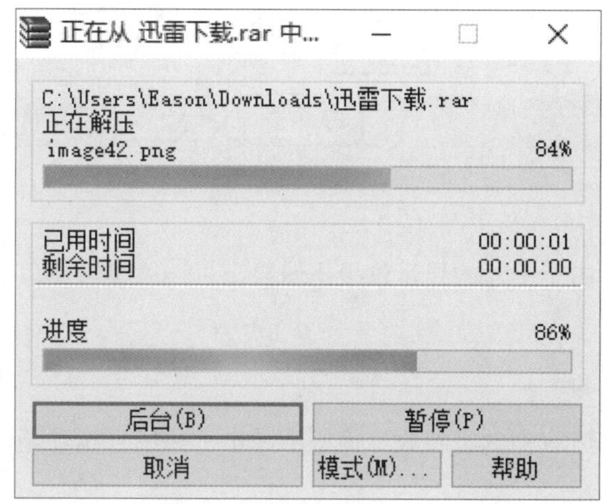

步骤03 显示解压后的文件

经过一段时间完成解压后，即可看到解压后生成的“迅雷下载”文件夹，如下图所示。

6.3 照片美化好帮手——美图秀秀

美化图片的软件有很多，对于初学者来说，掌握一个比较简单、实用的就可以了，而美图秀秀软件就很合适。美图秀秀软件简单易用、功能强大，且有海量的饰品、边框、场景素材及独有的图片特效，可以使图片产生绝妙的效果。

6.3.1 使用美图秀秀美化图片

美图秀秀软件具有多个功能，能够使图片产生绝妙的效果，其中美化是最简单实用的功能之一，图片的美化操作具体步骤如下。

步骤01 启动软件

通过迅雷下载并安装美图秀秀后，在桌面上双击“美图秀秀”快捷方式，如下图所示。

步骤02 美化图片

打开美图秀秀软件。在弹出的窗口中单击“美化图片”按钮，如下图所示。

步骤03 打开一张图片

此时软件自动切换至“美化”选项卡下。单击“打开一张图片”按钮，如下图所示。

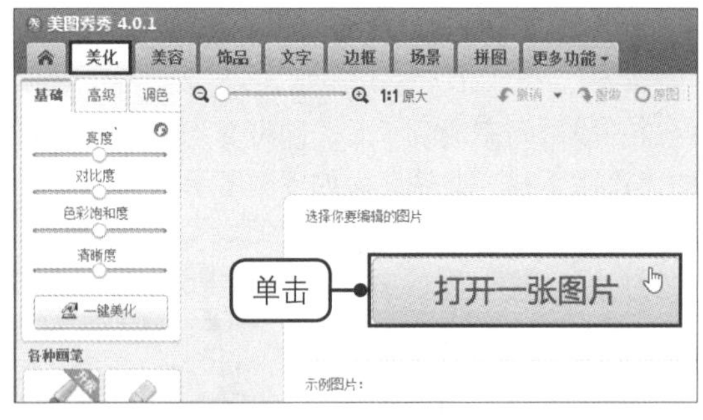

步骤04 选择要打开的图片

❶弹出“打开图片”对话框，选择要美化的图片。❷单击“打开”按钮，如下图所示。

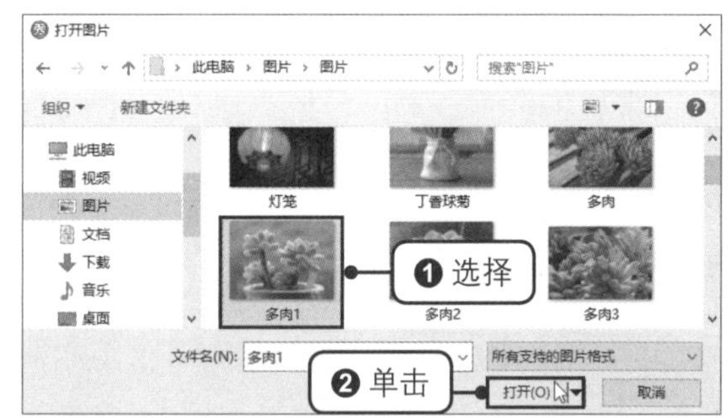

步骤05 放大图片

随后可看到选择的图片显示在软件的图片区域中。由于图片的显示效果不明显，可连续单击窗口中的“放大”按钮，如下左图所示。

步骤06 选择特效

此时可以看到图片区域中的图片放大显示了，在窗口右侧的“特效”面板下单击“热门”选项组下的“云端”特效，如下右图所示。

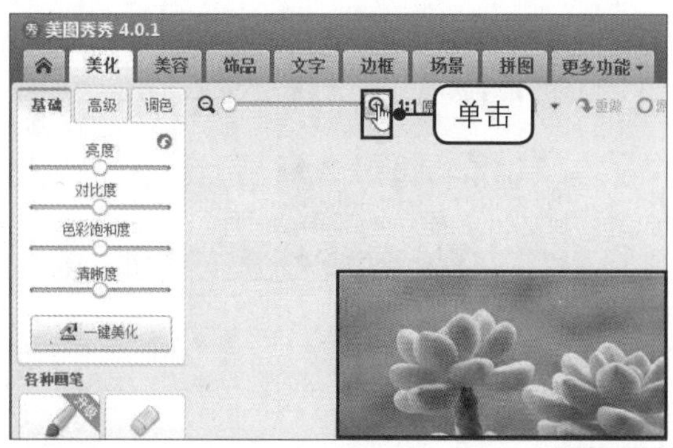

步骤07 撤销设置的特效

可看到应用“云端”特效后的效果。若对此特效不满意，可单击“撤销”按钮，如下图所示。

步骤09 确定应用该特效

此时可看到应用“飞雪”特效后的图片效果。如果确定应用该特效，则在“飞雪”特效下出现的提示框中单击“确定”按钮，如下图所示。

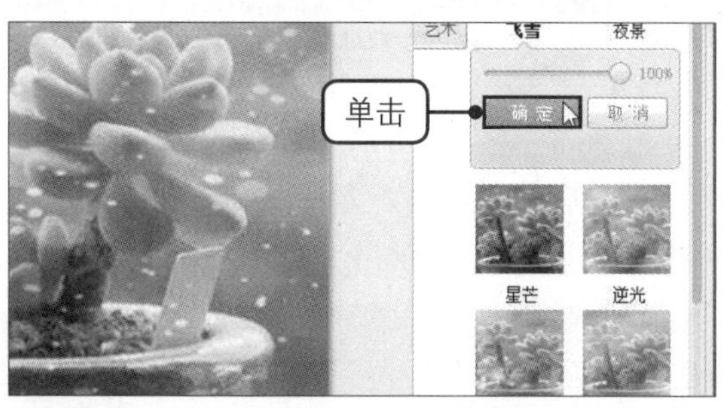

步骤08 应用其他特效

撤销后图片返回原始效果。在“特效”面板下单击“时尚”下的“飞雪”特效，如下图所示。

步骤10 裁剪图片

完成特效的设置后，如果想要裁剪图片，可单击窗口中的“裁剪”按钮，如下图所示，打开“裁剪”窗口。

步骤11 设置裁剪区域

裁剪框内为要保留的区域。将鼠标放置在裁剪框的右下角，当鼠标指针变为↘形状时，按住鼠标左键向下拖动，如下左图所示。

步骤12 完成裁剪

应用相同的方法调整裁剪框，完成后单击窗口中的“完成裁剪”按钮，如下右图所示。

步骤13 对比图片

返回美图秀秀的图片设置窗口，可看到裁剪后的图片效果，单击窗口中的“对比”按钮，如下图所示。

步骤14 显示对比效果

此时可看到美化前和美化后的图片对比效果，如下图所示。

步骤15 保存美化后的图片

对比后，如果对此图片的美化效果感到满意，可单击窗口右上角的“保存与分享”按钮，如下图所示。

步骤16 更改图片的保存位置

弹出“保存与分享”对话框，如果对图片的默认保存位置不满意，可单击“更改”按钮，如下图所示。

步骤17 设置保存位置

❶弹出“浏览计算机”对话框，设置好图片的保存位置。❷单击“确定”按钮，如右图所示。

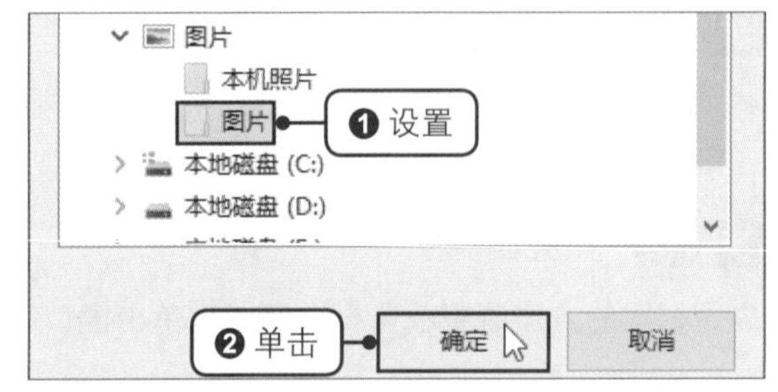

步骤18 完成保存设置

返回"保存与分享"对话框，可看到更改后的保存位置。❶输入美化后的图片名"美化的多肉"。❷单击"保存"按钮，如下图所示。

步骤19 保存成功

弹出"保存与分享"窗口，提示成功保存图片，如下图所示。

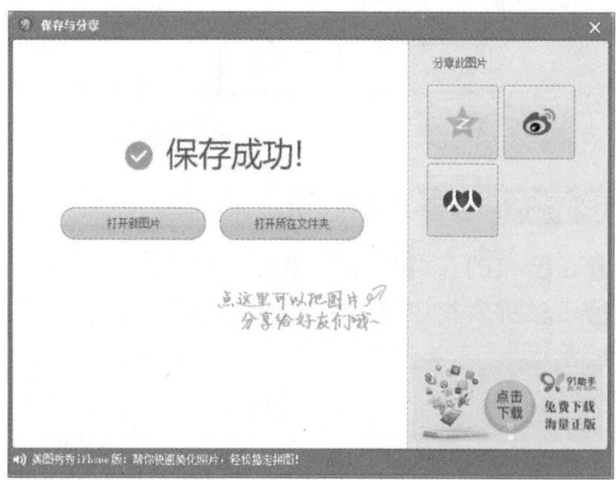

6.3.2 使用美图秀秀为图片添加文字

虽然通过美图秀秀软件中的美化功能可以直接美化图片，但是要想让图片更加生动，还可以在图片上添加有艺术感的文字，具体的操作方法如下。

步骤01 打开新图片

继续上小节的操作，在完成一张图片的美化和保存后，在弹出的窗口中单击"打开新图片"按钮，如下图所示。

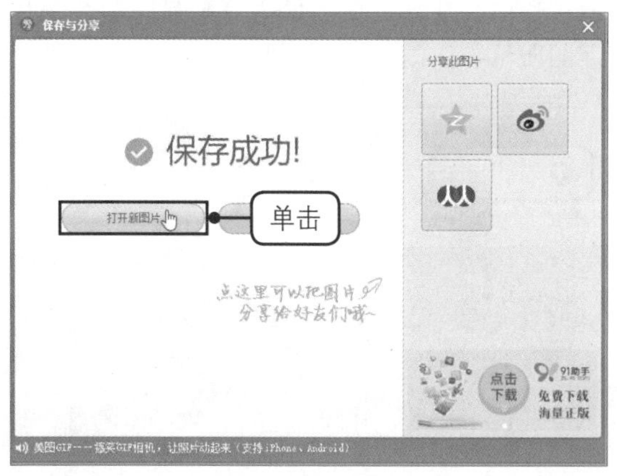

步骤02 选择新的图片

❶弹出"打开一张图片"对话框，选择要打开的新图片。❷单击"打开"按钮，如下图所示。

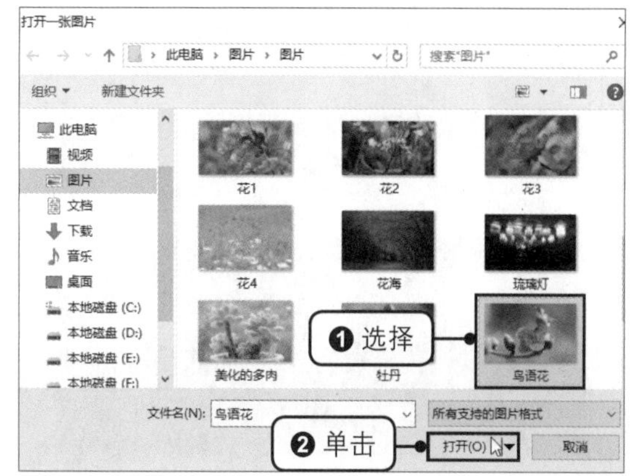

步骤03 确定打开新图片

当图片偏大时，会弹出提示框，提示用户是否将图片缩小到最佳尺寸，单击"是（推荐）"按钮，如下左图所示。

步骤04 选择图片的美化方式

随后在美图秀秀软件窗口中将显示打开的图片。单击"文字"选项卡，如下右图所示。

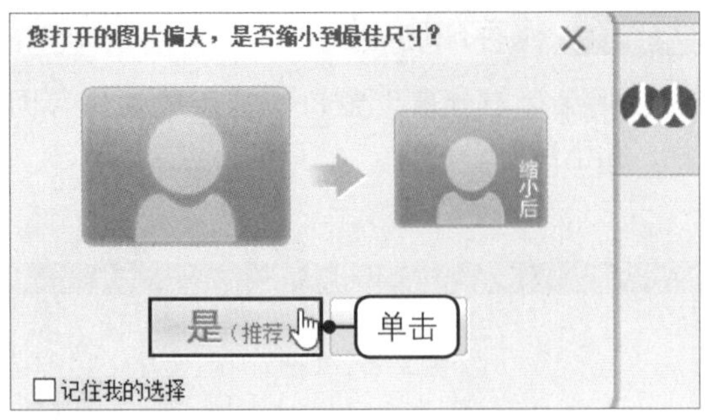

步骤05 选择文字效果

❶在窗口的右侧面板下单击“已下载”标签。❷在多种素材中选择合适的文字素材，如下图所示。

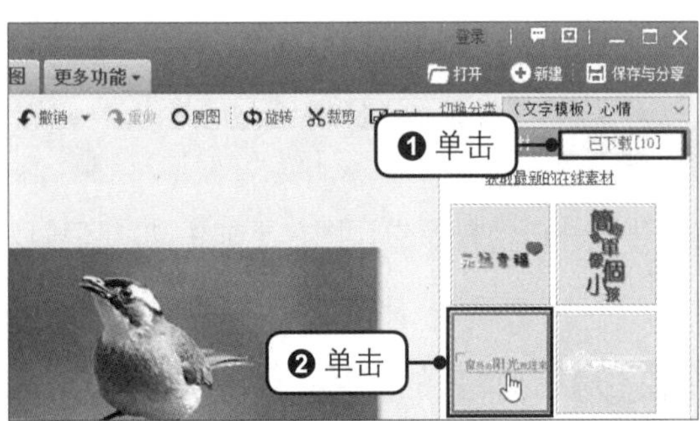

步骤06 移动文字

随后可看到图片上添加了一个文字框及一个素材编辑框，将鼠标放置在文字框上，当指针变为✥形状，如下图所示，可按住鼠标左键拖动文字框。

步骤07 显示移动效果

拖动至合适的位置后释放鼠标即可，如下图所示。

步骤08 删除文字框

❶如果对添加的文字不满意，可右击文字框。❷在弹出的快捷菜单中单击“删除”命令，如下图所示。

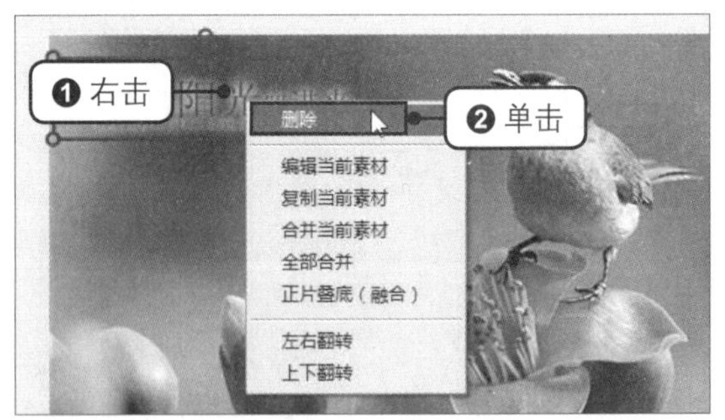

步骤09 输入文字

除了可以使用模板素材，还可以自行设置文字内容。单击“输入文字”按钮，如下左图所示。

步骤10 设置文字字体

❶可看到图片上出现的文字框，在“文字编辑框”对话框中输入文字“鸟语花香”。❷单击“字体”右侧的下拉按钮，在展开的列表中选择合适的字体，如下右图所示。

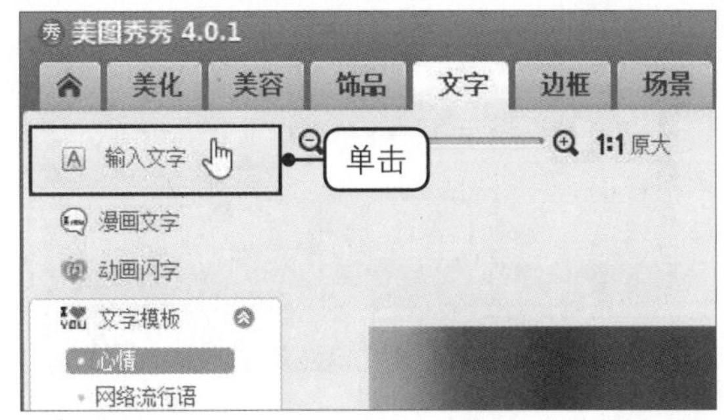

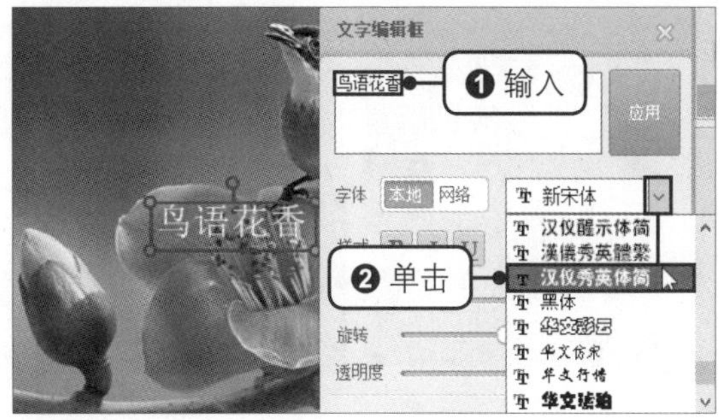

步骤11 设置字号

拖动“字号”右侧的滑块，可改变图片上文字的大小，如下图所示。

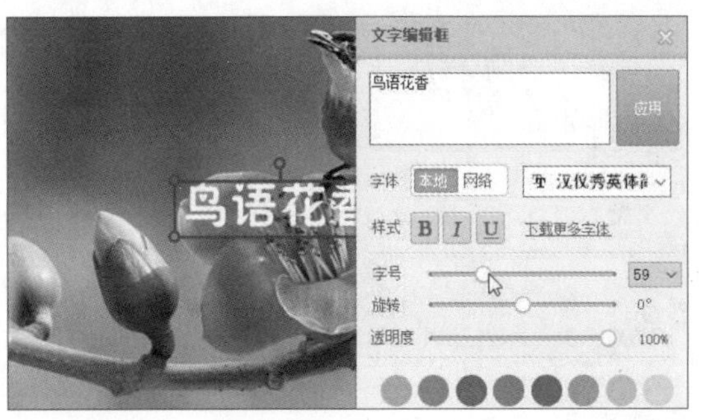

步骤12 排版文字

❶单击“高级设置”按钮，单击“排版”后的“竖排”按钮。❷勾选“阴影”后的复选框，如下图所示。

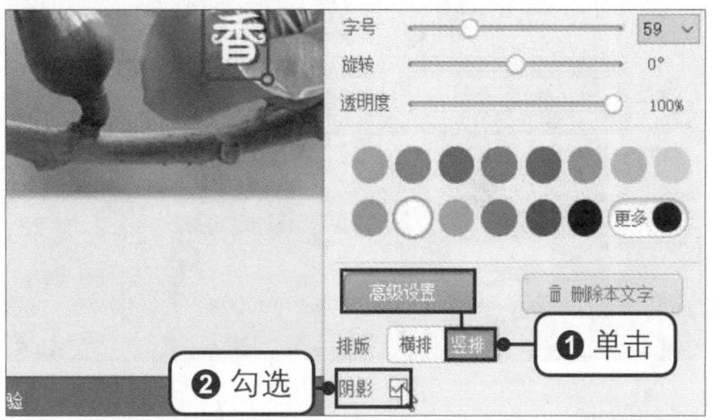

步骤13 显示设置效果

设置完成后，移动文字框至合适的位置，即可得到如右图所示的效果。随后将图片保存即可。

6.3.3 使用美图秀秀批处理多张图片

批处理是美图秀秀的一个重要功能，通过该功能，可以将大量图片放到一起进行相同的处理，从而避免重复的操作，提高图片的处理效率。

步骤01 单击“批量处理”按钮

启动美图秀秀软件，单击“批量处理”按钮，如下左图所示。

步骤02 确定下载软件

若是第一次使用该功能，会弹出提示框，提示用户要下载美图秀秀批处理软件才能使用该功能，单击“确定”按钮，如下右图所示。

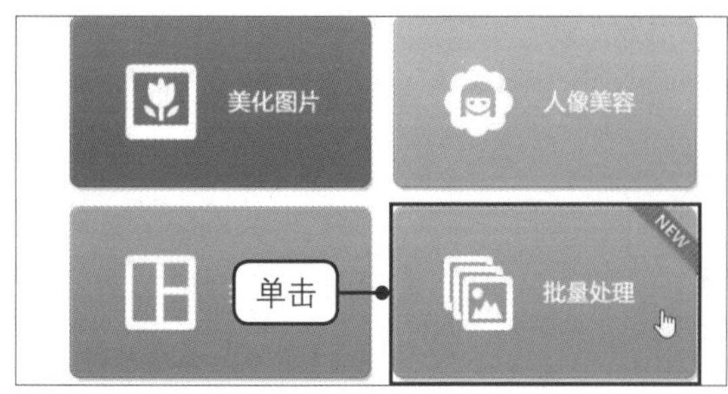

步骤03 单击“立即体验”按钮

下载完成后，弹出提示框，直接单击“立即体验”按钮，如下图所示。

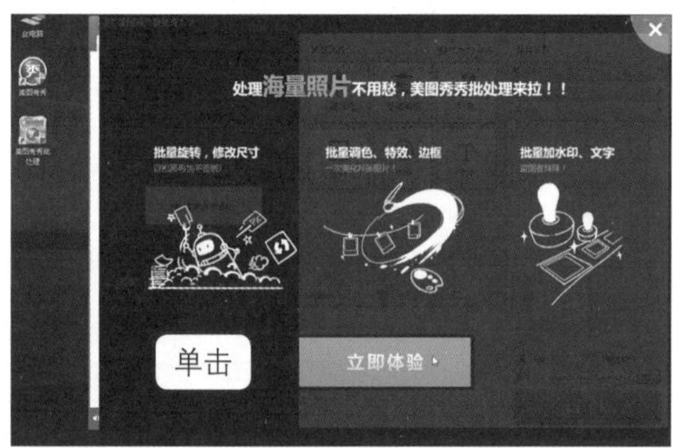

步骤04 添加多张图片

在弹出的“美图秀秀批处理1.2”窗口中单击“添加多张图片”按钮，如下图所示。

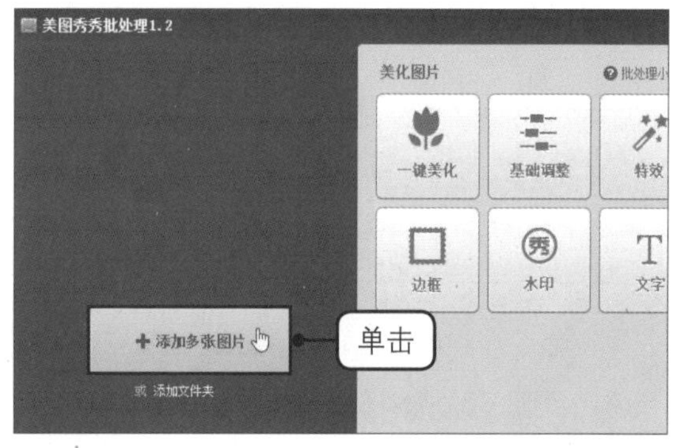

步骤05 选择多张图片

弹出“打开图片”对话框，按住【Ctrl】键不放，依次单击要选择的图片，然后单击“打开”按钮，如下图所示。

步骤06 应用特效

返回窗口中，可看到选择的图片都显示在了窗口左侧的面板下。单击“特效”按钮，如下图所示。

步骤07 选择特效样式

❶在展开的“特效”面板下单击“艺术”选项卡。❷在展开的艺术特效中单击“彩铅”样式，如下左图所示。

步骤08 预览图片设置效果

设置完成后，虽然可以在窗口左上角的面板查看设置效果，但如果想要放大图片查看，可单击“预览”按钮，如下右图所示。

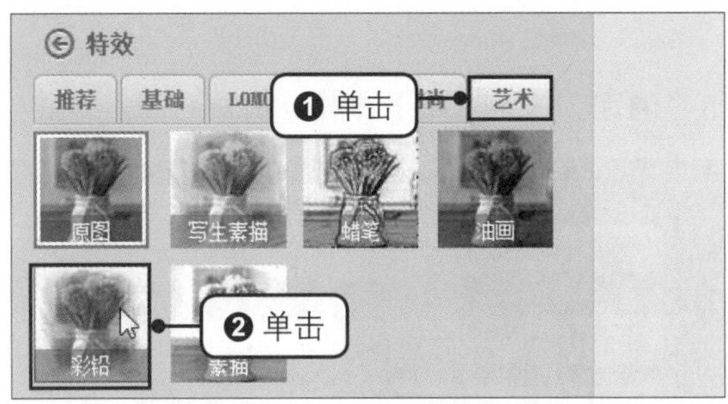

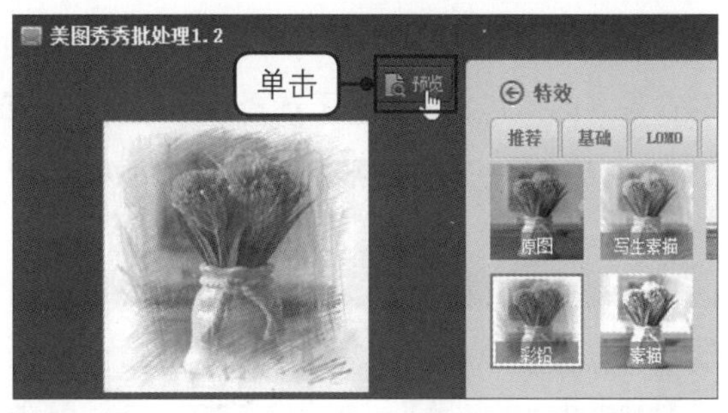

步骤09　预览第一张图片

弹出窗口，可看到设置彩铅特效后的第一张图片效果，如果要查看其他图片的设置效果，可单击“下一张”按钮，如下图所示。

步骤10　预览其他图片

可看到第二张图片的特效设置效果。继续单击“下一张”按钮可查看其他图片的特效设置效果，如下图所示。

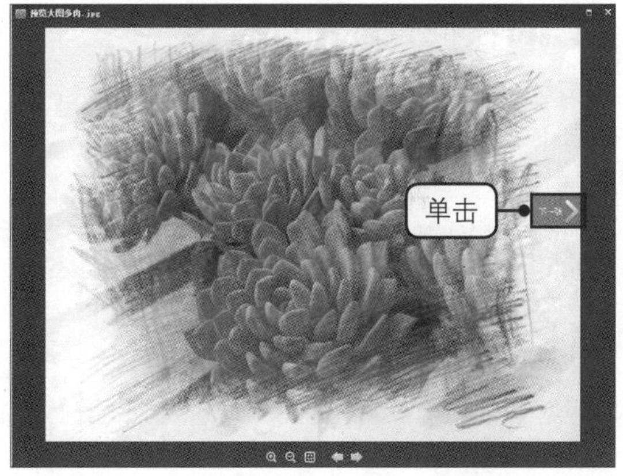

步骤11　确定特效设置

预览完毕后，关闭窗口，返回图片处理窗口中，如果对此特效设置满意，可单击“确定”按钮，如下图所示。

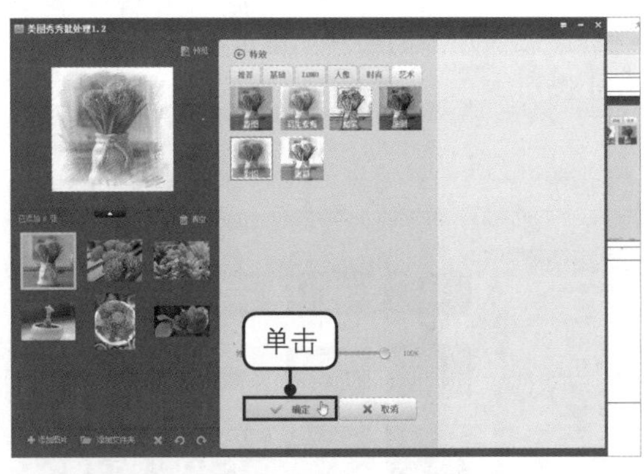

步骤12　一键美化图片

如果要继续对图片设置效果，可单击窗口中的“一键美化”按钮，如下图所示。

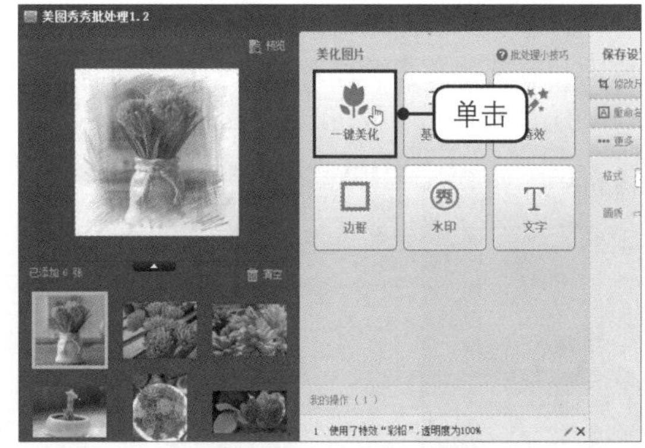

步骤13　添加边框

如果要为图片添加边框，可单击窗口中的“边框”按钮，如下左图所示。

步骤14 选择边框

❶在展开的“边框”面板下选择合适的边框。❷单击“确定”按钮，如下右图所示。

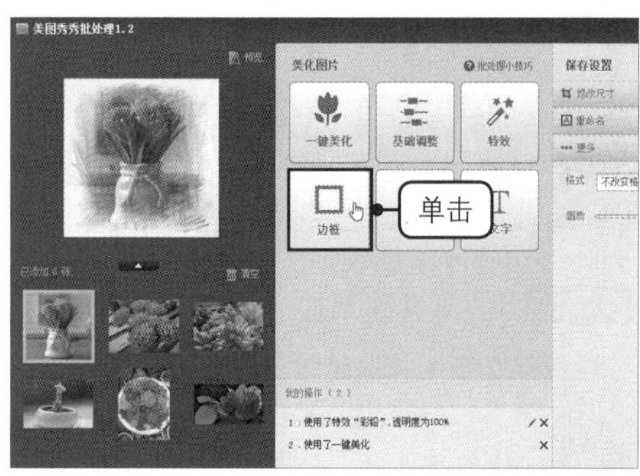

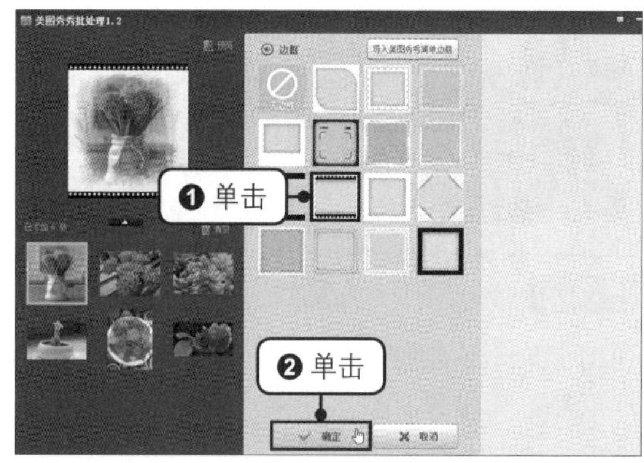

步骤15 删除操作

设置完成后，在“我的操作”下可看到操作过的图片设置，如果想要删除某个操作，可单击该操作右侧的“删除”按钮，如下图所示。

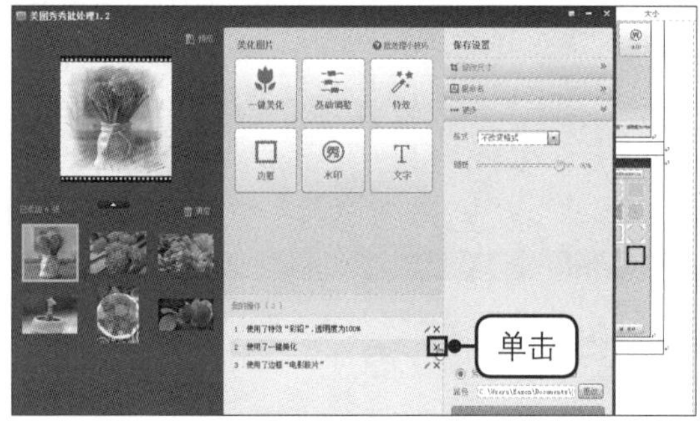

步骤16 确定删除操作

弹出提示框，提示用户是否确定要删除本条记录，如果确定删除，则直接单击“是”按钮，如下图所示。

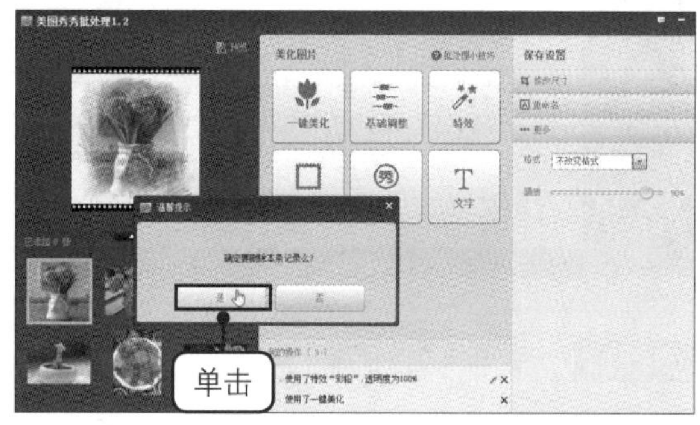

步骤17 添加图片

随后可看到“我的操作”下相应的操作被删除了，且左上角的图片中该操作设置的效果也被取消。若要为更多的图片设置效果，可单击窗口中的“添加图片”按钮，如下图所示。

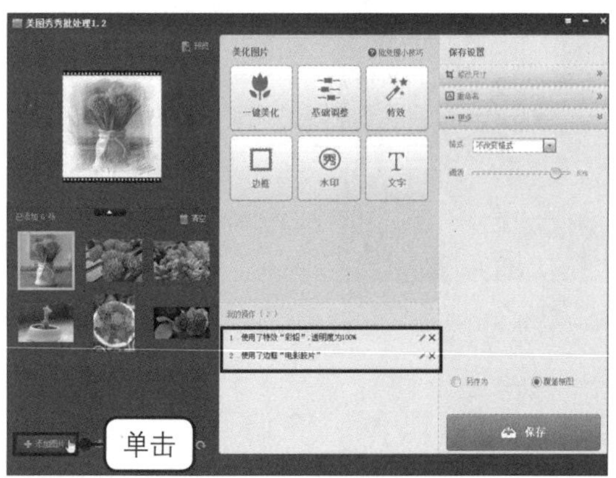

步骤18 添加更多图片

弹出“打开图片”对话框，按住【Ctrl】键，选择多张要添加的图片，单击“打开”按钮，如下图所示。

步骤19 删除图片

返回窗口中，看到选择的图片已添加到窗口左下角的面板中，如果不想要设置某些图片了，可单击图片右上角的“删除”按钮，如下图所示。

步骤20 查看新添加图片的效果

应用相同的方法继续删除不需要的图片，保留要设置的图片。单击要设置的图片，即可在左上角预览该图片的设置效果，如下图所示。

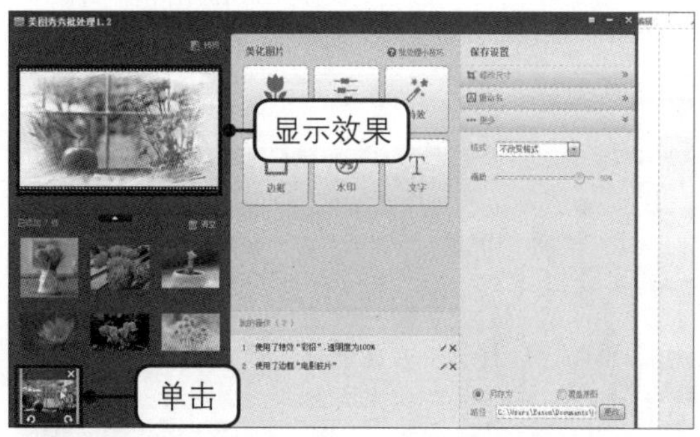

步骤21 覆盖原图

❶设置完成后，在窗口右下角单击“覆盖原图”单选按钮。❷单击“保存”按钮，如下图所示。

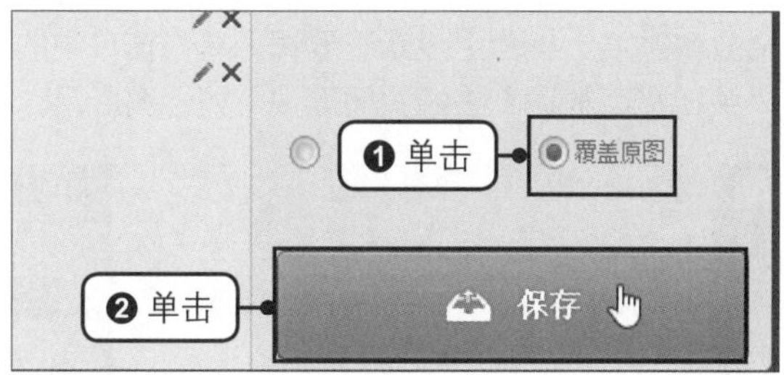

步骤22 确定覆盖

弹出提示框，提示用户确认覆盖原图，单击“确定覆盖”按钮，如下图所示。

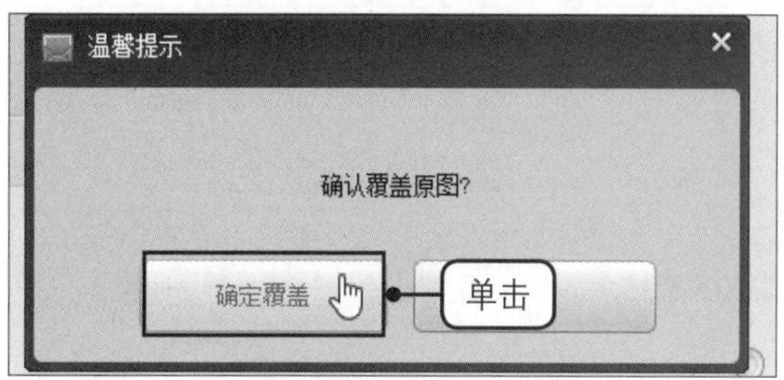

步骤23 打开文件夹

完成覆盖和保存后，弹出提示框，提示批处理完成。如果要查看覆盖原图后的图片效果，可单击“打开文件夹”按钮，如下图所示。

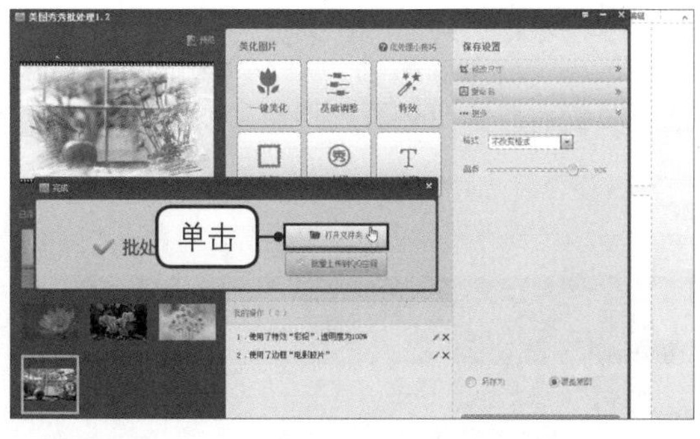

步骤24 显示覆盖效果

在弹出的对话框中可看到添加的多张图片都变为了设置后的效果，而原先的图片已被设置后的图片覆盖了，如下图所示。

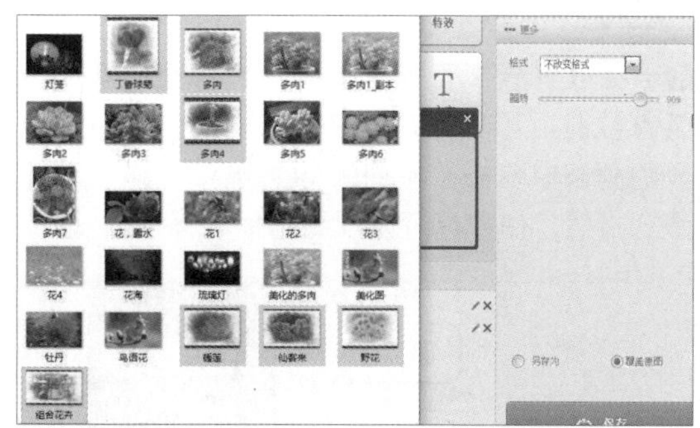

6.4 使用酷狗音乐听歌

随着网络的普及，用户可以直接在网上找到想听的歌曲。音乐软件种类繁多，选择一款方便实用的就足够了，而酷狗音乐正是当前使用最广泛的音乐软件之一。下面就来看看酷狗音乐软件是如何使用的。

步骤01 启动酷狗音乐

通过迅雷软件下载并安装酷狗音乐后，在桌面上会出现酷狗音乐软件的快捷方式，双击该快捷方式图标，如下图所示。

步骤02 搜索歌曲

❶在窗口的搜索框中输入要搜索的歌曲，如“明天更美好”。❷在弹出的搜索建议列表中单击选择一个选项，如下图所示。

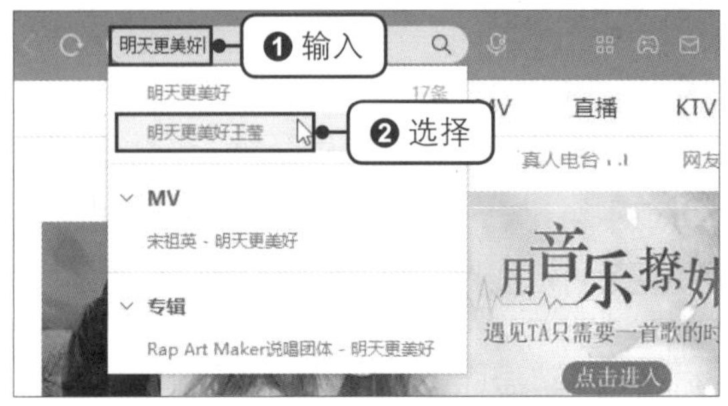

步骤03 播放歌曲

随后可在窗口中看到搜索到的歌曲，在要播放的歌曲后单击“播放”按钮，如下图所示。

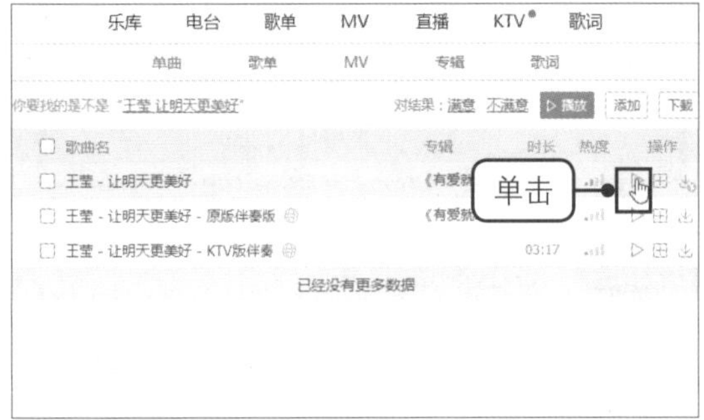

步骤04 关闭桌面歌词

在左侧列表中显示播放的歌曲，在窗口下方显示播放的进度。桌面上显示了歌词。单击窗口中的“关闭桌面歌词”按钮关闭歌词，如下图所示。

步骤05 设置播放效果

❶当播放列表中有多首歌曲时，若要循环播放某首歌曲，可单击“列表循环”按钮。❷在展开的列表中单击“单曲循环”选项，如下图所示。当然，用户也可以设置其他的播放方式。

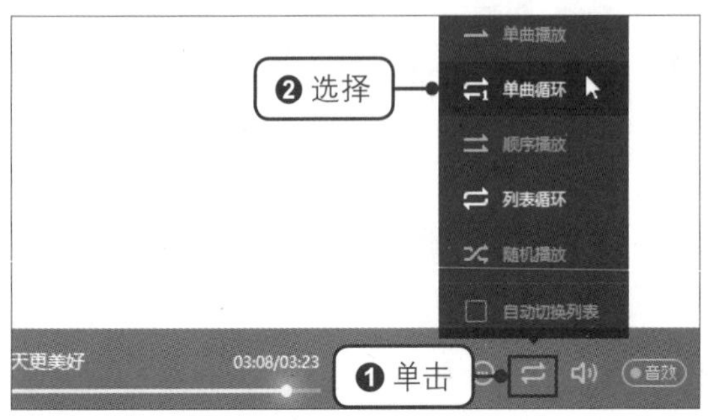

步骤06 删除歌曲

若不想再听到某首歌曲，可在“默认列表”中单击该歌曲后的“删除”按钮，如下图所示。

第7章 网页浏览全接触

使用浏览器浏览网页是上网的最基本操作之一，不管是查询资讯、阅读新闻，还是下载文件、网上购物，都需要用到网页浏览的技能。本章主要对 Windows 10 自带的 Microsoft Edge 浏览器的使用方法进行介绍。

7.1 了解网络设备

俗话说：“工欲善其事，必先利其器。”虽然现在接入网络时，网络服务供应商会自动提供设备和相应的安装调试服务，无需用户操心，但是了解一下上网到底需要哪些网络设备及各个设备的作用，还是很有必要的。

▶ 调制解调器：英文名 Modem，俗称“猫”。它是用来拨号的，没它就上不了网。

▶ 语音分离器：该设备用于保证能同时上网和打电话。如果使用了座机电话线连接网络，就必须用语音分离器，不然网络信号会受影响，有电话打过来时网络会掉线。如果连网时没有连接座机电话，该设备可省略。

▶ 若干网线及各类连接线：用于连接设备。

▶ 路由器：该设备是用来分享网络的，可以实现多台电脑一起上网，其中无线路由器还可以发射 Wi-Fi 信号，实现无线共享。

▶ 光猫：随着技术的发展，现在很多地方的宽带都升级为光纤，一个光猫就集成了调制解调器、语音分离器、有线和无线路由器。

7.2 启动浏览器

在 Windows 10 之前，系统的默认浏览器是 Internet Explorer 浏览器，即 IE 浏览器。到了 Windows 10 中，IE 浏览器升级为 Microsoft Edge 浏览器，它的浏览速度更快，安全性更高。同时为了照顾一部分老用户的使用习惯，Windows 10 中仍然保留了 IE 浏览器。

步骤01 启动Microsoft Edge

❶单击“开始”按钮。❷在弹出的菜单中找到并单击“Microsoft Edge”浏览器，如下图所示。

步骤02 启动IE浏览器

❶单击“开始”按钮。❷在弹出的菜单中单击“Windows 附件>Internet Explorer”浏览器，如下图所示。

7.3 上网的指南针——导航网页

在网络中有无数的网站可供我们浏览，但我们很难记住其网址。虽然可以在搜索引擎中输入关键词来查找要查看的网站，但还是显得有点麻烦。此时就需要导航网页来帮忙了，它将一些常用的网站地址集中在一个网页上，单击要查看的网址即可进入该网站。具体的操作方法如下。

步骤01 在导航网页上查找信息

启动“Microsoft Edge”浏览器后，在地址栏中输入并打开导航网页的网址，如“https://www.hao123.com”，在该网页上单击要查找的信息链接，如单击“特价旅游”，如下图所示。

步骤02 进入相关页面

此时，自动打开了与特价旅游有关的网页列表，如果还想要继续查看更具体的内容，可单击相应的项目，如下图所示。

步骤03 显示详细内容

弹出了一个新的网页，该网页中显示了上一步骤中单击的项目的详细内容，如下图所示。

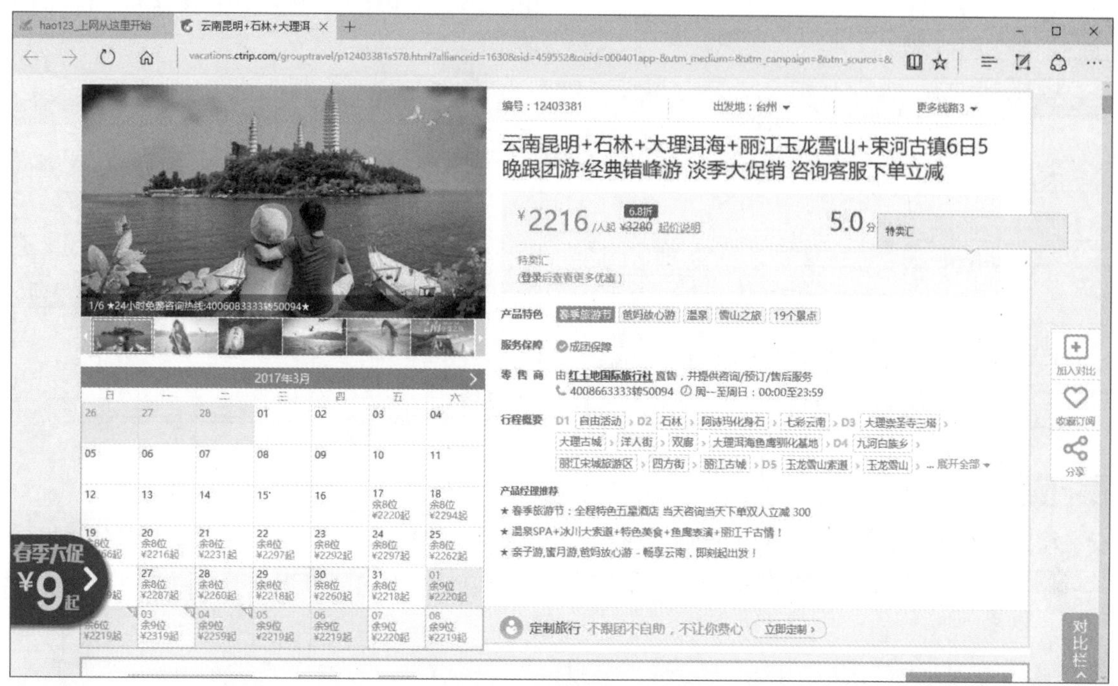

7.4 自定义浏览器主页

浏览器的主页是指浏览器启动时默认打开的网页。大多数浏览器都提供自定义主页功能。如果用户在上网时习惯先打开搜索引擎，再搜索自己想查看的网站和信息，就可以将自己喜爱的搜索引擎设置为浏览器的主页。下面以在 Microsoft Edge 浏览器中将百度搜索设置成主页为例，讲解具体操作方法。

步骤01 单击“设置”选项

❶启动浏览器后，单击右上角的“更多”按钮。❷在展开的列表中单击“设置”选项，如下图所示。

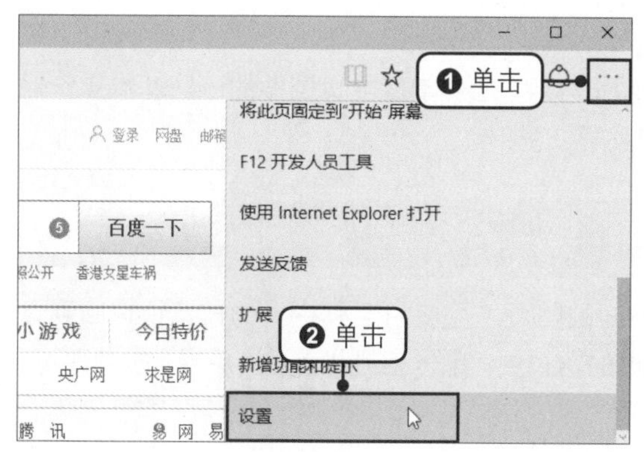

步骤02 删除已有的主页

在“设置”面板下单击已有主页右侧的“删除”按钮，如下图所示。如果用户的浏览器中没有设置主页，此步骤可省略。

步骤03 输入新的主页网址

❶在“特定页”下方的文本框中输入新的网址，如“www.baidu.com”。❷单击“保存”按钮，如下图所示。

步骤04 打开主页

关闭并重新启动浏览器后，可看到启动后的窗口中打开的即为刚才设定的网页，如下图所示。

步骤05 返回主页

❶在搜索文本框中输入要查找的关键词，如“天气预报”，按【Enter】键，可看到与天气预报相关的网页内容，❷如果想要返回主页，可单击“主页”按钮，如下图所示。随后会返回步骤04中的窗口效果。

7.5 学会网页浏览的简单操作

在启动浏览器后，如果想要灵活地查看资料或网页内容，还需掌握网页浏览的一些基本操作，如网页的前后跳转、关闭网页、放大显示网页的内容等。

7.5.1 网页的前后跳转

在上网的过程中，如果在同一个窗口浏览了不同的网页，可使用工具栏上的按钮快速回到之前浏览过的网页中。如下图所示，要返回之前浏览过的网页中，单击工具栏上的“后退”按钮即可。同理，单击“前进”按钮可向前跳转。

7.5.2　网页的关闭

步骤01　关闭单个网页

单击不需要浏览的网页标签右边的“关闭标签页”按钮，如下图所示。

步骤02　关闭右侧的网页

❶如果要关闭当前网页右边的多个网页，可在该网页标签上右击。❷在弹出的快捷菜单中单击“关闭右侧的标签页”命令，如下图所示。如果只想要查看该网页的内容，关闭其他标签页，可在弹出的快捷菜单中单击“关闭其他标签页”命令。而如果想要重新打开已经关闭的网页，可在弹出的快捷菜单中单击“重新打开已关闭的标签页”命令。

步骤03 查看关闭右侧网页后的效果

随后可看到标签右侧的网页都被关闭了，只保留了该网页及其左侧的网页，如下图所示。

7.5.3 放大显示网页内容

在浏览网页的过程中，有时会发现网页中某些内容比较小，阅读起来很费劲。此时除了可以使用之前介绍过的放大镜等工具来放大网页的内容外，还可以直接使用浏览器中的工具来放大网页内容，具体的操作方法如下。

步骤01 放大网页

打开要查看的网页后，发现网页中的文字内容较小。❶单击窗口右上角的“更多”按钮。❷在展开的列表中连续单击“缩放”右侧的“放大”按钮，如下图所示。

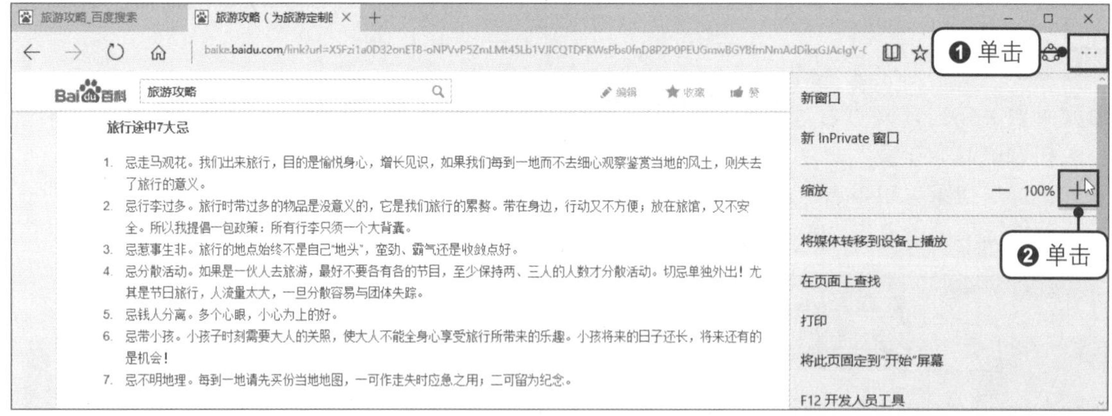

步骤02 缩小网页

直至要查看的内容放大到能够清晰查看。如果要将放大的网页内容缩小，则连续单击“缩放”右侧的“缩小”按钮，如下图所示。

7.6 改变阅读方式，屏蔽干扰信息

在浏览器中打开某些网页后，会发现满天飞的广告和弹窗遮挡了大部分要查看的网页内容，非常令人厌烦。此时可以使用 Microsoft Edge 浏览器中的阅读模式，创造一个干净的阅读环境。但需注意的是，并不是任何一个网页都可以使用该方式查看。具体的操作步骤如下。

步骤01　切换阅读方式

使用Microsoft Edge浏览器打开要查看的网页，可发现网页窗口被很多不相关的信息占据。此时可单击网页右上角的“阅读视图”按钮，如下图所示。如果当前网页不支持阅读视图，该按钮会呈灰色，且将鼠标放置在按钮上时会显示“阅读视图不适用于此页”的提示文字。

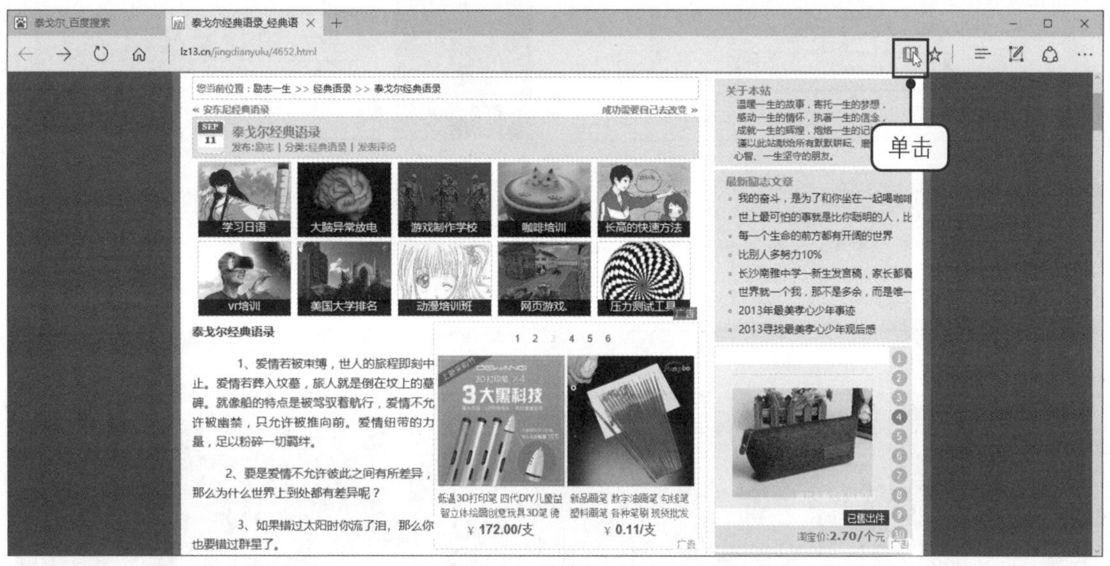

步骤02　单击“设置”选项

此时可以看到窗口中只显示了网页的主体文字内容，其他不相关的信息都被屏蔽了。❶单击右上角的“更多”按钮。❷在展开的列表中单击“设置”选项，如下图所示。

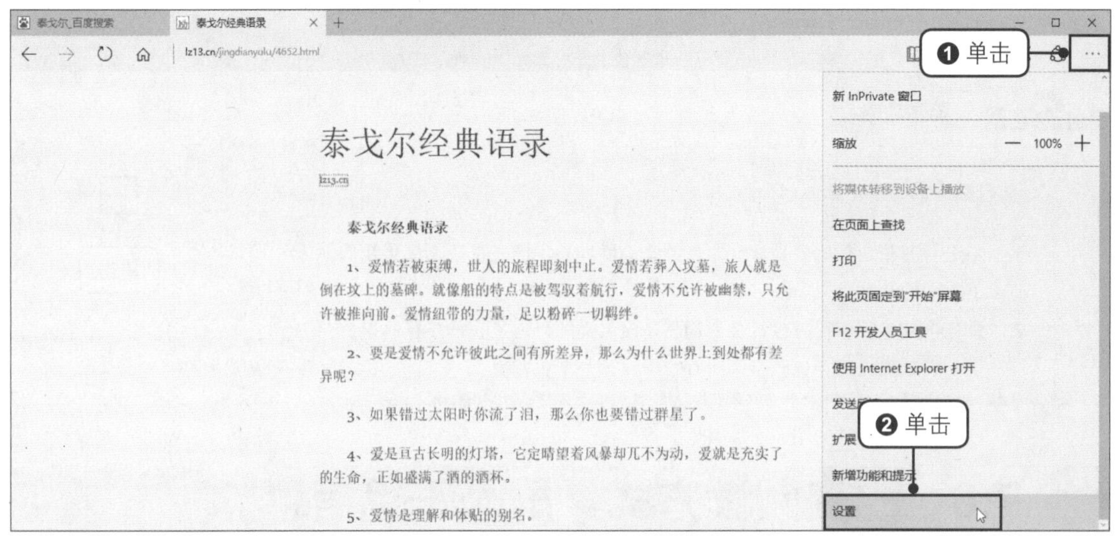

步骤03 设置阅读视图风格

向下滑动鼠标滚轮，找到并单击“阅读”选项组中“阅读视图风格”右侧的下拉按钮，在展开的列表中单击“暗”选项，如下图所示。

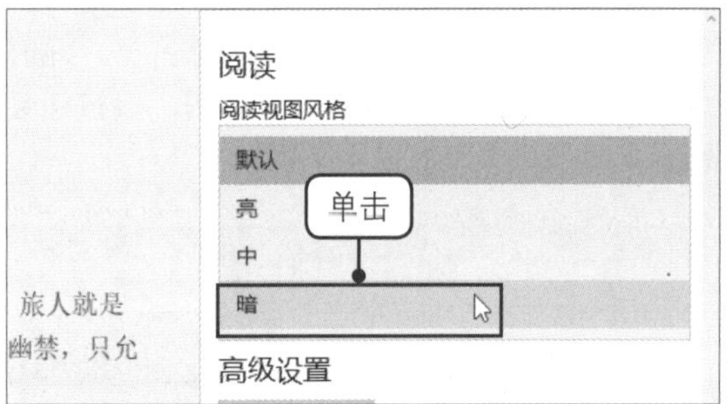

步骤04 设置阅读视图字号

单击“阅读视图字号”右侧的下拉按钮，在展开的列表中单击“超大”选项，如下图所示。

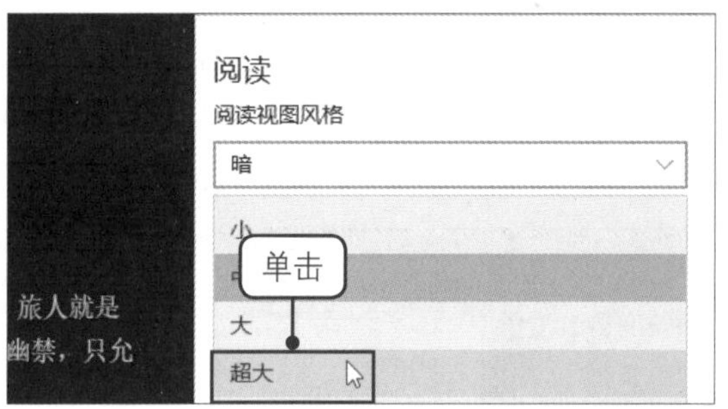

步骤05 显示阅读视图效果

单击网页中“设置”面板以外的任意位置，关闭面板，即可看到设置后阅读视图下的网页效果，如下图所示。

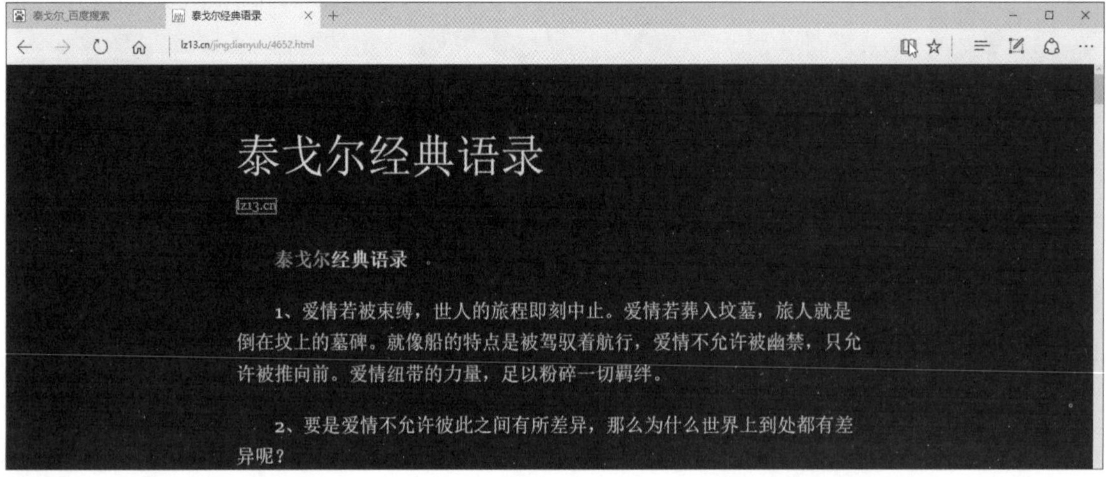

7.7 将喜爱的网页内容收藏起来

在上网时，如果碰到非常喜欢的网页内容，想要在下次上网时再次查看，可将这些网站收藏至收藏夹中。下次上网时在收藏夹中打开要查看的网页即可。如果发现收藏的网页过多而不能快速找到需要的网页时，可对收藏夹中的网页进行整理，如移动网页的位置、将多个同类的网页集中放置在同一个文件夹中。如果发现曾经收藏的网页已经不再需要查看，还可以将其移出收藏夹。

7.7.1 收藏网页到收藏夹

步骤01 收藏网页

❶在浏览器中打开要收藏的网页，单击窗口右上角五角星状的“添加到收藏夹或阅读列表”按钮。❷在展开的列表中切换至“收藏夹”选项卡，可看到要收藏网页的名称和保存位置。❸单击“添加”按钮，如下图所示。

步骤02 打开收藏的网页

❶单击窗口右上角三条横线状的“中心”按钮。❷在展开的列表中切换至“收藏夹”选项卡。❸可看到已经收藏的网页，单击要打开的网页，如下图所示。

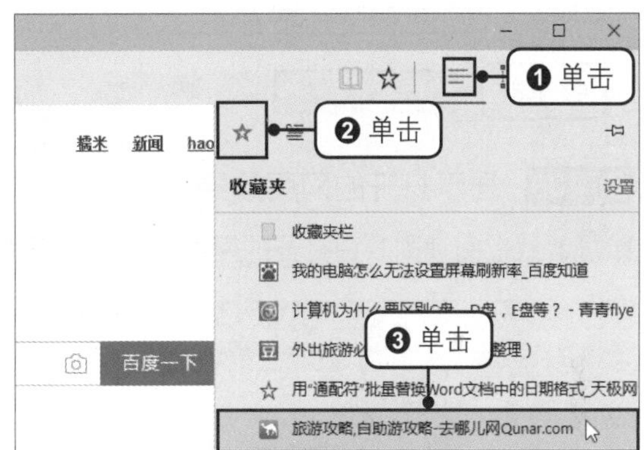

步骤03 显示打开的网页效果

随后可看到打开的网页效果，如下图所示。

7.7.2 收藏网页到阅读列表

步骤01 添加到阅读列表

❶在浏览器中打开要收藏的网页，单击窗口右上角五角星状的“添加到收藏夹或阅读列表”按钮。❷在展开的列表中单击“阅读列表”选项卡。❸单击“添加”按钮，如下图所示。

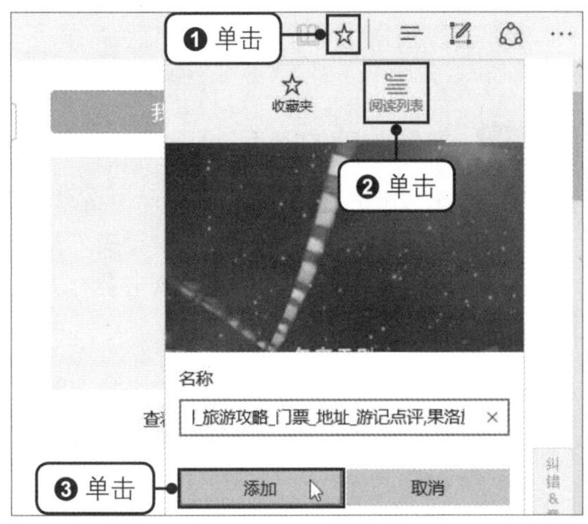

步骤02 打开阅读列表中的网站

❶单击窗口右上角三条横线状的“中心”按钮。❷在展开的列表中切换至“阅读列表”选项卡。❸可看到已经收藏的网页，单击要打开的网页，如下图所示。

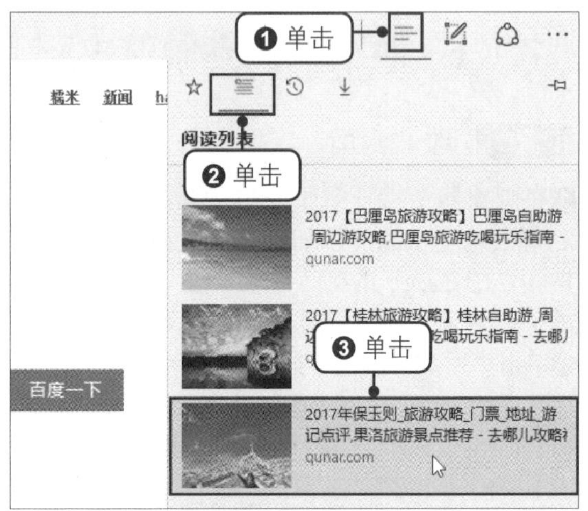

步骤03 显示打开的网页效果

即可看到在阅读列表中打开的网页效果，如下图所示。

7.7.3 移动收藏网页的位置

步骤01 移动网页位置

打开网页的“收藏夹”，选中要移动的网页，按住鼠标左键向上或向下拖动，如下左图所示。

步骤02 显示移动后的位置

移动至合适的位置后，释放鼠标，即可看到选中的网页被移动到了需要的位置，如下右图所示。

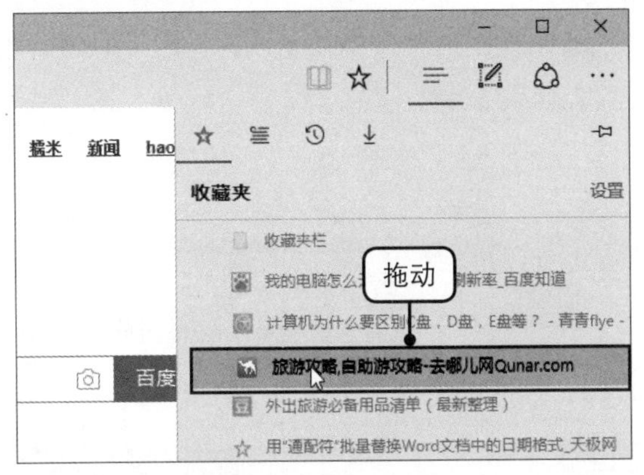

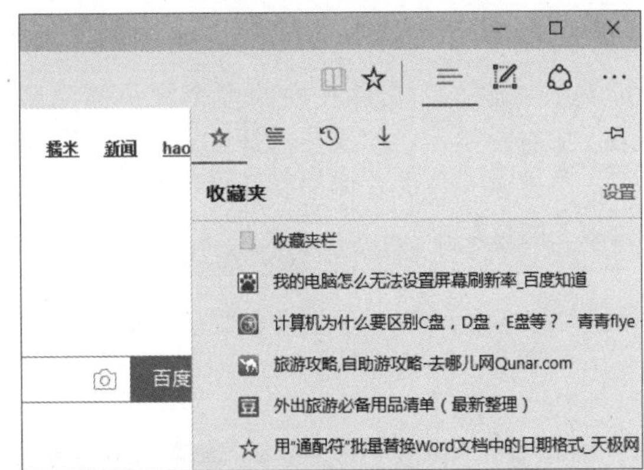

7.7.4　将多个同类的网页收藏集中放置

步骤01　创建新的文件夹

❶打开保存网页的“收藏夹”，右击“收藏夹栏”。❷在弹出的快捷菜单中单击“创建新的文件夹”命令，如下图所示。

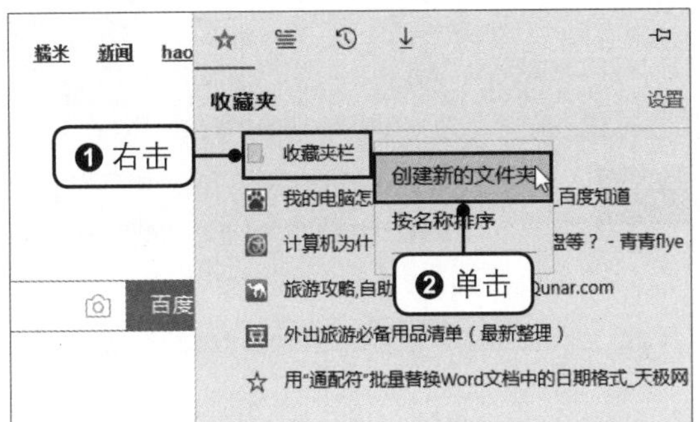

步骤02　输入文件夹名

此时在“收藏夹栏”下创建了一个新的文件夹，输入文件夹名，如“旅游”，如下图所示，然后按【Enter】键确认。

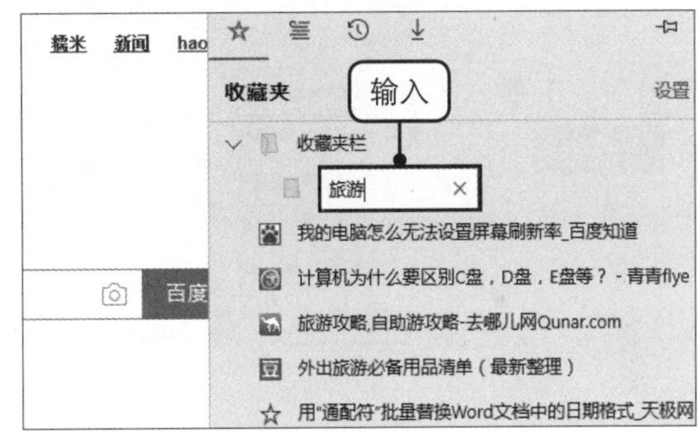

步骤03　移动网页

用鼠标拖动网页至创建的文件夹内，如下图所示。应用相同的方法可将与旅游有关的网页都放入该文件夹中。

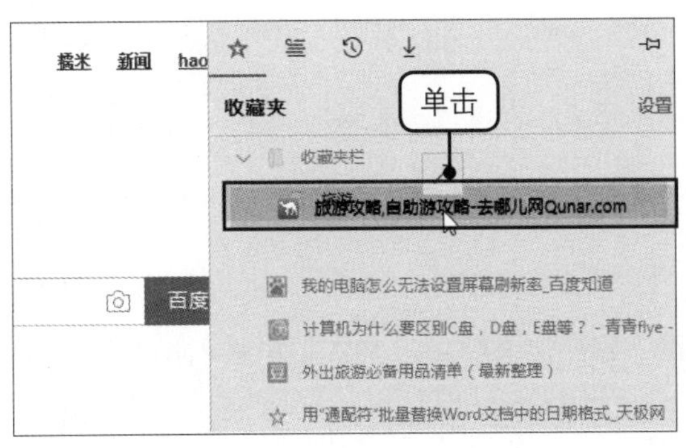

步骤04　显示文件夹中的网页

随后可看到“旅游”文件夹中收藏的网页，单击“旅游”文件夹左侧的折叠按钮，如下图所示。

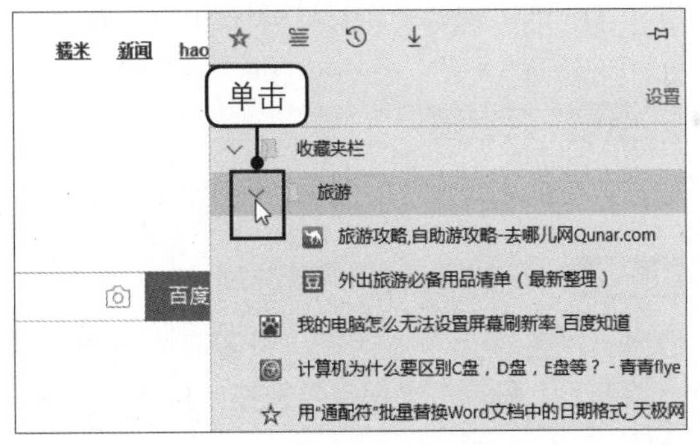

步骤05 显示收藏夹效果

可看到“旅游”文件夹中的多个网页被隐藏了，如右图所示。如果要打开该文件夹中的网页，单击该文件夹左侧的展开按钮，然后单击相应的网页即可。

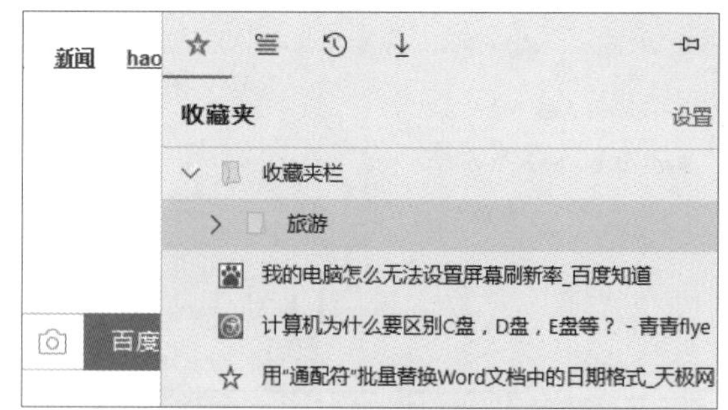

7.7.5 删除收藏夹中不需要的网页

步骤01 删除网页

❶打开“收藏夹”，右击要删除的网页。❷在弹出的快捷菜单中单击“删除”命令，如下图所示。

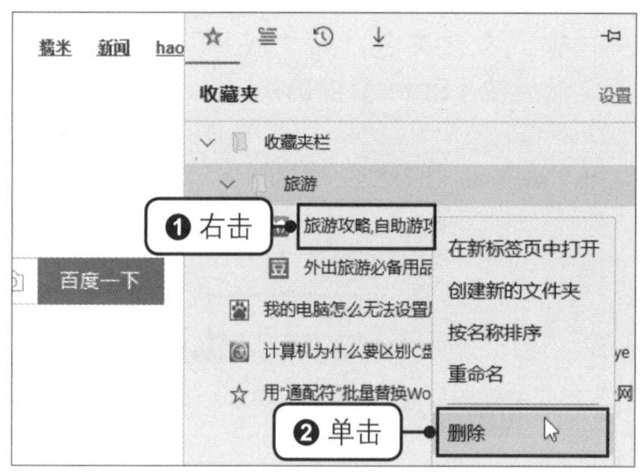

步骤02 显示删除效果

随后可看到被删除的网页不再显示在收藏夹中，如下图所示。

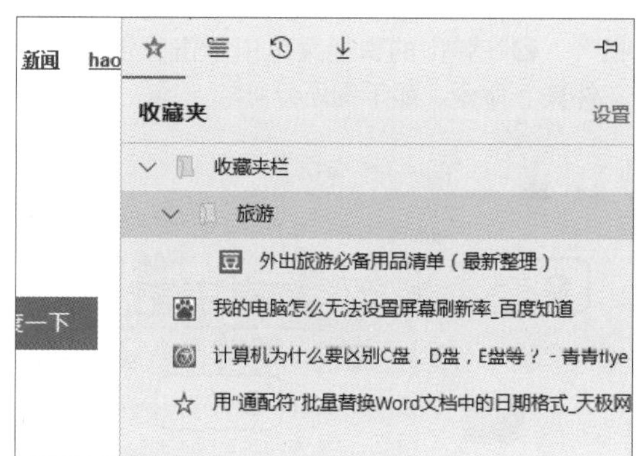

7.8 保存网页中的图片和文本

在网页上看到精美的图片或者值得收藏的文字内容后，如果想要在没有网络时也能查看这些图片和文字，可将其保存到电脑中。具体的操作方法如下。

7.8.1 保存网页中的图片

步骤01 保存图片

❶右击网页中要保存的图片。❷在弹出的快捷菜单中单击“将图片另存为”命令，如下左图所示。

步骤02 设置图片的保存选项

❶弹出“另存为”对话框，设置好文件的保存位置。❷在“文件名”文本框中输入图片名，如“樱花”。❸单击“保存”按钮，如下图所示。

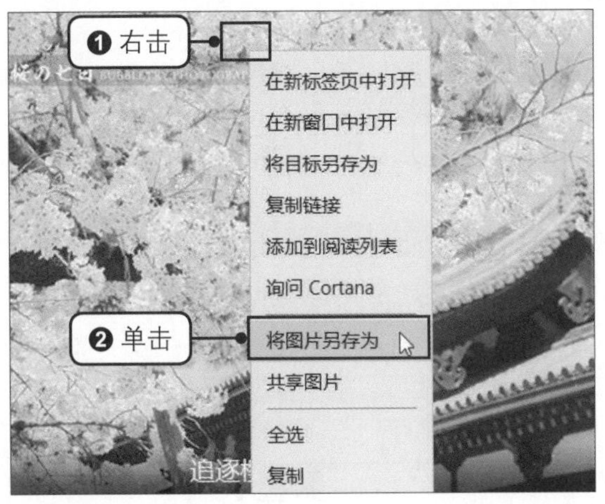

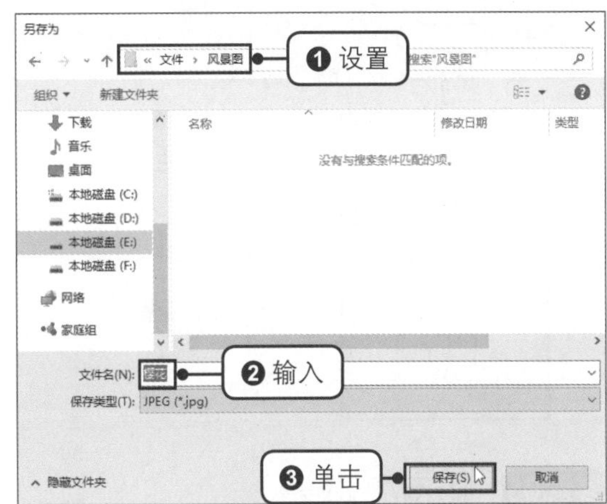

步骤03　查看保存的图片

应用相同的方法保存网页中的其他图片。找到图片的保存位置，即可看到保存的图片，如右图所示。

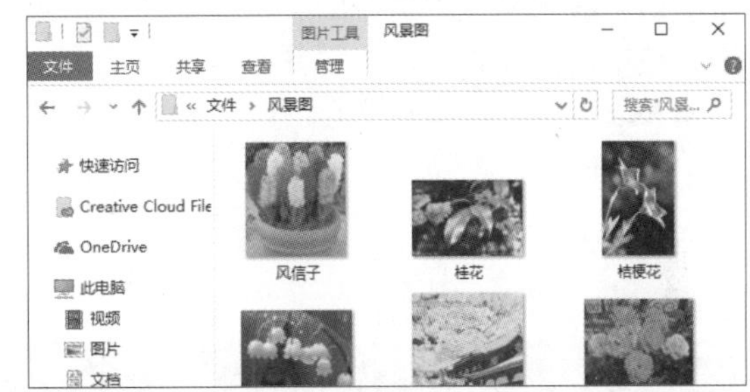

7.8.2　保存网页中的文本

步骤01　复制网页中的文本内容

❶打开网页，选中要复制的文本内容并右击。❷在弹出的快捷菜单中单击“复制”命令，如下图所示。

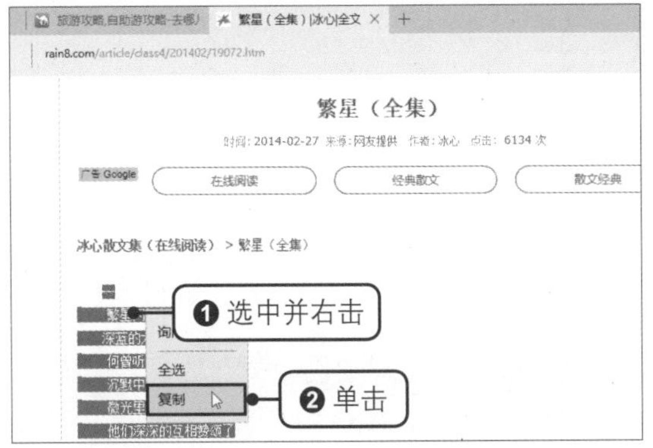

步骤02　启动Word

❶单击桌面左下角的“开始”按钮。❷在弹出的菜单中单击“Word 2016”组件，如下图所示。

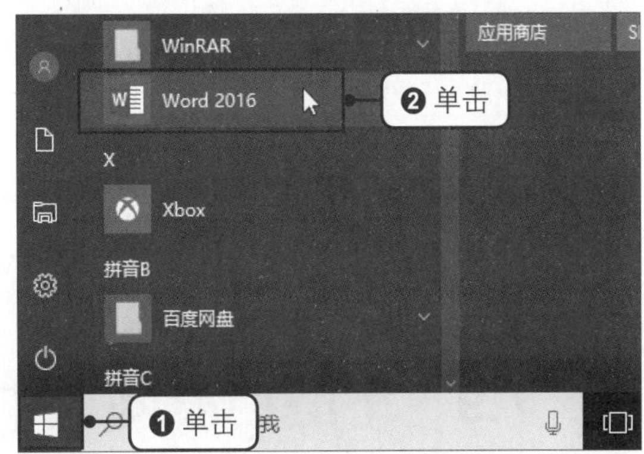

步骤03　创建空白文档

在弹出的窗口中单击“空白文档”缩略图，如下左图所示。

步骤04　粘贴内容

在“开始”选项卡下的“剪贴板”组中单击“粘贴”按钮，如下右图所示。

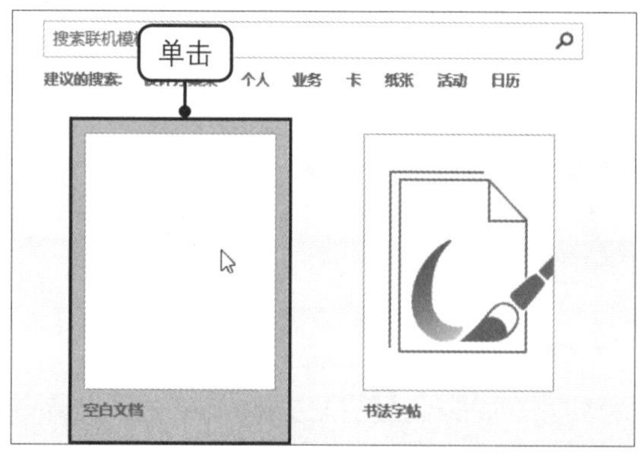

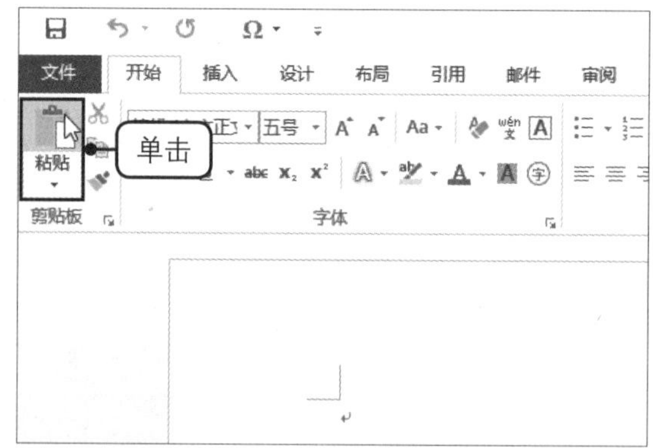

步骤05 显示粘贴效果

随后即可看到网页中选中的文本被复制粘贴到该文档中，为文档添加标题并设置文档文本的字体和段落格式，保存文档后，可得到如右图所示的文档效果。

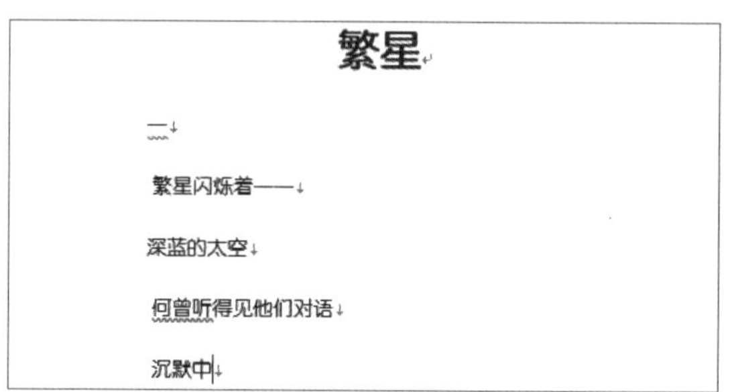

提示

除了可以通过以上方式保存网页中的图片和文本，还可以直接在浏览器中保存整个网页到电脑中。以 IE 浏览器为例，单击窗口右上角的“工具”按钮，在展开的列表中单击“文件 > 另存为”命令，如下左图所示。在弹出的“保存网页”对话框中设置好该网页的保存位置、文件名及保存类型，完成后单击“保存”按钮，如下右图所示。此种方法可以在原网页被网站管理员删除的情况下查看保存的网页内容。

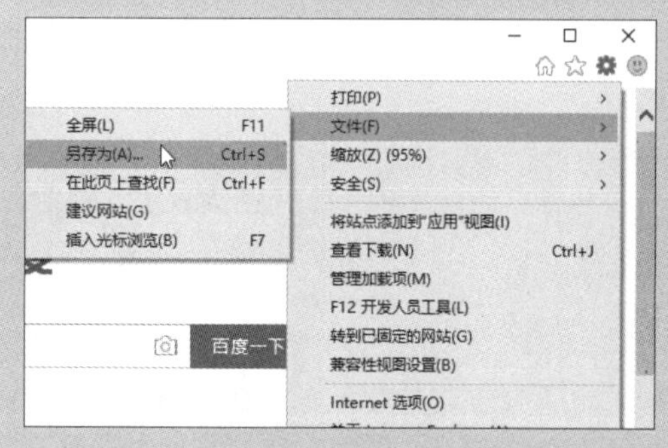

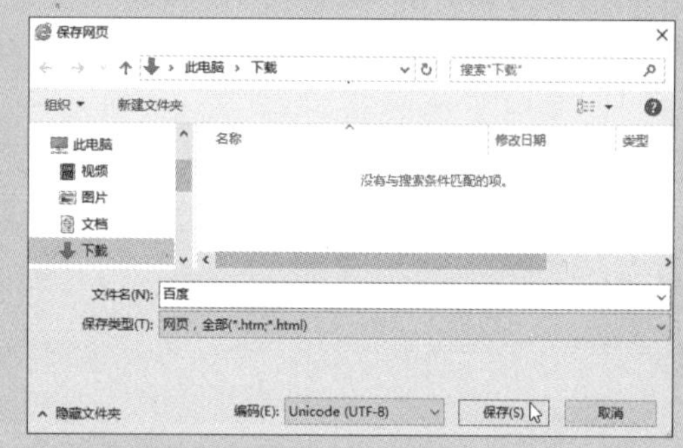

7.9 下载百度网盘中的文件

如果想要查看他人保存在百度网盘中的文件，如电影、音乐、图片等，可进入他人分享的文件位置直接下载，或者是安装百度网盘客户端后下载。

7.9.1 使用网址直接下载小文件

网盘是现在比较流行的一种文件存储方式，因为不占用自己的硬盘空间，所以主要用于存储一些不常用的大型文件及备份文件，也可以用于文件的分享。下面就以百度网盘为例，讲解如何通过他人提供的共享文件网址和提取码下载文件，具体的操作方法如下。

步骤01　输入网盘共享文件的网址

打开浏览器，在地址栏中输入他人共享文件的网址，如http://pan.baidu.com/s/1hrvZ7hU，如下图所示。此处需注意的是，一定要严格按照下载地址输入，注意区分大小写，不能随意改动，否则会显示网址过期或者失效。

步骤02　输入提取密码

❶随后按【Enter】键，进入提取文件的网页，在“请输入提取密码”文本框中输入提供的提取密码，这里输入“37q3”。❷单击“提取文件”按钮，如下图所示。如果分享了该文件的用户未设置提取密码，则可省略该步骤。

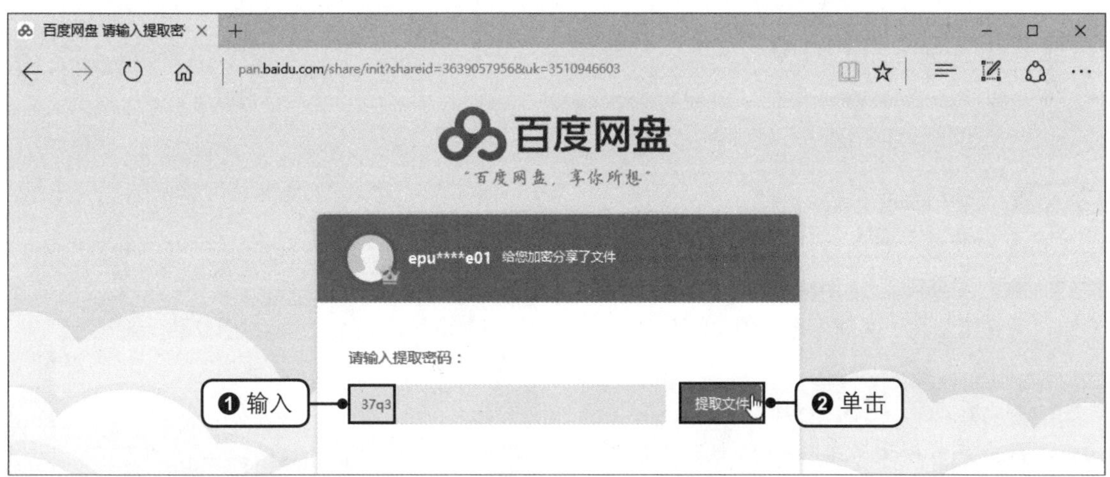

步骤03　打开文件夹

进入文件所在的百度网盘网页，单击要下载的文件夹名称，如下图所示。需注意的是，不能勾选文件夹名前的复选框，否则会提示下载的文件包含文件夹，要求安装百度网盘客户端。而要展开文件夹，直至找到需要的文件，才能勾选复选框下载。

步骤04 下载文件

❶勾选要下载的文件前的复选框。❷单击“下载”按钮，如下图所示。

步骤05 选择普通下载

弹出“文件下载”对话框，单击“普通下载”按钮，如右图所示。若用户安装了百度网盘客户端，可直接使用“高速下载”方式下载文件。

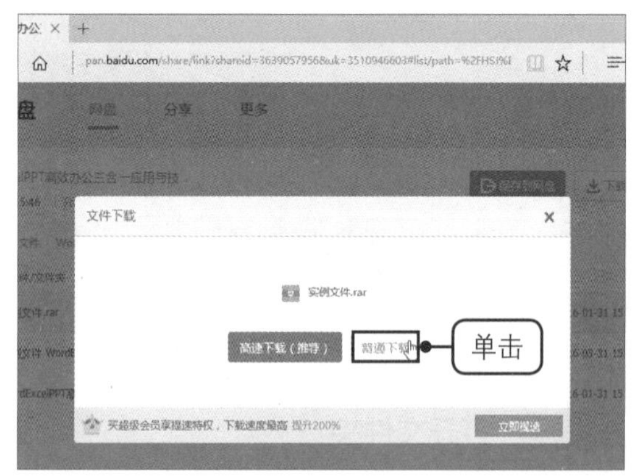

提示

当要下载的文件超过一定大小，是不能通过百度网盘网页端下载的，会提示安装客户端。同时也不能采用高速下载，所以通过网页端下载的主要是一些小文件。

步骤06 另存文件

在网页底部弹出的提示条中单击“另存为”按钮，如下图所示。

步骤07 设置文件的保存位置

❶在弹出的“另存为”对话框中设置好文件的保存位置及文件名。以便能够快速找到下载的文件。❷单击“保存”按钮，如下图所示。

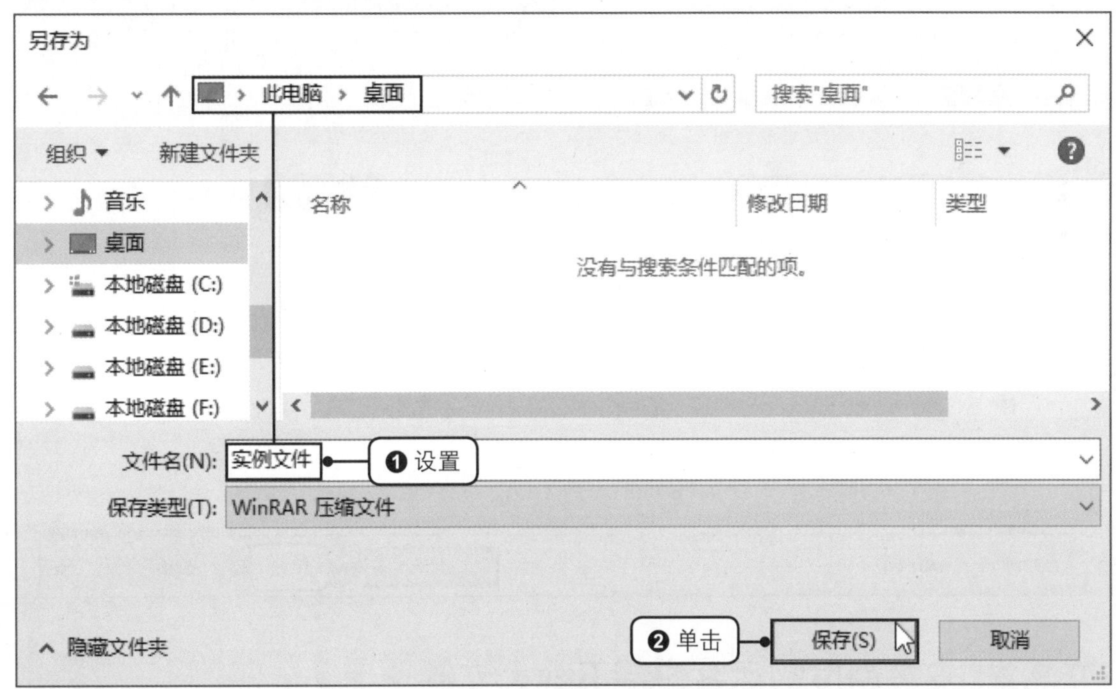

步骤08 下载文件

可看到选中的文件开始下载，在浏览器底部的提示条中可看到文件下载的进度及剩余时间，如下图所示。如果要暂停该文件的下载，可单击“暂停”按钮。如果要取消文件的下载，则单击“取消”按钮。

步骤09 打开下载好的文件

下载完成后，单击提示条上的“打开”按钮，如下图所示。即可查看下载文件的具体内容。

7.9.2 安装百度网盘客户端下载大文件

如果要下载文件夹中的全部文件，通过以上方式一个一个地下载将会很烦琐。安装百度网盘客户端就可以同时下载文件夹中的多个文件、体积较大的文件，而且可以转存文件到自己的百度网盘中备用，具体的操作方法如下。

步骤01　输入网盘共享文件的网址

应用上小节中的方法，进入要下载文件的网盘位置，单击“客户端下载”链接，如下图所示。也可以采用前面讲解过的下载和安装软件的方法搜索并下载百度网盘客户端安装包。

步骤02　下载客户端

❶进入百度网盘客户端下载页面。❷单击“下载PC版”按钮。❸在下方弹出的提示条中单击“保存”按钮，如下图所示。

步骤03　运行客户端安装包

下载完成后，单击“运行”按钮，如下图所示。

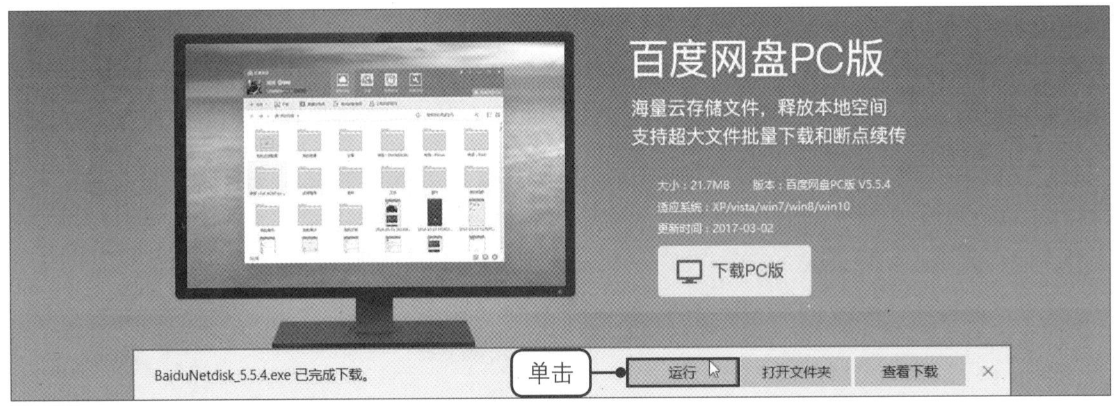

步骤04 极速安装

在弹出的“用户账户控制”提示框中单击“是”按钮，然后在安装窗口中单击“极速安装”按钮，如下图所示。

步骤05 注册百度账号

安装完成后，需要在“百度网盘”窗口中登录百度账号。如果有百度账号，则直接输入账号和密码登录即可，如果无账号，则单击“立即注册百度账号”按钮，如下图所示。

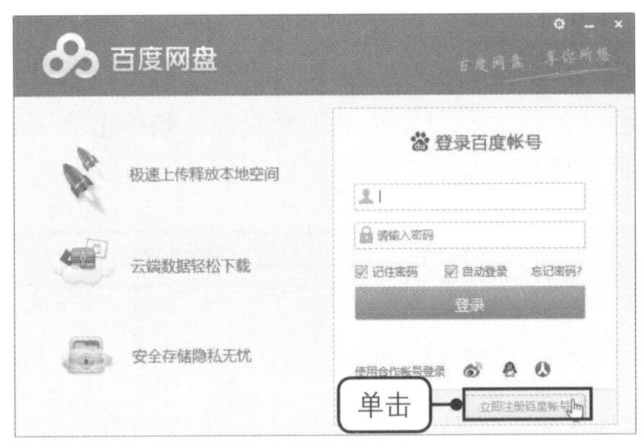

步骤06 获取验证码

❶在“注册百度账号”窗口中输入手机号和密码。❷单击“获取短信验证码”按钮，如下图所示。

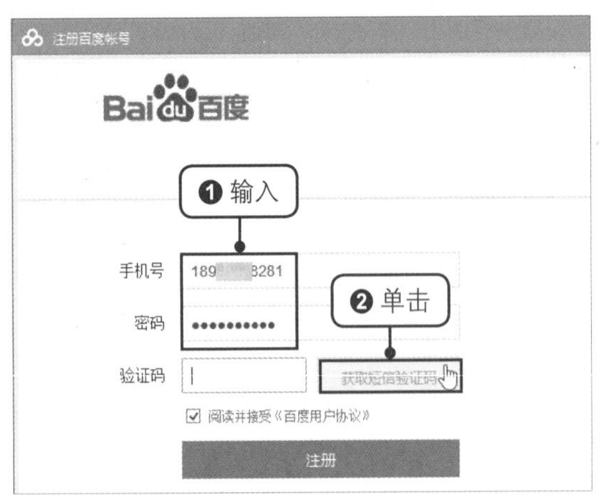

步骤07 输入验证码

❶随后该手机号会收到一条含有验证码的短信，在“验证码”后的文本框中输入收到的验证码。❷单击“注册”按钮，如下图所示。

步骤08　完成注册

即可在“注册百度账号”窗口中看到“账号注册成功”字样，单击“关闭窗口”按钮，如下图所示。

步骤09　登录账号

❶在“百度网盘”窗口中输入注册所用的手机号和密码。❷单击“登录”按钮，如下图所示。

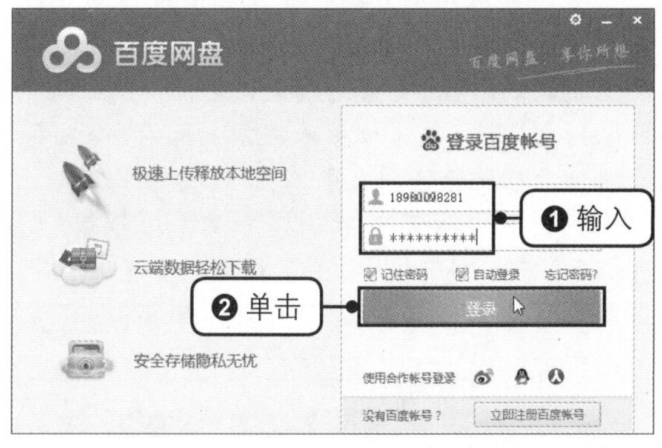

步骤10　显示打开的客户端

此时可以看到用户的百度网盘内容，其中还未保存任何文件，如下图所示。

步骤11　保存文件到网盘

❶返回到共享文件的网页窗口中，勾选要保存的文件夹或文件。❷单击“保存到网盘”按钮，如下图所示。

步骤12 确定保存

弹出“保存到网盘”对话框，单击“确定”按钮，如下图所示。

步骤13 下载保存的文件

切换至“百度网盘”窗口，在“全部文件”面板中可看到保存的文件夹。❶若要将文件夹下载到电脑硬盘中，可单击选中该文件夹。❷单击“下载”按钮，如下图所示。

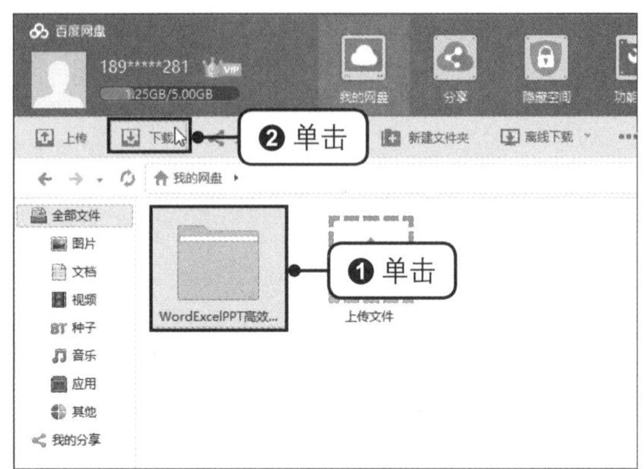

步骤14 设置保存文件的位置

弹出“设置下载存储路径”对话框，如果对默认的保存位置不满意，可单击“浏览”按钮，如下图所示。

步骤15 选择保存位置

❶弹出“浏览计算机”对话框，设置好文件的保存位置。❷单击“确定”按钮，如下图所示。

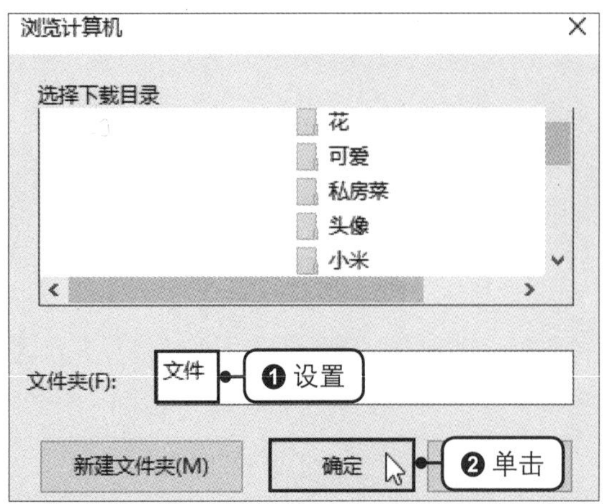

提示

如果用户下载的时候没有出现步骤14而是直接跳到步骤17，则是将文件下载到了默认的路径。要查看默认的路径，可在“百度网盘”客户端窗口中单击右上角的“设置”按钮，在展开的列表中单击“设置”选项。在弹出的“设置”对话框中单击“传输”标签，在右侧面板中的“下载文件位置选择”文本框中，可看到默认的保存路径，如下图所示。

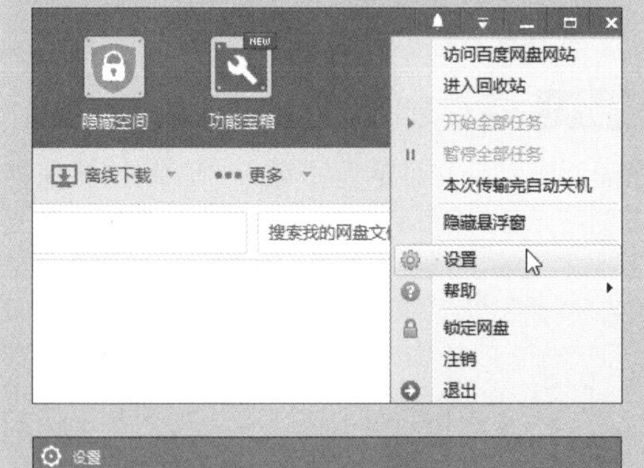

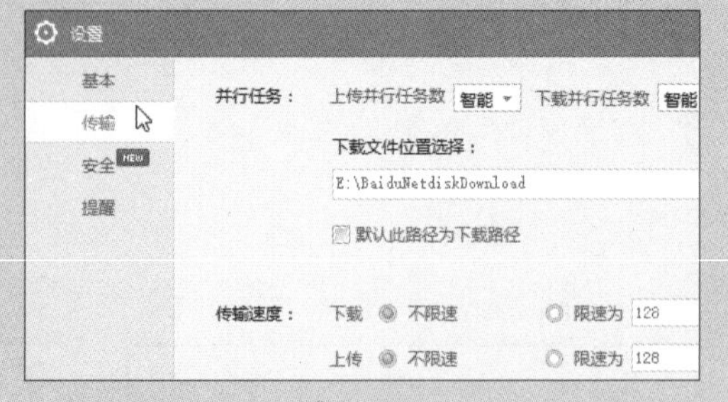

步骤16 下载文件

设置好保存位置后，返回“设置下载存储路径”对话框中，单击“下载”按钮，如右图所示。

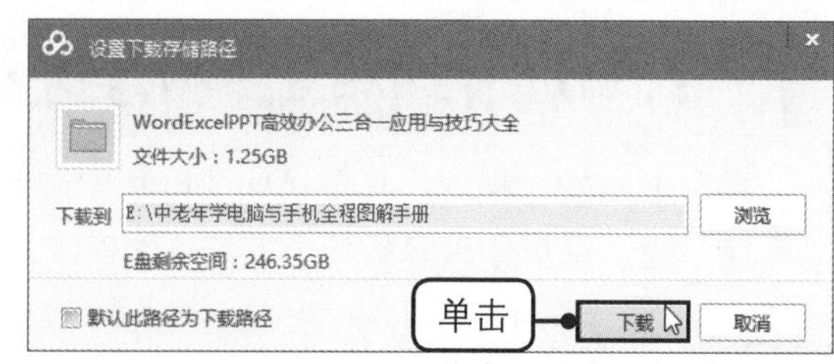

步骤17 显示正在下载的文件

随后可看到选中的文件夹中的多个文件的下载进度，如下图所示。如果要暂停或取消某个文件的下载，可单击进度条右侧的“暂停”或“取消下载”按钮。

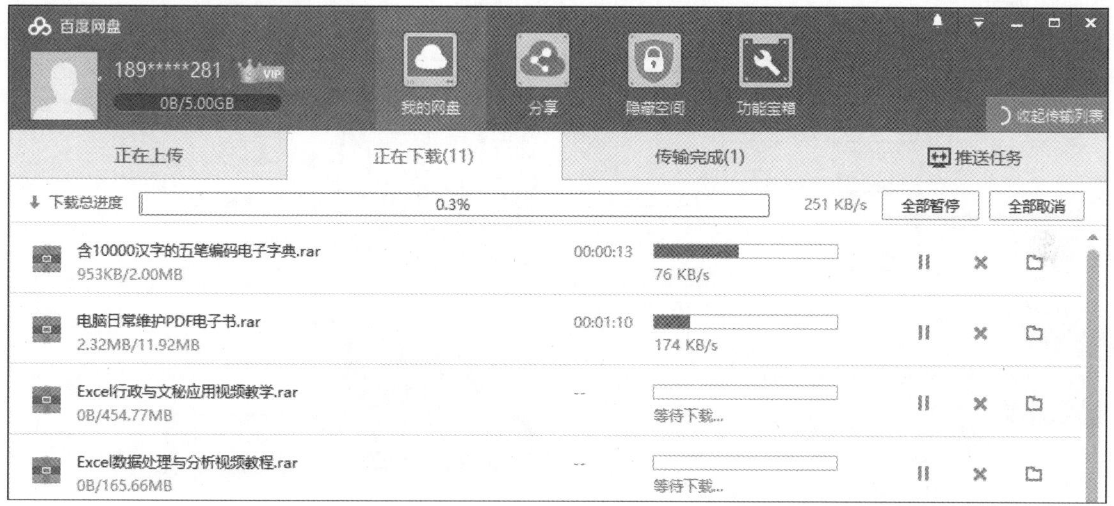

步骤18 完成下载

❶下载完成后，切换至“传输完成”选项卡。❷单击“打开文件”按钮，即可打开该文件，如下图所示。

7.10 清除上网历史记录

平时上网的过程中，只要访问了网页，浏览器默认会将上网记录保存下来。如果使用的是公共电脑，为了保护个人隐私和个人信息的安全，可清除上网的历史记录。具体的操作方法如下。

步骤01 清除历史记录

❶单击浏览器窗口右上角三条横线状的“中心”按钮。❷在展开的列表中切换至“历史记录”选项卡。❸在列表中可看到用户浏览过的网页记录，单击“清除所有历史记录”按钮，如下图所示。

步骤02 选择要清除的浏览数据

在“清除浏览数据”面板下勾选要清除的浏览数据复选框，此处保持默认的勾选状态。单击“清除”按钮即可，如下图所示。

步骤03 设置始终清除历史记录

如果用户想要在关闭浏览器的同时自动清除历史记录，可将“关闭浏览器时始终清除历史记录”切换至“开”的状态，如右图所示。

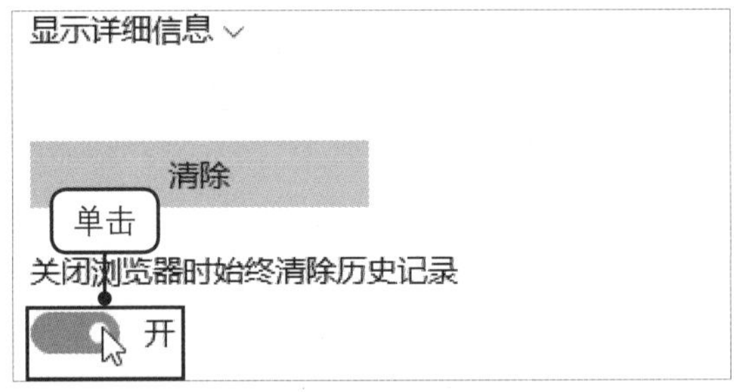

第8章 娱乐、生活资讯，上网搞定

随着互联网的发展和普及，在网上获取资讯、购物订票已经成为休闲和消费的常态方式。这些方式方便快捷、选择多样，而且无需四处奔波，坐在家中就能完成，因而受到了许多用户的喜爱。本章将主要介绍如何在网上浏览新闻、查询菜谱、购买商品和订票订房。

8.1 网上看新闻

随着互联网的飞速发展，网络资讯也越来越丰富齐全，不用出门就可以查询到各类资讯。本节就来介绍网上看新闻的好处和浏览新闻的方法，让用户能足不出户便知天下事。

8.1.1 网上看新闻的好处

相对于传统的通过电视、广播和报纸来关注新闻时事，上网看新闻拥有以下几个显著的优势。

1. 即时、快速

网络新闻即时、快速的优势是新闻新鲜性、时效性的重要保障。相较于报纸、广播、电视，互联网没有发行 / 播出时间、运输传递等因素的限制，可以通过快速的编发流程在网页上 24 小时实时更新新闻，通过宽带传输瞬间将新闻发送给人们。只要有网络，人们就可以看到最新、最快的新闻信息。

2. 海量、丰富

信息技术为网络提供了几乎无穷尽的容量，使得网络可以不受版面大小、播出时间长短等限制因素的影响，为人们提供从休闲娱乐到新闻时事、从体育赛事到金融投资、从天气交通到会议报告等丰富的新闻内容。

3. 互动性强

在网络新闻平台上，人们可以针对一些新闻事件发表自己的看法和观点，与媒体或其他网友进行互动交流，这种互动使受众更加深刻地了解新闻事件，所营造的舆论氛围也会影响媒体的报道方向、报道深度等，更为准确地揭示新闻真相。

8.1.2 浏览新闻

要在网上看新闻，了解一些好的新闻网站是十分有必要的。下面讲解如何浏览想看的新闻。

步骤01 搜索新闻网站

❶在“百度”搜索引擎中输入“新闻网站大全”，搜索与新闻有关的网站。❷单击搜索结果中要查看的网址，如下图所示。

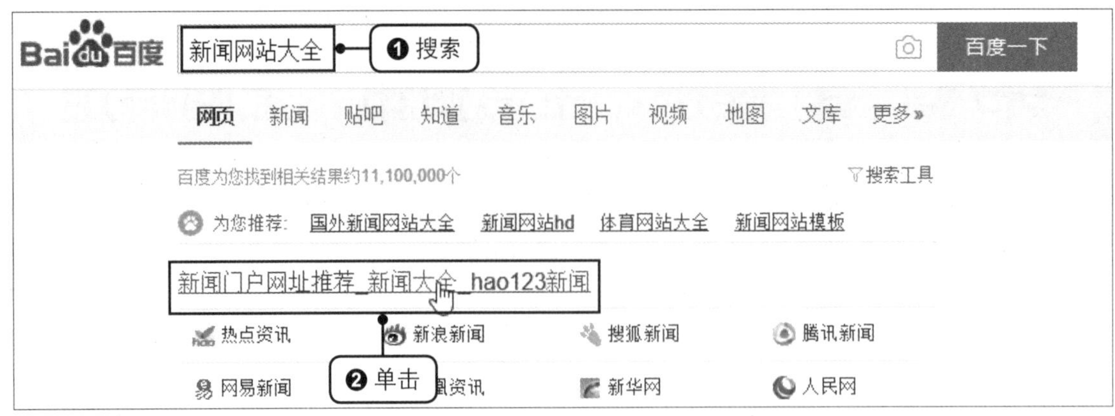

步骤02 选择新闻网站

在打开的网页中可看到不同的新闻网站类别，如新闻名站、新闻报刊、外国媒体等，单击“新闻名站”中的任意一个链接，如“新华网”，如下图所示。

步骤03 单击要查看的新闻类别

打开新华网首页，在分类标题上单击“地方”链接，如下图所示。

步骤04 单击要查看的新闻

在打开的网页中可看到国内各地的新闻，单击该网页中感兴趣的新闻链接，如下图所示。

步骤05 开始阅读

即可在新的网页中看到新闻的导语，单击"开始阅读"按钮，如下图所示。

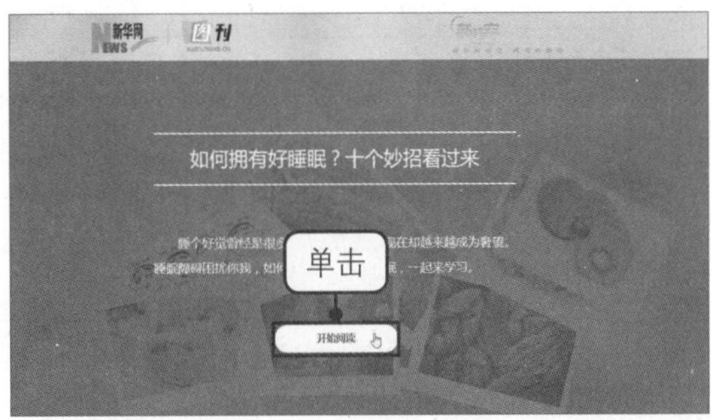

步骤06 显示要阅读的内容

随后可看到新闻的具体内容，并且可通过网页两边的按钮来翻页，如下图所示。

8.2 美味菜谱网上查

随着生活品质的提高，人们对一日三餐的要求也愈加严格。许多人为了吃得放心、吃得健康，开始自己在家烹饪美食，各种菜谱网站便应运而生了，它们将天南地北不同菜系的菜谱集合在一起，供用户学习和交流。本节以"下厨房"网站为例，介绍网上查询菜谱的方法。

8.2.1 搜索并查看菜谱

除了直接在搜索引擎中搜索某个菜谱，还可以进入专门的美食网站（如"下厨房"）搜索菜谱，具体的操作方法如下。

步骤01 搜索美食网站

❶在“百度”搜索引擎中输入“美食网址大全”进行搜索，可在搜索结果中看到多个美食网站。❷这里单击“下厨房”，如下图所示。

步骤02 选择菜谱类别

在打开的网页窗口中可看到“下厨房”网站的主页，在顶部的搜索框中可输入菜谱或食材的关键词来搜索自己感兴趣的菜谱或食材的做法，在左边则是菜谱的分类，单击某一类别即可查看该类别中的菜谱，这里单击“早餐”类别，如下图所示。

步骤03 选择要查看的菜谱

在新的网页界面中可看到与早餐有关的菜谱，单击要查看的菜谱，如下图所示。

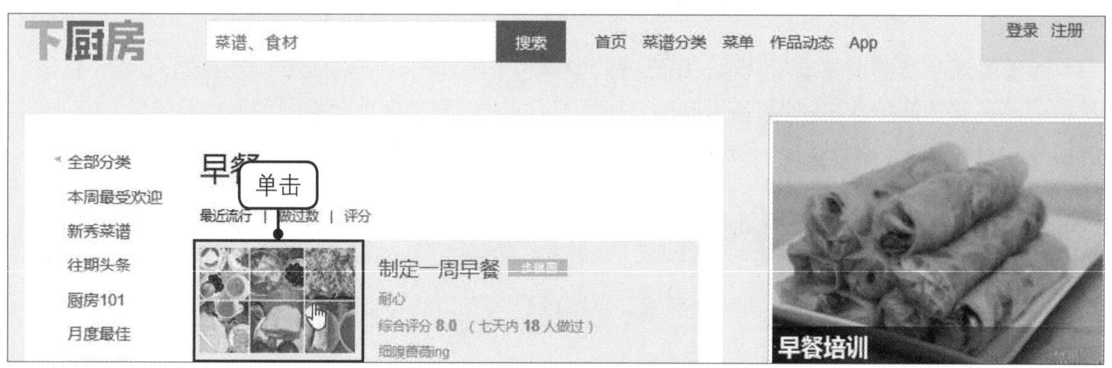

步骤04 显示该菜谱的具体内容

在打开的网页中，可看到网站用户对该菜谱的评分，以及有多少人做过这道菜，如下左图所示。向下滑动鼠标滚轮，可看到该菜谱的具体做法，如下右图所示。

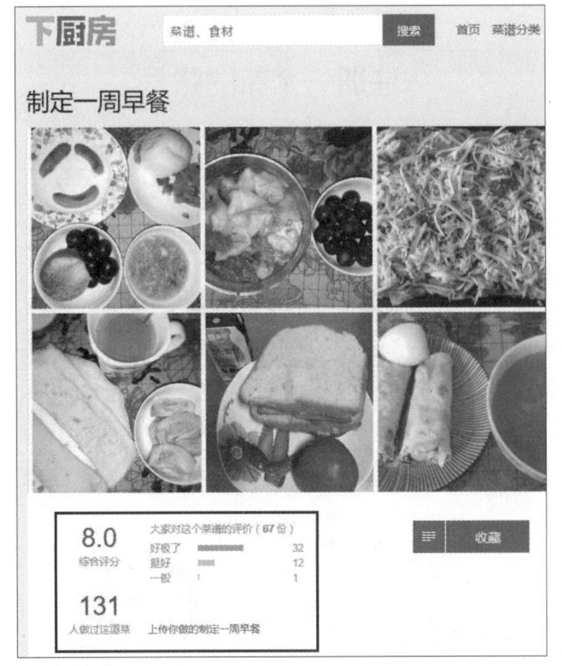

8.2.2 收藏菜谱

如果觉得某个菜谱很好，但是又不能马上动手实践，可收藏该菜谱，方便以后使用。需注意的是，要注册成为“下厨房”网站的用户后才能收藏菜谱，具体的操作步骤如下。

步骤01 注册成为用户

进入菜谱网页，单击网页右上角的“注册”链接，如下图所示。

步骤02 输入手机号和密码

弹出“注册一个新的账号”界面，在“手机号”下输入手机号，在“密码”下输入密码，如下图所示。

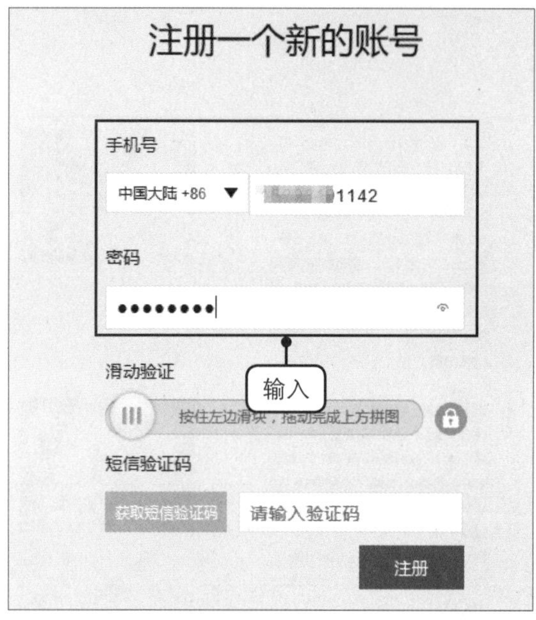

步骤03 滑动验证

按住鼠标左键，向右拖动“滑动验证”下的滑块，直至完成弹出面板中的拼图，如下图所示。

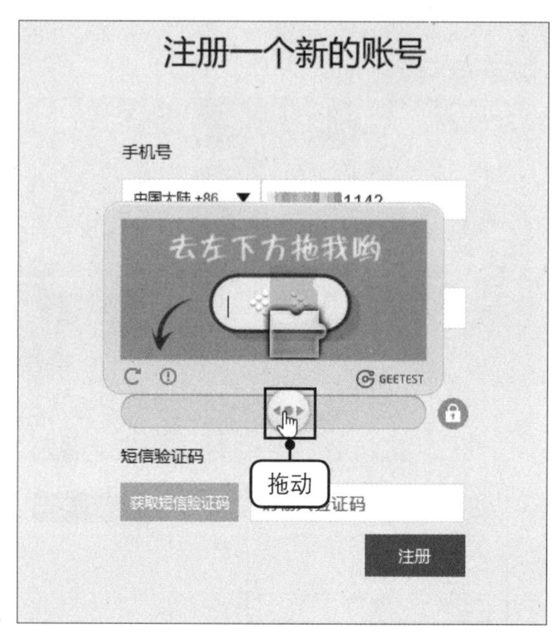

步骤04 获取验证码

完成拼图的滑动验证后，还需要完成短信验证。单击“获取短信验证码”按钮，如下图所示。

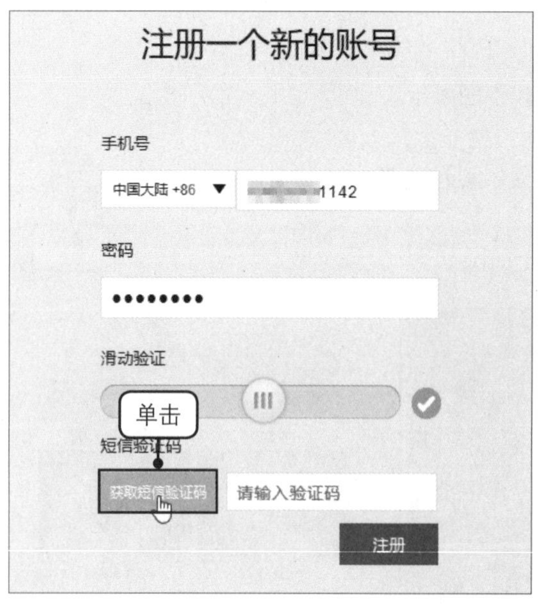

步骤05 输入短信验证码

❶用户的手机将会收到一条短信，在该短信中有一个6位数的验证码，在10分钟内输入验证码。❷单击“注册”按钮，如下图所示。

步骤06　完成注册

在新的网页界面中可看到用户的个人信息，如用户名、概况等，在右侧还可以看到用户关注的人数及被关注的人数。单击右上角的“登录”链接，如下图所示。

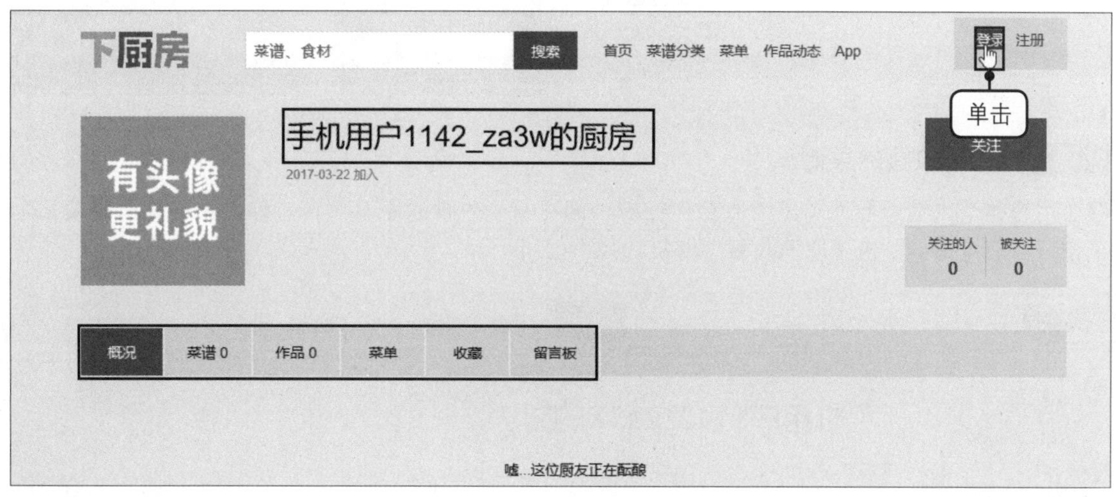

步骤07　登录账户

❶在登录界面中输入注册用户时填写的手机号，用与前面相同的方法完成拼图滑动验证和短信验证。❷最后单击“登录”按钮，如下图所示，即可完成登录。

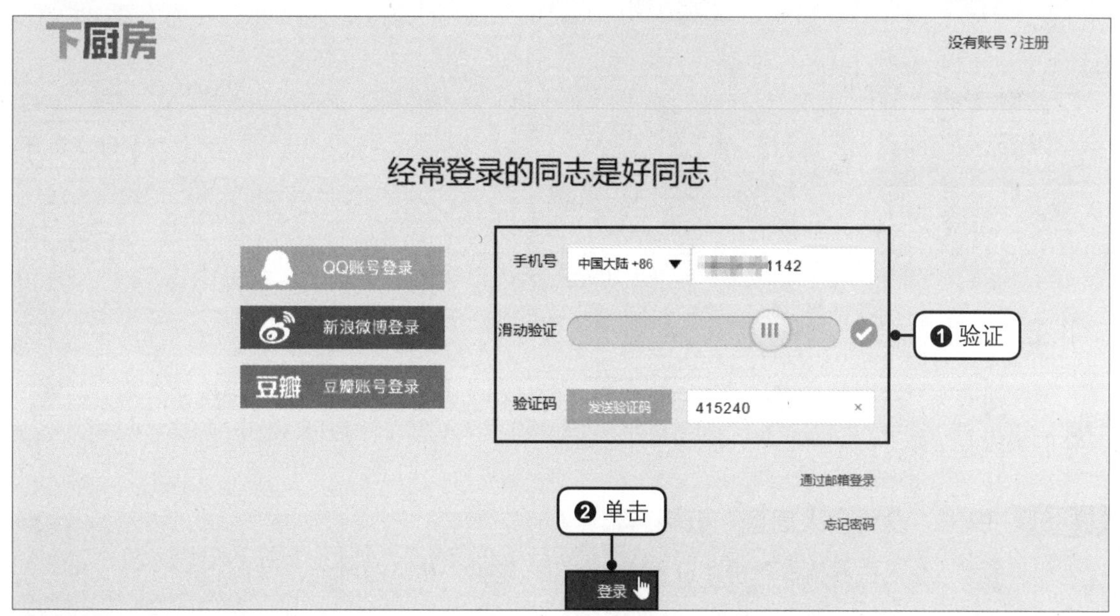

步骤08　收藏菜谱

登录后，打开一个菜谱，在网页中单击“综合评分”右侧的“收藏”按钮，如下左图所示，即可收藏该菜谱。

步骤09　切换至用户个人信息界面

要查看收藏的菜谱，需切换至用户个人信息界面。单击网页右上角带有头像的按钮，如下右图所示。

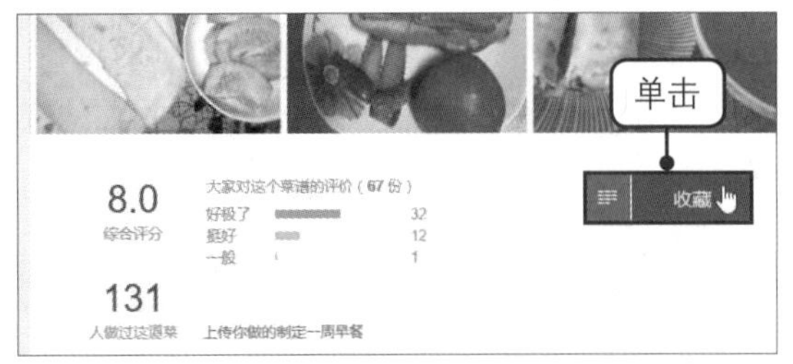

步骤10 查看收藏的菜谱

❶在用户的个人信息界面单击“收藏”按钮，即可看到收藏的所有菜谱。❷如果不想再收藏某个菜谱，可在菜谱后单击“取消收藏”链接，如下图所示。

8.2.3 设置个人信息

在注册成为“下厨房”网站的用户后，可在网站中为自己的账户设置个性鲜明的个人信息，具体的操作方法如下。

步骤01 单击“设置个人信息”链接

进入用户的个人信息主界面，单击“设置个人信息”链接，如下图所示。

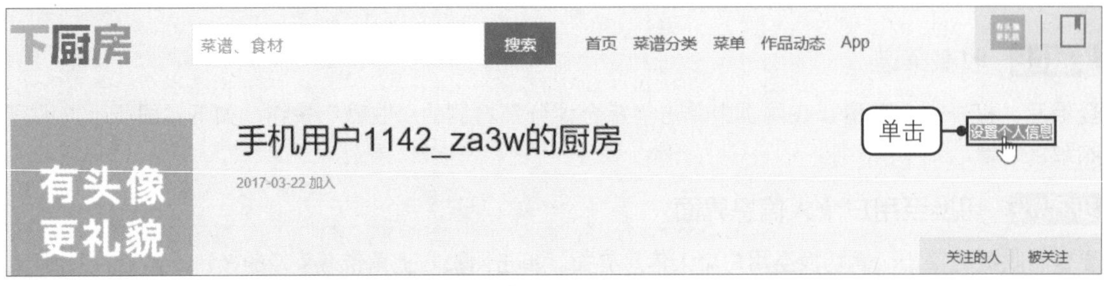

步骤02 设置基本信息

❶在“设置个人信息”界面下，设置用户的基本信息，如设置“昵称”为“爱下厨的老顽童”，还能设置自我介绍、性别、生日等信息。❷设置完成后单击“更新”按钮，如下图所示。

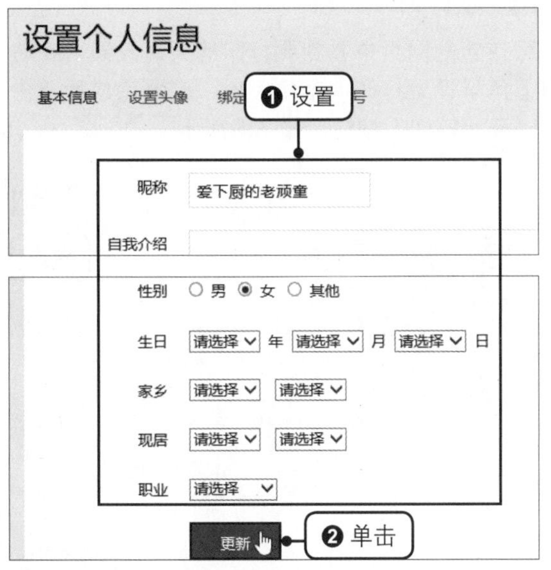

步骤03 设置头像

❶切换至“设置头像”选项卡下。❷单击“浏览”按钮，如下图所示。

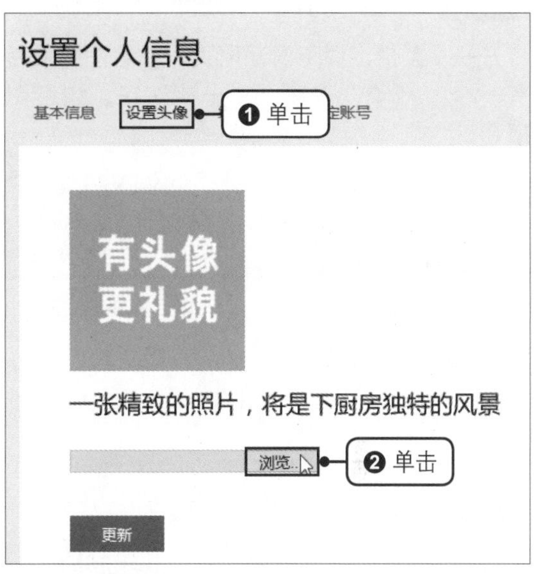

步骤04 选择图片

在弹出的“选择要加载的文件”对话框中找到并双击要设置为头像的图片，如下图所示。

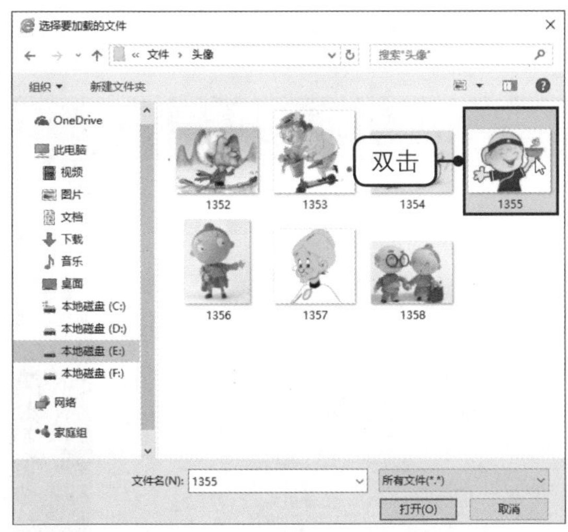

步骤05 更新头像

返回网页中，单击“更新”按钮，如下图所示。

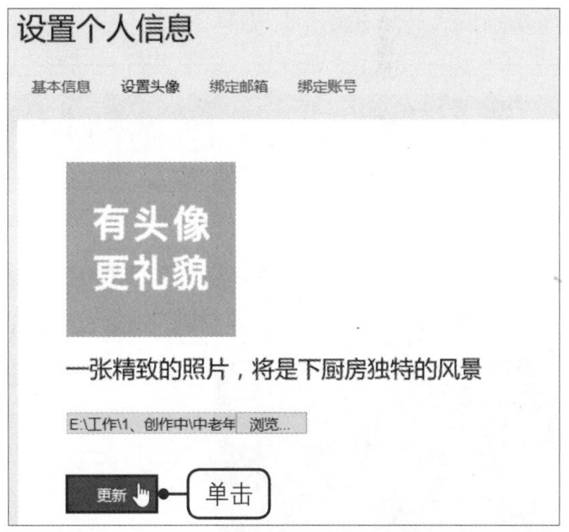

步骤06 显示设置效果

返回用户的个人信息主界面，即可看到设置效果，如右图所示。

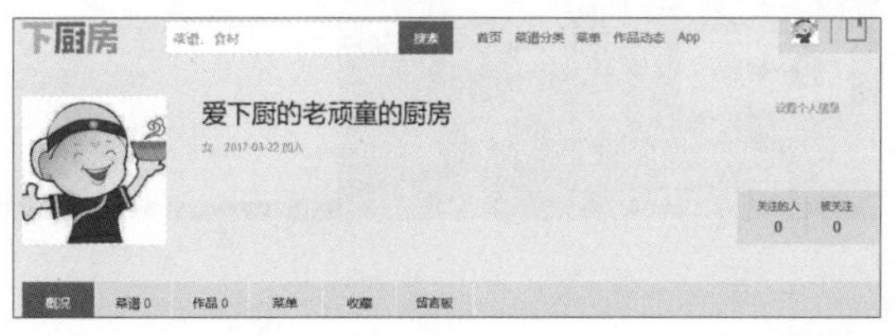

8.2.4 打印菜谱便于实践

当要使用“下厨房”网站上的菜谱制作菜肴时，可以将菜谱打印出来，以便在厨房边看边做，具体的操作方法如下。

步骤01 单击“打印”按钮

打开一个菜谱，向下滑动网页，在做法的最后有一个“打印”按钮，单击该按钮，如下图所示。

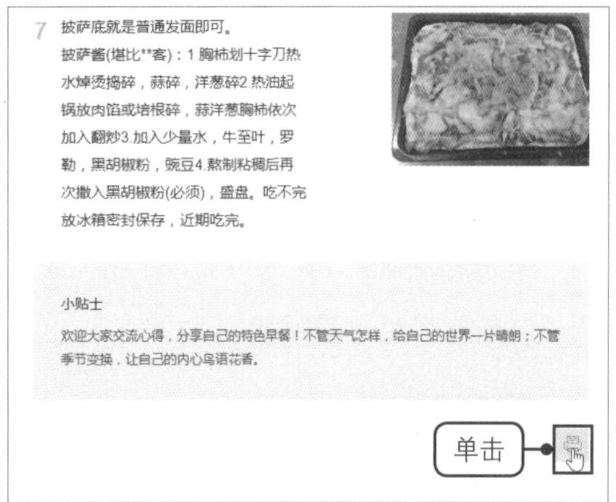

步骤02 开始打印

可在新的网页中看到要打印的菜谱效果，在右上角可设置打印的字体大小，设置完成后单击“开始打印”按钮，如下图所示。

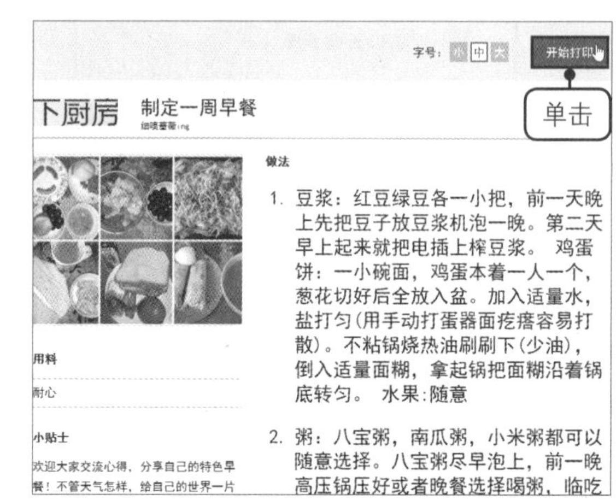

步骤03 设置打印效果

在弹出的对话框中，❶设置好打印机、打印方向及其他选项，❷然后单击“打印”按钮，如下图所示，即可将该菜谱打印到纸上。

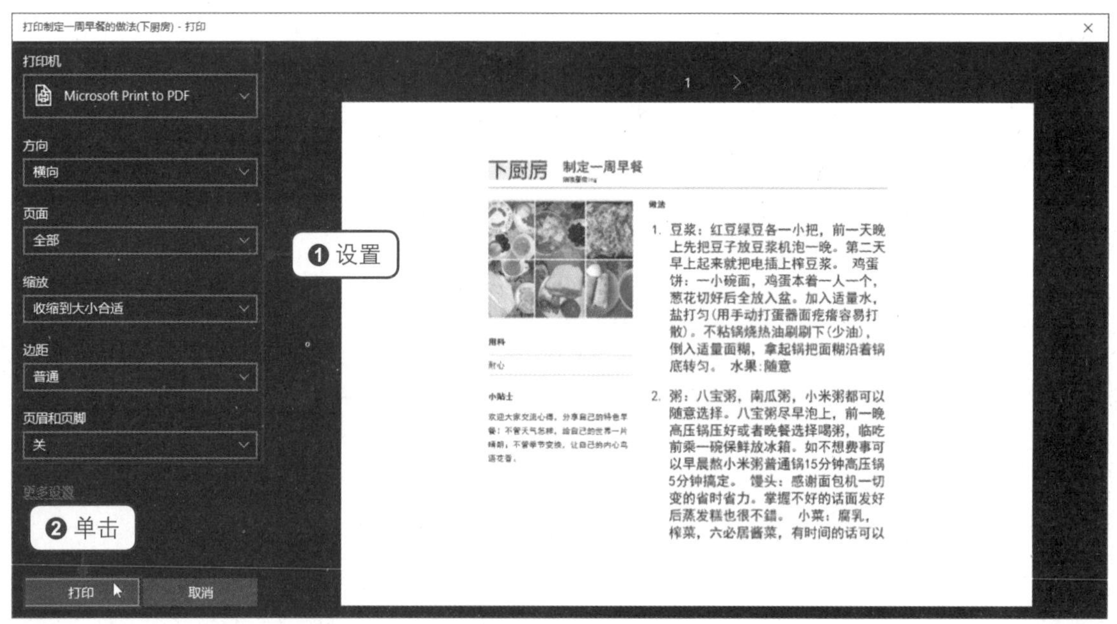

8.2.5 展示做菜成果

按照菜谱做好一道菜后，可以将自己做的菜拍照并上传到该菜谱的下方进行展示，供其他用户点评，具体的操作方法如下。

步骤01 上传按照菜谱做的菜

在菜谱网页的最下方，单击“上传你做的××××（菜谱名）”按钮，如下图所示。

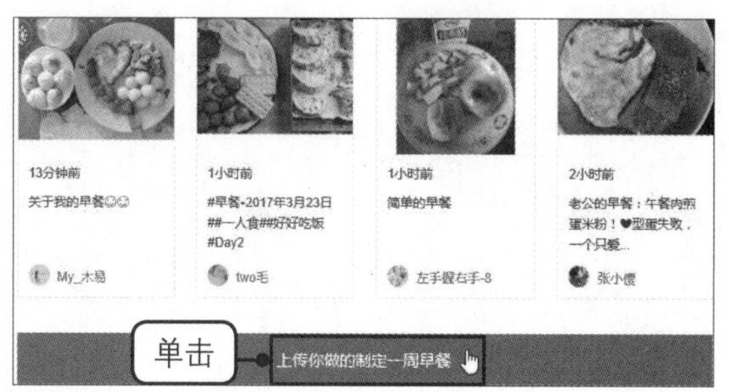

步骤02 浏览图片

在“上传我做的××××（菜谱名）”界面下单击“浏览”按钮，如下图所示。

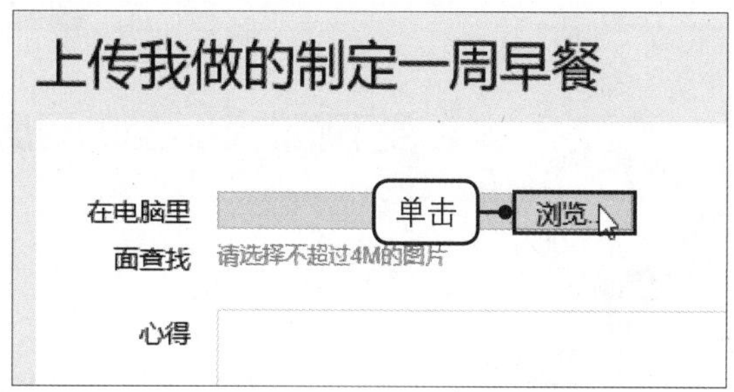

步骤03 选择图片

弹出“选择要加载的文件”对话框，找到并双击要上传的菜品照片，如下图所示。

步骤04 填写心得

❶在“心得”后的文本框中输入自己按照菜谱做菜时的心得体会。❷单击“上传作品”按钮，如下图所示。

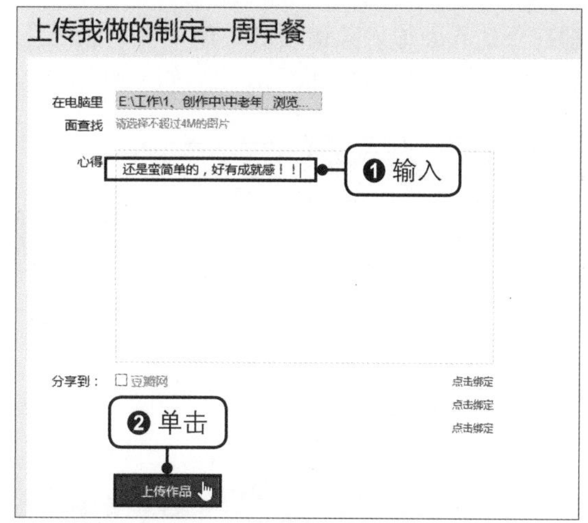

步骤05 显示上传的作品

上传完毕后，在新的网页界面中可看到菜品照片及输入的心得体会，如右图所示。

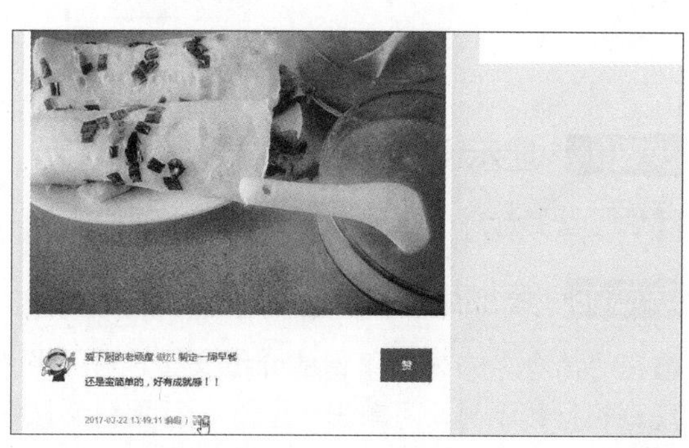

8.2.6 创建自己的菜谱

如果用户对某道菜的烹制颇有个人心得，可以在“下厨房”网站上创建私房菜谱，与其他用户分享和交流。具体的操作方法如下。

步骤01 单击“创建菜谱”按钮

❶进入用户的个人信息主界面，切换至“菜谱”选项卡下。❷单击“创建菜谱”按钮，如下图所示。

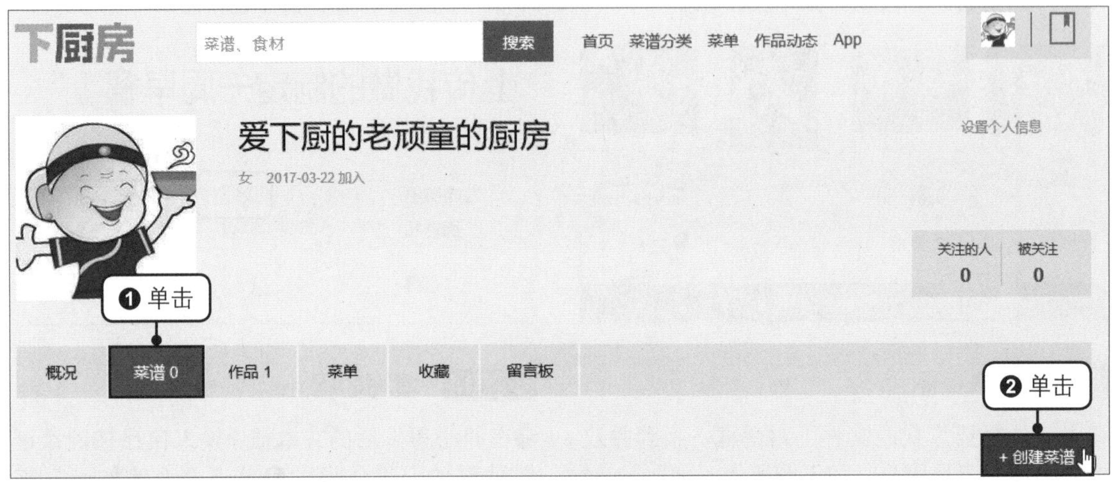

步骤02 设置菜谱封面

❶在新的界面输入菜谱名称，如“简易版土豆丝”。❷单击“菜谱封面”按钮，如下图所示。

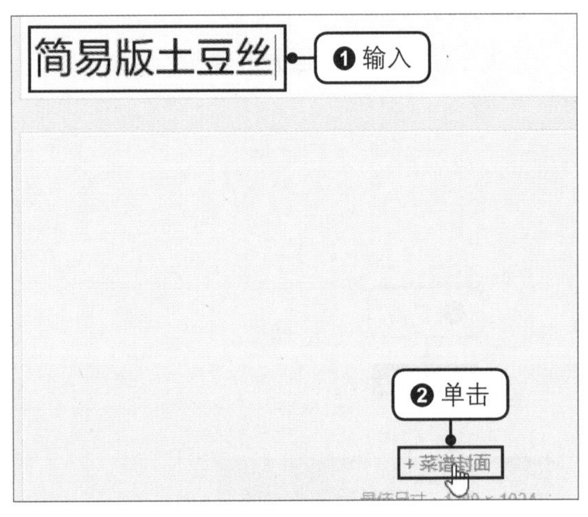

步骤03 选择图片

在“选择要加载的文件”对话框中找到并双击要设置为菜谱封面的图片，如下图所示。

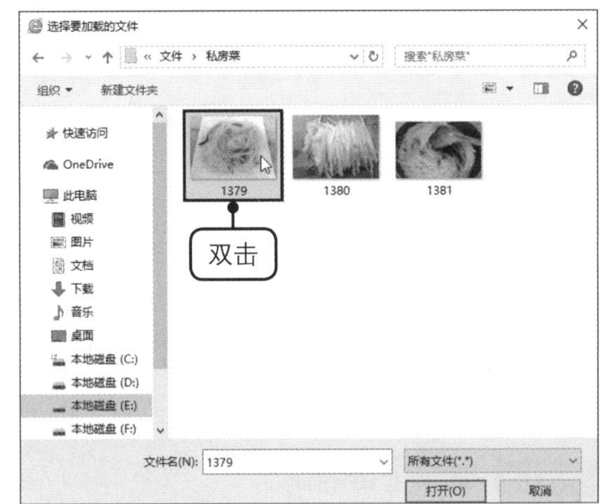

步骤04 显示设置的封面效果

随后可看到选择的图片设置为菜谱封面的效果，如下左图所示。

步骤05 添加用料

❶在“简介”中输入菜谱的介绍文字，在“用料”下的表格中输入做菜要用到的原料。❷如果发现表格行数不够，可单击“追加一行用料”按钮，如下右图所示。

步骤06　显示添加后的效果

此时“用料”下的表格中添加了一个空白行，在其中继续输入用料，如下图所示。

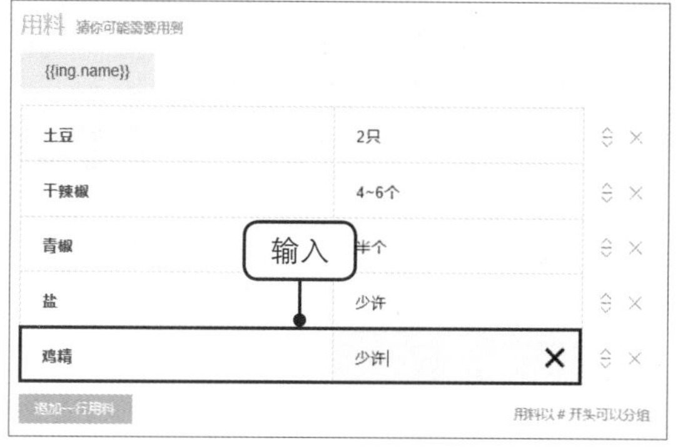

步骤08　选择步骤图

弹出“选择要加载的文件”对话框，找到并双击要插入的图片，如下图所示。

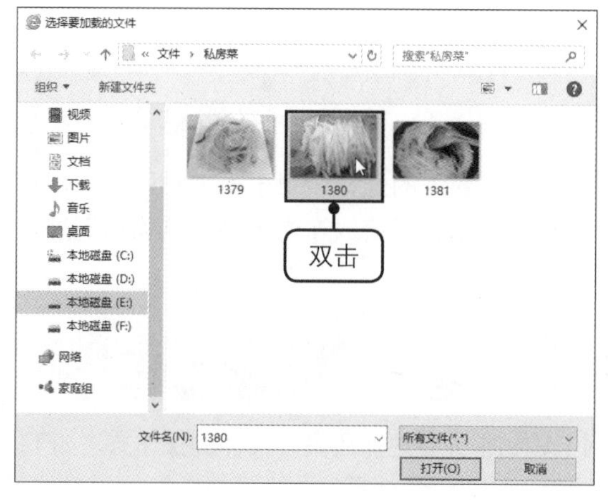

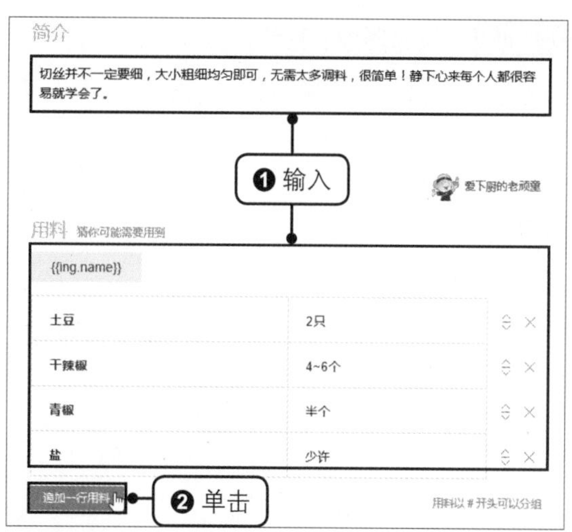

步骤07　上传步骤图

❶完成了用料的输入后，在“做法”下输入讲解第1步做法的文字。❷单击“上传步骤图”按钮，如下图所示。

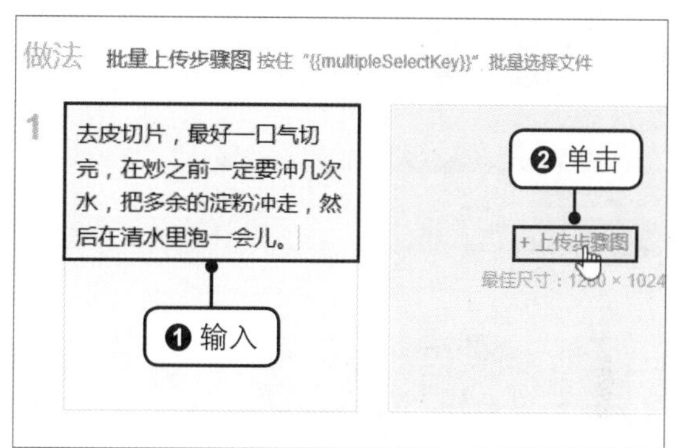

步骤09　完善菜谱的操作步骤

应用相同的方法完成其他步骤文字的输入和步骤图的上传，即可得到如下图所示的效果。

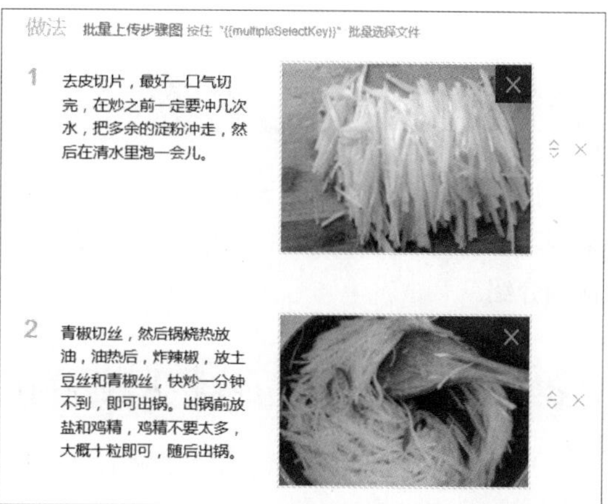

步骤10 删除多余的步骤

如果默认提供的步骤输入区有多余，可单击多余步骤右侧的“删除步骤”按钮，如下图所示。当然，如果默认提供的步骤输入区不够，也可追加步骤。

步骤11 发布菜谱

❶完成了做法的输入后，可继续在“小贴士”中输入制作该菜的一些小提示。❷单击“发布菜谱”按钮，如下图所示。

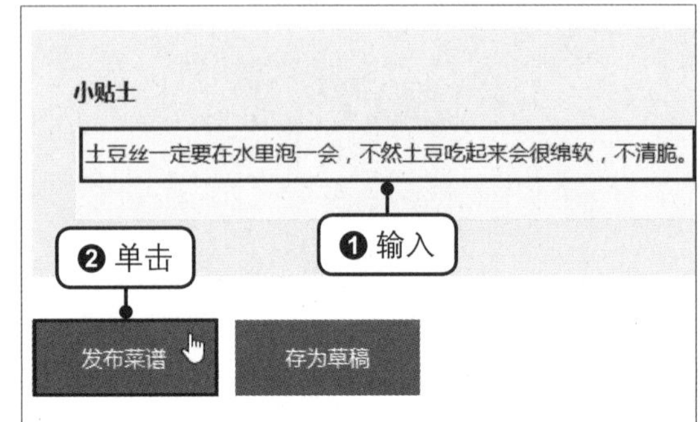

步骤12 显示创建的菜谱效果

完成后，返回用户个人信息主界面的“菜谱”选项卡下，可看到创建的菜谱效果，如下图所示。

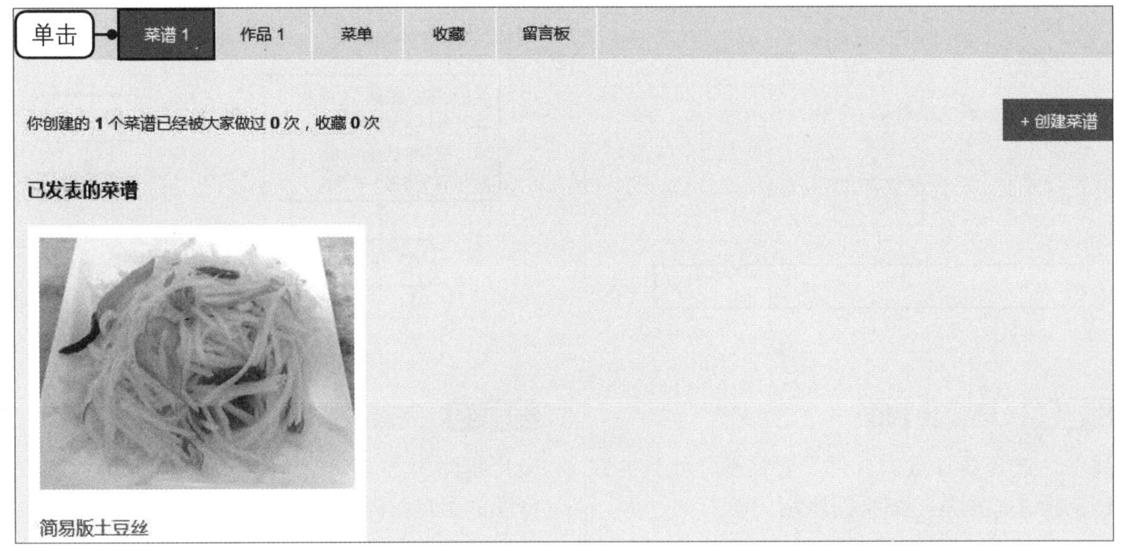

8.3 网上购物

近年来，网上购物因为方便、实惠和省力，成为了大多数人的选择。对于不熟悉网络的用户来说可能会觉得网上购物很难，其实，要学会网上购物很简单。下面以在淘宝网上购物为例进行详细介绍。

8.3.1 注册成为购物网站的用户

只有成为购物网站的用户才能购物，所以要想网上购物首先要注册用户。具体的操作方法如下。

步骤01　免费注册

在浏览器地址栏中输入“www.taobao.com”，按【Enter】键，打开淘宝网主页，单击左上角的“免费注册”链接，如下图所示。

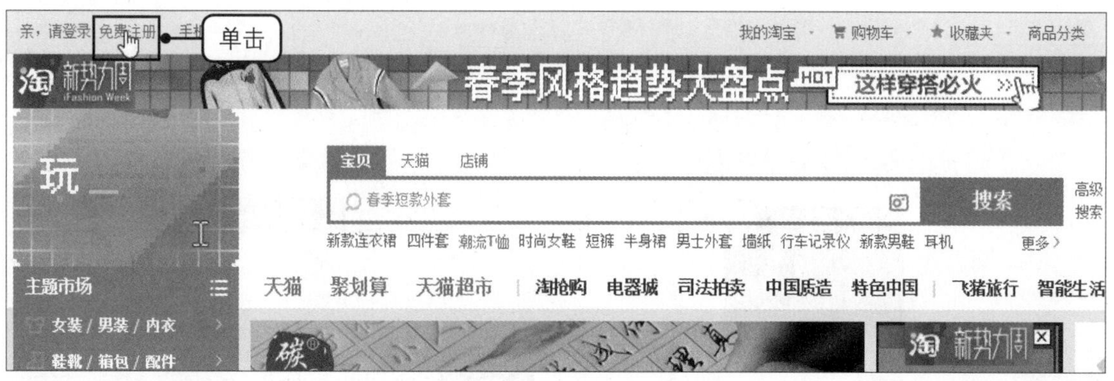

步骤02　同意协议

在“淘宝网用户注册”界面中的“设置用户名”选项卡下，单击“同意协议”按钮，如下图所示。

步骤03　输入手机号

在“设置用户名”选项卡下输入手机号，如下图所示。

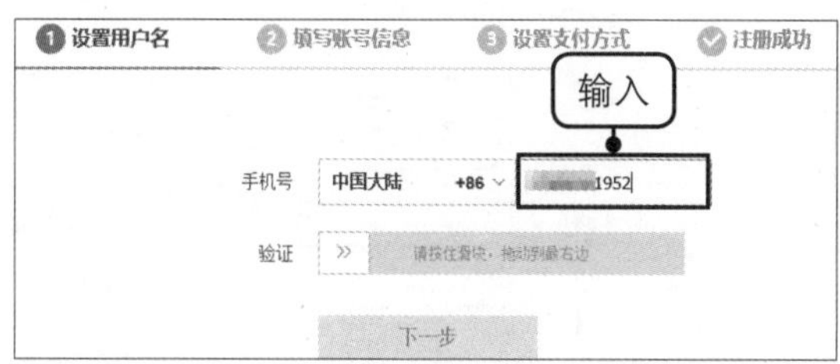

步骤04　滑动验证

在“验证”后按住鼠标左键向右拖动，如下图所示。

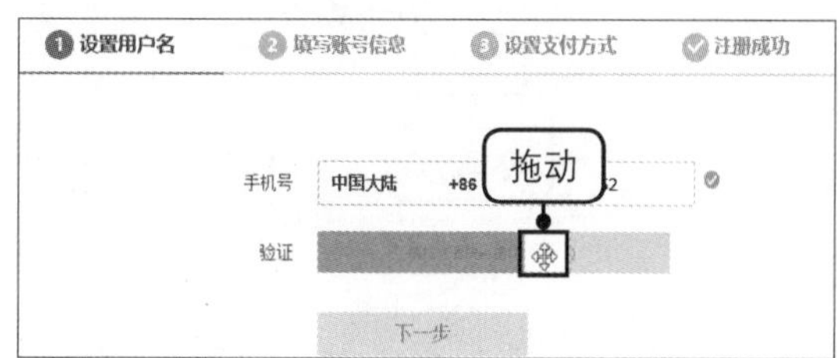

步骤05 单击指定文字进行验证

此时在“验证”下将弹出一张图片，要求用户单击图片中指定的字，如下图所示。

步骤06 完成验证

完成了验证后，单击“下一步”按钮，如下图所示。

步骤07 输入验证码

❶此时系统将自动发送一条验证码短信到输入的手机号，根据短信输入正确的验证码。❷单击“确认”按钮，如下图所示。

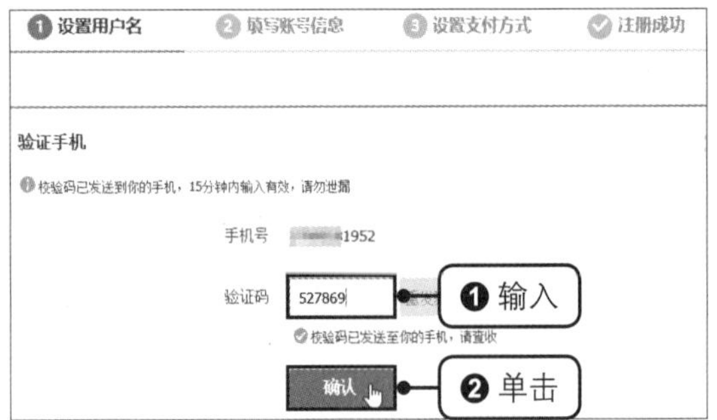

步骤08 填写账号信息

完成了用户名的设置后，自动切换至“填写账号信息”选项卡下，可看到自动设置的“登录名”，如下图所示。

步骤09 输入密码

❶在“登录密码”后的文本框中输入密码。❷然后在“密码确认”后的文本框中输入相同的密码，如下图所示。

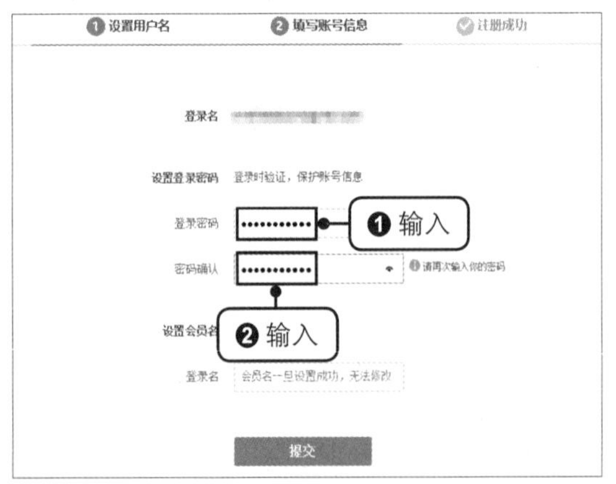

步骤10 设置登录名

❶之前的登录名是根据用户的手机号自动生成的，如果想要设置一个自己喜欢的登录名，可在“登录名”后的文本框中输入。❷单击“提交”按钮，如下图所示。

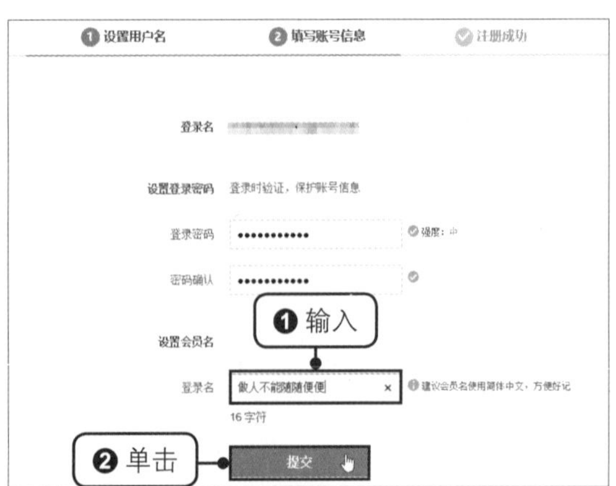

步骤11 设置支付方式

❶系统自动切换至“设置支付方式”选项卡下。❷在“银行卡号”后的文本框中输入开通了网银的银行卡号，如下图所示。

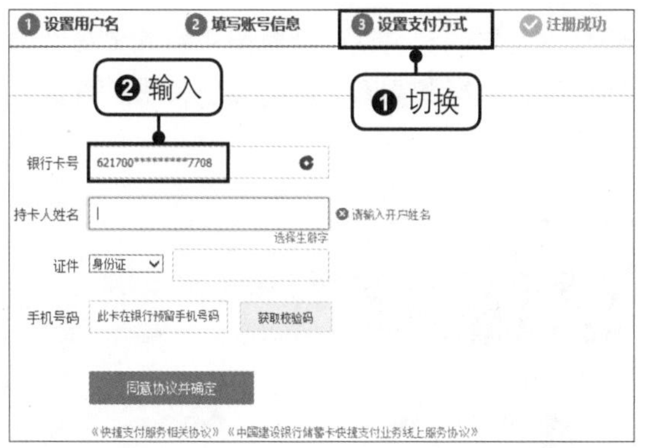

步骤12 输入持卡人信息

在“持卡人姓名”后的文本框中输入用户身份证上的姓名，在“证件”后输入用户的“身份证”号码，如下图所示。

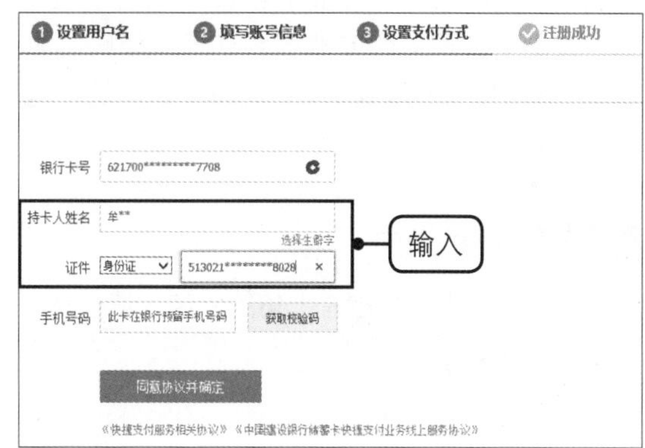

步骤13 获取校验码

❶在“手机号码”后的文本框中输入与银行卡号绑定的手机号。❷单击“获取校验码”按钮，如下图所示。

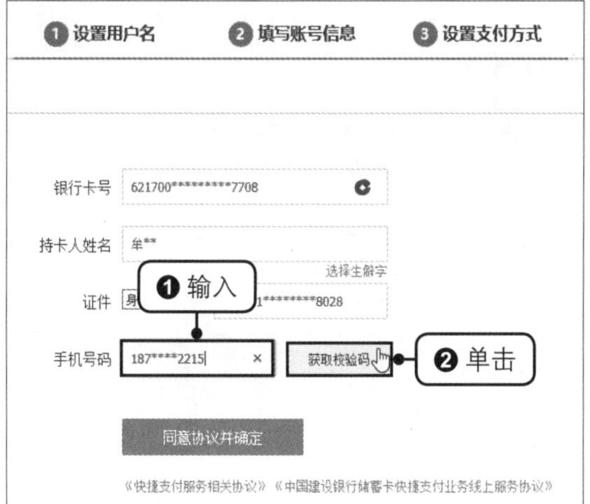

步骤14 输入校验码

❶此时输入的手机号会收到一条短信，根据短信输入准确的校验码。❷单击“同意协议并确定”按钮，如下图所示。

步骤15 完成注册

经过以上操作后，就完成了淘宝网的用户注册，即成为了淘宝用户，如下图所示。

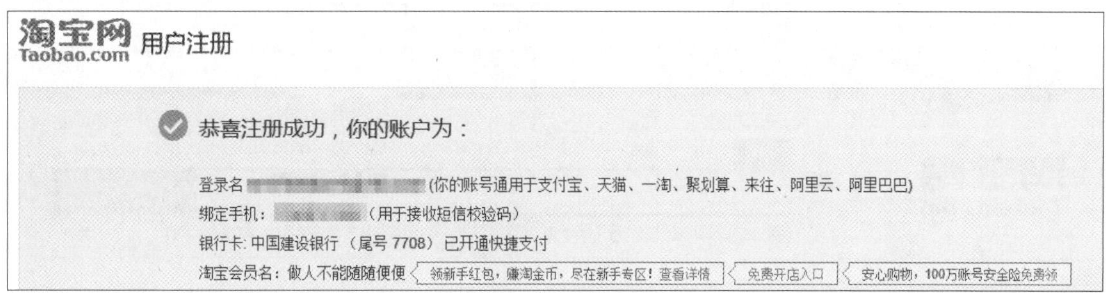

8.3.2 认证支付宝

支付宝是独立的第三方支付平台，在买家和卖家之间扮演了一种中间担保的角色。如果买家开通了支付宝实名认证，当买家在淘宝网上购买了商品以后，货款会先由支付宝代为保管，当买家确认收货以后，支付宝才会把货款打到卖家的账户里。

买家不开通支付宝的实名认证也能购买商品，但是支付宝的实名认证会对用户的真实身份信息进行核实，开通后相当于增加了账户的可信度，对于建立买家和卖家之间的信任关系是有极大帮助的。

步骤01 登录用户

打开淘宝网首页，单击左上角的“亲，请登录”链接，如右图所示。

步骤02 切换登录方式

在登录页面单击登录框右上角的按钮，如下图所示。

步骤03 密码登录

❶切换至电脑登录页面，输入登录名和密码。❷单击“登录”按钮，如下图所示。

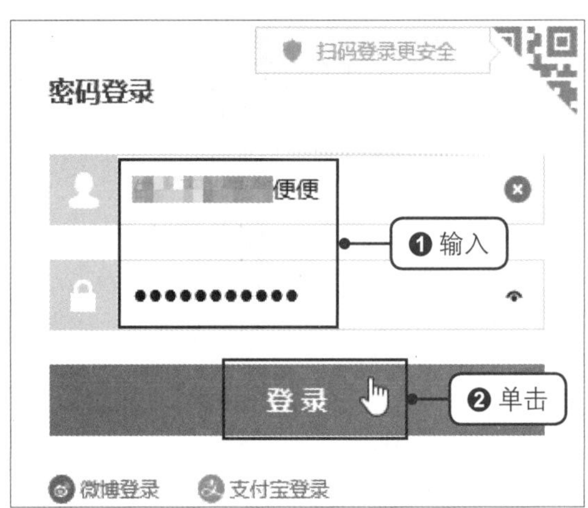

步骤04 进入用户的淘宝界面

登录成功后，单击“我的淘宝”链接，如下图所示。

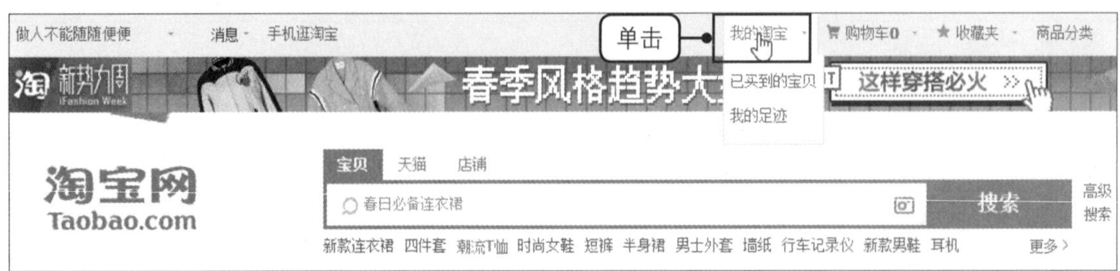

步骤05 进入用户的支付宝界面

在“我的淘宝”用户页面单击“我的支付宝”链接，如下图所示。

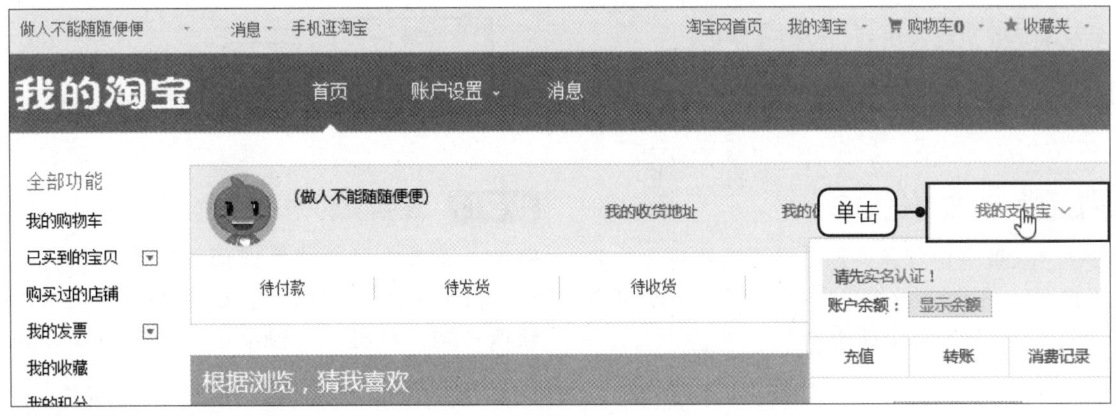

步骤06 认证支付宝账户

进入“支付宝”页面，单击“未认证”链接，如下图所示。

步骤07 验证手机

❶在弹出的“验证手机”对话框中输入手机号收到的短信校验码。❷单击“确定”按钮，如下图所示。

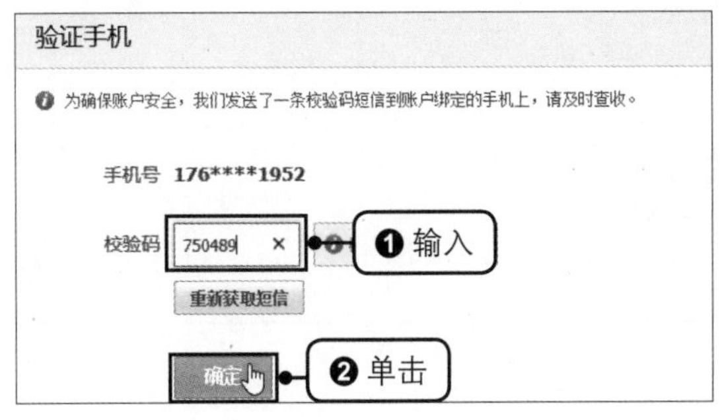

步骤08 开始认证

在“支付宝注册”界面中可看到认证的流程，此时处于“设置身份信息”流程下，如下图所示。

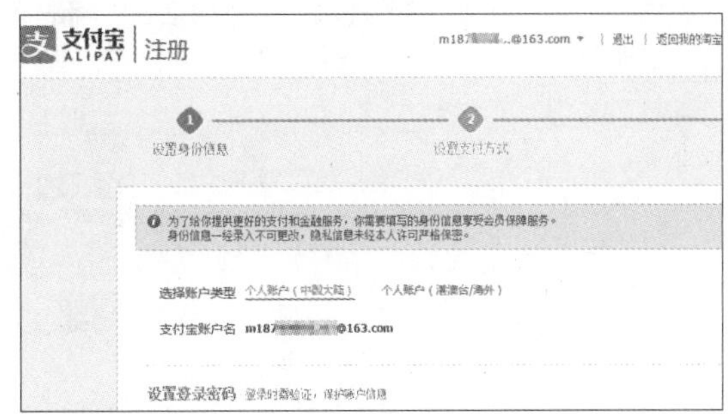

步骤09 设置支付密码

在“设置支付密码”选项组下输入两次相同的“支付密码”，如右图所示。该密码在提交订单及确认收货时会用到，一定要牢记。

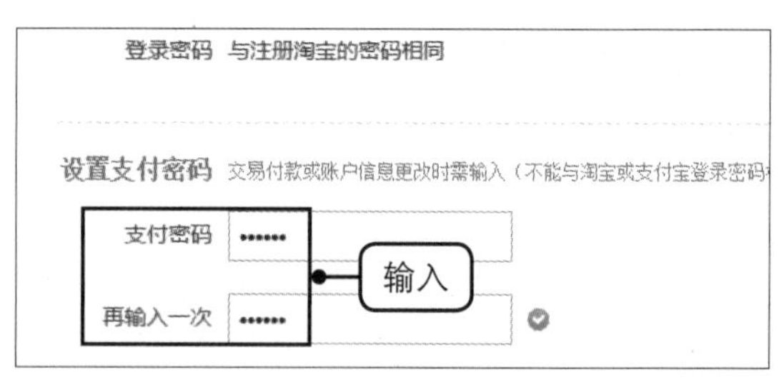

步骤10 设置身份信息

❶在“设置身份信息”选项组下设置用户的真实姓名、性别、身份证号码等信息。❷单击“确定”按钮，如下图所示。

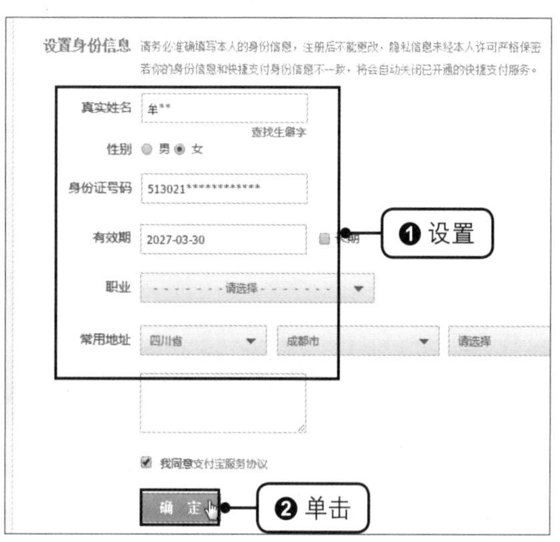

步骤11 设置支付方式

❶在“设置支付方式”选项卡下输入银行卡号、持卡人姓名、证件类型及号码、手机号，获取并输入校验码。❷单击“同意协议并确定”按钮，如下图所示。

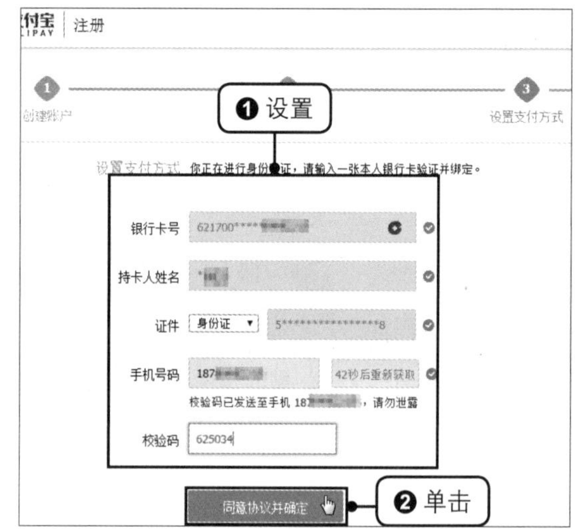

步骤12 完成支付宝的认证

设置完成后，可在新的网页界面中看到注册成功的信息，表明该账户可以使用支付宝进行网上购物的付款了，如下图所示。

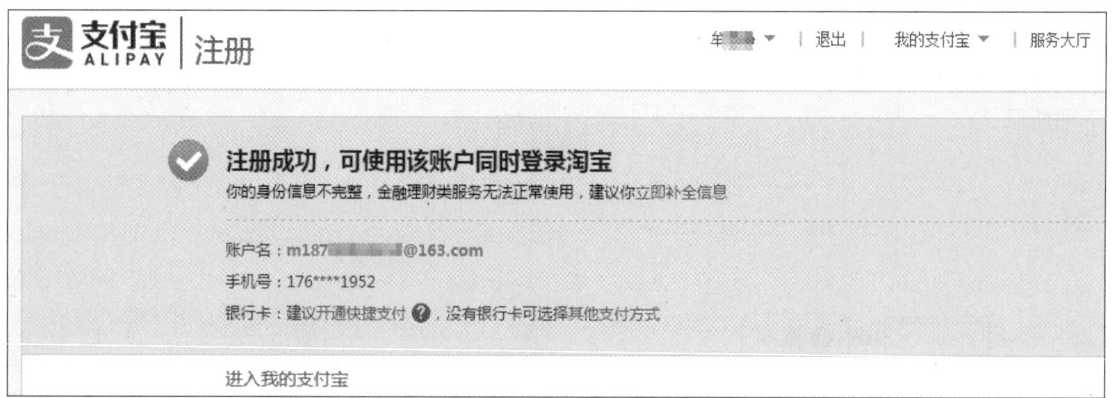

8.3.3 下单购买商品

完成用户的注册和实名认证后，接下来就可以随心所欲地网上购物了。但需要注意的是，为了保证购物的愉快，在购买商品前，最好明白交易规则，看清楚商品的各个参数，并通过阅读其他买家的评价来更为全面地了解商品的具体情况，以免收到商品后，出现商品实物与页面描述相差较大的情况。

步骤01 搜索商品

打开淘宝网并登录后，用户可直接在该网页的左边根据商品分类选择想要购买的商品，❶也可以在“宝贝”下的文本框中输入要购买的商品，如“牙刷”。❷单击“搜索”按钮，如下图所示。

步骤02 查看要购买的商品

页面中会显示与牙刷相关的商品搜索结果，可看到相关的商品有很多，单击任意一种想要查看的商品，如下图所示。

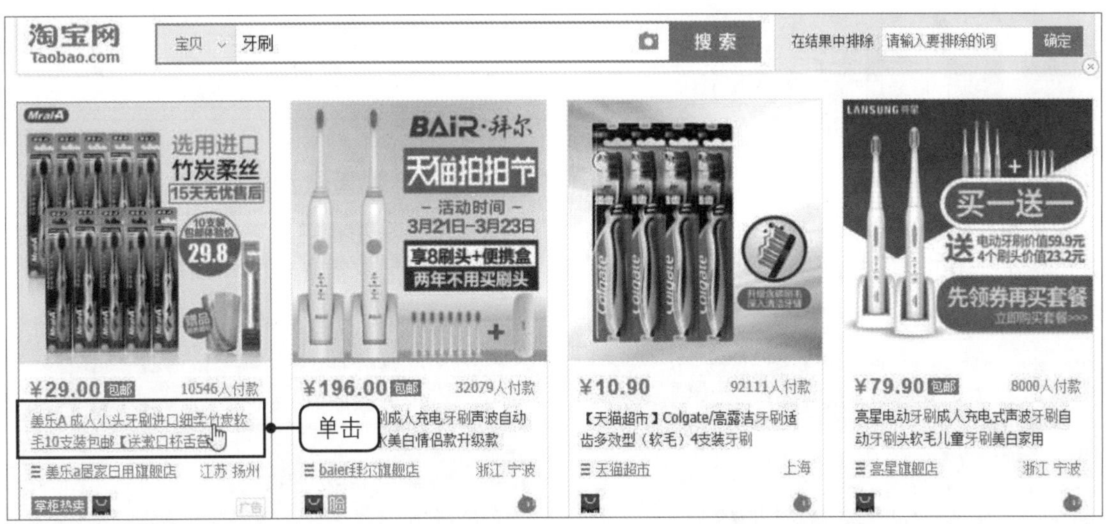

步骤03 查看商品详情

进入该商品的详情页面后，向下滑动鼠标滚轮，可在左侧看到销售该商品的店铺在描述、服务和物流方面的综合评分，而在中间位置可看到该商品的详情，如商品品牌、型号、颜色分类、适用对象等，单击“累计评价”按钮，如下图所示。

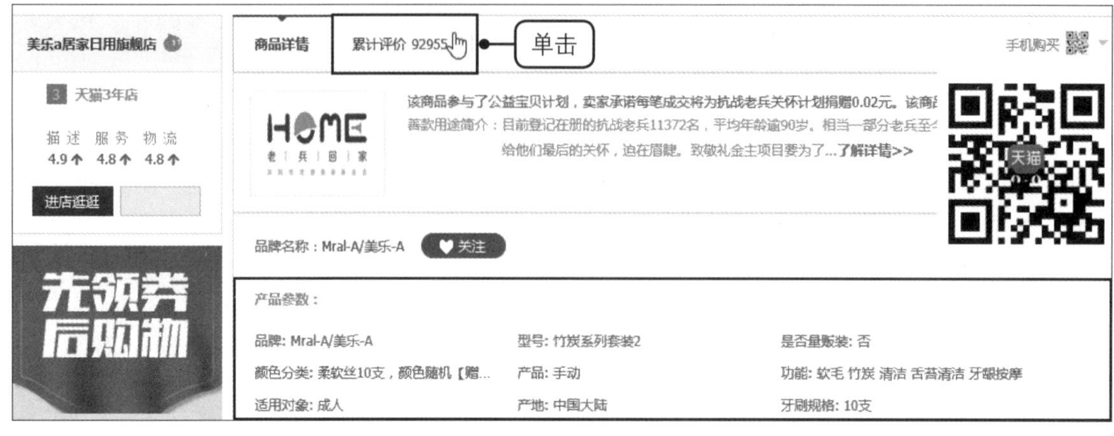

步骤04 查看累计评价

切换至"累计评价"选项卡，可看到该商品的评价总数和综合评分，❶单击"图片"单选按钮以筛选出带图片的评价，❷单击买家秀中的图片，如下图所示。

步骤05 查看买家秀

买家秀图片被放大了，单击图片右侧的"下一张"按钮，如下图所示。

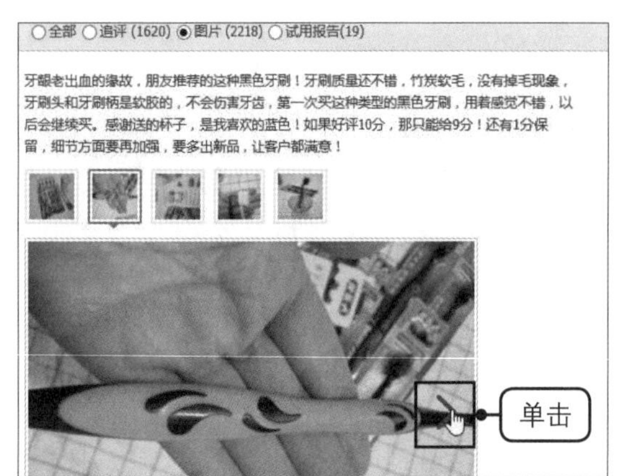

步骤06 继续查看买家秀

切换至下一张图片后，可继续查看买家展示的商品效果，如下图所示。

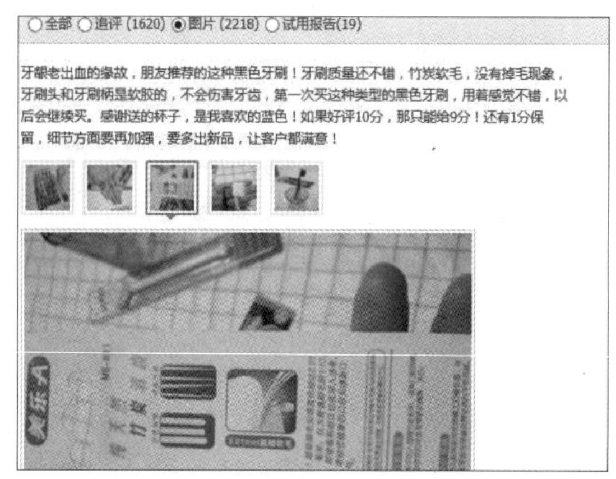

步骤07 购买商品

❶向上滑动鼠标滚轮，在该网页的最上面设置要购买的商品的颜色分类和数量。❷单击“立即购买”按钮，如下图所示。

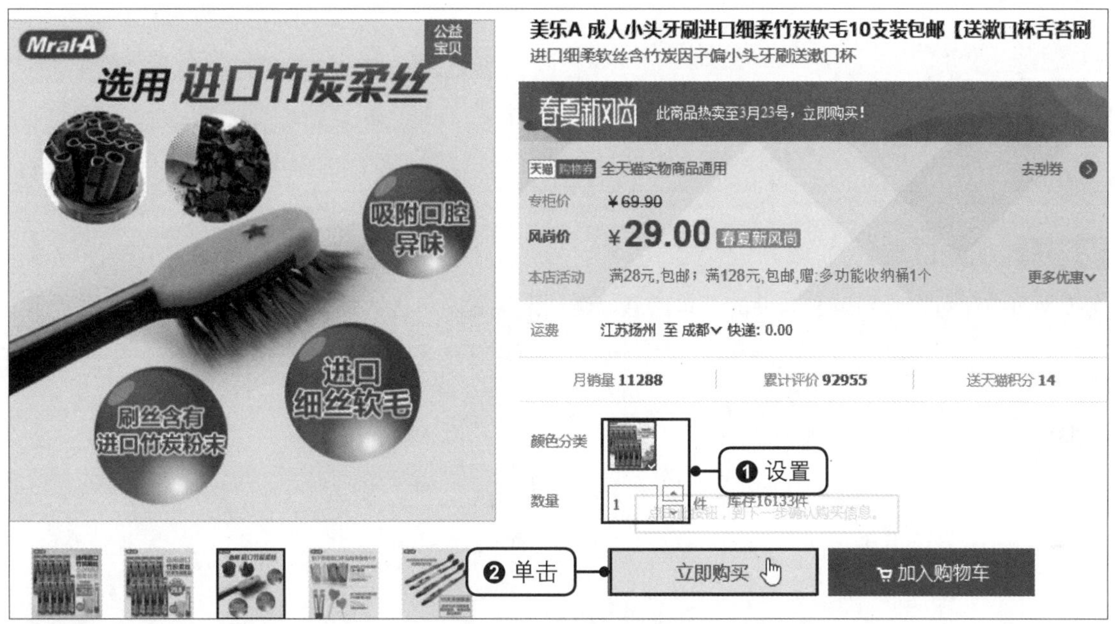

步骤08 设置收货地址

❶在弹出的“创建收货地址”窗口中单击“所在地区”右侧的下拉按钮。❷在展开的列表中单击“省份”选项卡下的用户所在省份，如“四川”，如下图所示。

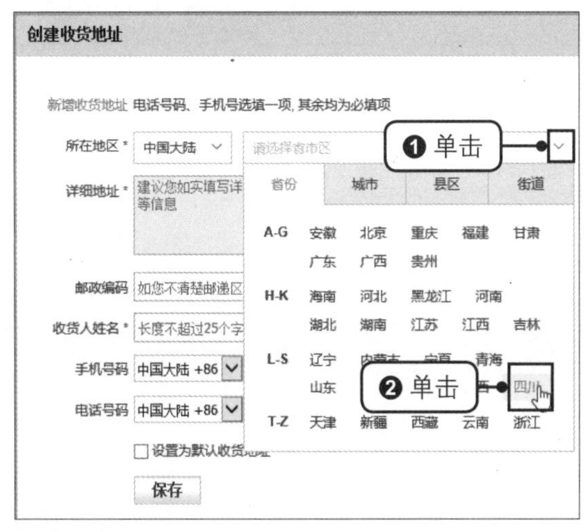

步骤09 保存收货地址

应用相同的方法设置好用户所在地的城市、县区和街道，继续设置用户的详细地址、邮政编码、收货人姓名、手机号等详细信息。❶勾选“设置为默认收货地址”复选框。❷单击“保存”按钮，如下图所示。

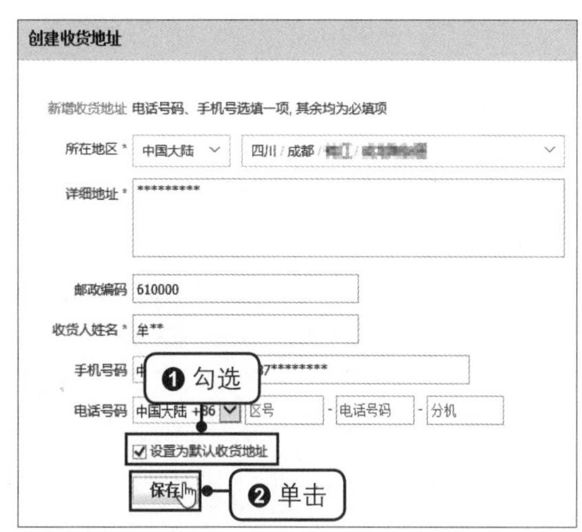

步骤10 查看设置好的收货地址

返回网页中，可看到设置好的收货地址，如下图所示。如果想要设置新的地址，可单击“使用新地址”按钮。

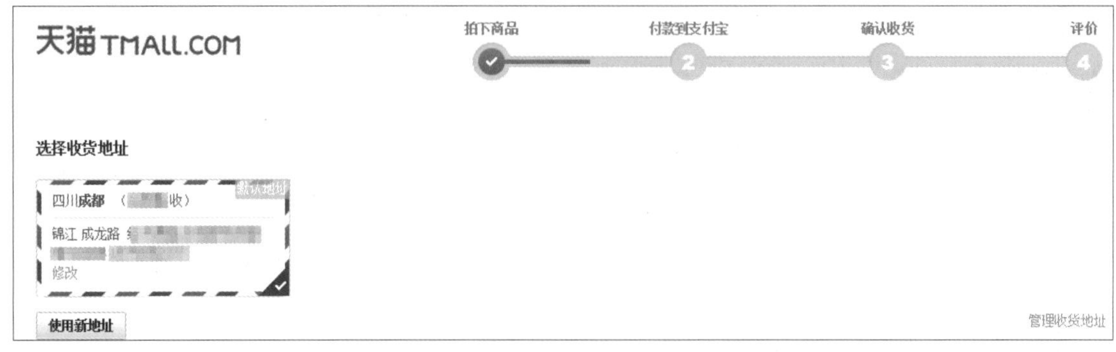

步骤11 提交订单

在该网页中还可以看到购买商品的订单信息，确认无误后，单击“提交订单”按钮，如下图所示。

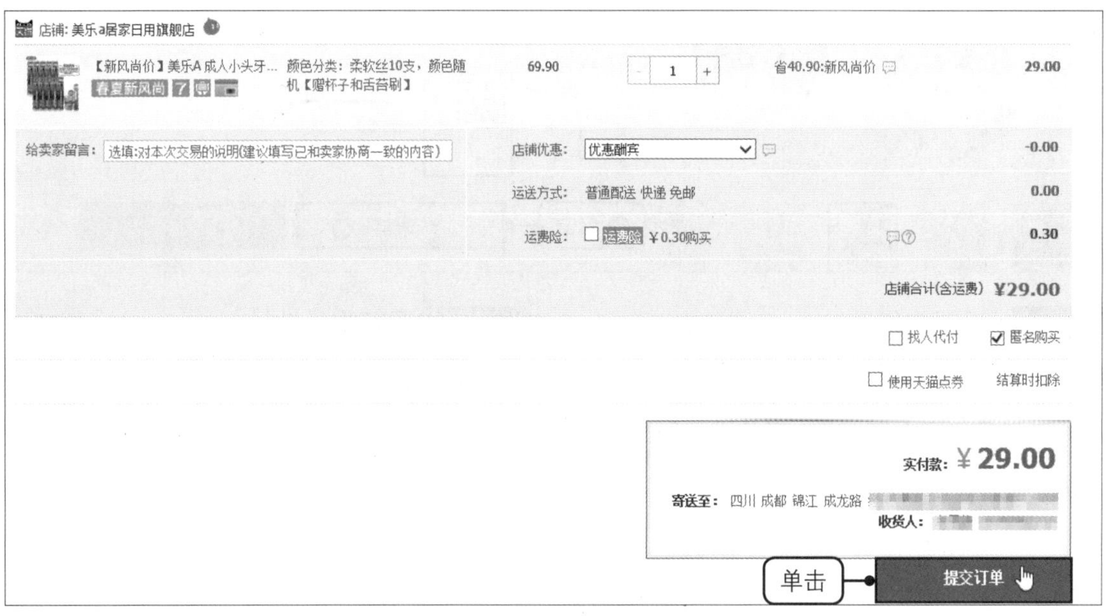

步骤12 确认付款

❶进入付款页面，在“支付宝支付密码”下的文本框中输入之前设置的支付密码。❷单击“确认付款”按钮，如下图所示。

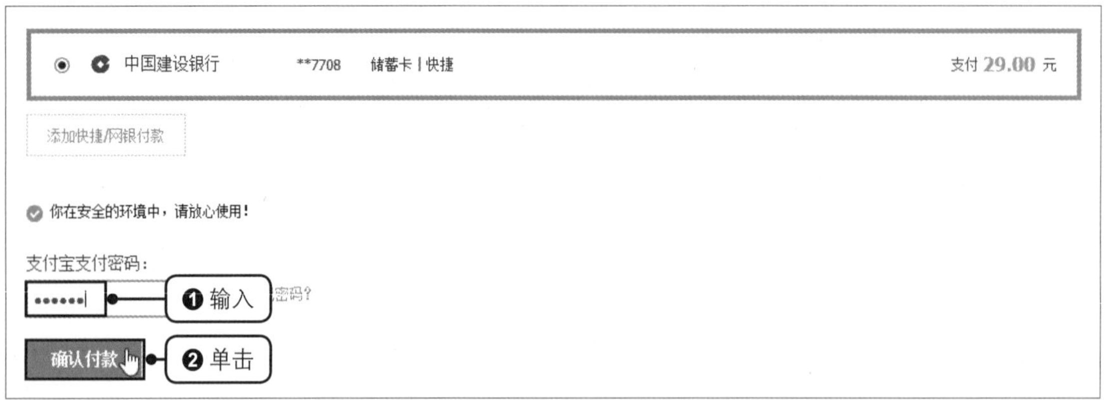

步骤13 查看已买到的宝贝

在网页的顶部单击“我的淘宝>已买到的宝贝”链接，如右图所示。

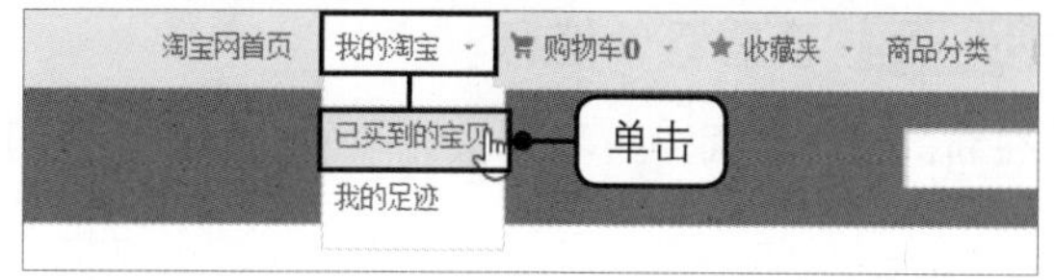

步骤14 查看待发货的订单

在新的网页界面单击“待发货”按钮，切换至该选项卡下，即可看到待发货的订单信息，如下图所示。

8.3.4 确认收货

几天之后，当用户收到在网上购买的商品后，就可以在购物网站上确认收货了，具体的操作方法如下。

步骤01 确认收货

登录淘宝，进入“我的淘宝>已买到的宝贝”页面，在“所有订单”下可看到已购买的商品，单击已收货订单右侧的“确认收货”按钮，如下图所示。

步骤02 查看订单信息

在新的网页界面中可看到该订单的交易流程及订单信息，如下图所示。

步骤03 输入支付密码

向下滑动鼠标滚轮，可在页面的下方看到订单的其他详细信息，如订单编号、买家的收货信息等。❶如果确认信息无误，并且收到的商品也没有问题，可在“支付宝支付密码”后的文本框中输入支付密码。❷单击“确定”按钮，如下图所示。

步骤04 确定支付

在弹出的对话框中单击“确定”按钮，确定向卖家支付货款，如右图所示。

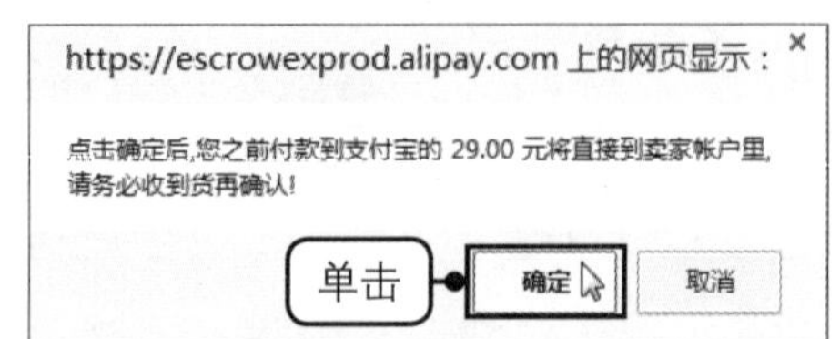

步骤05 完成交易

随后即可在网页界面中看到“交易已经成功，卖家将收到您的货款”等信息，如下图所示。如果购物后忘记了在网上确认收货，而且也没有申请退款或退货，淘宝网会在卖家发货开始的10天后自动确认收货，支付宝将把货款支付给卖家。因此，当卖家发了货而买家又一直没有收到货，且没有申请延长收货时，淘宝网也会自动付款给卖家，所以，买家最好随时关注该商品的物流情况，如果在规定的时间内未收到货，可联系卖家。

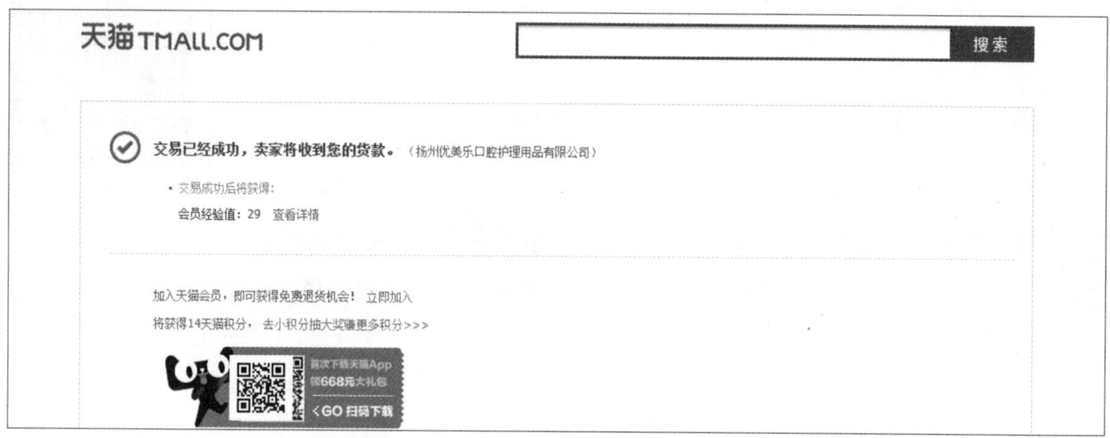

8.4 网上预订机票、酒店

为了方便出行，人们常会通过电话提前预订机票、酒店，但是如今在网络上进行预订成为了主流，因为网络预订可选择范围更大，也更为方便和快捷，而且在预订信息有误或行程发生改变时，还能及时更改。下面以“去哪儿网”为例，介绍在网上预订机票和酒店的方法。

8.4.1 注册成为订票网站用户

要想在“去哪儿网”上预订机票，首先需要注册成为该网站的用户，具体的操作方法如下。

步骤01 搜索订票网站

❶在搜索引擎中搜索“去哪儿网”。❷在搜索结果页面中单击该网站的官网链接，如下图所示。

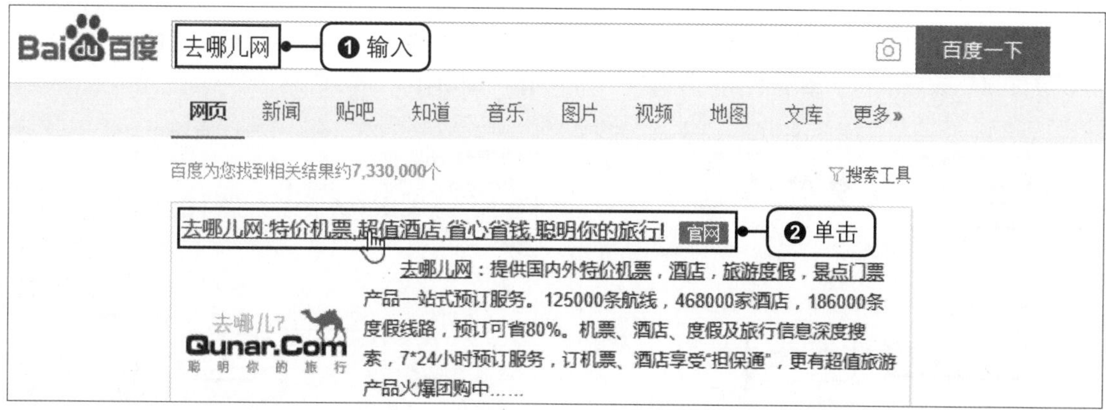

步骤02 免费注册

进入网站首页，单击右上角的“免费注册”链接，如下图所示。

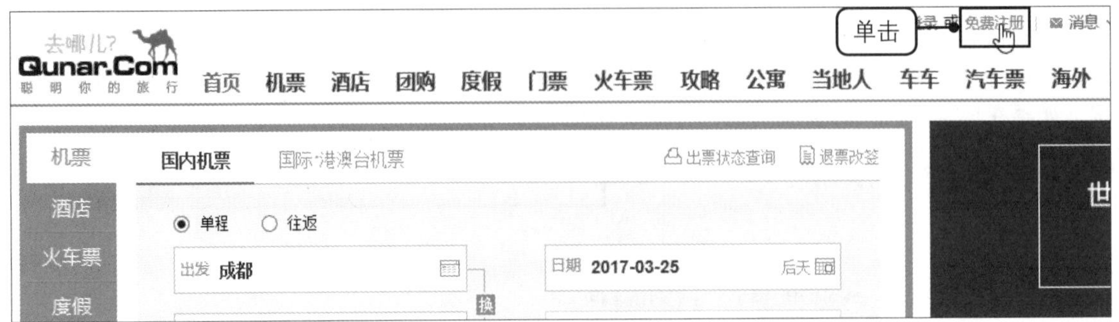

步骤03 选择注册国家

❶在“账号注册”界面单击“国家”右侧的下拉按钮。❷在展开的列表中单击用户所在的国家或地区，如“中国86”，如下图所示。

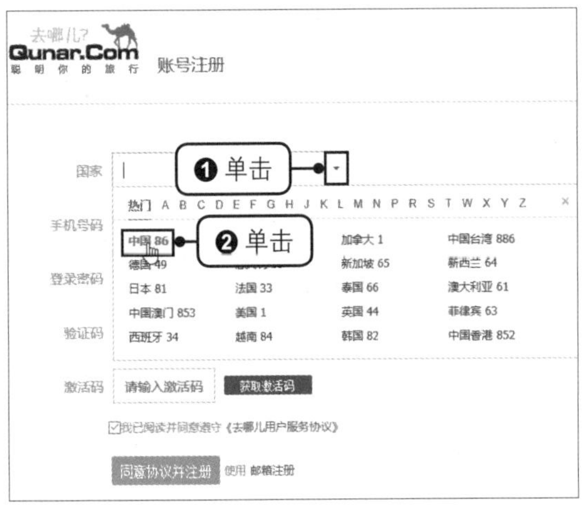

步骤04 获取验证码

❶在“账号注册”界面中输入手机号、登录密码及验证码。❷单击“获取激活码”按钮，如下图所示。

步骤05 同意协议并注册

❶此时输入的手机号会收到一条短信，根据短信内容输入相应的“激活码”。❷单击“同意协议并注册”按钮，如下图所示。

步骤06 完善资料

在“完善资料”界面中的“绑定个人邮箱”下，输入要使用的昵称和要绑定的电子邮箱，如下图所示。

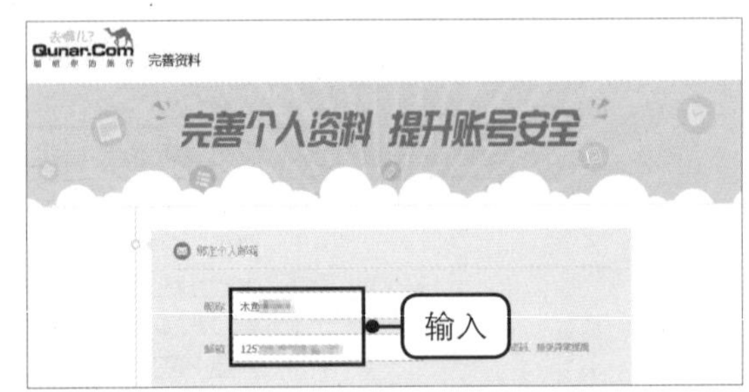

步骤07　设置密保问题

❶在“设置密保问题”下单击“问题一”右侧的下拉按钮。❷在展开的列表中选择要设置的问题，如“您的出生省份是？”，如下图所示。

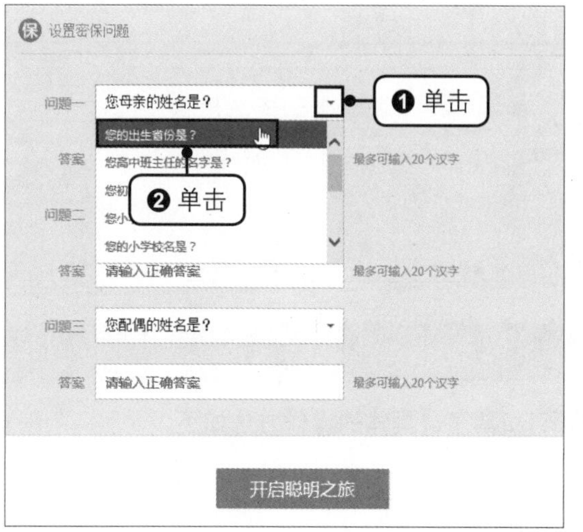

步骤08　完成密保的设置

❶应用相同的方法设置其他问题并添加“答案”，以便于以后能够根据这些问题及答案找回账号。❷完成后单击“开启聪明之旅”按钮，如下图所示。

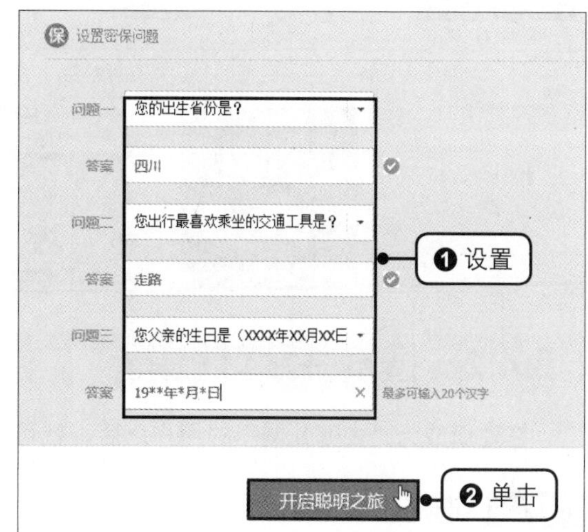

步骤09　立即验证

完成了密保的设置后，单击“立即验证”按钮，如右图所示。

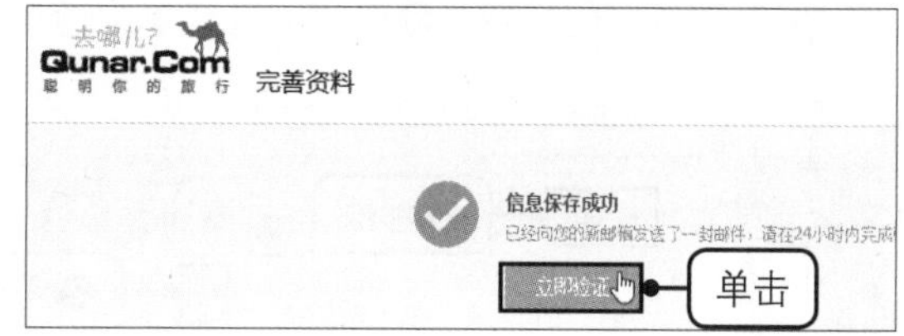

步骤10　完成验证

系统会自动要求用户登录邮箱，登录后，打开收件箱，找到该网站发送的邮件，单击邮件中的链接完成验证，如下图所示。

步骤11 显示完成验证后的效果

随后返回注册用户的主界面，可看到注册用户时设置的昵称、用户名等信息，如果要返回网站的首页，可单击左上角的“去哪儿网首页”链接，如下图所示。

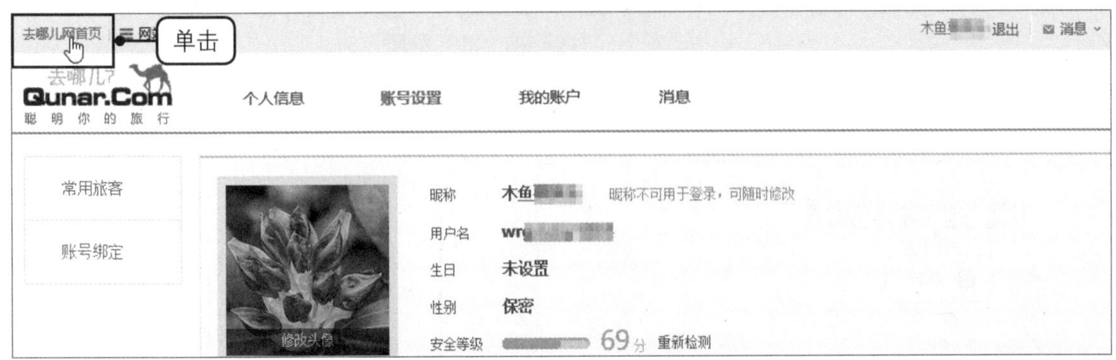

8.4.2 搜索并预订机票

在注册成为“去哪儿网”的用户之后，就可以预订机票了，具体的操作方法如下。

步骤01 选择出发地

❶登录网站并进入首页后，在“机票”面板中选择好机票类型，如“国内机票>单程”。❷单击“出发”框右侧的按钮。❸在弹出的菜单中选择出发地，如“三亚”，如下图所示。

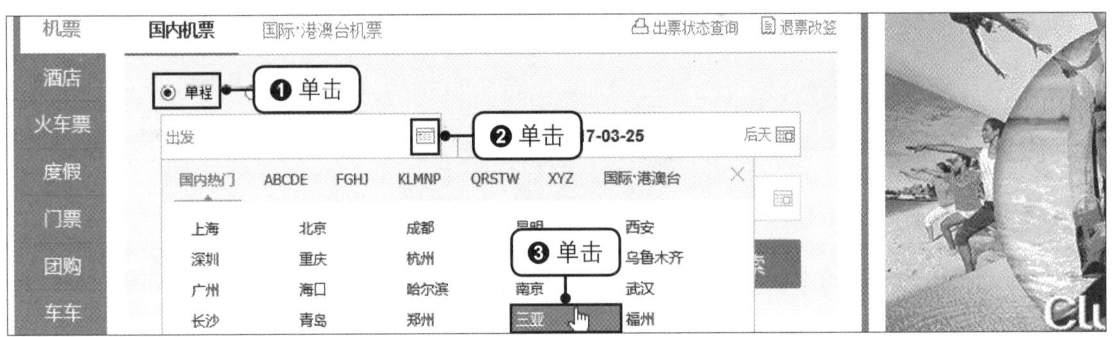

步骤02 选择出发日期

❶应用相同的方法设置好到达地，单击“日期”框右侧的按钮。❷在弹出的日历中选择出发日期，如2017年3月31日，如下图所示。

步骤03 搜索机票

设置好出发地、到达地和出发日期后，单击“立即搜索”按钮，如下图所示。

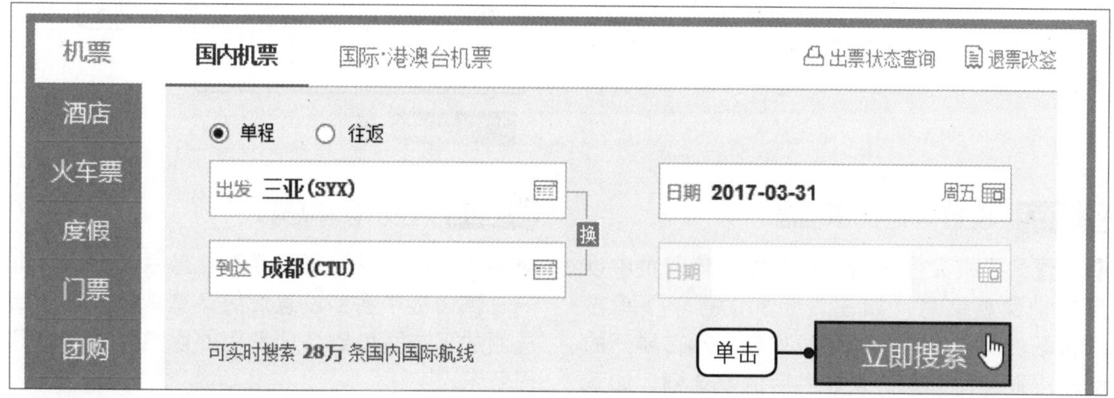

步骤04 显示搜索结果

随后，可在网页中看到多个搜索结果，其中显示了各个航班的起飞时间、到达时间及最低价格，单击要查看的航班，如下图所示。

步骤05 预订机票

单击后将展开该航班的不同机票套餐，当对某个套餐满意时，可单击该套餐后的“预订”按钮，如下图所示。

步骤06 输入乘机信息

在网页中的“乘机人”下分别输入乘机人姓名、身份证号码及电话号码，如右图所示。如果还要为其他人购买机票，可单击“添加乘机人”按钮。

步骤07 设置其他优惠信息

❶设置好乘机人信息后，还可以在该网页中设置其他优惠信息，如在“专享优惠”下单击“机场贵宾室”右侧的下拉按钮。❷在展开的列表中取消勾选乘机人姓名后的复选框，如下图所示。

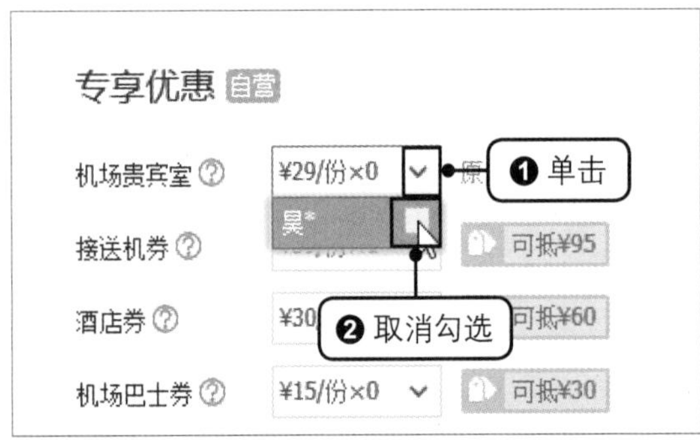

步骤08 显示订单总额

应用相同的方法设置好优惠信息后，可在网页的右侧面板中看到设置后的订单总额，在订单总额的下方可看到各项费用的明细数据，如下图所示。

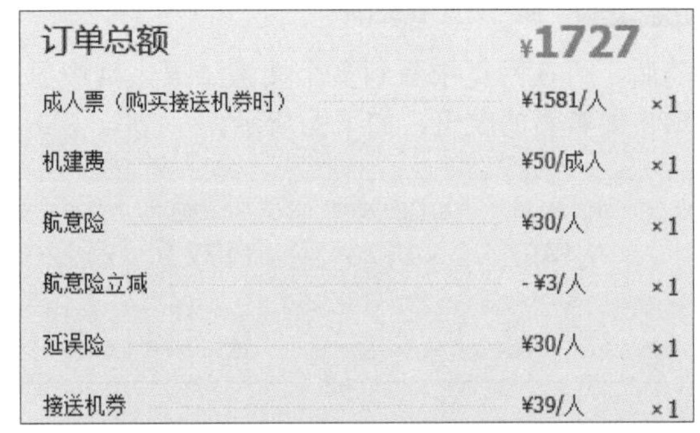

步骤09 提交订单

如果对订单无异议，可单击“提交订单”按钮，如右图所示。

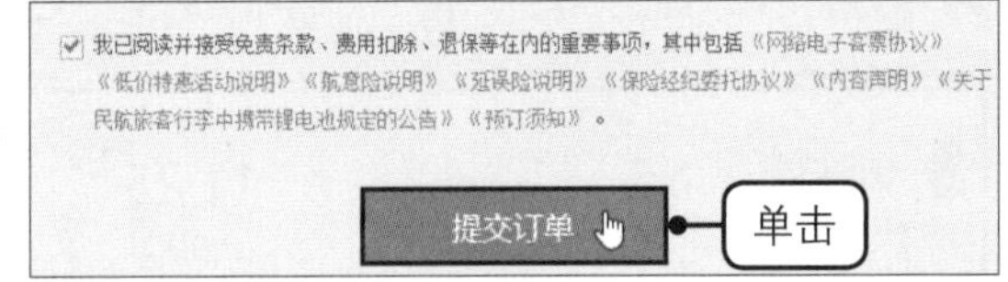

步骤10 展开订单详情

在“收银台”网页界面中可看到订单的行程，单击“展开订单详情”按钮，如下图所示。

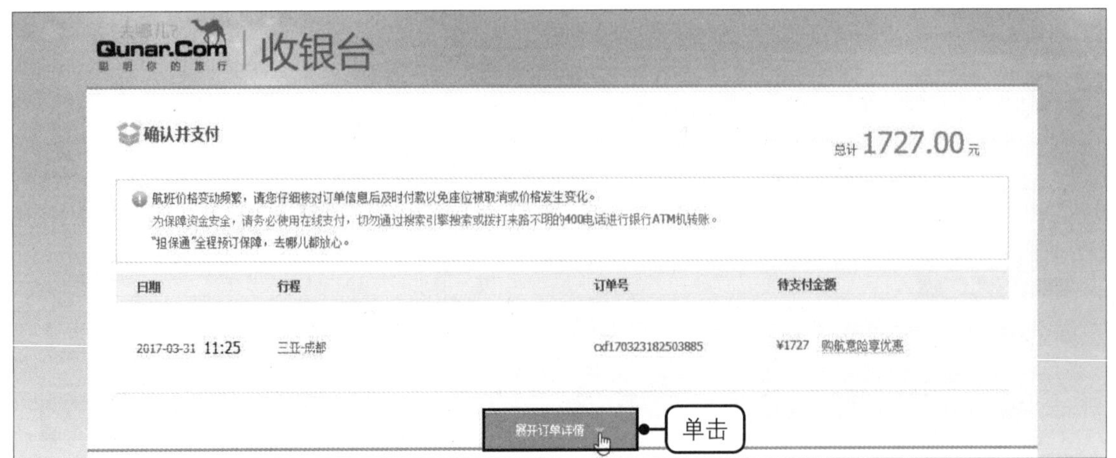

步骤11　查看订单详情

此时可看到该订单的详情，如航班的起飞时间、起飞地点、到达时间、到达地点及乘机人的具体信息，如下图所示。此时就已完成了订单的预订。如果确认订单信息无误，并且没有要修改的地方，就可以继续进行下一步。如果还不能完全确认信息的准确性，则等确认信息无误后再继续进行下一步。

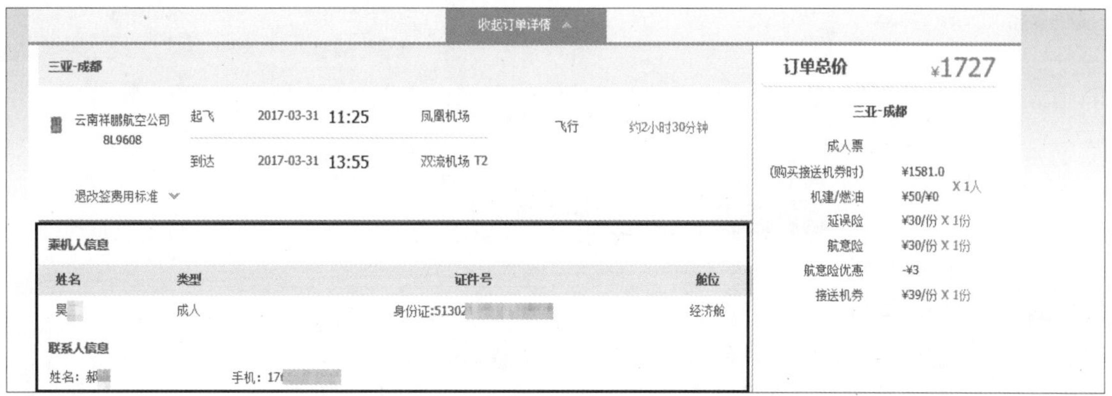

步骤12　选择付款的方式

在网页的下方可选择不同的付款方式，如信用卡、储蓄卡、支付平台和境外卡支付。用户只需在选择的付款方式下填写准确的信息，如右图所示，最后单击"同意规则并付款"按钮即可。

8.4.3　取消预订的机票

如果订票付款后又发现订单信息不正确，想要取消订单并退款就比较麻烦。订票网站一般都给用户预留了一定的付款时限，用户可在预订后暂时不付款，对订单信息进行仔细核对，确认无误后再付款，如果订单确实有误，可以手动取消订单再重新预订。如果超过了付款时限还未付款，订单将自动取消。下面介绍手动取消订单的具体操作步骤。

步骤01　查看详情

❶切换至登录用户的主界面中，切换至"我的订单>全部订单"选项卡下。❷可看到用户已经预订的机票，单击"查看详情"链接，如下图所示。

步骤02 取消订单

在“订单详情”网页中单击“取消订单”按钮，如下图所示。

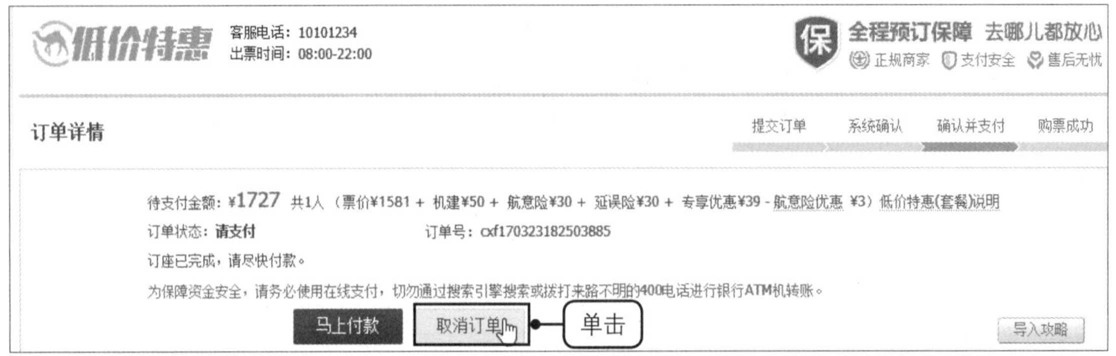

步骤03 确认取消

弹出提示框，提示用户订单取消后将失效，是否确认取消。如果要取消，直接单击“是”按钮，如右图所示。如果要保留订单，则单击“否”按钮。

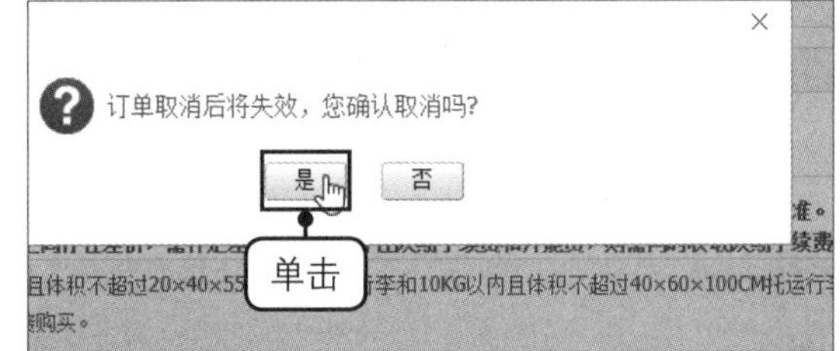

8.4.4 预订酒店

预订酒店和预订机票的流程类似。尽管网上预订酒店非常方便，但是在预订过程中，用户还是要保持谨慎的态度，以免上当受骗。预订酒店的具体方法如下。

步骤01 选择酒店类别

❶进入“去哪儿网”的首页，单击“酒店”选项按钮。❷在该选项面板的右侧单击要搜索的酒店类型，如“客栈民宿”，如下图所示。

步骤02 选择景点地标

❶设置好目的地，如“凤凰”。❷单击要选择景点地标的文本框。❸在弹出的菜单中单击景点地标，如“万寿宫”，如下图所示。

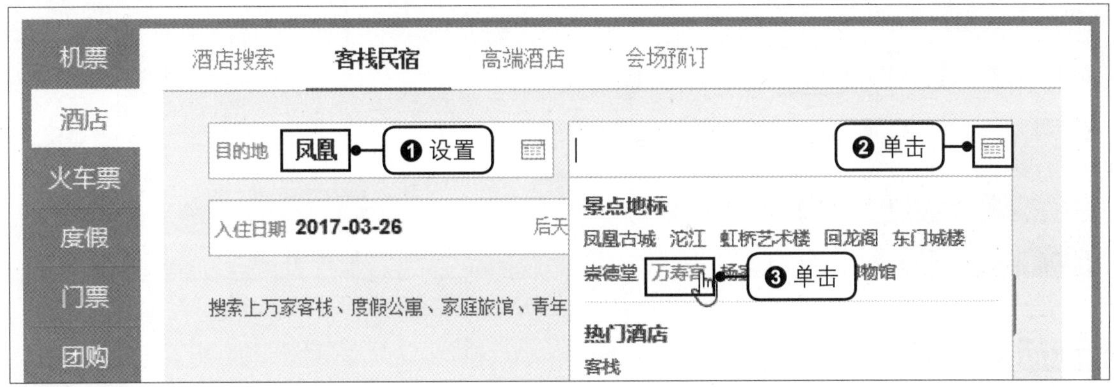

步骤03 搜索酒店

应用相同的方法设置好入住日期和离店日期，单击“立即搜索”按钮，如下图所示。

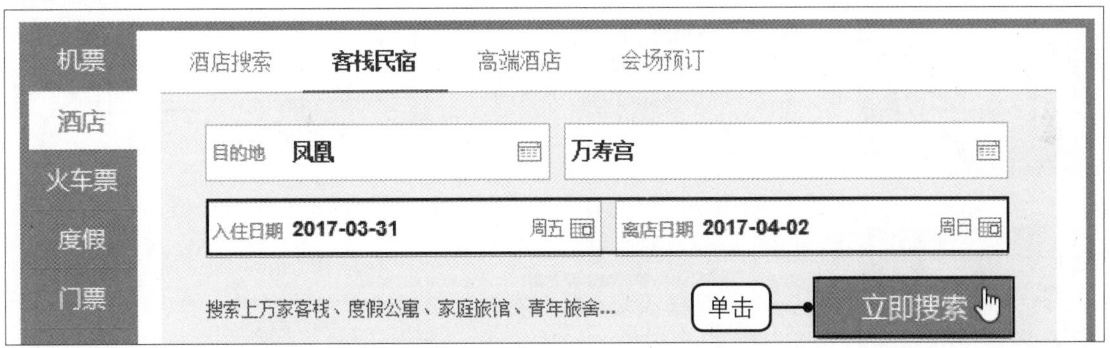

步骤04 设置条件筛选酒店

进入搜索结果界面后，可在网页中设置价格范围、设施服务、客栈档次及入住要求。勾选相应条件前的复选框即可，如下图所示。

步骤05 对酒店按评分排序

在筛选后的搜索结果中可看到有11家酒店满足条件，单击“评分”按钮，如下图所示，即可让酒店按评分从高到低的顺序排列。

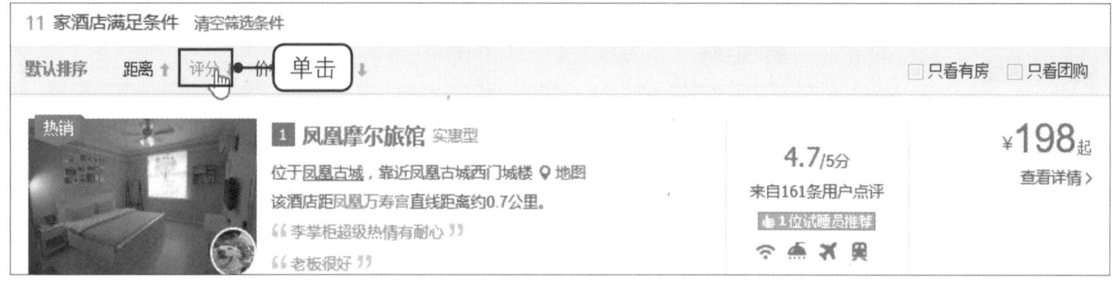

步骤06 查看酒店详情

筛选并排序后，单击要查看的酒店右侧的“查看详情”链接，如下图所示。

步骤07 放大图片查看

进入该酒店的详情页后，为了更为仔细地查看居住环境等情况，可在图片上单击，如下图所示。

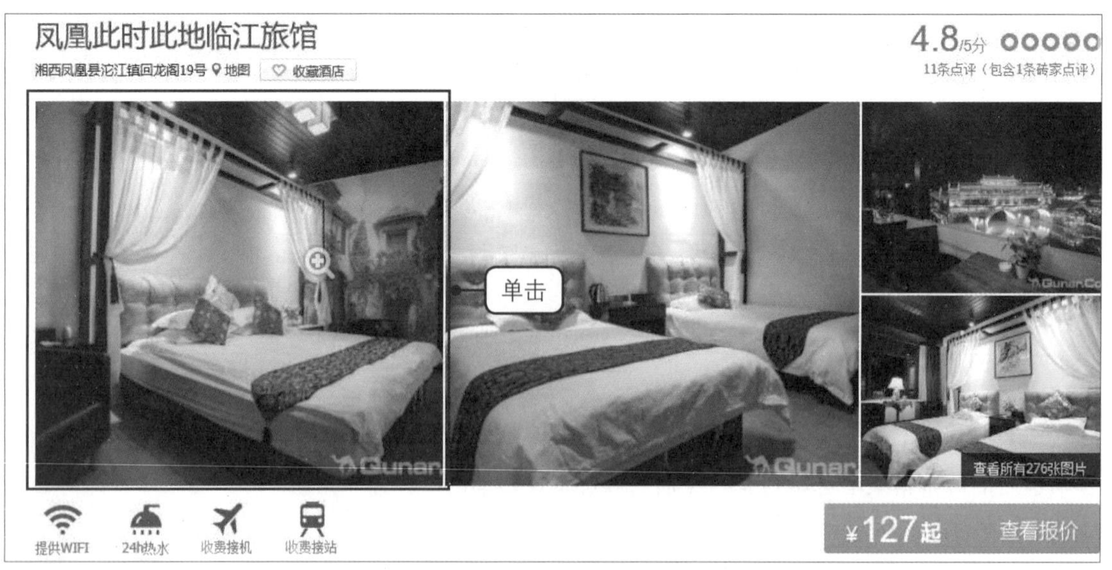

步骤08　切换查看该酒店的图片

❶此时可以发现图片放大显示，且在图片的右侧有一个列表，为该酒店全部图片的分类，选择感兴趣的分类，如“眷河”。❷在图片上单击鼠标，可前后切换查看该分类下的图片。❸完成查看后，可单击右上角的“关闭”按钮，关闭图片放大窗口，如下图所示。

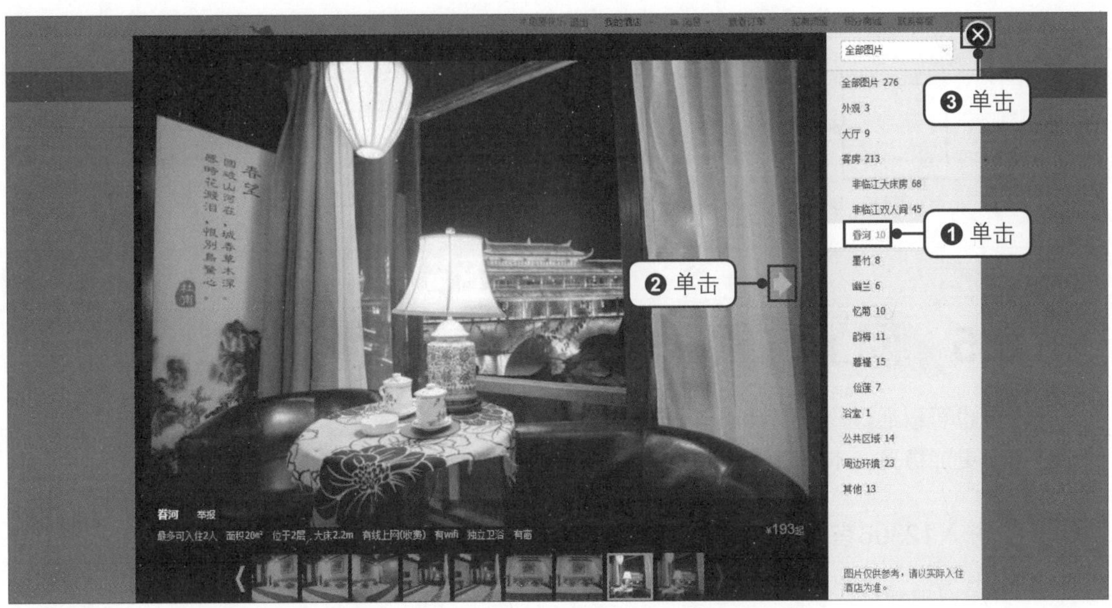

步骤09　预订酒店

如果对该酒店比较满意，可在下方的搜索结果中单击想要预订的房间右侧的“预订”按钮，如下图所示。

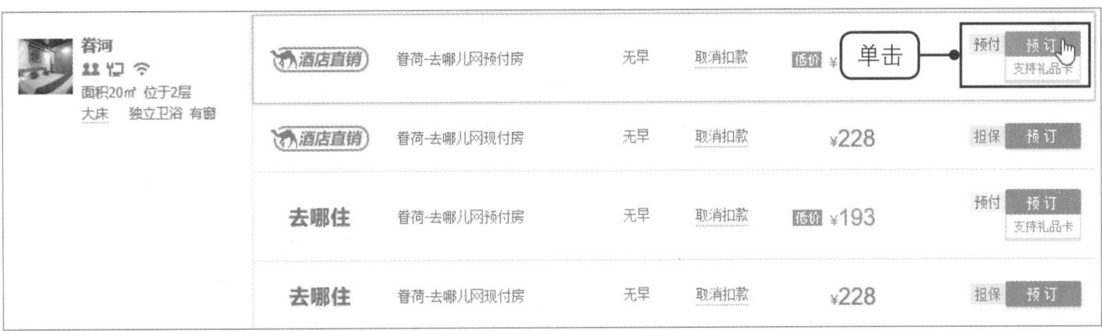

步骤10　设置预订信息

在“预订信息”下可看到预订的房型信息、入住时间、离开时间。此外，如果人数较多，还可以设置房间数量，在房间数量后可看到房费总计金额，如右图所示。

步骤11 设置入住信息

在“入住信息”下输入入住人的姓名及联系电话，如下图所示。

步骤12 支付房费

完成了信息的设置后，单击“下一步，支付”按钮即可进行支付，如下图所示。

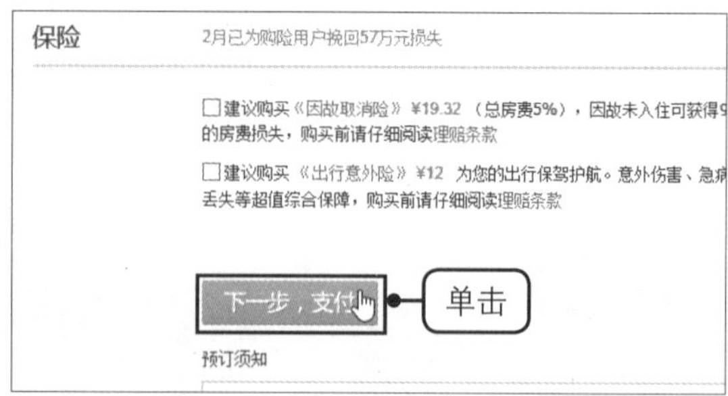

8.5 网上购买火车票

火车票也可以通过“去哪儿网”预订，但是为了保障个人信息安全，通过铁路总公司的官方网站购票会更加稳妥。本节以在12306官方网站上预订火车票为例进行详细介绍。

步骤01 进入12306官方网站

打开12306官方网站（www.12306.cn），单击“购票”链接，如下图所示。

步骤02 进入登录界面

要想购票首先需要登录账户，如果用户无账户，还需进行注册，注册方式与前面介绍的大同小异，此处就不做详细介绍了。单击“登录”链接，如下图所示。

步骤03　登录账户

❶进入登录界面后，输入登录名和密码。❷在“验证码”中单击与文字相符合的图片。❸单击“登录”按钮，如下图所示。

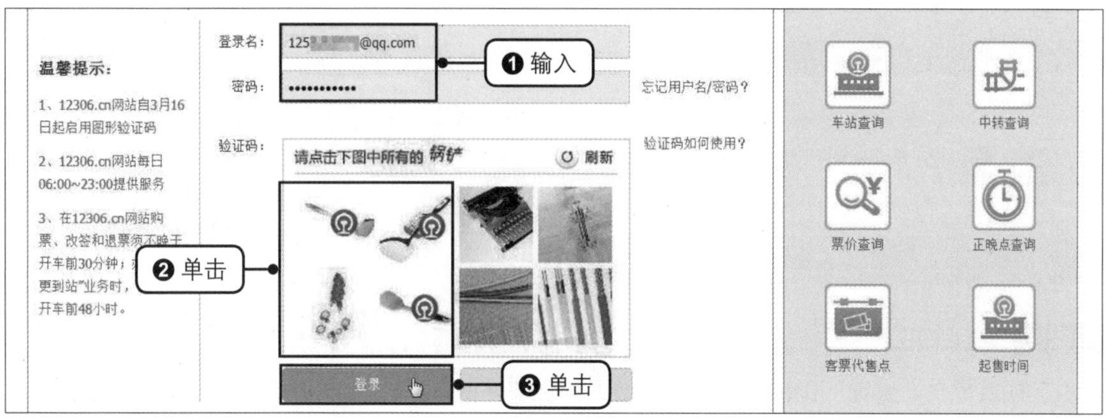

步骤04　完成登录

随后，可看到登录后的界面效果，单击“车票预订”按钮，如下图所示。

步骤05　选择出发地

❶单击“出发地”文本框后的按钮。❷在弹出的菜单中单击出发地的拼音首字母所属范围，然后单击出发地，如“广州”，如下图所示。应用相同的方法选择好目的地。除了单击选择出发地和目的地，还可以直接输入。

步骤06 选择出发日期

❶单击“出发日”文本框右侧的按钮。❷在弹出的日历中单击出发日期，如2017年4月19日，如下图所示。

步骤07 查询车次

设置完成后单击“查询”按钮，可在下方看到符合条件的车次搜索结果有12个，并详细地展示了各个车次的出发时间、到达时间、历时、各个席别剩余的票数，如下图所示。

车次	出发站 到达站	出发时间 到达时间	历时	商务座	特等座	一等座	二等座	高级软卧	软卧	硬卧	软座	硬座	无座	其他	备注
G312	广州南 重庆北	06:28 17:37	11:09 当日到达	无	--	7	有	--	--	--	--	--	--	--	预订
G1316	广州南 重庆北	06:53 18:20	11:27 当日到达	9	--	有	有	--	--	--	--	--	--	--	预订
G1312	广州南 重庆北	08:10 19:33	11:23 当日到达	无	--	有	有	--	--	--	--	--	无	--	预订
K356	广州 重庆北	09:22 15:30	30:08 次日到达	--	--	--	--	--	有	有	--	有	有	--	预订
K587	广州 重庆北	11:50 17:22	29:32 次日到达	--	--	--	--	--	4	有	--	有	有	--	预订

步骤08 预订车票

❶在“车次类型”和“出发车站”后勾选符合自身需要的复选框，如勾选“GC-高铁/城际”和“广州南”复选框，可看到满足这两个条件的共有3个车次。❷在想要预订的车次后单击“预订”按钮，如下图所示。

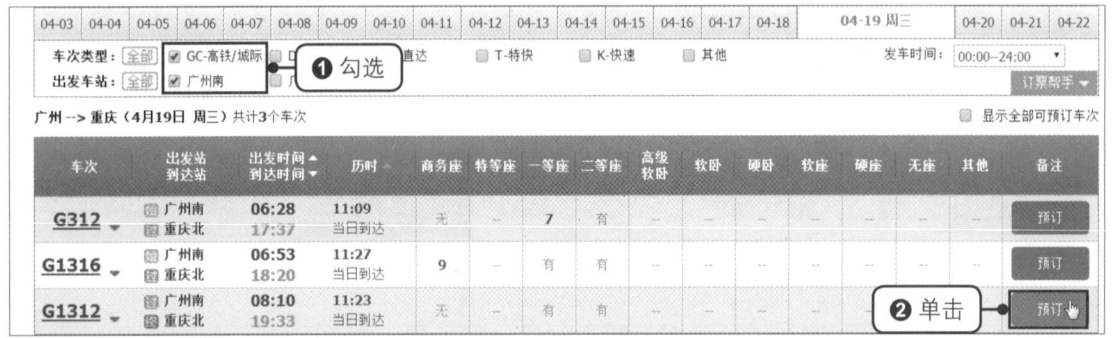

车次	出发站 到达站	出发时间 到达时间	历时	商务座	特等座	一等座	二等座	高级软卧	软卧	硬卧	软座	硬座	无座	其他	备注
G312	广州南 重庆北	06:28 17:37	11:09 当日到达	无	--	7	有	--	--	--	--	--	--	--	预订
G1316	广州南 重庆北	06:53 18:20	11:27 当日到达	9	--	有	有	--	--	--	--	--	--	--	预订
G1312	广州南 重庆北	08:10 19:33	11:23 当日到达	无	--	有	有	--	--	--	--	--	--	--	预订

步骤09 新增乘客

❶在新的网页界面可看到预订的列车信息，如果是登录用户自己买票，直接勾选“乘客信息”下的复选框，系统会自动将登录用户的信息添加到列表框中。在列表框中用户还可选择席别、票种，并且还可以添加儿童票。❷如果要给其他人买票，可单击“新增乘客”按钮，如下图所示。

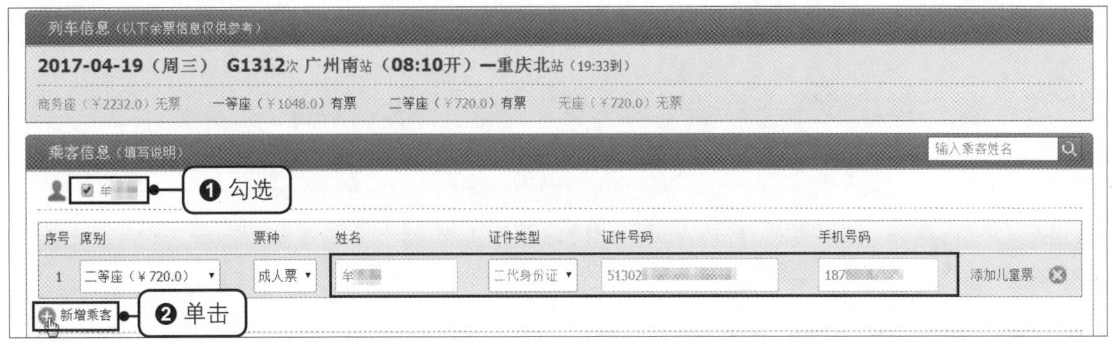

步骤10 输入新增乘客的信息

❶在弹出的窗口中输入新增乘客的姓名、证件号码等信息。❷完成后单击“确认”按钮，如下图所示。

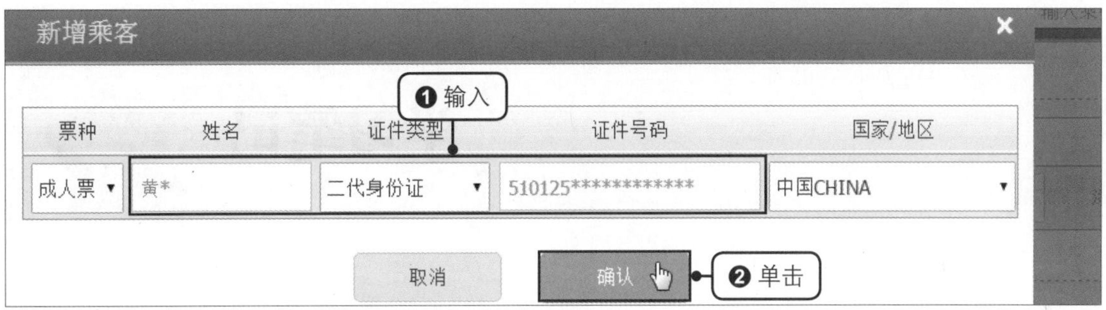

步骤11 提交订单

返回网页中，即可看到新增乘客后的效果，单击“提交订单”按钮，如下图所示。

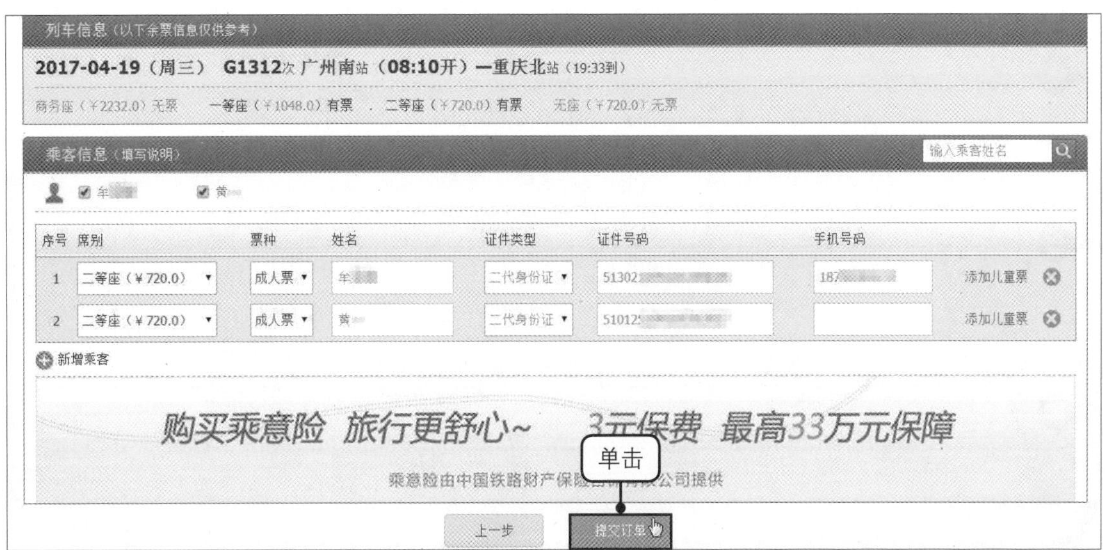

步骤12 核对信息

在弹出的“请核对以下信息”对话框中可看到订购的火车票信息，确认无误后单击“确认”按钮，如下图所示。完成了订单的提交后，继续根据系统的提示信息，通过支付宝或开通了网银的银行卡来完成支付。购票成功后，一般会收到一条短信，内容为购票人的订单号、所购买火车票的出发日期及班次，只需在出发前使用身份证在火车站的自动取票机上或网络购票取票窗口取票即可。

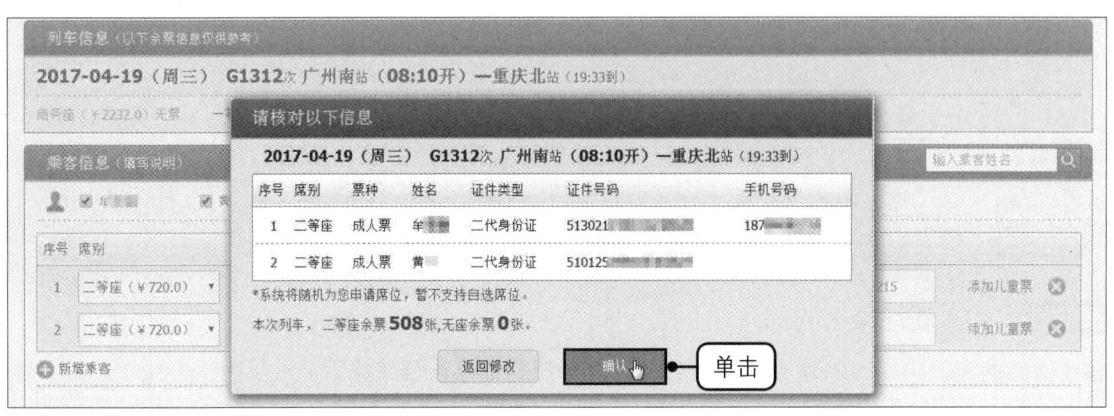

学习笔记

第9章 网上互动——QQ和电子邮件

学会使用电脑上网后，用户不仅可以了解更多资讯、学习更多知识，还可以使用网络聊天工具和电子邮件与亲朋好友联系，让交流突破距离的限制，交流的方式也更加丰富和生动。本章将介绍时下流行的聊天工具腾讯 QQ 的使用方法，还将讲解 QQ 邮箱的应用。

9.1 使用QQ聊天前的准备

QQ 是腾讯公司开发的一款即时通信工具，它凭借合理的设计、良好的易用性、强大的功能，赢得了用户的青睐。要想使用该工具与亲朋好友网上互动，还需做一些准备工作，如安装 QQ 程序、申请 QQ 号、添加好友等。QQ 程序可到 QQ 官网下载（网址为 im.qq.com），下载和安装方法与前面介绍的其他程序类似，这里不再赘述。

9.1.1 申请QQ号并登录

想要用手机给亲朋好友打电话、发短信，就需要有一个手机号，而想要用 QQ 与其他人进行网络交流与互动，也需要有一个自己的 QQ 号。所以，本小节将对 QQ 号的申请方法进行详细讲解。

步骤01 启动QQ程序

❶单击“开始”按钮。❷在弹出的菜单中单击“腾讯软件>腾讯QQ”命令，如下图所示。

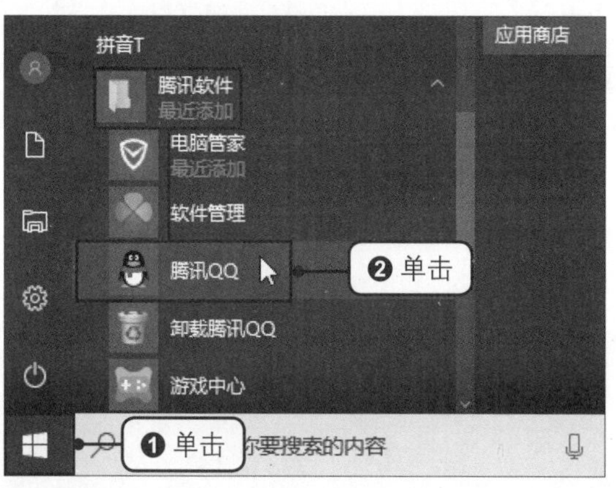

步骤02 注册账号

弹出QQ登录界面，单击“注册账号”链接按钮，如下图所示。

步骤03 输入注册信息

❶弹出QQ注册网页，按要求输入相关信息，如昵称、密码、性别、生日、所在地及手机号。❷单击“获取短信验证码”按钮，如下左图所示。

步骤04 立即注册

❶输入手机收到的短信验证码。❷单击“立即注册”按钮，如下右图所示。

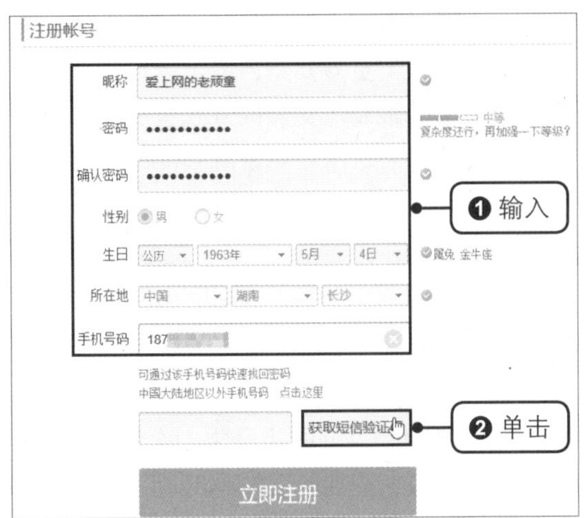

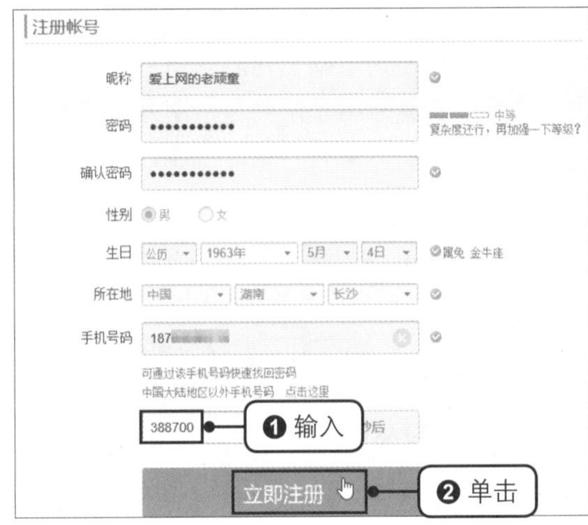

步骤05 立即登录

完成注册后，网页中显示申请成功的提示信息，此时，请记住申请获得的QQ号及之前输入的密码，以在登录时使用，完成后单击“立即登录”按钮，如下图所示。

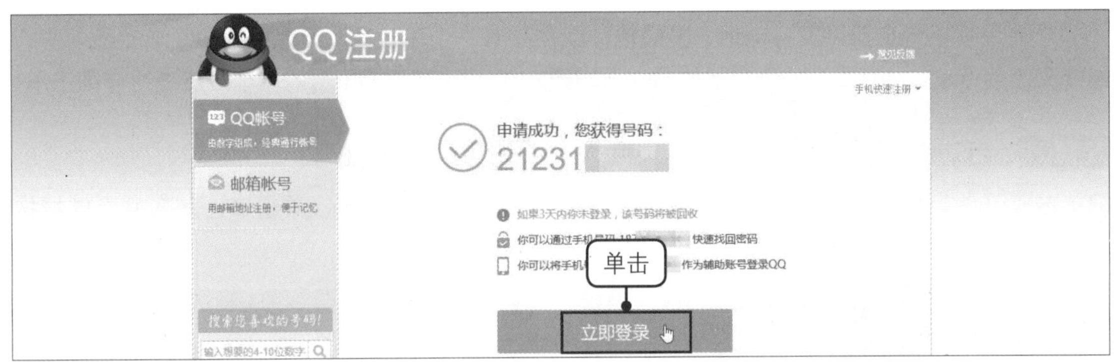

步骤06 登录QQ号

❶在弹出的QQ登录界面中输入QQ号和密码。❷若在个人电脑上使用，可勾选“记住密码”复选框。❸单击“安全登录”按钮，如下图所示。

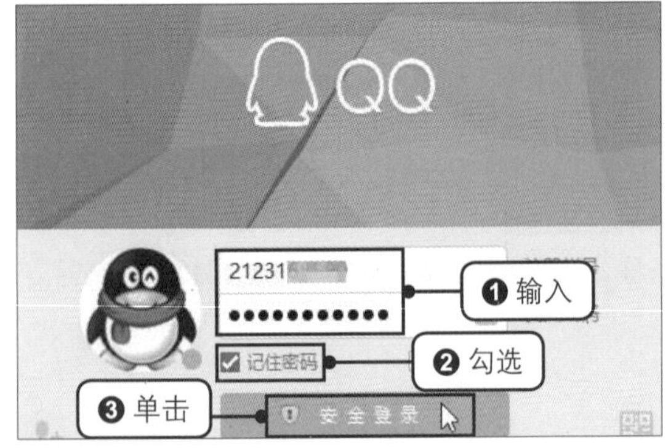

步骤07 显示登录成功后的界面

登录成功后的主面板界面效果如下图所示。

9.1.2 更改自己的QQ外观

申请了 QQ 号并登录后，可发现系统提供的默认头像和外观不能表达用户的个性，此时用户可自行更改，具体的操作方法如下。

步骤01 更换头像

❶右击主面板中的头像。❷在弹出的快捷菜单中单击“更换头像”命令，如下图所示。

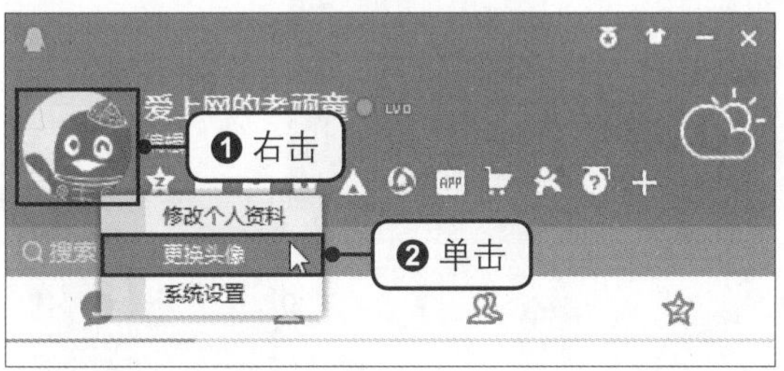

步骤02 上传本地照片

在弹出的“更换头像”对话框中单击“上传本地照片”按钮，如下图所示。

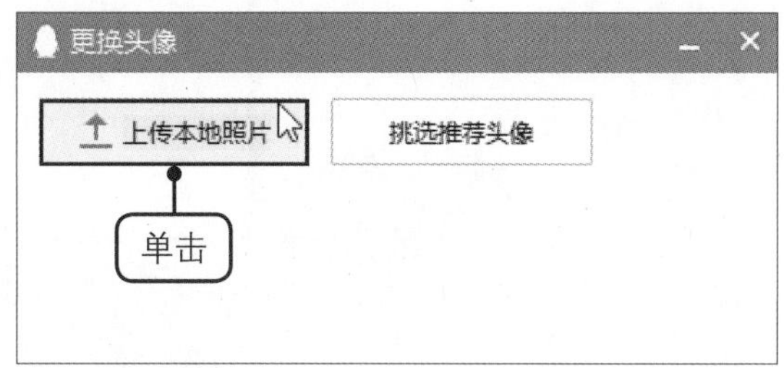

步骤03 选择图片

在弹出的“打开”对话框中找到图片的保存位置，双击要设置为头像的图片，如右图所示。

步骤04 确定选择的头像

返回“更换头像”对话框中，可看到将选择的图片设置为头像后的预览效果，单击“确定”按钮，如下图所示。

步骤05 更改外观

返回主面板，可看到设置的新头像效果，单击右上角的“更改外观”按钮，如下图所示。

步骤06 选择皮肤

在弹出的“更改外观”对话框中的“皮肤设置”选项卡下，可看到多种皮肤效果，单击要使用的皮肤效果，如下图所示。如果对已列出的皮肤不满意，可单击对话框中的“自定义”或“更多皮肤”按钮来选择。

步骤07 设置个性签名

关闭“更改外观”对话框，可看到选择皮肤后的主面板效果。在“编辑个性签名”框中输入个性签名，如“活到老学到老”，如右图所示。

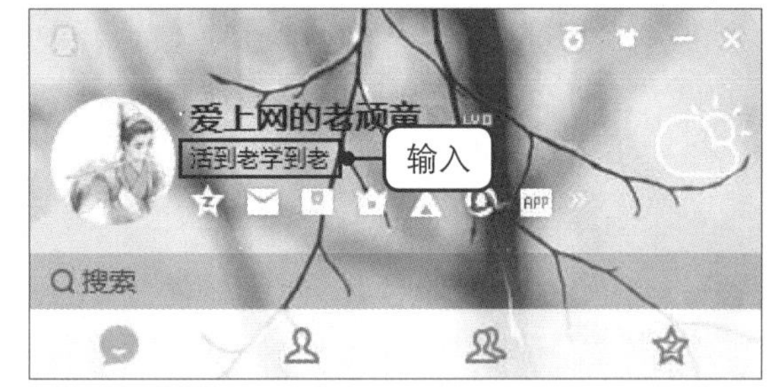

9.1.3 设置登录方式和切换登录状态

如果想要一开机就自动登录 QQ 号，或者是暂时不想要其他人打扰自己，可对登录方式和登录状态进行设置，具体的操作方法如下。

步骤01 启动设置功能

❶单击主面板左下角的“主菜单”按钮。❷在弹出的菜单中单击“设置”命令，如下左图所示。

步骤02 设置登录方式

弹出“系统设置”对话框，在“基本设置”选项卡下的“登录”面板中，勾选“登录”选项组下的复选框，如“开机时自动启动QQ”“启动QQ时为我自动登录”“总是打开登录提示”复选框，如下右图所示。

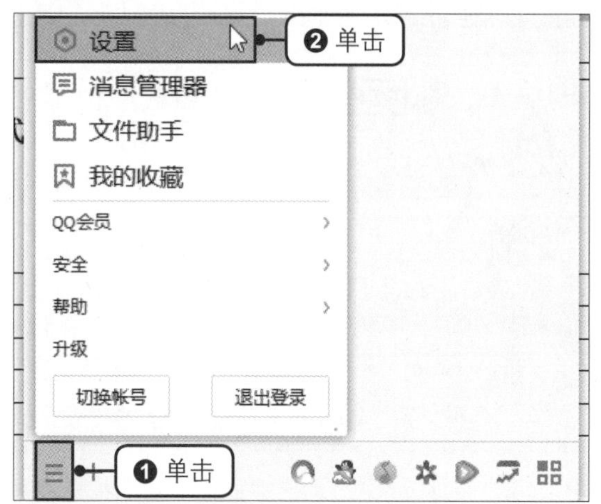

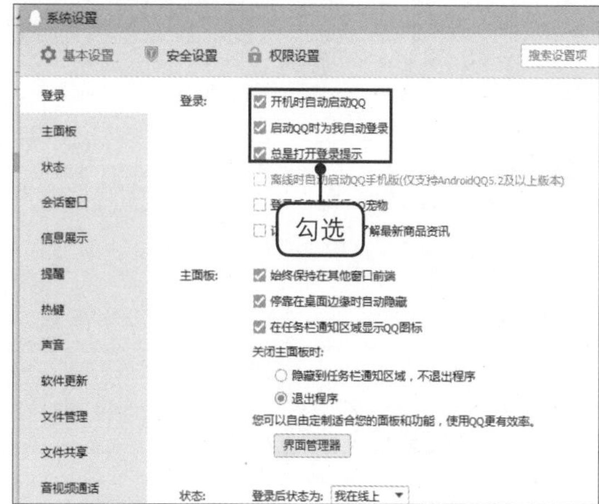

步骤03 切换登录状态

❶完成设置后，关闭对话框，在主面板中单击“在线状态菜单”按钮。❷在弹出的菜单中单击“隐身”命令，如右图所示。在该菜单中还可以设置其他登录状态。

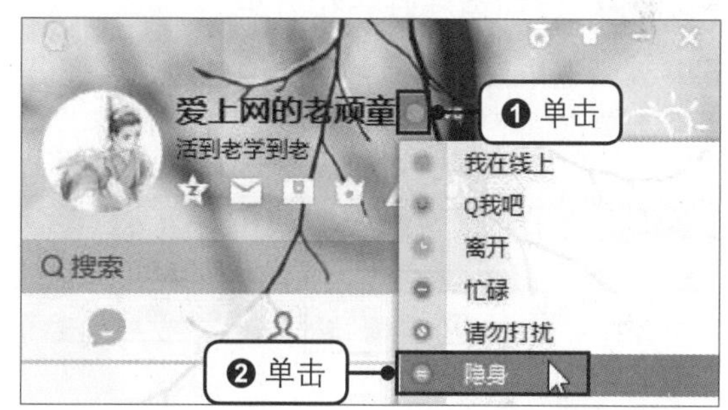

9.1.4 添加QQ好友

申请了 QQ 号后，如果想要与朋友进行网络聊天，则还需要添加该朋友为 QQ 好友。添加 QQ 好友的方式有多种，通过朋友的 QQ 号进行添加是最准确的，本小节就将对这种方式进行具体介绍。

步骤01 添加好友

在主面板中单击左下角的“加好友”按钮，如右图所示。

步骤02 查找好友

❶弹出“查找”对话框，在文本框中输入要查找的QQ号。❷单击“查找”按钮，如下图所示。

步骤03 添加好友

随后可在搜索结果中看到要添加的好友名，单击“+好友”按钮，如下图所示。

步骤04 输入验证信息

❶在弹出的对话框中的文本框中输入验证信息。❷单击“下一步”按钮，如下图所示。

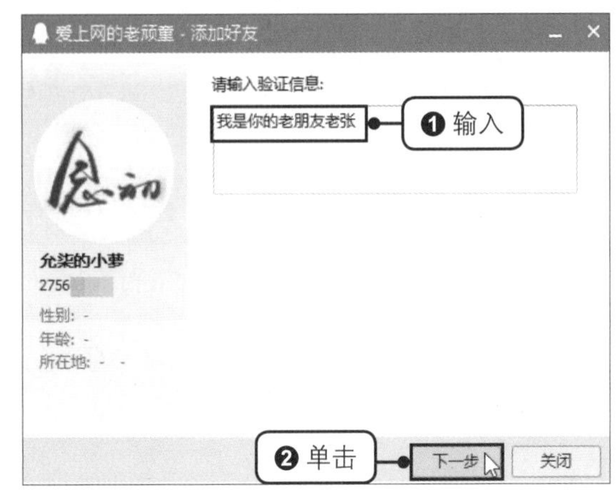

步骤05 设置备注姓名和分组

❶在对话框中设置所添加好友的备注姓名及分组。❷单击“下一步”按钮，如下图所示。

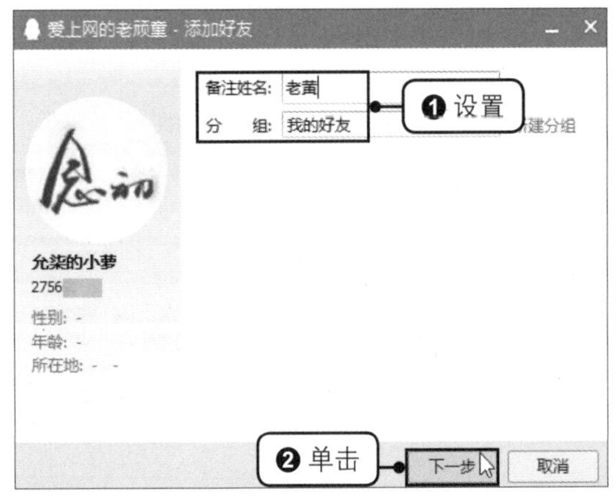

步骤06 完成添加

此时需等待对方同意添加好友的申请，单击“完成”按钮，如下图所示。

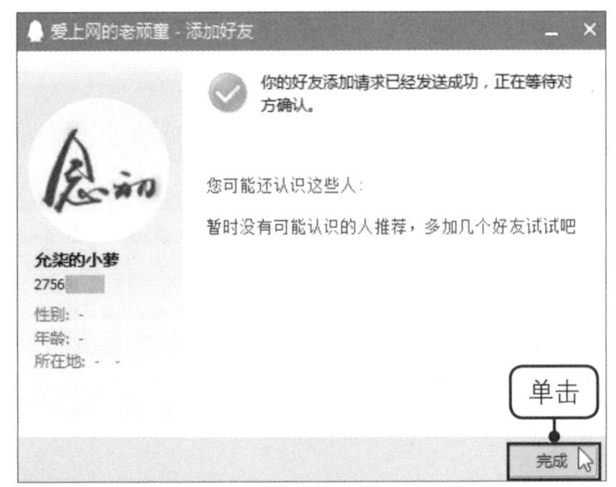

步骤07 显示添加的好友效果

当对方同意你的申请后，切换至主面板中的“联系人”选项卡，即可在“我的好友”分组列表下看到新添加的QQ好友，如右图所示。应用相同的方法可继续添加好友。

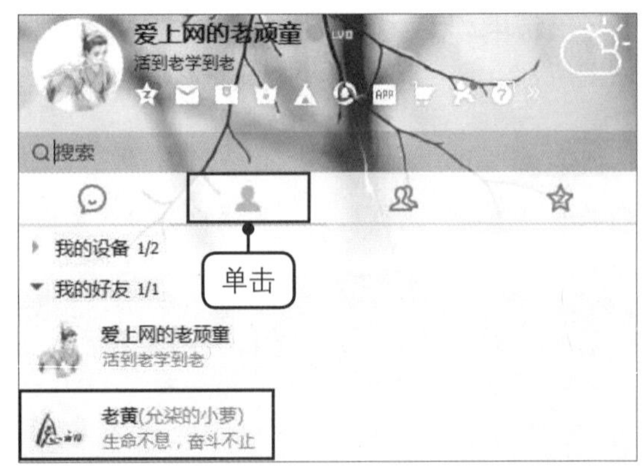

9.1.5　同意他人添加你为好友

除了可以添加他人为好友，别人也可以添加你为好友，你只需同意他人的添加申请即可，具体的操作方法如下。

步骤01　启动验证消息

当有人添加你为好友时，QQ图标会变为一个小喇叭并不停地跳动，将鼠标放置在该喇叭上，会出现一个菜单，显示要验证的信息，单击该喇叭，如右图所示。

步骤02　同意添加好友

在弹出的“验证消息”对话框中，单击要添加好友右侧的“同意”按钮，如下图所示。

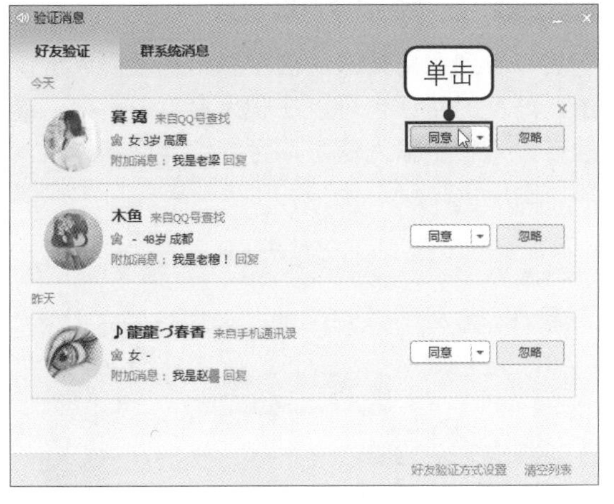

步骤03　输入验证信息

❶在弹出的“添加”对话框中设置好该好友的备注姓名及分组。❷单击“确定”按钮，如下图所示。应用相同的方法同意其他人添加好友的请求。

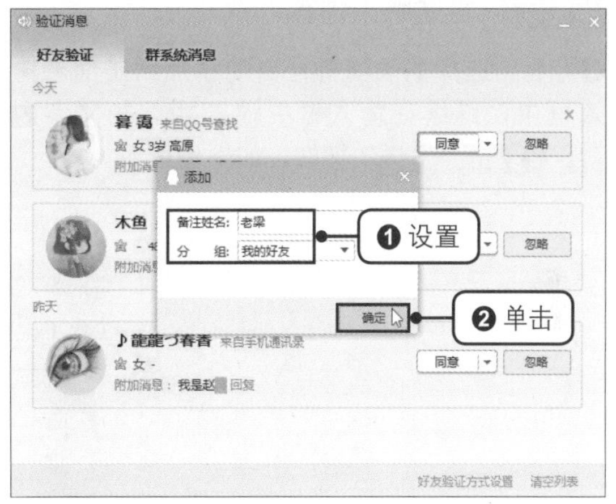

9.2　使用QQ和好友聊天

在完成了 QQ 号的申请并添加了好友后，就可以开始与好友聊天了。聊天的方式并不局限于文字，还可以通过语音、视频进行交流。此外聊天的人数也不局限于一对一的方式，还可以多人同时畅聊。

9.2.1　与QQ好友用文字畅聊

QQ 上最常见的交流方式就是文字，此外，为了表达一些情绪或活跃气氛，可插入一些应景的表情符号，具体的操作方法如下。

步骤01 打开聊天窗口

在QQ主面板上的“我的好友”列表中，双击要聊天的好友，如下图所示。

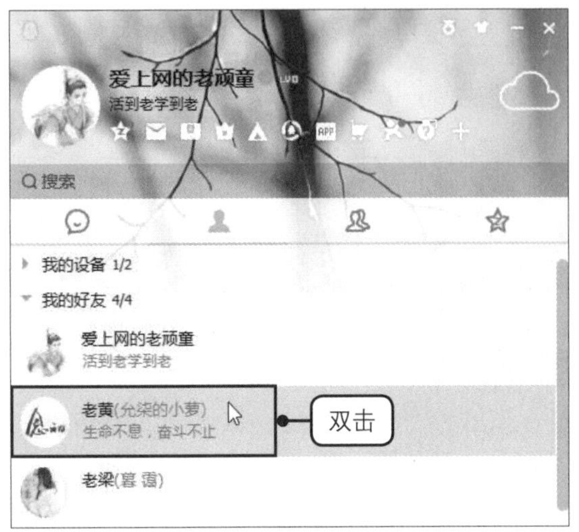

步骤02 插入表情

❶在弹出的聊天窗口中单击“选择表情”按钮。❷在弹出的表情库中单击需要发送的表情，如下图所示。

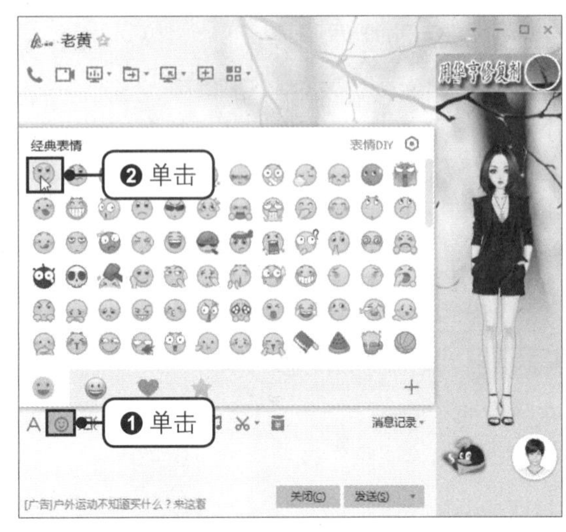

步骤03 发送聊天内容

❶可看到选择的表情符号自动添加到了信息输入框中，继续在输入框中输入聊天的文字内容。❷单击“发送”按钮，如下图所示。

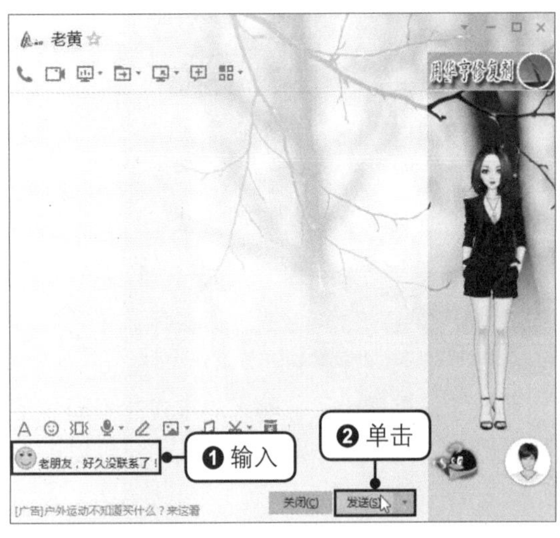

步骤04 显示聊天效果

随后可看到之前输入的信息显示在了聊天窗口中，好友的回话也可以在聊天窗口中看到。继续在输入框中输入信息，可继续与好友聊天，如下图所示。

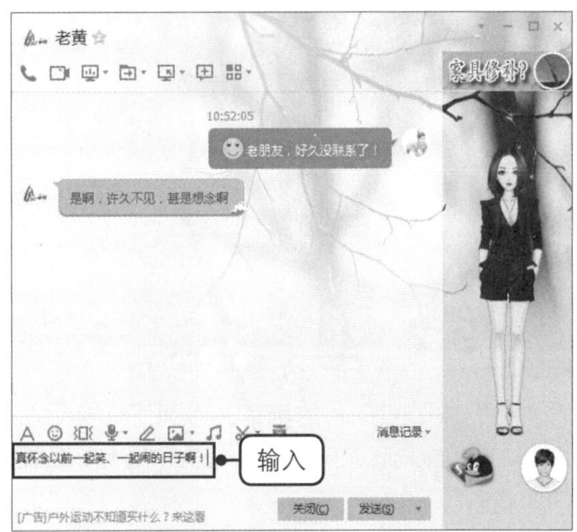

9.2.2 与QQ好友语音交流

QQ 除了可以进行文字交流，还可以进行语音交流，这种方式就像是打网络电话一样。但需注意的是，必须先连接麦克风。

步骤01 发起语音通话

打开与QQ好友聊天的窗口，单击“发起语音通话”按钮，如下图所示。

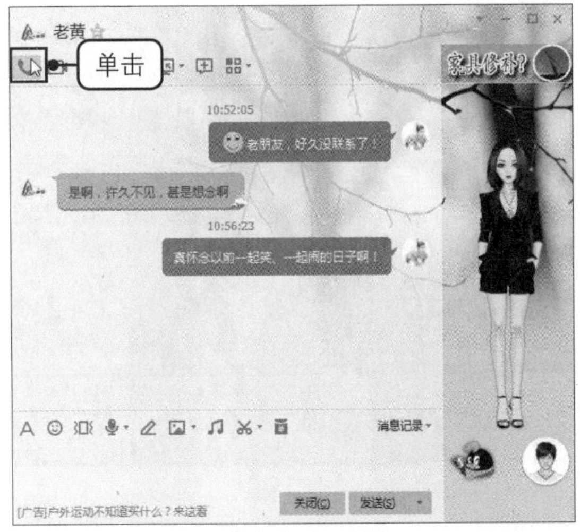

步骤02 等待对方应答

此时会响起电话铃声，等待对方接受邀请，如下图所示。

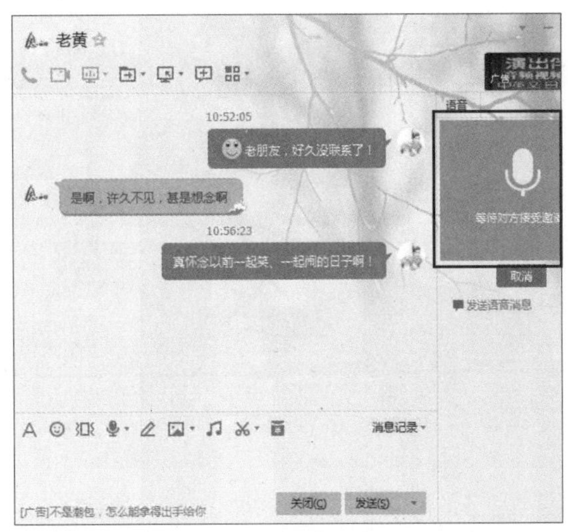

步骤03 语音聊天

当对方接受了语音通话的请求后，就可通过麦克风进行语音交流了。要结束通话，可单击“挂断”按钮，如下图所示。

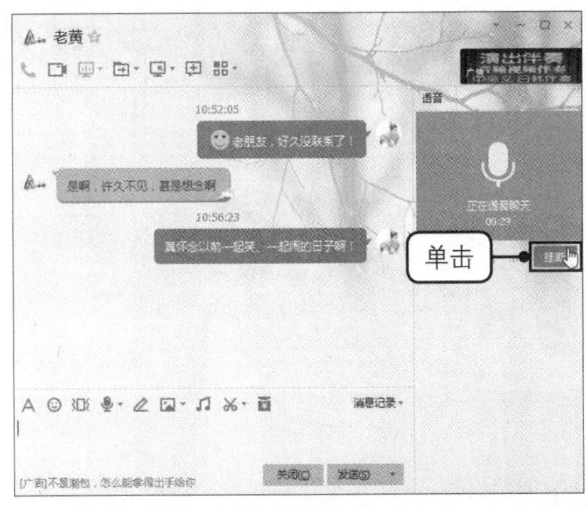

步骤04 显示语音通话的时长

挂断后，可在聊天窗口中看到语音通话的时长，如下图所示。如果要继续语音通话，可重复步骤01中的操作。

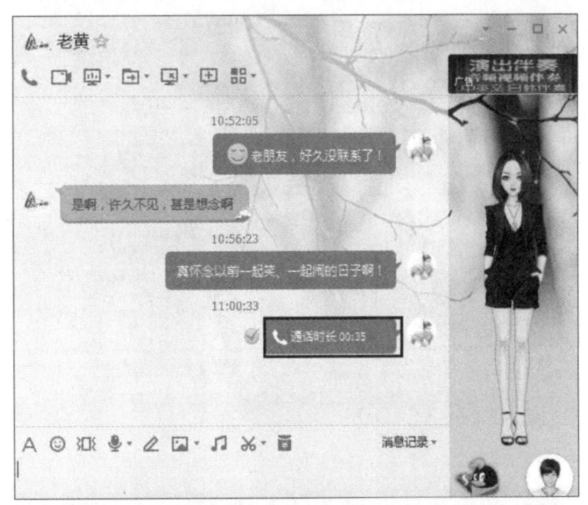

提示

在语音通话的同时，仍然可以在聊天窗口中发送文字、表情、图片等，用各种方式和好友交流。

9.2.3　与QQ好友视频聊天

除了以上两种比较常见的交流方式，还可以连接摄像头和麦克风进行视频聊天，这样双方都可以看到真实的影像，显得更亲切。具体的操作方法如下。

步骤01 发起视频通话

在聊天窗口中单击“发起视频通话”按钮，如下图所示。

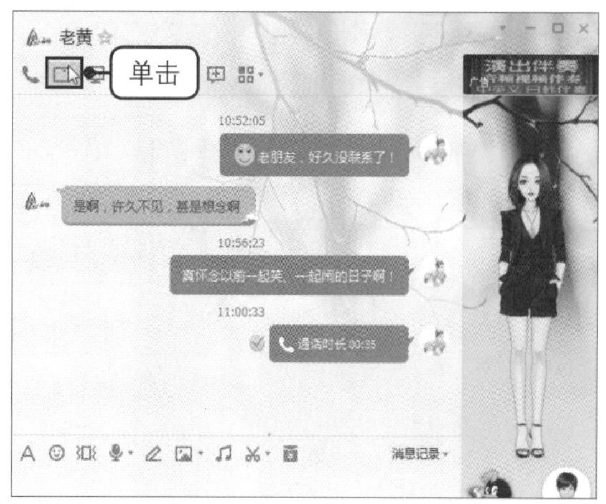

步骤02 呼叫好友

此时将弹出一个视频通话的对话框，可看到正在呼叫好友，如下图所示。

步骤03 开始视频通话

当对方接受了视频通话的请求后，就可以看到对方的摄像头画面了。如果要结束，可单击“挂断”按钮，如下图所示。

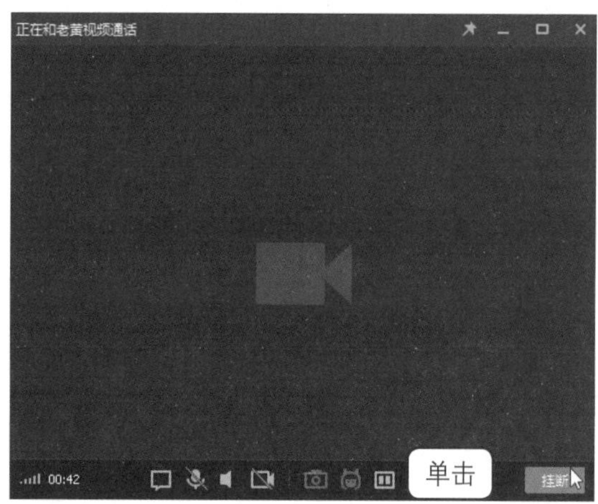

步骤04 显示视频通话的时长

关闭视频通话对话框后，返回到聊天窗口中，可以看到视频通话的时长，如下图所示。

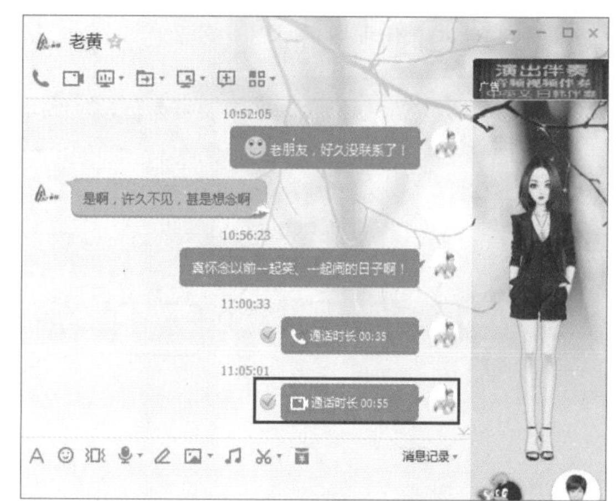

9.2.4 创建QQ群与多个好友同时聊天

除了最常见的一对一聊天模式，还可以将有相同兴趣或共同话题的多个好友聚集在一个群里畅所欲言。

步骤01 切换至“群聊”选项卡

在主面板中单击“群聊”按钮，切换至该选项卡下，如下左图所示。

步骤02 创建一个群

在“群聊”选项卡下的“QQ群”选项组下单击“创建我的第一个群”按钮，如下右图所示。

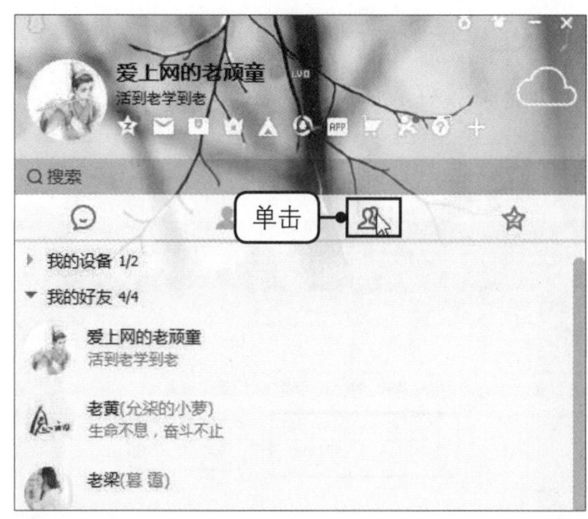

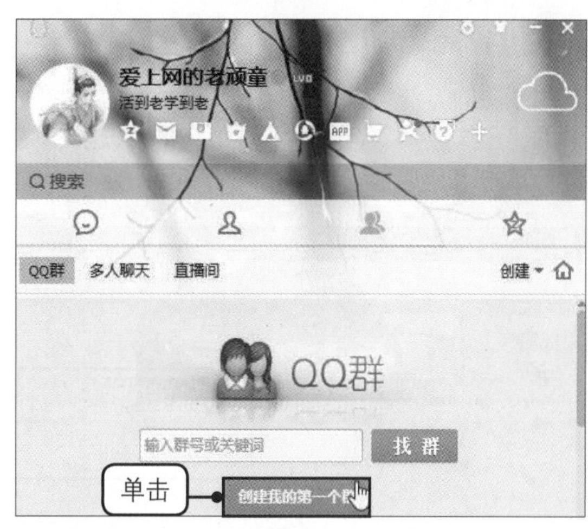

步骤03　选择群类别

在弹出的“创建群”对话框中选择要创建的群组的类别，如单击“同事•同学”群类别按钮，如下图所示。

步骤04　填写群信息

❶在“填写群信息”选项卡下可对群的信息进行设置，如“分类”“群名称”“群规模”和“加群验证”等。❷单击“下一步”按钮，如下图所示。

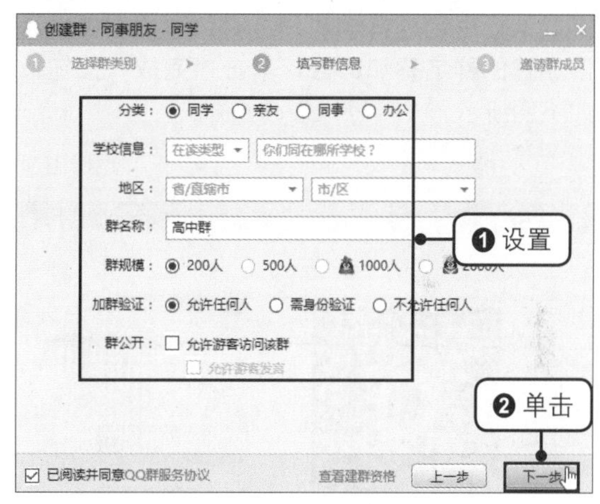

步骤05　邀请好友入群

在“邀请群成员”选项卡下单击“我的好友”左侧的三角形按钮，如下图所示。

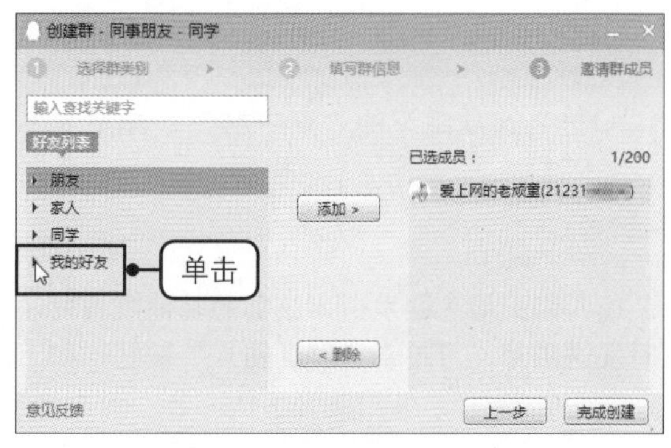

步骤06　添加群成员

❶在展开的“我的好友”列表中单击要添加的好友。❷单击中间的“添加”按钮，如下图所示。

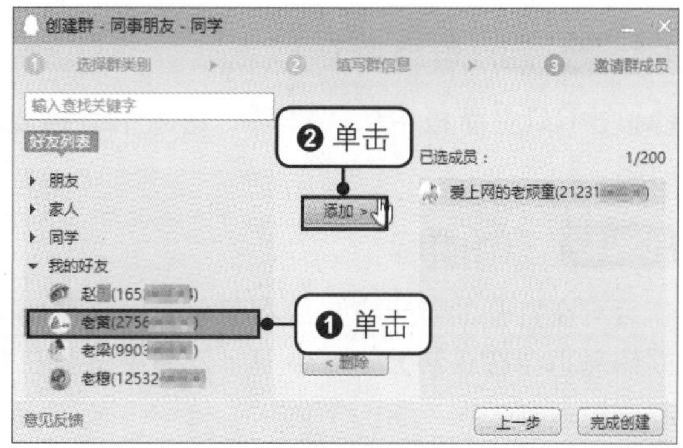

步骤07 完成创建

应用相同的方法继续添加群成员，可在对话框右侧的“已选成员”选项组下看到该群的成员，完成后单击“完成创建”按钮，如下图所示。

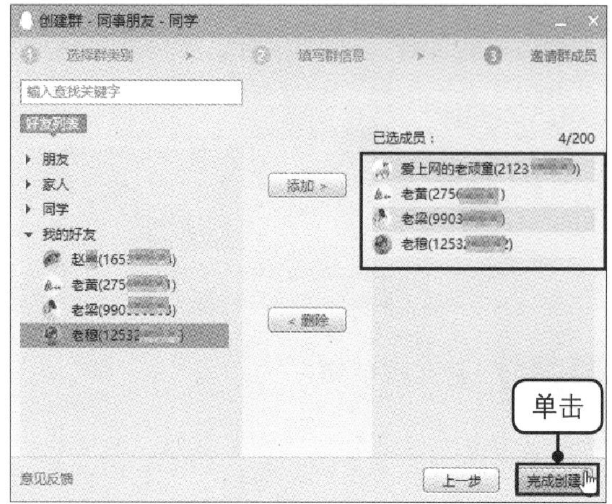

步骤08 认证信息

❶在弹出的对话框中输入认证信息，如姓名和手机号。❷单击“提交”按钮，如下图所示。

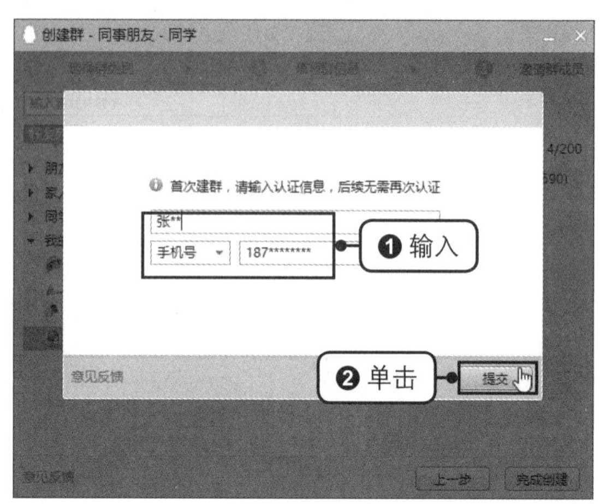

步骤09 创建群成功

完成认证后创建群成功，可看到对话框中显示了创建的群名称和群号，单击“完成”按钮，如下图所示。

步骤10 好友同意加入群

当添加的成员都同意加入群后，单击小喇叭，打开“验证信息”对话框，在“群系统消息”选项卡下可看到添加的成员都同意后的效果，如下图所示。

步骤11 启动群组聊天

❶单击QQ主面板中的“群聊”选项卡。❷双击“QQ群”选项组下的“高中群”，如下左图所示。

步骤12 开始群聊

随后可在打开的聊天窗口的右下角看到该群的成员，输入聊天信息并发送，该群的其他成员发送的信息也会在该聊天窗口中显示，如果想要在聊天时发送图片，可单击“发送图片”按钮，如下右图所示。

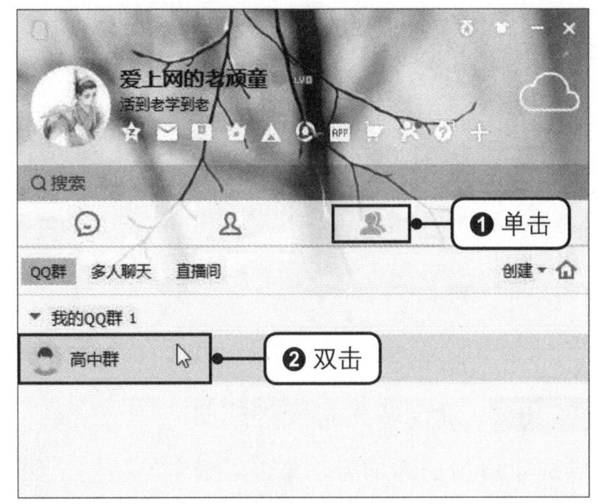

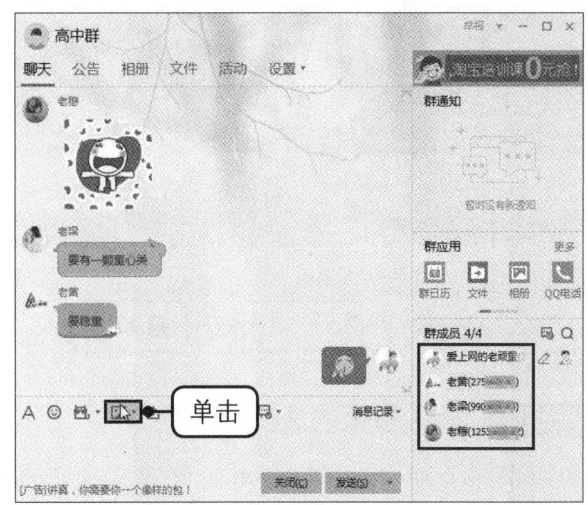

步骤13　选择要发送的图片

❶弹出“打开”对话框，找到图片的保存位置，选中要发送的图片。❷单击“打开”按钮，如下图所示。

步骤14　发送聊天信息

❶可看到选择的图片被插入到信息输入框中，继续在图片后输入聊天内容。❷单击“发送”按钮，如下图所示。

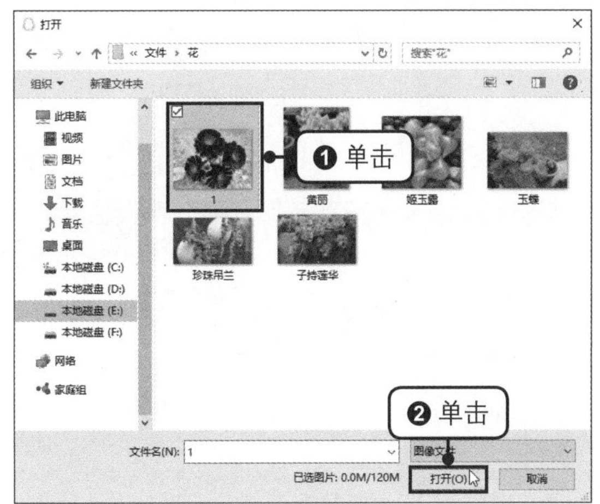

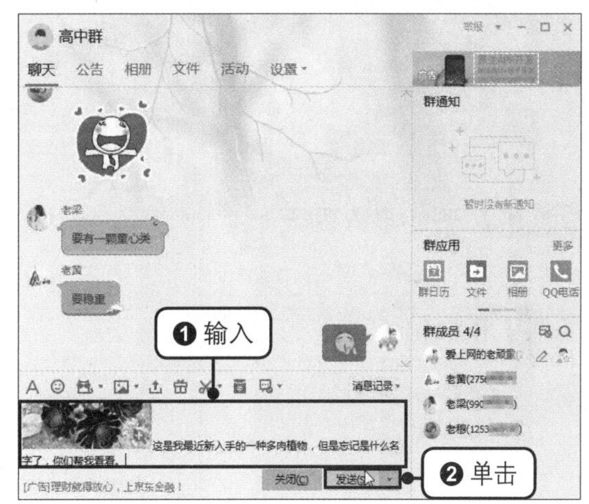

9.2.5　随意与多个不固定的好友聊天

除了可以创建群与固定的多个好友聊天，也可以发起多人聊天，临时与多个好友进行交流，具体的操作方法如下。

步骤01　发起多人聊天

❶切换至“群聊”选项卡下的“多人聊天”选项组下。❷单击“发起多人聊天”按钮，如下左图所示。

步骤02　选择群聊成员

弹出“发起多人聊天”对话框，在“我的好友”列表中依次单击要加入聊天的好友，如下右图所示。

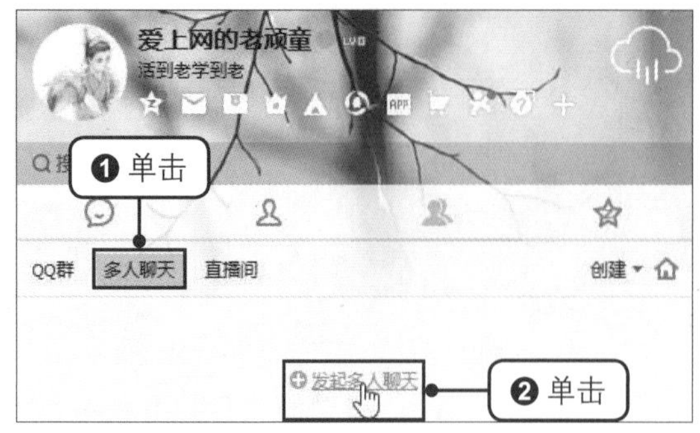

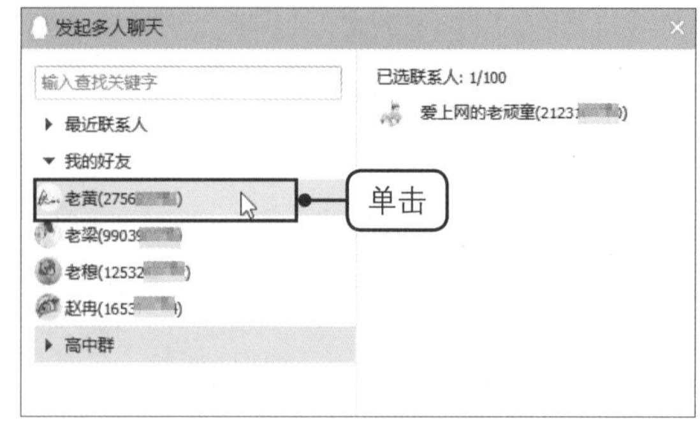

步骤03 删除多余的成员

如果误加了某个成员，可单击该成员右侧的“删除”按钮将其删除，如下图所示。

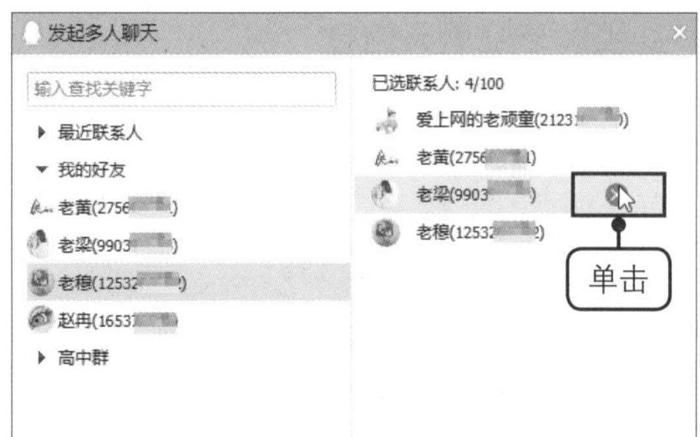

步骤04 确定多人聊天的成员

完成了成员的添加后，单击“确定”按钮，如下图所示。

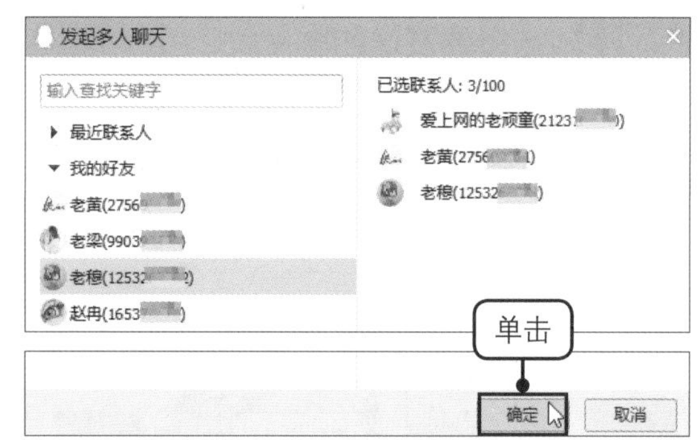

步骤05 开始多人聊天

随后在弹出的聊天窗口中即可与加入的多位好友进行聊天，如右图所示。

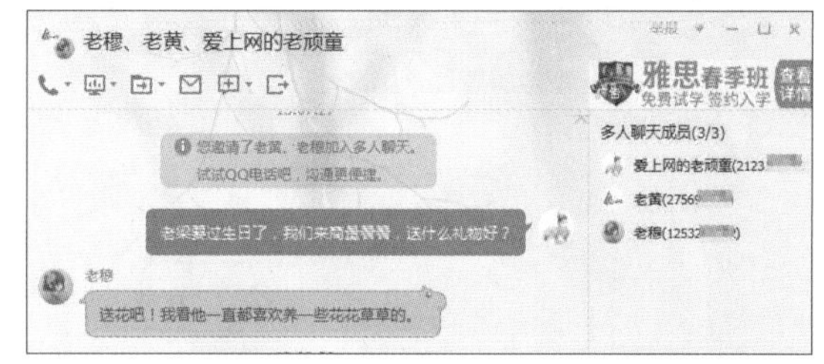

9.2.6 删除与好友的聊天记录

如果担心 QQ 聊天记录会泄露个人隐私，可以将与好友的聊天记录删除。操作方法如下。

步骤01 删除聊天记录

❶打开聊天窗口，单击“消息记录”按钮。❷在右侧的面板中右击要删除的消息记录。❸在弹出的快捷菜单中单击“删除更多记录”命令，如下左图所示。如果只删除选中的记录，则在弹出的快捷菜单中单击“删除选中记录”命令。

步骤02 删除全部记录

❶弹出“删除消息记录”对话框，如果要删除全部记录，则单击“全部删除”单选按钮。❷再单击“删除”按钮，如下右图所示。如果要删除的是一段时间内的记录，可单击“只删除××的消息记录”单选按钮，然后设置时间段。

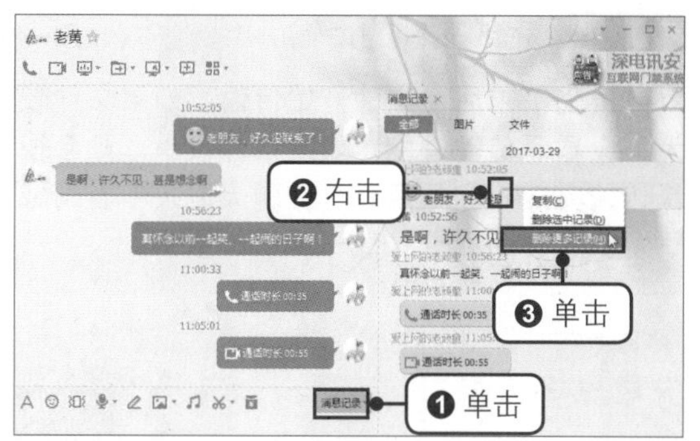

步骤03 确定删除

随后将弹出“删除消息记录”对话框，询问用户是否确定要删除相应的消息记录，如果确定，单击“是”按钮，如下图所示。

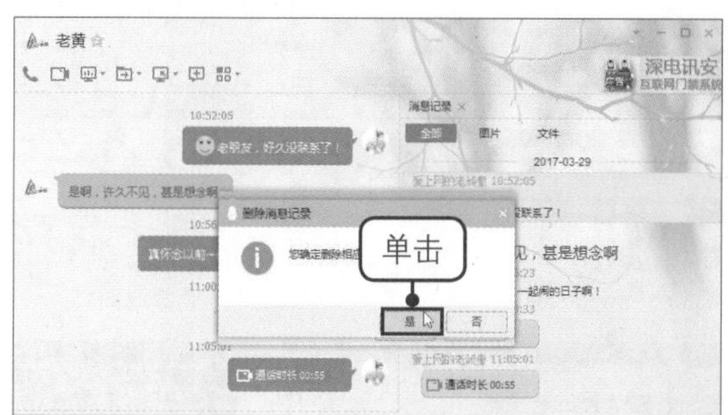

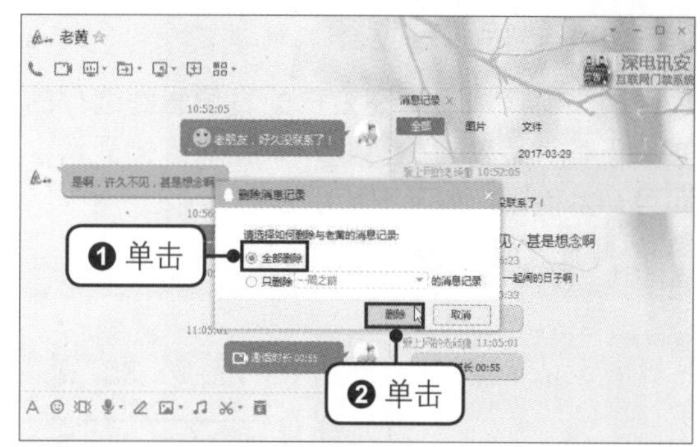

步骤04 显示删除效果

关闭聊天窗口，再重新打开聊天窗口，并单击“消息记录”按钮，打开“消息记录”面板，可看到之前的聊天记录都不见了，如下图所示。

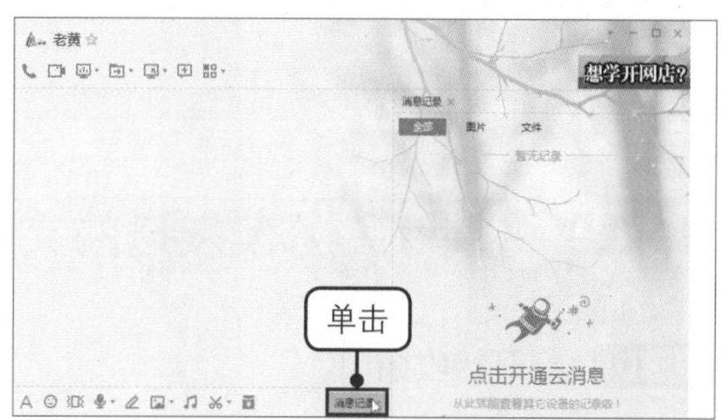

9.3 使用QQ快捷传输文件

在和 QQ 好友聊天的时候，有时候会需要传输一些文件，如给好友发送文档或图片资料。除了可以将文件发送给好友，也可以接收好友发来的文件。本节将对发送和接收文件进行具体介绍。

9.3.1 向QQ好友发送文件

步骤01 单击“传送文件”按钮

❶打开聊天窗口，单击“传送文件”按钮。❷在弹出的菜单中单击“发送文件/文件夹”命令，如下图所示。

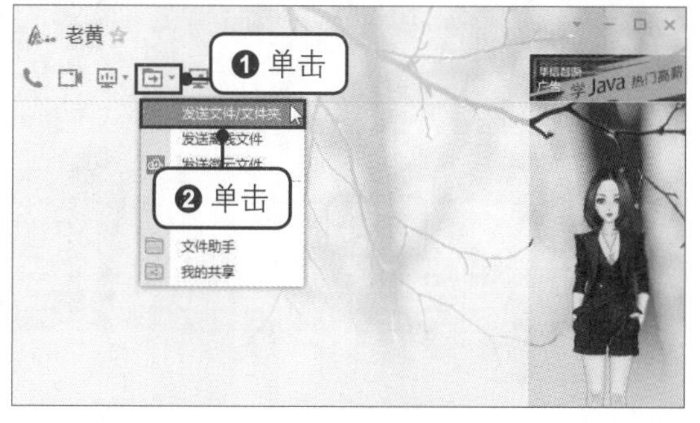

步骤02 选择要发送的文件

❶弹出“选择文件/文件夹”对话框，选择要发送的文件。❷单击“发送”按钮，如下图所示。

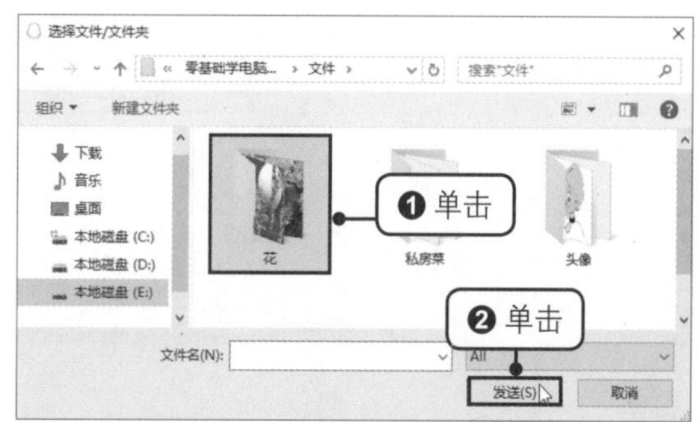

步骤03 等待对方应答

返回聊天窗口中，可在窗口的右侧看到选择的文件正在等待对方的接收，只要对方接受请求即可开始传输，如下图所示。

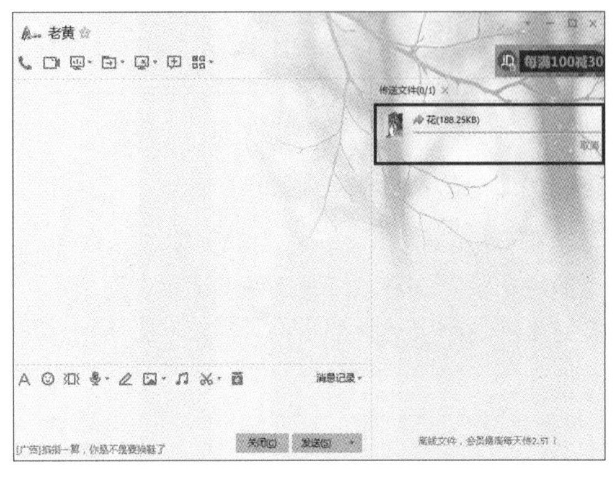

步骤04 完成文件的传输

对方接受请求后，文件开始传输，如果文件较大，会显示传输进度，如果文件较小，则会很快传输完成。完成后，可在聊天记录中看到成功发送的字样，如下图所示。

9.3.2 接收QQ好友发送的文件

步骤01 打开接收窗口

当好友给你发送了文件后，任务栏中的QQ图标会变为一个闪动的头像，单击闪动的头像，如右图所示。

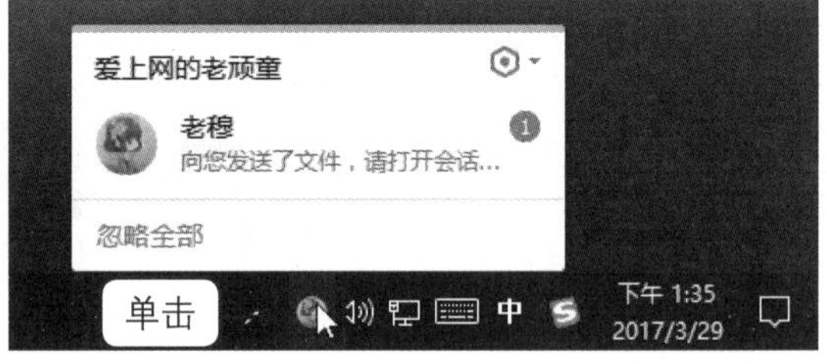

步骤02 接收文件

弹出聊天窗口，单击右侧面板中的“接收”按钮，如下图所示。

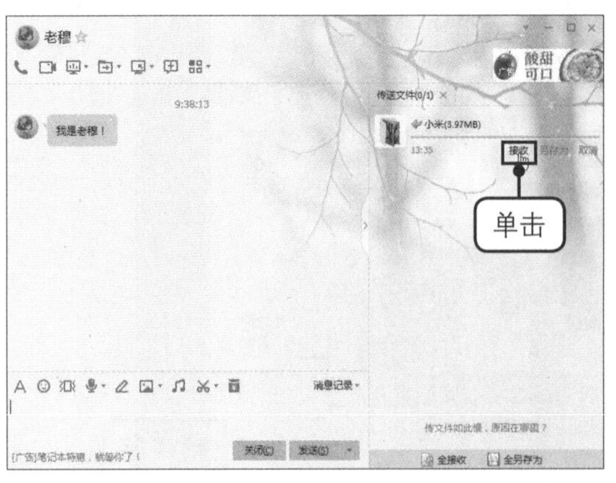

步骤03 打开接收的文件

接收完成后，单击“打开”按钮，如下图所示。

步骤04 双击图片

此时将打开接收到的文件夹，在该文件夹中双击要查看的图片，如下图所示。

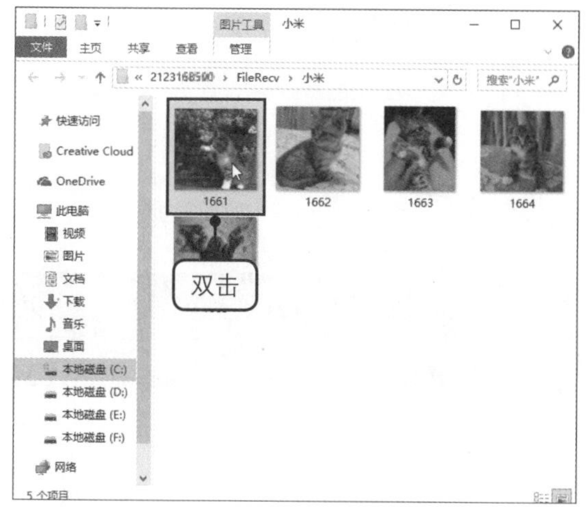

步骤05 查看图片

随后可在照片查看软件中看到打开的图片，单击下面的“下一张”按钮，可连续查看其他图片，如下图所示。

9.4 拥有自己的网络空间——QQ空间

QQ 空间是腾讯公司为 QQ 用户提供的个性化网络博客。在 QQ 空间中，用户可以写日志、上传照片，还可以进入 QQ 好友的空间，查看好友的最近动态。

9.4.1 在QQ空间中发表日志

用户可以在 QQ 空间中发表自己的网络日志，具体的操作方法如下。

步骤01 查看自己的QQ空间

在主面板中单击“QQ空间”按钮，如下图所示。

步骤02 打开日志

打开的网页即为用户的QQ空间，单击“日志”链接，如下图所示。

步骤03 写日志

在“我的日志”选项卡下单击“写日志”按钮，如右图所示。

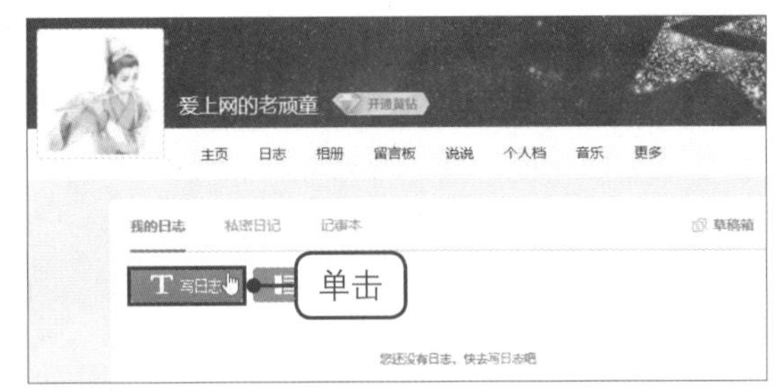

步骤04 插入图片

❶在“写日志”面板下输入日志标题和日志内容。❷单击“插入图片”按钮，如下图所示。

步骤05 单击“选择图片”按钮

❶弹出“插入图片”对话框，切换至“本地上传”选项卡。❷单击“选择图片”按钮，如下图所示。

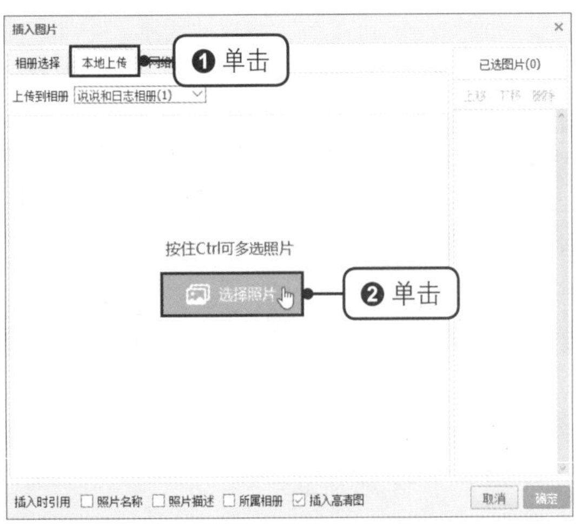

步骤06 选择图片

❶在“打开”对话框中找到图片的保存位置，选择要插入的图片。❷单击“打开”按钮，如下图所示。

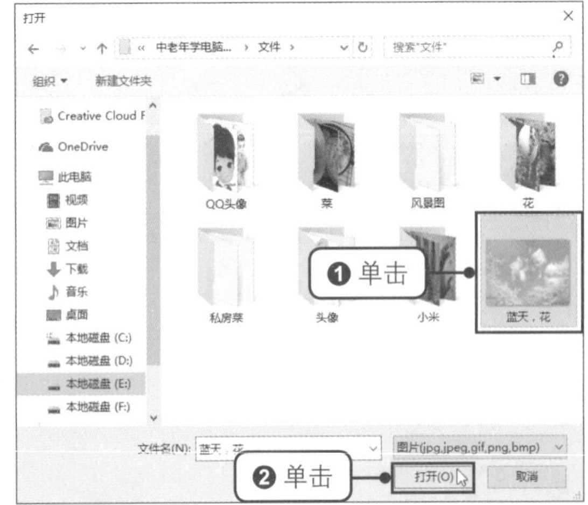

步骤07 等待上传

随后可在“插入图片”对话框中看到所选图片的上传进度，如下图所示。

步骤08 确定图片的插入

完成了图片的上传后，可在右侧的“已选图片”面板下看到所选图片，单击“确定”按钮，如下图所示。

步骤09 发表日志

返回QQ空间网页中，可看到所选图片的插入预览效果，单击“发表”按钮，即可完成日志的发表，如下图所示。

9.4.2 访问好友的QQ空间

有了自己的空间后，闲暇之余也可以去好友的空间逛一逛，既可以了解好友的近况，也可以获取一些感兴趣的内容。具体的操作方法如下。

步骤01 进入好友空间

❶在主面板中右击好友头像。❷在弹出的快捷菜单中单击“进入QQ空间”命令，如下左图所示。

步骤02 查看好友的日志

随后进入好友的空间，单击“日志”链接，如下右图所示。

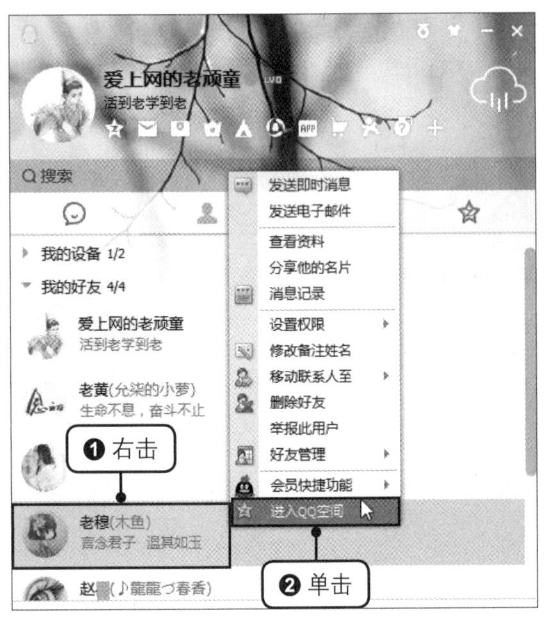

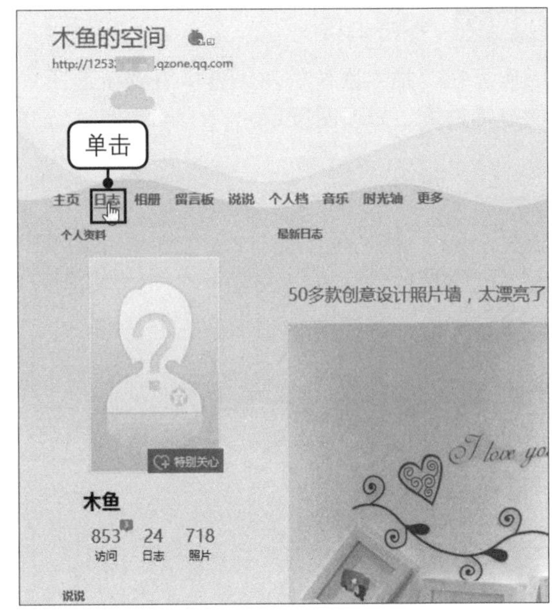

步骤03 选择要查看的日志

随后可看到该好友的全部日志，单击要查看的日志链接，如下图所示。

步骤04 查看日志内容

进入该日志的页面，可看到该日志的详细内容，如下图所示。

9.5 和好友网上对弈——QQ游戏

用户除了可以通过 QQ 与好友进行交流，还可以通过 QQ 游戏进行娱乐休闲。在 QQ 游戏中，不但有斗地主、麻将等牌类游戏，还有象棋、围棋、五子棋等棋类游戏。闲暇时，可以通过 QQ 游戏平台与好友对上几局。

9.5.1 下载并安装QQ游戏

要想使用 QQ 游戏进行娱乐，首先需要下载并安装 QQ 游戏，然后添加想玩的游戏才行。具体的操作方法如下。

步骤01 启动QQ游戏

在主面板的下方单击“QQ游戏”图标，如下图所示。

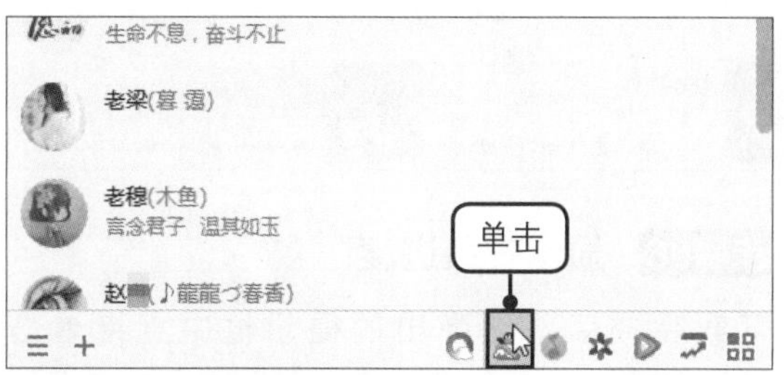

步骤02 单击“安装”按钮

在弹出的“在线安装”对话框中单击“安装”按钮，开始下载QQ游戏安装包，如下图所示。

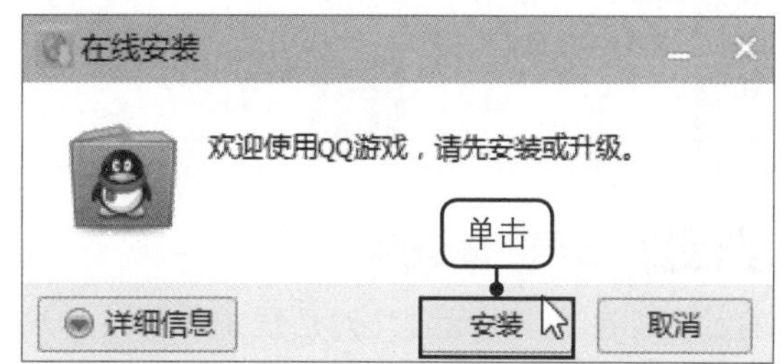

步骤03 下载安装包

随后可在对话框中看到QQ游戏安装包的下载进度，如右图所示。

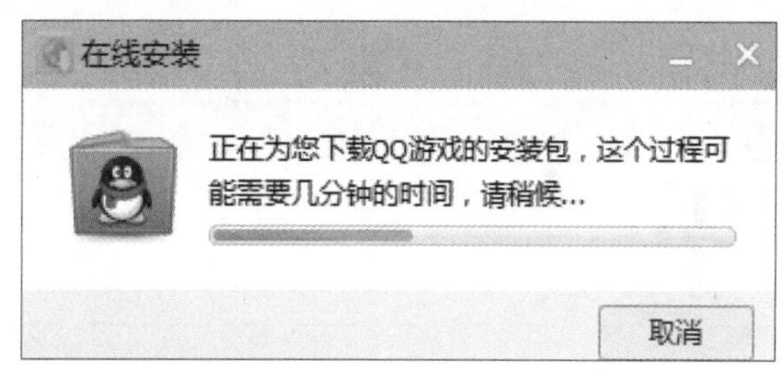

步骤04 立即安装

下载完成后，在自动弹出的安装窗口中单击“立即安装”按钮，如下图所示。

步骤05 立即体验

安装完成后，❶在窗口中勾选要安装的其他软件，此处取消勾选全部复选框。❷单击“立即体验”按钮，如下图所示。

步骤06 添加游戏

❶安装完成后，进入游戏大厅窗口，可在左侧看到各种游戏的分类，此处切换到“游戏库>棋牌麻将”选项卡下。❷找到“中国象棋”，单击“添加游戏”按钮，如下图所示。

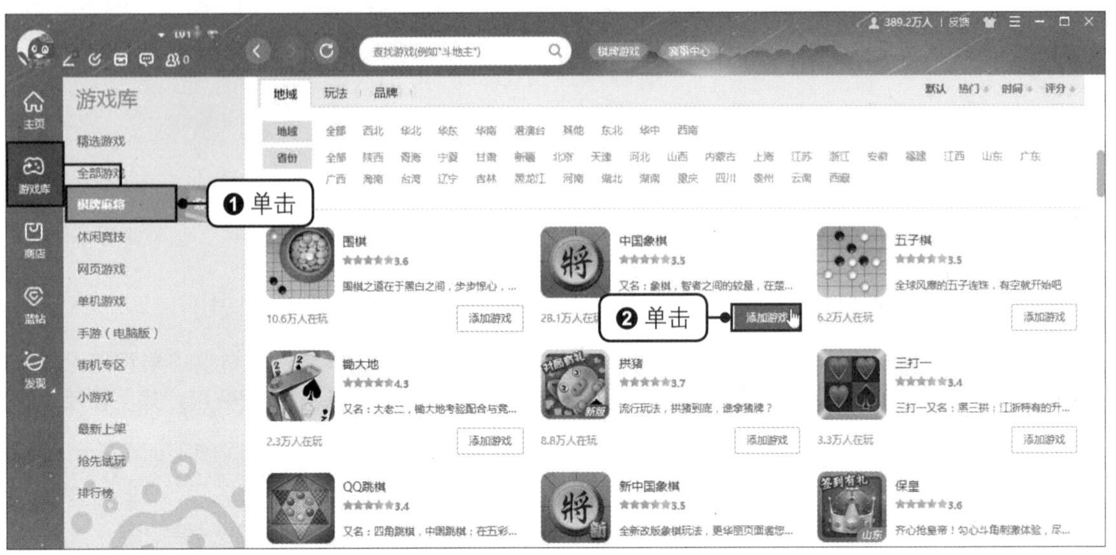

步骤07 显示下载进度

随后，可在“下载管理”对话框中看到该游戏的下载进度，如下图所示。

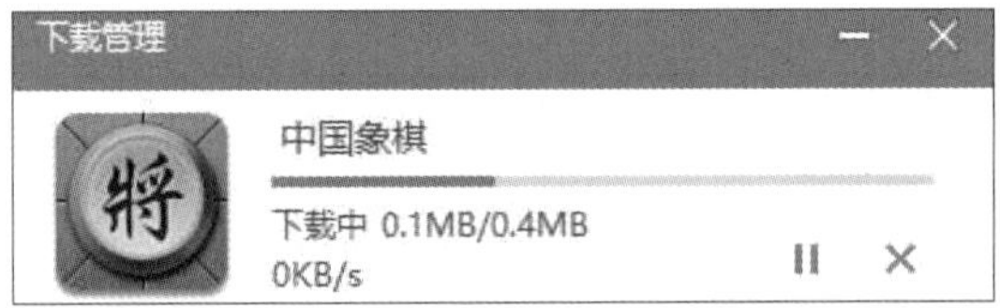

步骤08 显示安装进度

下载完成后，在弹出的提示框中直接单击“是”按钮，可在“下载管理”对话框中看到游戏的安装进度，如下图所示。

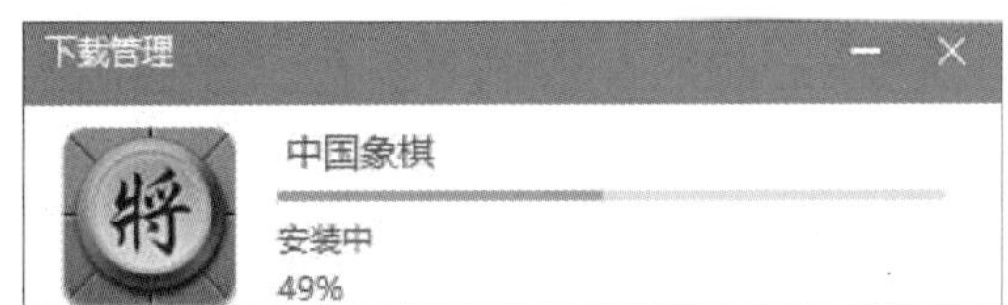

9.5.2 与好友在网上下象棋

添加需要的象棋游戏后，就可以开始与好友对弈了，具体的操作方法如下。

步骤01 打开下载的游戏

单击QQ主面板下方的“QQ游戏”图标，打开游戏大厅窗口，在“主页”选项卡下可看到下载的象棋游戏，单击该游戏，如右图所示。

步骤02 进入场区

在窗口中的“场次选择”界面下可看到多个场区，选择好友所在的场区，如单击“普通场四区”，如下左图所示。

步骤03 选择场次

在场区下选择朋友所在的场次，如“象棋22”，如下右图所示。

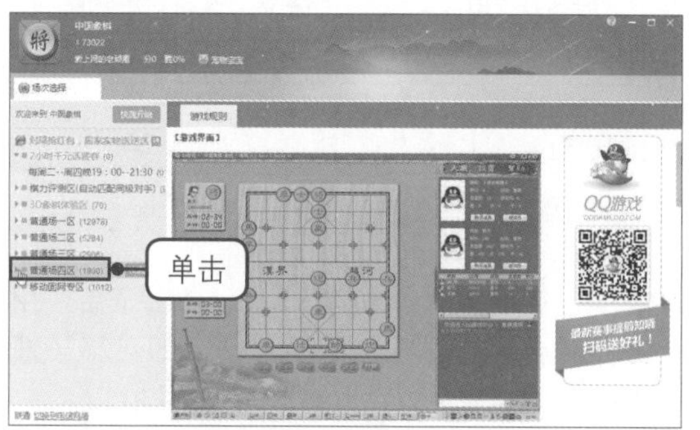

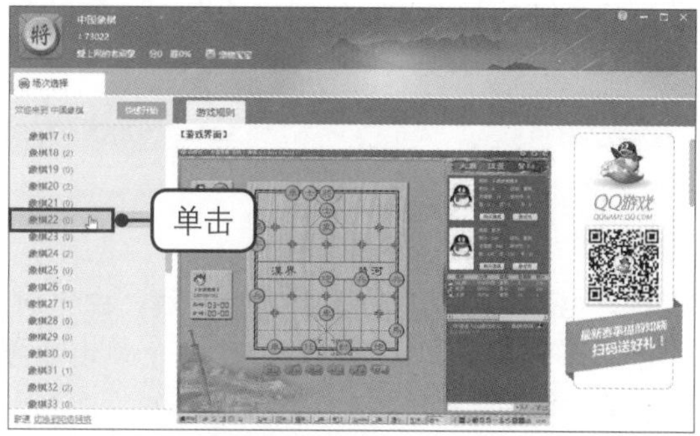

步骤04 选择桌子

在新的页面下找到朋友所在的桌子，单击对应的空座位，如下图所示。

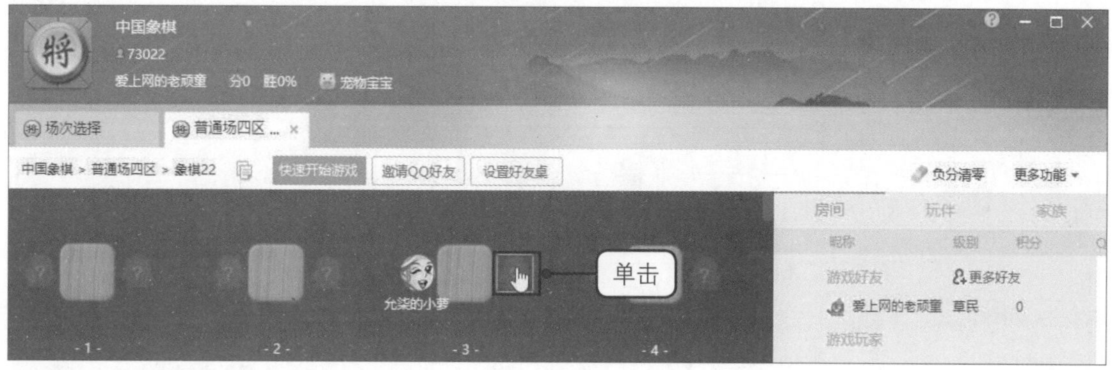

步骤05 开始游戏

弹出对局窗口，单击“开始”按钮开始游戏，如下图所示。

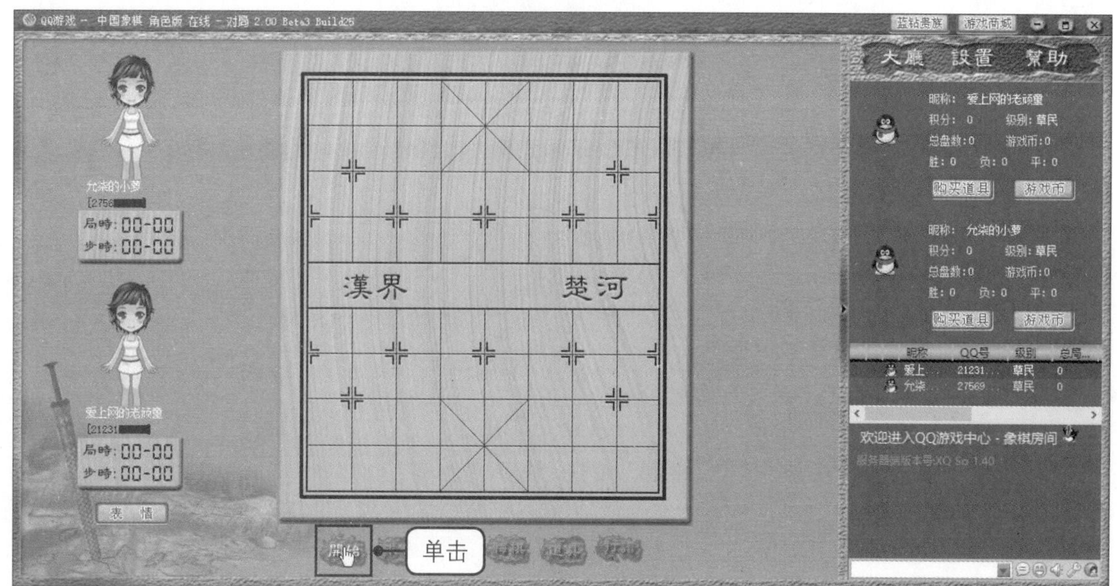

步骤06 设置超时限制

❶在弹出的对话框中设置超时限制等选项，如各方总用时和超时后每步限时的时间。❷设置完成后单击“同意”按钮，如右图所示。

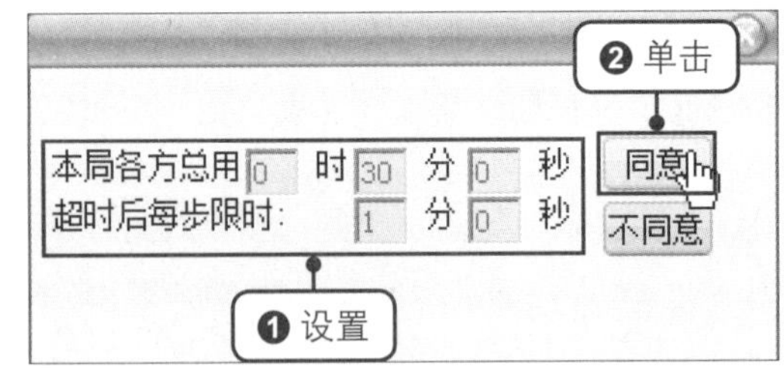

步骤07 移动棋子

待对方也确认后，双方即可开始游戏。由于对方是发起人，所以等待对方移动了一个棋子后，用户才可以开始移动。移动的方法为：单击要移动的棋子，然后在目标位置上单击，即可移子成功，如下图所示。

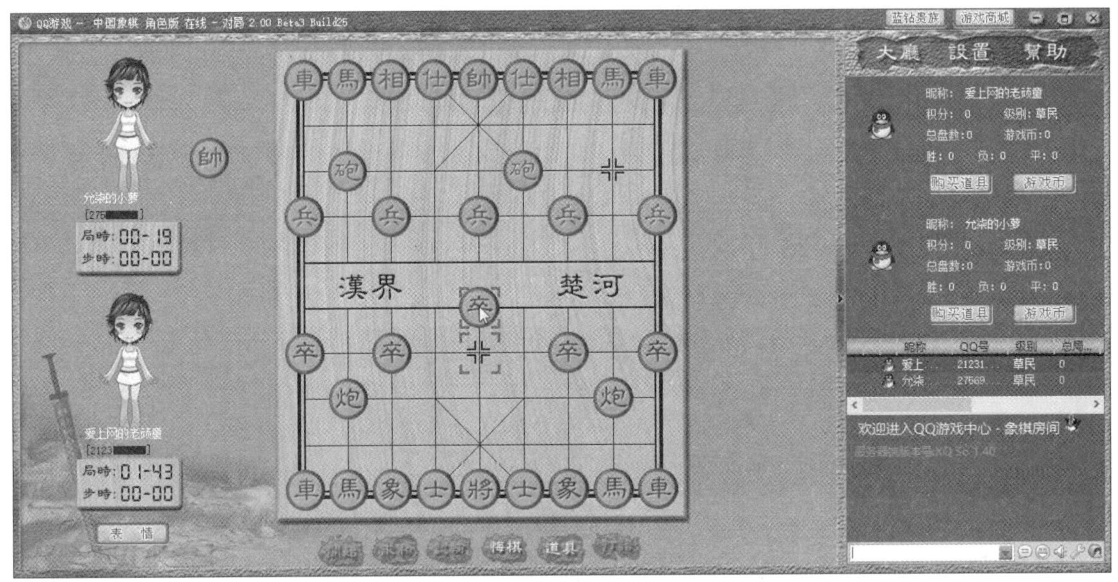

9.6 使用电子邮件交流信息

电子邮件指的是使用电子手段传送信件、资料等信息的通信方式。其内容既可以是文字，也可以是图片、视频和声音文件等。本节以 QQ 邮箱为例，介绍电子邮件的使用方法。

9.6.1 开通邮箱

在成功申请了 QQ 号的同时，系统会自动为用户提供一个 QQ 邮箱，但是要想使用该邮箱，需先将其开通。具体的操作方法如下。

步骤01 进入QQ邮箱

在QQ主面板上单击头像右侧的“QQ邮箱”按钮，如下左图所示。

步骤02 登录邮箱

❶在打开的网页界面的“验证码”文本框中输入验证码。❷单击“登录”按钮，如下右图所示。

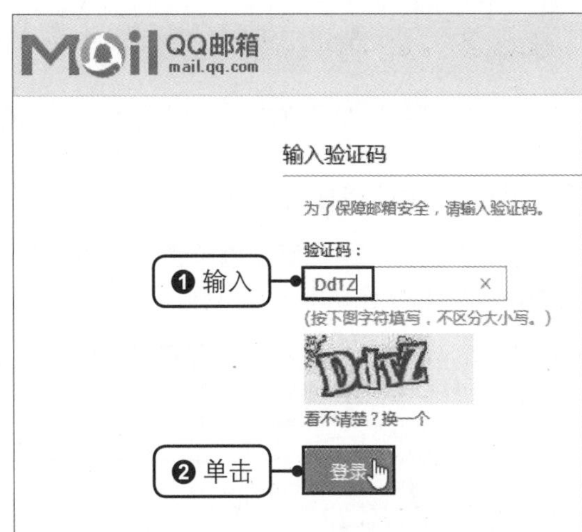

步骤03　立即开通

完成验证后，单击“立即开通”按钮，如下图所示。

步骤04　通知好友

开通邮箱后，就可以通知好友了，单击“通知好友”按钮，如下图所示。

步骤05　进入邮箱

随后单击“进入我的邮箱”按钮，进入自己的邮箱，如下图所示。

9.6.2 查看收到的邮件

开通邮箱并通知了好友后，用户就可以查看收到的邮件了，具体的操作方法如下。

步骤01 查看收件箱

进入QQ邮箱后，在页面左侧单击“收件箱”选项，如下图所示。

步骤02 查看邮件

进入“收件箱”页面后，单击要查看的邮件链接，如下图所示。

步骤03 阅读邮件

即可阅读该邮件的详细内容，如下图所示。

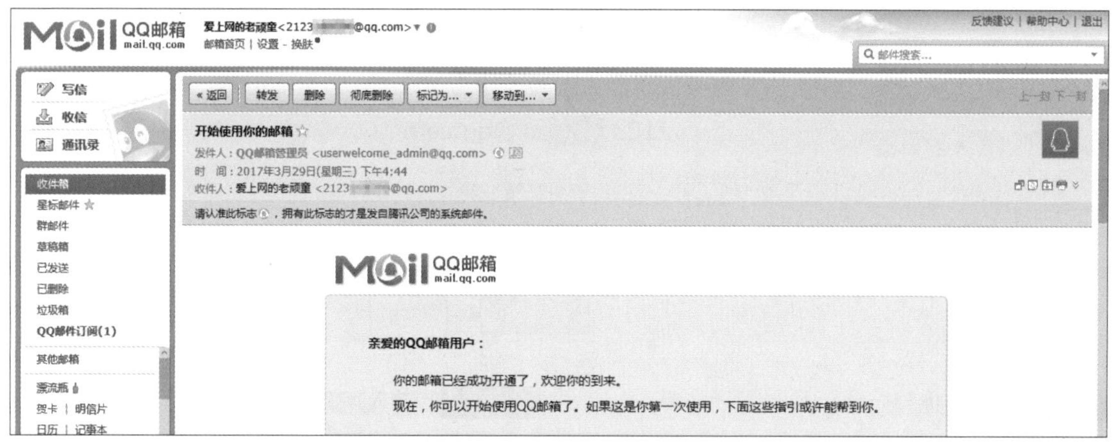

9.6.3 用电子邮件将打包的图片发送给好友

如果知道好友的邮箱，用户也可以给好友发送邮件，具体操作方法如下。

步骤01 写邮件

进入QQ邮箱后，在左侧面板中单击“写信”选项，如右图所示。

步骤02　选择收件人

❶将光标定位在“收件人”文本框中。❷在“通讯录”选项卡下选择要接收邮件的联系人，如下图所示。

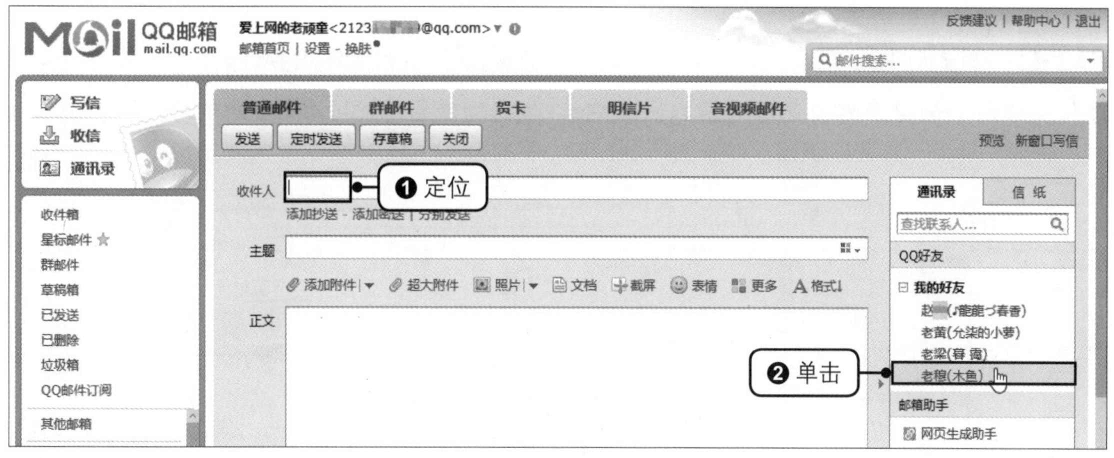

步骤03　添加附件

❶在“主题”文本框中输入主题文字。❷单击“添加附件”链接，如下图所示。

步骤04　选择要发送的文件

❶在弹出的“打开”对话框中找到文件并单击选择。❷单击“打开”按钮，如下图所示。

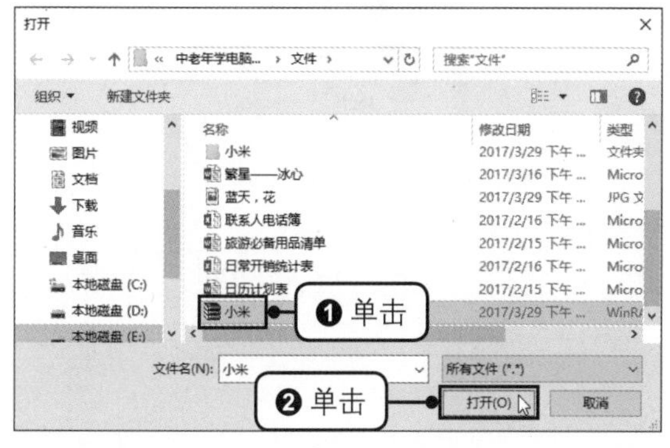

步骤05　显示上传进度条

返回写信页面，可看到所选文件的上传进度，如下图所示。

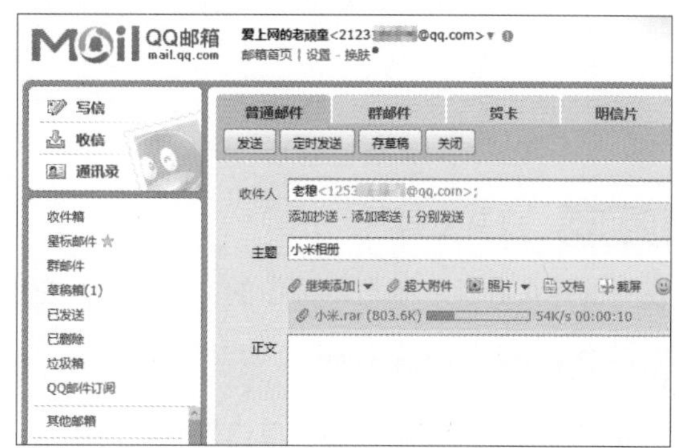

提示

普通用户一天内可以发送的普通附件总大小最多是 200 MB，且当添加的附件文件总大小超过 50 MB 时，会提示“建议您转为超大附件发送”。

步骤06 发送邮件

上传完成后，如果有需要还可以输入正文内容，完成后单击“发送”按钮，如下图所示。

步骤07 完成邮件的发送

发送完成后，即可看到“您的邮件已发送”的字样，如下图所示。

9.6.4 浏览与保存朋友发来的文件

若好友发来的邮件中有附件，既可以直接浏览查看，还可以将其下载并保存到电脑中，以便进行其他后续操作，具体的操作方法如下。

步骤01 打开邮件

进入邮箱页面后，单击“收件箱”中要查看的邮件，如下图所示。

步骤02 预览邮件中的附件

单击“附件”区下方的“预览”链接，如下图所示。

步骤03 打开文件

在新的网页界面中单击附件中的文件，如下左图所示。

步骤04 查看文件内容

可看到该文件的详细内容，单击要查看的图片，如下右图所示。

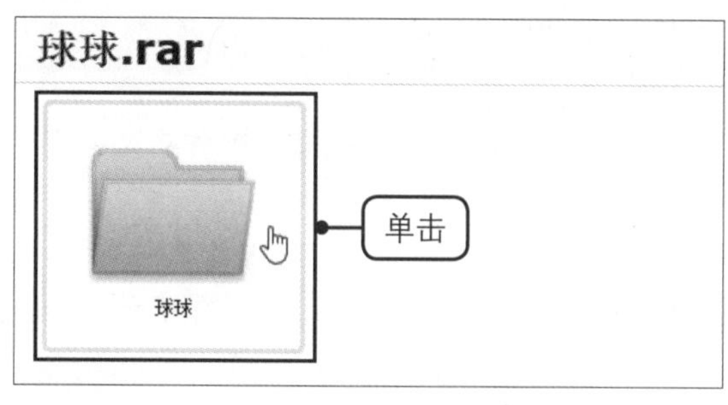

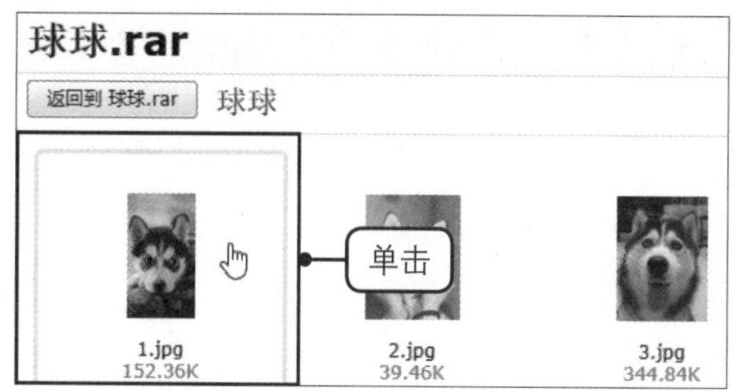

步骤05　预览图片

随后可看到文件的预览效果，单击该网页标签右侧的“关闭标签页”按钮，即可关闭该网页，如下图所示。

步骤06　下载文件

返回邮箱页面，单击“附件”区下的“下载”链接，如右图所示。

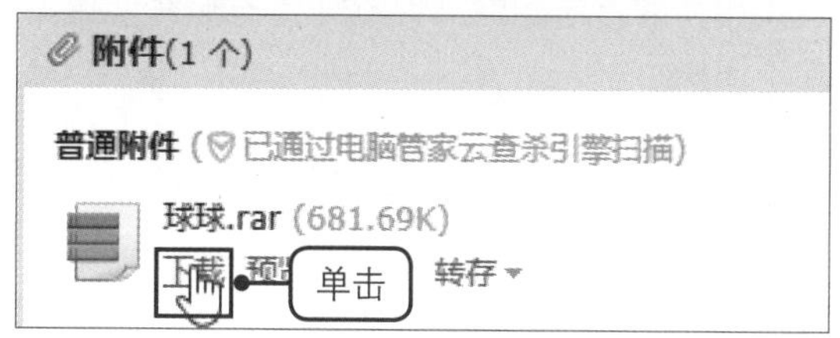

步骤07　另存文件

在页面下方弹出的提示条中单击“另存为”按钮，如下图所示。

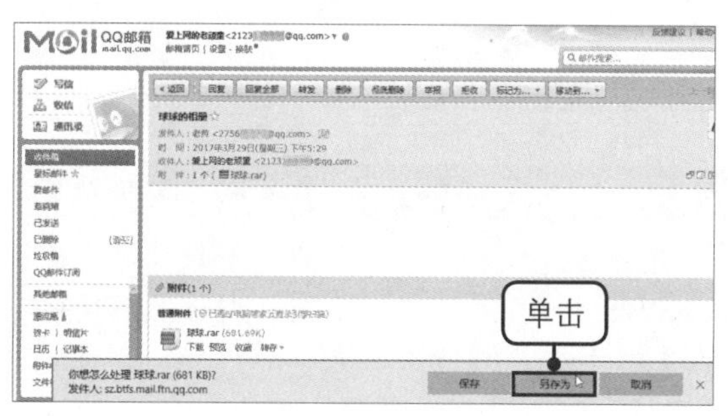

步骤08　保存文件

❶在弹出的“另存为”对话框中设置文件的保存位置及名称。❷单击“保存”按钮，如下图所示。

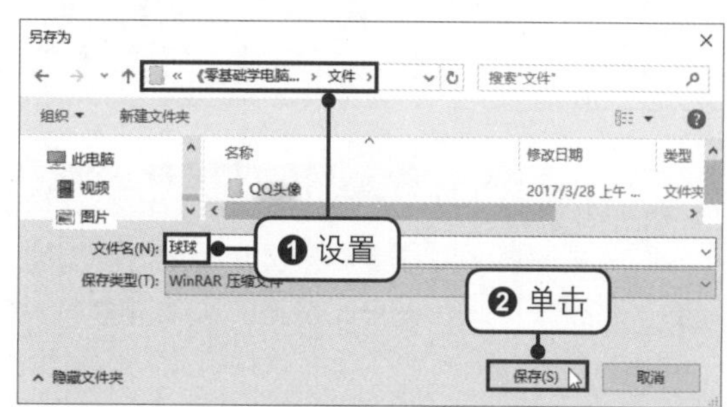

9.6.5 删除无用的邮件

QQ 邮箱的容量为 4 GB。当邮件过多导致空间不足时，可将不需要的邮件删除，操作方法如下。

步骤01 彻底删除邮件

❶进入邮箱页面，勾选“收件箱”中要删除的邮件。❷单击“彻底删除”按钮，如下图所示。

步骤02 确定删除

弹出“删除确认”对话框，如果要删除，则单击“确定”按钮，如右图所示。彻底删除后邮件将无法恢复。

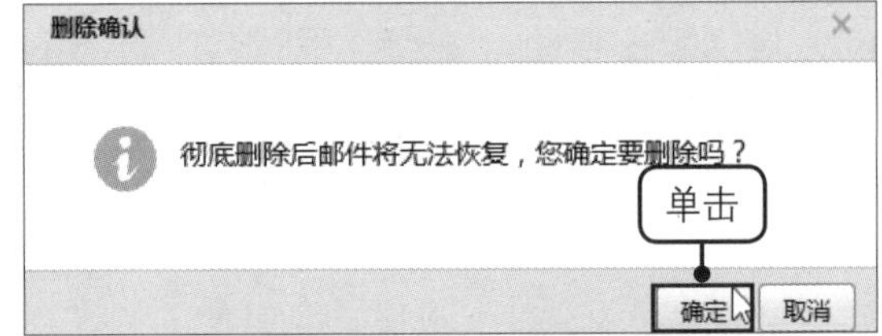

步骤03 显示删除效果

应用相同的方法删除其他不需要的邮件，随后可在“收件箱”中发现删除的邮件已经不存在了，如下图所示。

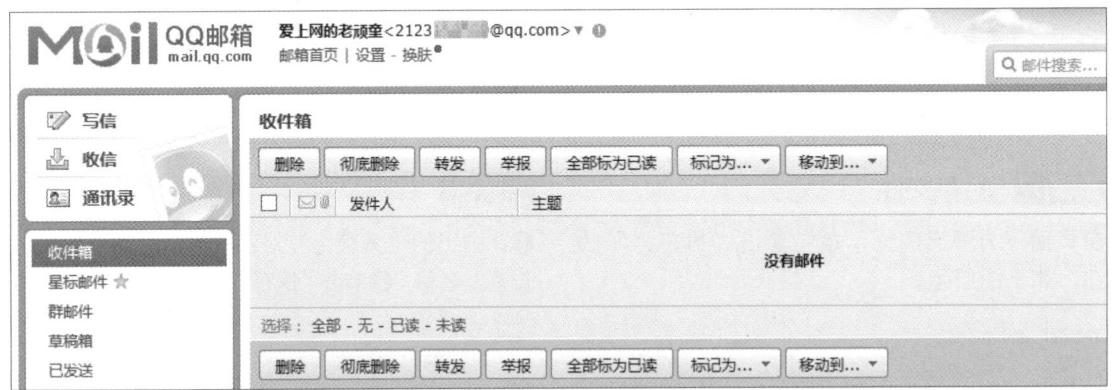

提示

如果邮件不是很重要，又担心以后会需要查看，可勾选邮件后单击“删除”按钮，将邮件移至“已删除”文件夹中。移至此文件夹中的邮件，会从来信时间算起保留 30 天，30 天后系统自动将其删除。用户也可在有效期内将“已删除”文件夹中的邮件手动删除，或移回“收件箱”中。

第10章 电脑的日常维护与安全

从某种意义上来说，电脑属于一种精密的电子设备，因此，用户不仅要养成良好的使用习惯，而且要做好日常维护，以让电脑保持良好的运行状态，延长使用寿命。普通的电脑用户虽然不是专业技术人员，但也应掌握基本的电脑系统维护操作，能自行解决常见的电脑故障，并能在使用电脑上网时有效防范病毒攻击、网络诈骗等。

10.1 电脑在运行时频繁死机怎么办

用过电脑的朋友对于死机都不会太陌生，死机是一种较常见的故障现象，表现多为蓝屏，无法启动系统，画面定格无反应，鼠标、键盘无法输入，软件运行非正常中断等。死机是一个不容易解决的问题，因为当电脑死机后，我们无法使用软件或工具对电脑进行检测，非常令人头痛。死机不但会给用户的使用带来不便，而且会对电脑硬件造成伤害。

尽管造成死机的原因很多，不过基本上可以分为软件问题导致的死机和硬件问题导致的死机两方面。下面分别进行详细介绍。

1. 解决因软件问题导致的频繁死机

引起死机的软件问题有很多，如电脑中毒、驱动程序安装错误、驱动程序与系统或其他软件冲突、加载的文件丢失或被破坏、加载的程序过大过多或系统剩余资源太少等。

▶ 电脑中毒：电脑中毒一般会表现为一些系统工具，如磁盘碎片整理工具或其他系统维护和恢复工具反应迟钝，电脑里有奇怪的程序在运行，以及电脑的运行速度比正常情况下慢得多等。这时就需要用最新的杀毒软件进行杀毒，确定机器是否已经感染了病毒。

▶ 驱动程序错误或各类软件程序相互冲突：硬件的驱动程序安装错误或驱动程序有漏洞，也会造成死机现象。这样的死机通常发生在安装新硬件以后，建议最好到硬件厂商的官网上去下载该硬件的最新驱动程序。

同样，软件出错或冲突也会引发死机现象。如果在安装某一软件前系统工作正常，而当安装完某一软件后系统就频繁死机，那么问题极有可能是该软件造成的。

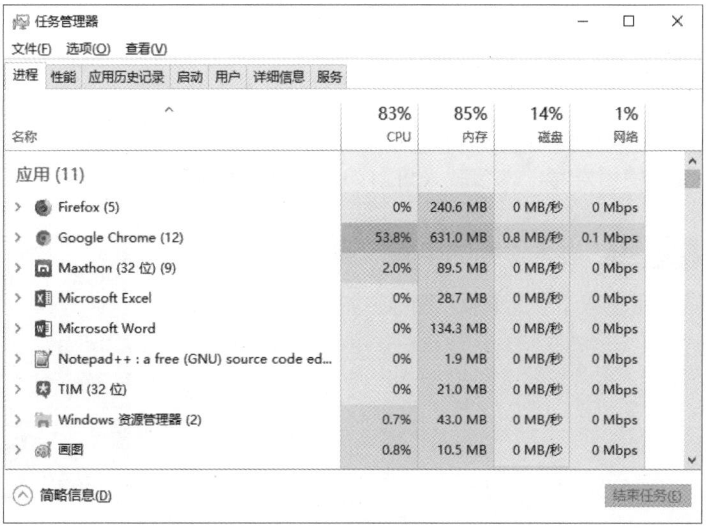

任务管理器
文件(F) 选项(O) 查看(V)
进程 性能 应用历史记录 启动 用户 详细信息 服务

名称	83% CPU	85% 内存	14% 磁盘	1% 网络
应用 (11)				
Firefox (5)	0%	240.6 MB	0 MB/秒	0 Mbps
Google Chrome (12)	53.8%	631.0 MB	0.8 MB/秒	0.1 Mbps
Maxthon (32 位) (9)	2.0%	89.5 MB	0 MB/秒	0 Mbps
Microsoft Excel	0%	28.7 MB	0 MB/秒	0 Mbps
Microsoft Word	0%	134.3 MB	0 MB/秒	0 Mbps
Notepad++ : a free (GNU) source code ed...	0%	1.9 MB	0 MB/秒	0 Mbps
TIM (32 位)	0%	21.0 MB	0 MB/秒	0 Mbps
Windows 资源管理器 (2)	0.7%	43.0 MB	0 MB/秒	0 Mbps
画图	0.8%	10.5 MB	0 MB/秒	0 Mbps

简略信息(D) 结束任务(E)

▶ 加载的程序过多或系统资源太少：如果主机配置太低或启动的应用软件过大、过多，如右图所示，从而导致系统资源太少，CPU 占用率居高不下，也可能导致死机。虽然可以通过把系统虚拟内存加大为物理内存的两倍或更多来暂时解决这样的问题，不过根本的解决方法还是根据机器的配置选择相应的应用软件。

▶ 系统文件出错：当系统出现文件错误、文件丢失或者其他情况时，电脑往往也会死机，有时甚至出现蓝屏。如当系统启动时需要加载的文件被破坏时，系统就会经常死机。这时候就需要通过引导修复系统、重装或还原系统来使电脑恢复正常了。

2．解决因硬件问题导致的频繁死机

常见的导致死机的硬件问题有：电压不稳定，散热不当导致的温度过高，硬件自身故障，板卡或数据线接触不良等。下面简单分析散热不当和硬件自身故障这两方面原因。

▶ 散热不当：散热不当的第一种可能是CPU等硬件的散热风扇出现问题，导致硬件温度过高、无法正常工作而死机，此时需要更换风扇。

另外一种可能是硬件上灰尘过多，过多的灰尘附着在CPU、风扇的表面会导致这些元件散热不畅或接触不良；印制电路板上的灰尘在潮湿的环境中也会常常导致短路。这两种情况均会导致电脑死机。

灰尘的清理可以选择小型的电吹风或者吸尘器、毛刷等工具。值得注意的是，清理过程中不要弄坏硬件上所贴的保修标签，否则厂家就不会保修了。此外，如果购买的电脑已经过了保修期，厂家也不会负责免费维修。

▶ 硬件质量不好或硬件故障：如果硬件质量不过硬，在长时间工作或工作环境温度过高或过低的情况下，也会出现死机甚至蓝屏现象，如右图所示。此时就要考虑是否买到了劣质的硬件、是否应该更换硬件了。此外，如果硬盘上出现坏道，也有可能出现蓝屏。

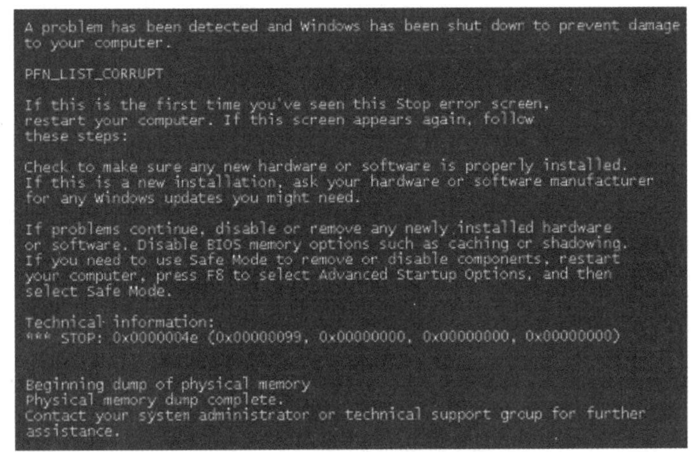

10.2 快速整理电脑硬盘

随着对电脑的不断操作使用，电脑硬盘中会产生大量的垃圾文件和磁盘碎片，日积月累，这些碎片和垃圾不仅会占用硬盘空间，更会导致系统读取文件的速度减慢，严重的时候还会缩短硬盘的使用寿命。本节就来讲解如何快速整理电脑硬盘。

步骤01 进入“我的电脑”窗口

在桌面上双击“此电脑”图标，如右图所示。

步骤02　打开磁盘属性对话框

❶右击要整理的盘符。❷在弹出的快捷菜单中单击“属性”命令，如下图所示。

步骤03　启动“磁盘清理”程序

弹出“本地磁盘（C：）属性”对话框，在“常规”选项卡下单击“磁盘清理”按钮，如下图所示。

步骤04　计算可释放的空间

此时可以在弹出的“磁盘清理”对话框中看到系统正在计算可以在该磁盘上释放的空间量，如右图所示。

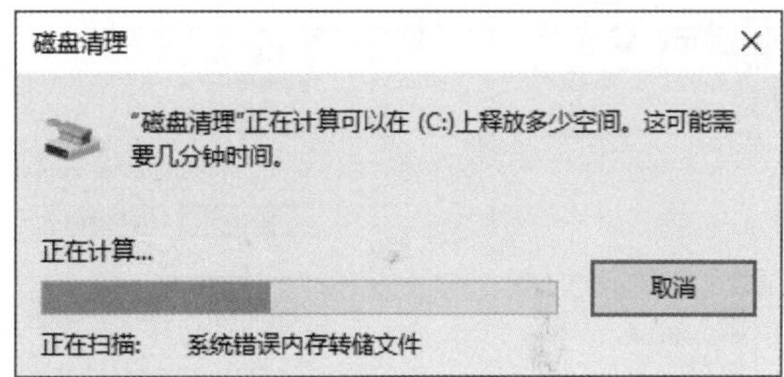

步骤05　选择要删除的文件

❶随后弹出“（C：）的磁盘清理”对话框，勾选要删除的文件复选框。❷单击“确定”按钮，如下图所示。

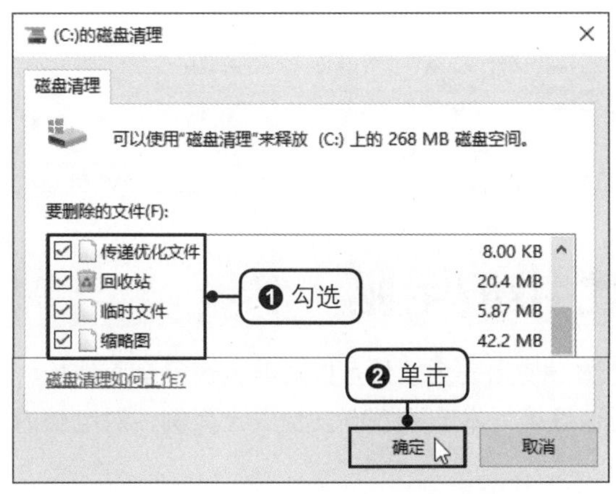

步骤06　确认执行操作

在弹出的“磁盘清理”对话框中确认是否要永久删除勾选的文件，如果确认，则单击“删除文件”按钮，如下图所示。

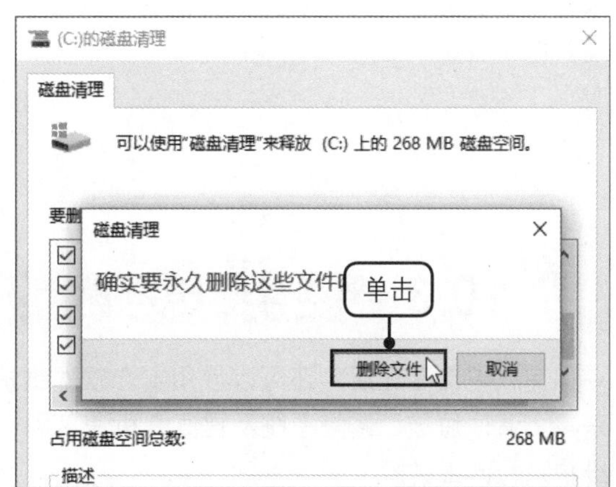

步骤07 开始磁盘清理

经过以上操作后，在弹出的对话框中将会显示磁盘清理的进度，如下图所示，结束后，系统会自动关闭该对话框。

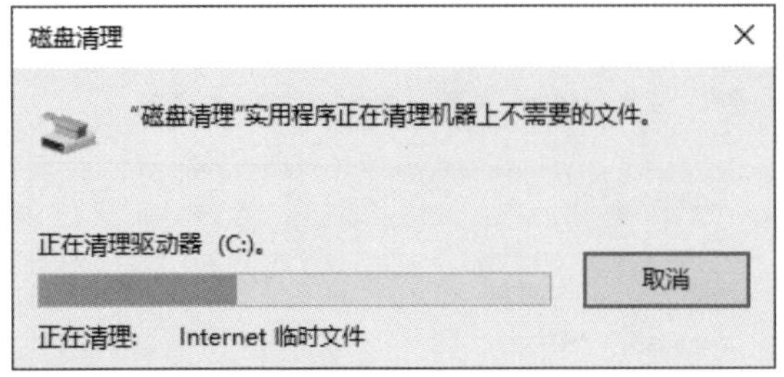

步骤08 启动"优化驱动器"程序

❶返回"本地磁盘（C：）属性"对话框，单击"工具"选项卡。❷单击"优化"按钮，如下图所示。

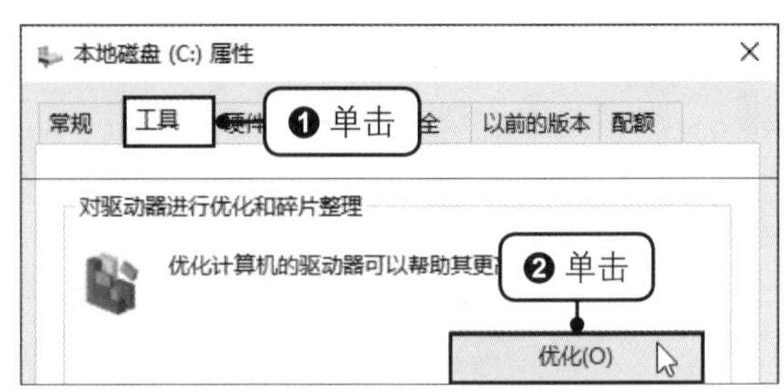

步骤09 分析磁盘

❶弹出"优化驱动器"窗口，选择C盘。❷单击"分析"按钮，对C盘的磁盘碎片进行分析，如下图所示。

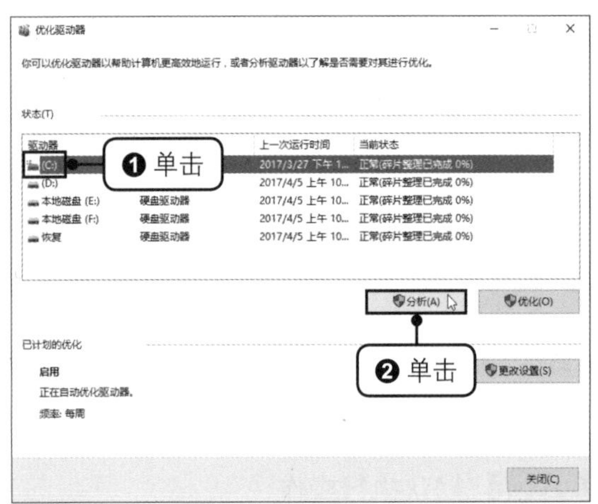

步骤10 优化磁盘

碎片分析完成之后，单击"优化"按钮，开始对C盘的碎片进行整理，如下图所示。

步骤11 整理磁盘碎片

随后，可看到C盘的碎片整理进度，如右图所示。整理完成之后，可以用同样的方法依次整理其他的磁盘。

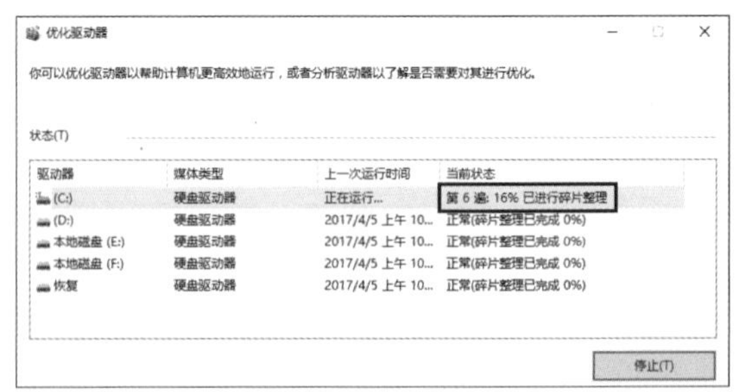

10.3 使用360安全卫士维护电脑

完成硬盘整理后，还可以使用安全软件维护电脑。使用安全软件可以对电脑进行全面体检、杀毒、清理垃圾、修复系统及提高开机速度和运行速度等。本节以 360 安全卫士为例，对电脑的维护进行详细讲解。

10.3.1　为电脑进行一次全面体检

步骤01　立即体检

打开“360安全卫士”软件，在“电脑体检”选项卡下单击“立即体检”按钮，如下图所示。

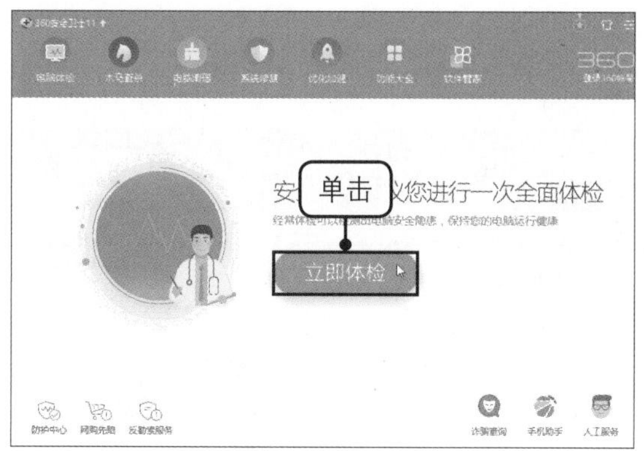

步骤02　体检进行中

随后，可看到软件显示体检的进度和当前体检的分数，如下图所示，该分数数值越高表示电脑越安全。

步骤03　一键修复电脑

体检完成后，可看到体检后的分数很低，只有3分，说明此时的电脑很不安全，单击“一键修复”按钮，如下图所示。如果分数较高，则无需修复。

步骤04　完成修复

完成了电脑的修复后，可看到“已修复全部问题，电脑很安全100分！”字样，说明电脑很安全了，如下图所示。

10.3.2　使用360安全卫士为电脑杀毒

步骤01　木马查杀

❶单击“木马查杀”按钮。❷在该选项卡下单击“快速查杀”按钮，如下左图所示。

步骤02　扫描进行中

随后可看到查杀木马病毒的进度，如下右图所示。

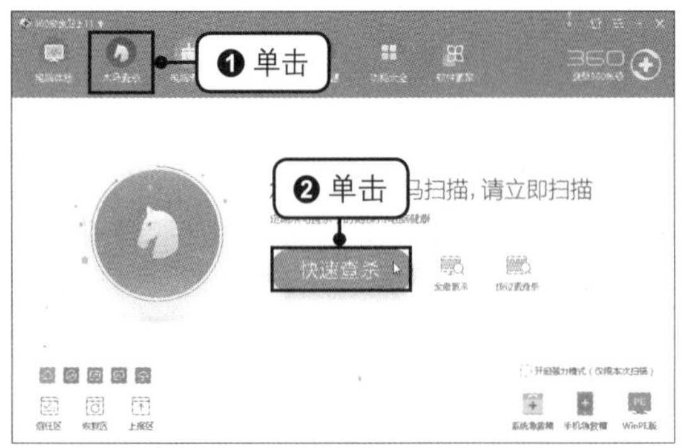

步骤03 完成扫描

扫描完成后，显示该电脑并未发现木马病毒，单击“完成”按钮即可，如右图所示。如果电脑有病毒，则需要修复。

10.3.3 为电脑释放更多空间

步骤01 全面清理

❶单击“电脑清理”按钮。❷在该选项卡下单击“全面清理”按钮，如下图所示。

步骤02 垃圾扫描中

随后可看到该软件正在扫描电脑中的垃圾，如下图所示。

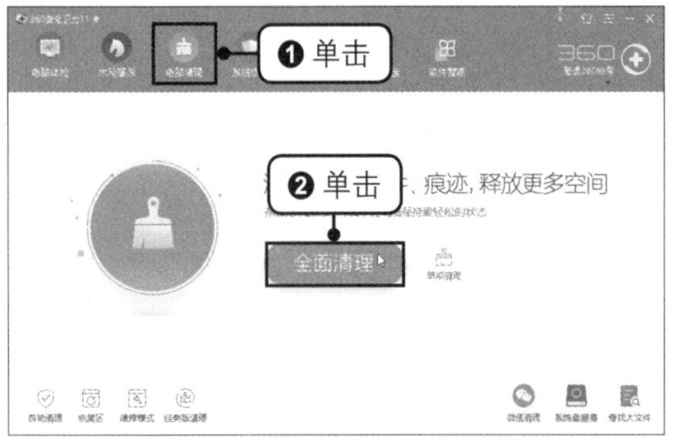

步骤03 一键清理

❶扫描完成后看到该电脑中的垃圾量及选中的垃圾，在下方勾选要清理的垃圾。❷单击“一键清理”按钮，如下左图所示。

步骤04 清理无风险项

弹出“风险提示”对话框，单击“仅清理无风险项”按钮，如下右图所示。

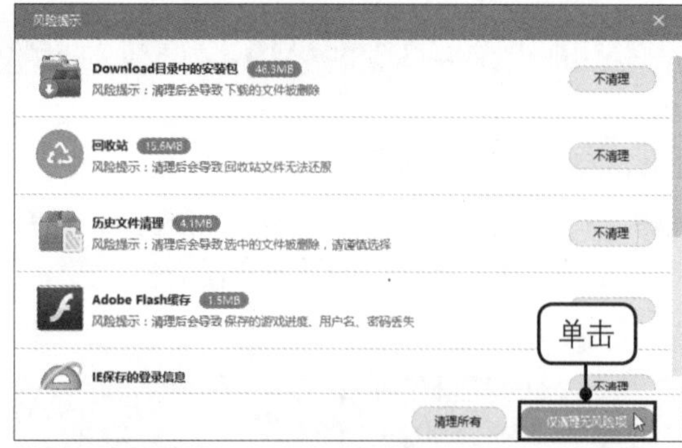

步骤05 完成垃圾的清理

完成清理后，可看到释放出的空间大小，单击“完成”按钮即可，如右图所示。

10.3.4 使用安全软件修复系统

步骤01 全面修复

❶单击“系统修复”按钮。❷在该选项卡下单击“全面修复”按钮，如下图所示。

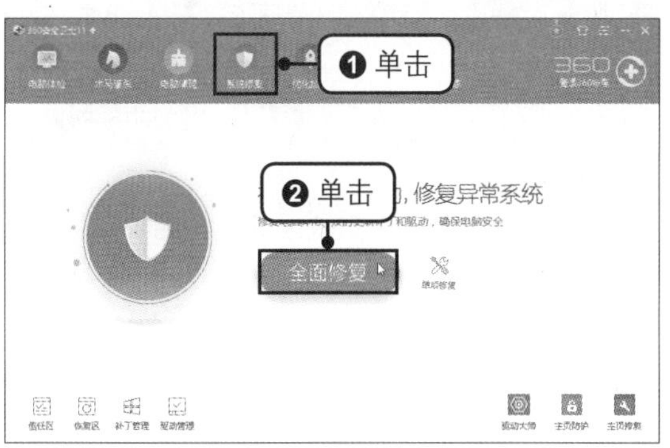

步骤02 一键修复

完成扫描后，如果发现潜在危险项，需立即进行修复，如果没有危险项，则无需修复。此处需要修复，单击“一键修复”按钮，如下图所示。

步骤03 完成修复

修复完成后，可看到共修复了2项问题，电脑已经恢复了健康，单击“返回”按钮即可，如右图所示。

10.3.5 加快电脑的开机和运行速度

步骤01 提升电脑运行速度

❶单击“优化加速”按钮。❷在该选项卡下单击“全面加速”按钮，如下图所示。

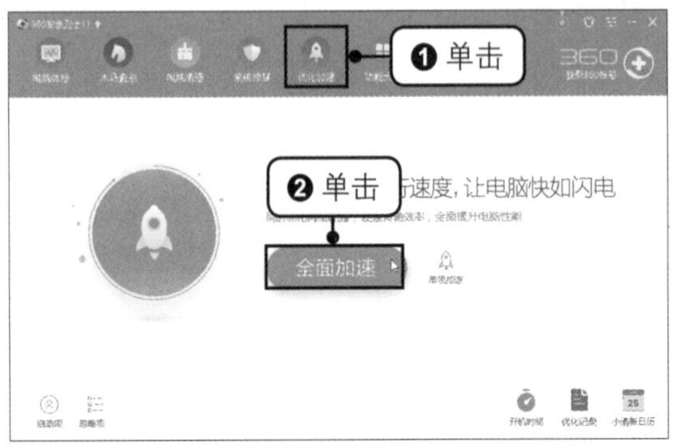

步骤02 优化电脑

扫描完成后，可发现21个优化项，单击“立即优化”按钮，如下图所示。需注意的是不同的电脑在扫描完成后，要优化的项目是不同的。

步骤03 确认优化

❶弹出“一键优化提醒”对话框，勾选“全选”复选框。如果不想要全部优化，只想要优化某些项，可一个一个地勾选要优化的项目。❷单击“确认优化”按钮，如下图所示。

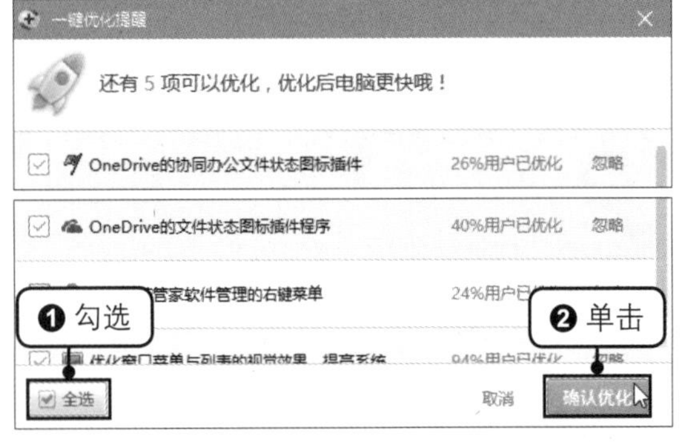

步骤04 完成优化

优化完成后，电脑运行的速度以及下次开机的速度都会有所提升，单击“完成”按钮即可，如下图所示。

10.4 电脑上网防骗准则

网络虽然大大丰富并方便了人们的生活，但它的开放性也为网络骗局的滋生提供了土壤。五花八门的网络传销和网络诈骗令人防不胜防，常见的如在浏览网页时看到的小广告——“点击鼠标，月入 10 万！”“足不出户让你成为富翁！”“填写个人信息就能获得奖金”等等。其实，这些都极有可能是诈骗组织利用网络编织的陷阱。

网络诈骗之所以能成为新型的骗钱方式，主要是因为它具有很强的隐蔽性，同时受骗者的钱款都是通过银行转账的方式转移到诈骗组织手中，后续的追赃难度较大。而且，在形形色色的网络骗局中，由于普通用户对网络的了解还不够深入，被骗的可能性及人数就相对较多。

为防范网络骗局，在日常上网时应当注意以下几点。

▶ 及时收藏自身经常关注的、比较安全可靠的新闻、健康等网站，可避免进入一些为进行网络诈骗而建立的临时网站，进而杜绝被骗的可能。

▶ 在网络上进行购物消费时，要选择安全可靠的购物网站及交易平台，切忌进入非法的购物网站，或直接通过银行转账的方式向陌生的收款账号汇款。

▶ 对于带有经营性宣传的网站，不要轻易相信网站所宣传的盈利性信息，如果实在想进一步了解网站内容，也要先与家人商议、询问国家相关部门，或者在了解盈利性信息所指向的公司和项目的真实性后再行决定。

▶ 拒绝陌生人的网络聊天陷阱，对于网站自动弹出的咨询窗口或者聊天工具尽量避免在其中交谈，并拒绝与陌生人员的聊天。

▶ 除了在一些合法、安全、可靠的网站上填写个人信息，尽量避免在网络上泄露身份信息。

学习笔记

第11章 Word 2016基本操作

Word 是最常用的文字处理工具，一般用于文字和表格处理。处理文字时，输入文本是第一步操作，也是最基本的操作。在输入过程中使用复制 / 剪切功能，可加快输入文本的速度。若输入出错，可将其删除。“拼写检查”等“查错”功能可确保输入的正确性。

11.1 输入文本

文本是整个文档的核心内容，是整个文档不可缺少的部分。在 Word 2016 中可以输入文字、数字、符号等内容，这些内容都称为文本。

11.1.1 输入中文、英文和数字文本

在键盘上敲击数字键和字母键，可直接输入数字文本和英文文本。系统自带的中文输入法为微软拼音输入法，当然，用户也可以安装其他的输入法。

◎ **原始文件：** 下载资源\实例文件\11\原始文件\商业发票.docx

◎ **最终文件：** 下载资源\实例文件\11\最终文件\输入中文、英文和数字文本.docx

步骤01 选择输入法

打开原始文件，单击“语言栏”中的“中文（简体）-美式键盘”按钮，在展开的列表中选择合适的输入法，如下图所示。

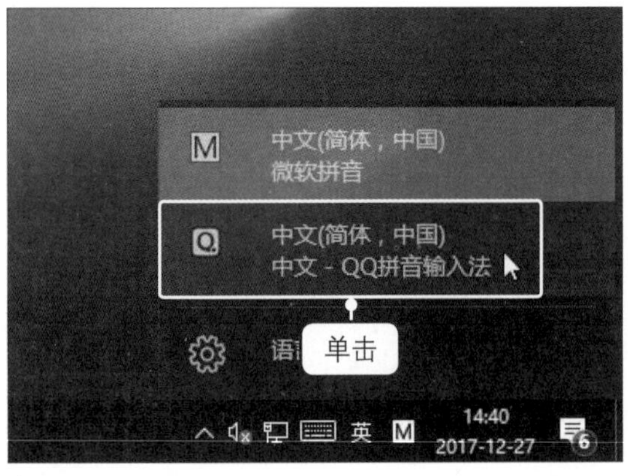

步骤02 输入中文和数字文本

❶将光标置于要输入中文文本的位置，在键盘上敲击字母键，组成拼音，可输入相应的中文文本；❷将光标置于要输入数字的位置，在键盘上敲击数字键可输入数字文本，如下图所示。

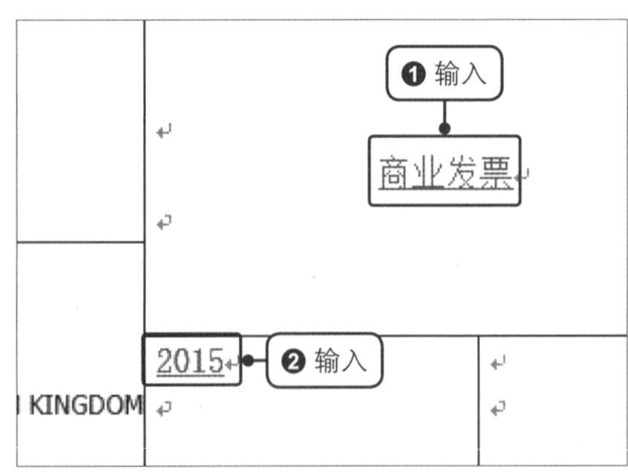

步骤03 转换输入法

按【Shift】键，可让输入法在中文和英文之间切换。当输入法状态栏中显示“英”字时，便已切换至英文输入法，在键盘上敲击字母键，就可以输入英文。输入完毕的效果如下图所示。

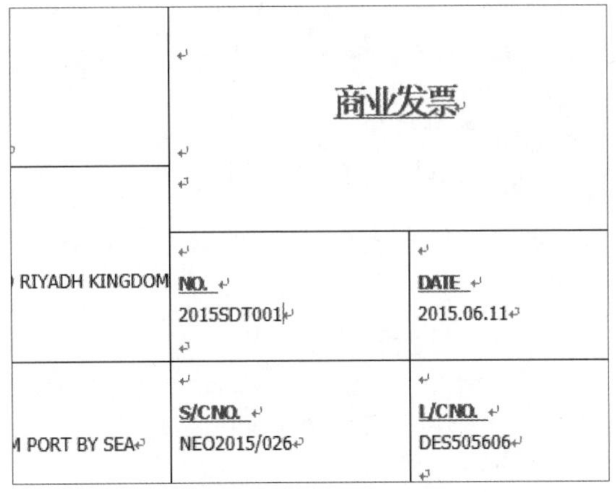

> **生存技巧　快速将小写字母转换为大写字母**
>
> 在 Word 中可使用多个快捷键组合切换英文大小写，【Shift+F3】【Ctrl+Shift+A】【Ctrl+Shift+K】组合键中任意一个均可实现。
>
> 例如，选择要转换的英文字母，首次按【Shift+F3】组合键，转换为大写，再次按【Shift+F3】组合键，转换为小写。

11.1.2　输入日期和时间

日期和时间是经常需要输入的数据之一，如感谢信落款时需要输入日期。在 Word 中可使用“日期和时间”对话框插入当前的日期和时间。

◎ **原始文件：** 下载资源\实例文件\11\原始文件\感谢信.docx

◎ **最终文件：** 下载资源\实例文件\11\最终文件\感谢信.docx

步骤01 单击“日期和时间”按钮

打开原始文件，❶单击要插入日期的位置，❷在“插入”选项卡下单击“日期和时间”按钮，如下图所示。

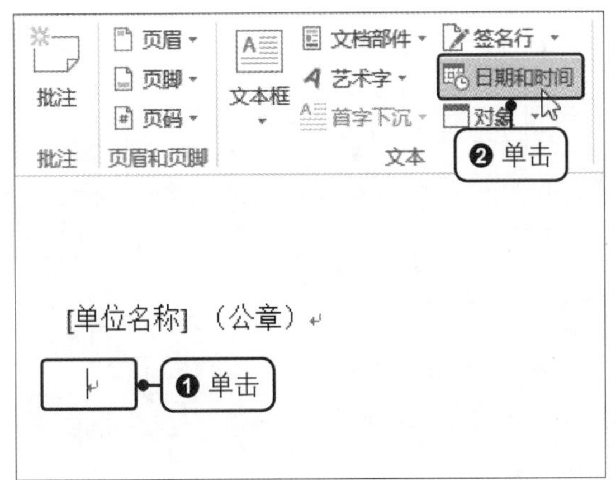

步骤02 选择日期和时间格式

弹出“日期和时间”对话框，❶设置“语言（国家/地区）”为“中文（中国）”，❷在“可用格式”列表框中双击要选择的格式，如下图所示。

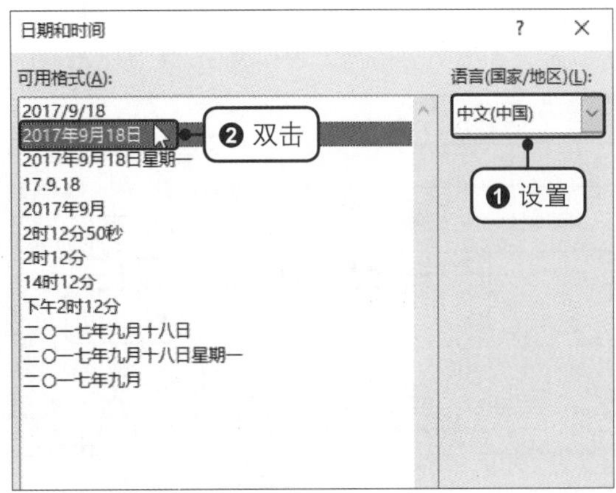

步骤03 插入日期后的效果

返回文档中，可以看到根据选择的格式插入系统当前日期后的效果，如下图所示。

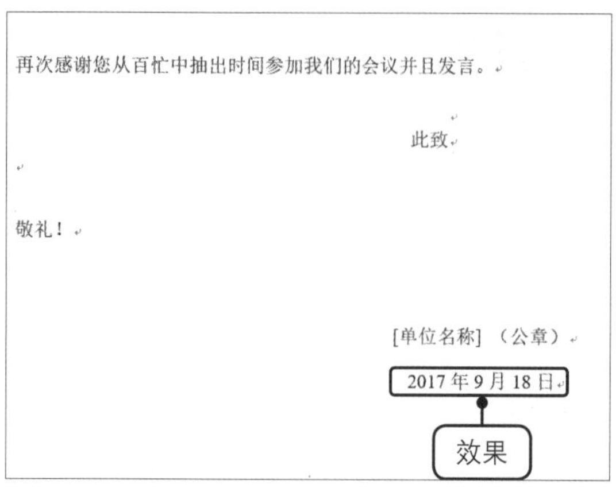

生存技巧　插入日期和时间的快捷键

需要大量输入日期和时间时，使用对话框的方式就非常麻烦，使用快捷键方式则可快速完成输入。在Word中可使用组合键快速输入系统当前的日期和时间。按【Alt+Shift+D】组合键可输入当前日期，按【Alt+Shift+T】组合键可输入当前时间，如下图所示。

10时25分

11.1.3　输入符号

符号是具有某种特定意义的标识，能够直接通过键盘输入的符号有限，用户可通过“符号”对话框输入各种各样的符号。

◎ **原始文件：** 下载资源\实例文件\11\原始文件\出境货物报检单.docx
◎ **最终文件：** 下载资源\实例文件\11\最终文件\输入符号.docx

步骤01 单击“其他符号”选项

打开原始文件，单击要插入符号的位置，切换至“插入”选项卡，❶单击“符号”按钮，❷在展开的下拉列表中单击“其他符号”选项，如下图所示。

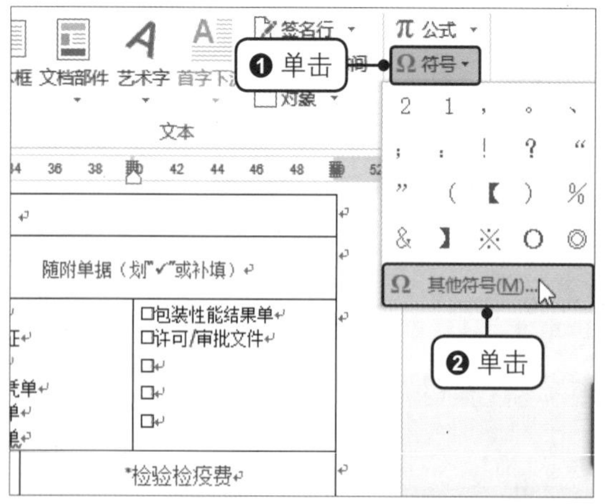

步骤02 选择符号

弹出“符号”对话框，❶在“符号”选项卡下的“字体”下拉列表框中选择合适的字体，❷单击需要的符号，❸单击“插入”按钮，如下图所示。

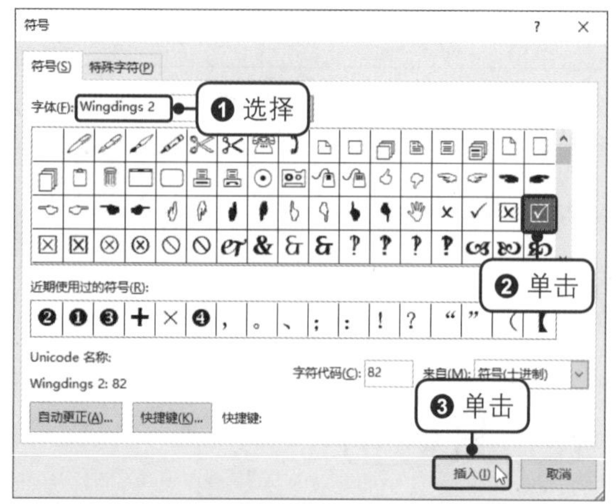

步骤03 插入符号后的效果

随后，在光标处可以看到插入符号后的效果，如下图所示。

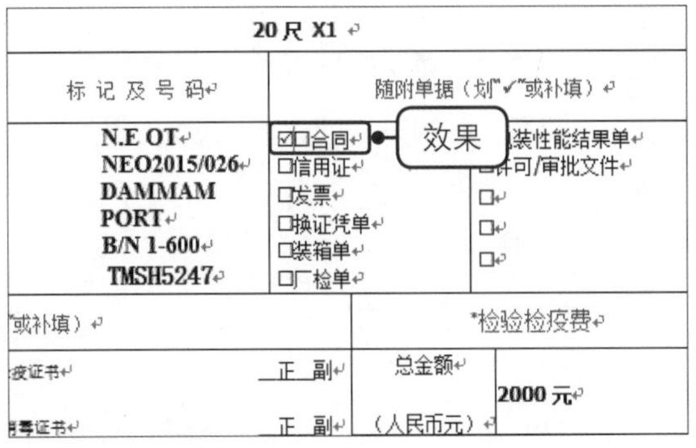

步骤04 继续插入符号

按照同样的方法插入其他符号，并删除无用的空白方框符号，效果如下图所示。

生存技巧 **轻松输入注册商标、版权符号**

注册商标和版权符号在 Word 中是可以通过快捷键来输入的。按【Alt+Ctrl+C】组合键可以输入版权符号 ©，按【Alt+Ctrl+R】组合键可以输入注册符号 ®，按【Alt+Ctrl+T】组合键可以输入商标符号 ™。

11.1.4 输入带圈文本

带圈文本即文本被圈包围，在实际工作中经常遇到将带圈数字用于排序或者罗列项目。在 Word 2016 中带圈文本的输入非常方便。

1. 输入10以内的带圈文本

若要输入 1 ～ 10 的带圈文本，可打开“符号”对话框，双击需要插入的符号即可，将光标移至其他位置，可继续输入带圈文本。

◎ **原始文件：** 下载资源\实例文件\11\原始文件\日常用品采购清单.docx

◎ **最终文件：** 下载资源\实例文件\11\最终文件\输入10以内的带圈文本.docx

步骤01 选择并插入符号

打开原始文件，将光标定位在要插入带圈文本的位置，按照11.1.3小节的方法打开“符号”对话框，❶选择要插入的带圈符号“①”，❷单击“插入”按钮，如右图所示。

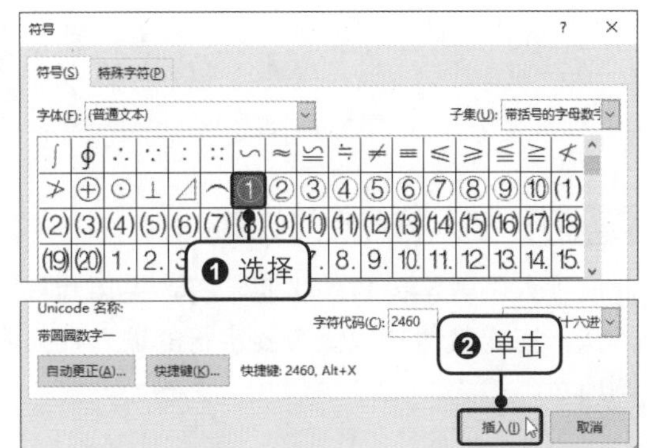

步骤02 插入符号的效果

此时，在光标定位处插入了带圈数字“①”，利用同样的方法，在文档的其他位置上插入2～10的带圈数字，如右图所示。

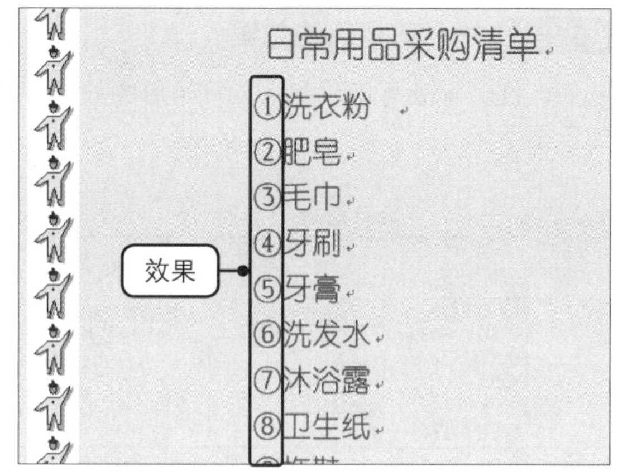

提示

需要重复插入符号时，可以不必关闭“符号”对话框，直接将光标定位在其他需要插入符号的位置，在对话框中双击合适的符号即可插入。

2. 输入10以外的带圈文本

若项目数量超过了 10，需要输入 10 以外的带圈文本，在 Word 2016 中可使用“带圈字符”功能实现。

◎ **原始文件：** 下载资源\实例文件\11\原始文件\输入10以内的带圈文本.docx

◎ **最终文件：** 下载资源\实例文件\11\最终文件\输入10以外的带圈文本.docx

步骤01 单击“带圈字符”按钮

打开原始文件，将光标定位在要插入字符的位置，在“开始”选项卡下单击“字体”组中的“带圈字符”按钮，如下图所示。

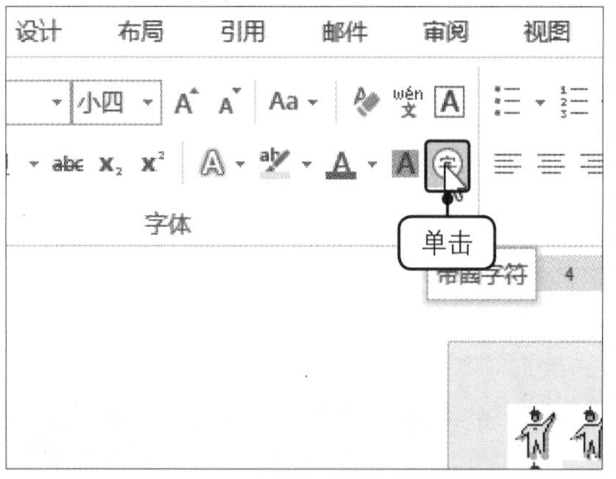

步骤02 设置带圈字符

弹出“带圈字符”对话框，❶选择“缩小文字”样式，❷在“文字”文本框中输入“11”，❸在“圈号”列表框中单击圆圈，❹单击“确定”按钮，如下图所示。

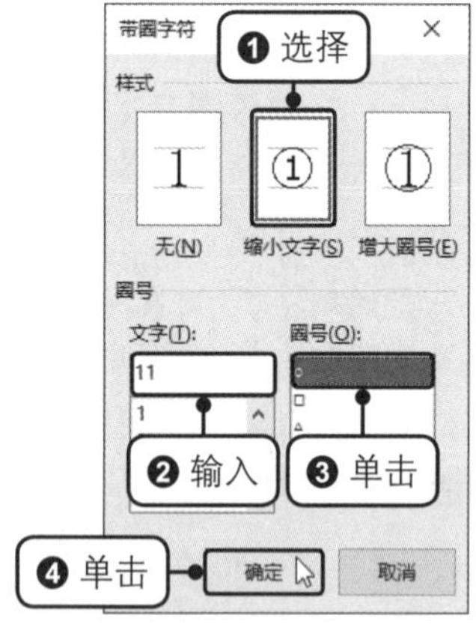

步骤03 插入符号后的效果

此时插入了数字为11的带圈字符，采用同样的方法，完成其他10以上带圈字符的输入，如右图所示。

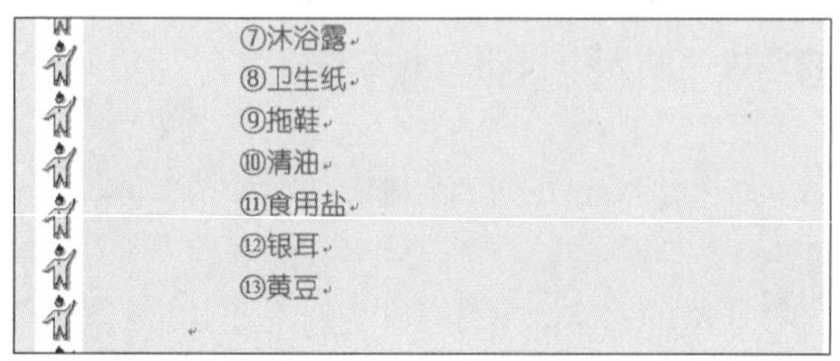

生存技巧　输入数学公式

数学公式在Word中是难以通过键盘直接输入的，特别是有根号的复杂公式等，好在Word 2016提供了公式编辑功能，只需切换至“插入”选项卡，单击“公式”下拉按钮，在展开的下拉列表中单击需要的公式模板选项，或者单击“插入公式”选项，此时会出现“公式工具-设计”选项卡，用户可根据实际需求进行公式的输入与编辑。

11.2 文档的编辑操作

在文档中输入文本内容后，可对其进行编辑。文档的编辑操作包括选择文本、剪切和复制文本、删除和移动文本、查找和替换文本，以及操作步骤的撤销或重复。

11.2.1　选择文本

要对Word文档中的内容进行操作，首先需要选择这些内容。选择文本的方式有很多种，用户可以选择一个词组、一个整句、一行或者是整个文档内容。

◎ **原始文件：** 下载资源\实例文件\11\原始文件\考勤管理制度.docx
◎ **最终文件：** 无

生存技巧　选择不连续的文本

在实际工作中，常常都是使用拖动鼠标的方式来选择文本的，但是当想要选择多个不连续的文本时，光凭鼠标来拖动选择是不能实现的，此时还需使用【Ctrl】键。即首先拖动鼠标选中一个文本，然后按住【Ctrl】键，继续在文档中拖动鼠标选中其他需要选择的文本。

步骤01　选择一个词组

打开原始文件，将鼠标指针定位在词组“工作时间”的第一个字的左侧，双击鼠标即可选择该词组，如下图所示。

考勤管理制度
工作时间和作息时间
1、每周工作五天，每天工作8小时。
2、作息时间：上午：8：30—12：00　下午：13：00—17：30
考勤规定
1、出勤
1）员工每月按规定时间上下班，不得迟到或早退，
2）公司实行刷卡考勤制，上班必须刷卡。
3）公司允许员工每月有两次5分钟内的迟到不计扣工资。
4）员工迟到每次扣款10元

选择

步骤02　选择一个整句

按住【Ctrl】键不放，在要选择的句子中单击，即可选择一个整句，如下图所示。

考勤管理制度
工作时间和作息时间
1、每周工作五天，每天工作8小时。
2、作息时间：上午：8：30—12：00　下午：13：00—17：30
考勤规定
1、出勤
1）员工每月按规定时间上下班，不得迟到或早退，
2）公司实行刷卡考勤制，上班必须刷卡。
3）公司允许员工每月有两次5分钟内的迟到不计扣工资。
4）员工迟到每次扣款10元

选择

步骤03 选择一行

将鼠标指针指向一行的左侧，当指针呈右斜箭头形状时，单击鼠标，即可选择指针右侧的一行文本，如下图所示。

考勤管理制度
工作时间和作息时间
1、每周工作五天，每天工作 8 小时。
2、作息时间：上午：8：30—12：00　下午：13：00—17：30
考勤规定
1、出勤
1) 员工每月按规定时间上下班，不得迟到或早退，
2) 公司实行刷卡考勤制，上班必须刷卡。
3) 公司允许员工每月　选择　钟内的迟到不计扣工资。
4) 员工迟到每次扣款 10 元

步骤04 选择任意的连续文本

将鼠标指针定位在要选择的文本的最左侧，拖动鼠标，即可选择任意连续的文本内容，如下图所示。

1、每周工作五天，每天工作 8 小时。
2、作息时间：上午：8：30—12：00　下午：13：00—17：30
考勤规定
1、出勤
1) 员工每月按规定时间上下班，不得迟到或早退，
2) 公司实行刷卡考勤制，上班必须刷卡。
3) 公司允许员工每月有两次 5 分钟内的迟到不计扣工资。
4) 员工迟到每次扣款 10 元
2、特殊考勤　选择
1) 员工若因工作需要加班，应在加班期间做好考勤记录。

步骤05 纵向选择文本

按住【Alt】键不放，纵向拖动鼠标，可选择任意的纵向连续文本，如下图所示。

考勤规定
1、出勤
1) 员工每月按规定时间上下班，不得迟到或早退，
2) 公司实行刷卡考勤制，上班必须刷卡。
3) 公司允许员工每月有两次 5 分钟内的迟到不计扣工资。
4) 员工迟到每次扣款 10 元
选择　勤
1) 员工若因工作需要加班，应在加班期间做好考勤记录。

步骤06 选择所有的文本

将鼠标指针指向整个文档的左侧，当指针呈右斜箭头形状时，三击鼠标，即可选择整个文档的文本内容，如下图所示。

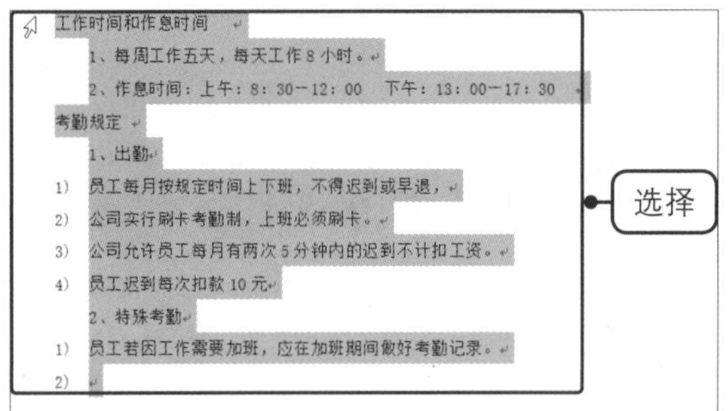

生存技巧　快速获得整篇文章的相关统计数值

用户通常可以在状态栏中查看文档的页数和字数统计，若要查看更多的统计数值，包括字符数（不计空格）、字符数（计空格）、段落数、行数等，只需要在“审阅”选项卡中单击“字数统计”按钮，即可在弹出的对话框中查看详细的数据信息。

11.2.2 剪切和复制文本

剪切和复制文本，都可以将文本放入剪贴板，不同的是剪切文本后原文本被删除，而复制文本则是生成一样的文本。

◎ **原始文件：** 下载资源\实例文件\11\原始文件\考勤管理制度.docx
◎ **最终文件：** 下载资源\实例文件\11\最终文件\剪切和复制文本.docx

步骤01 剪切文本

打开原始文件，❶选择暂时不用的内容，❷在“开始”选项卡下单击“剪贴板”组中的“剪切”按钮，如下图所示。

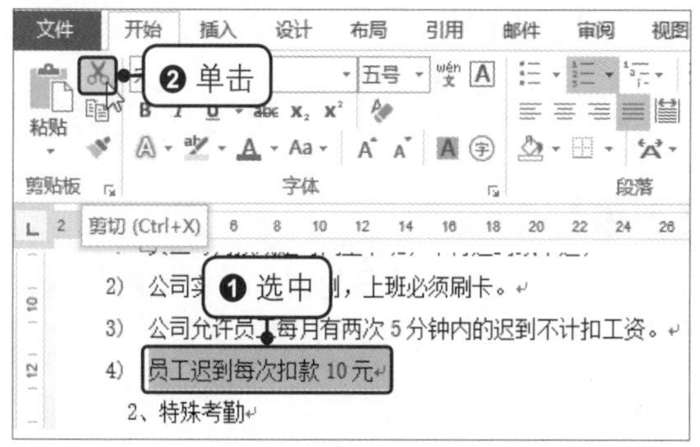

步骤02 剪切文本后的效果

此时可以看见，文档中所选择的内容已被剪切，不再显示，如下图所示。

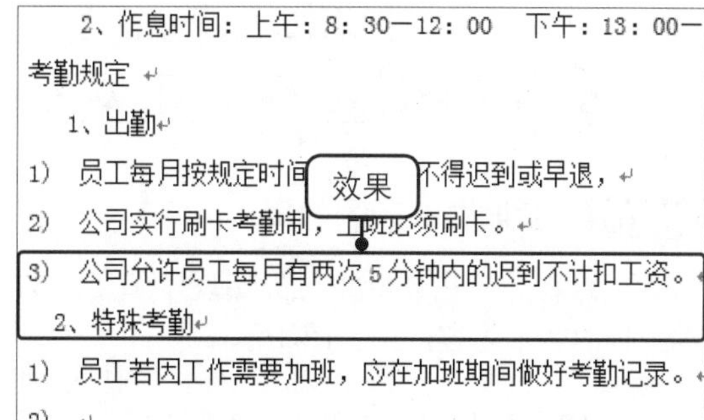

步骤03 单击对话框启动器

如果要查看被剪切的内容，可以单击“剪贴板”组中的对话框启动器，如下图所示。

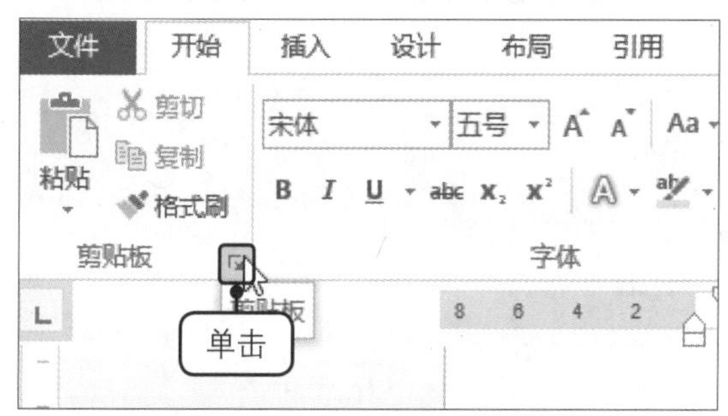

步骤04 查看剪切的内容

此时打开了“剪贴板”窗格，在窗格中可以看见剪切的内容，如下图所示，如果要重复使用这些内容，可以重新将内容粘贴到文档中去。

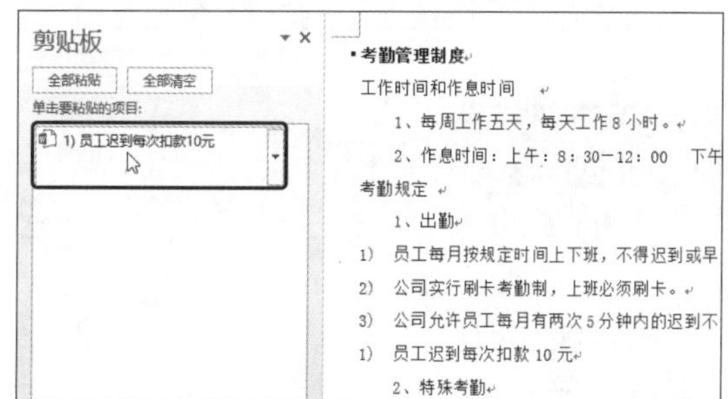

生存技巧 快速复制、移动、粘贴文本

若要快速复制、粘贴文本，可以分别使用复制快捷键【Ctrl+C】和粘贴快捷键【Ctrl+V】，而移动文本可以使用剪切快捷键【Ctrl+X】配合粘贴快捷键【Ctrl+V】。但是需注意的是，使用这些快捷键复制和移动后，粘贴的不仅是文本的内容，文本的格式也有可能会被粘贴，如果只想粘贴文本内容，可使用选择性粘贴功能。

步骤05 复制文本

❶选择需要复制的内容，❷在“剪贴板”组中单击“复制”按钮，如下左图所示。

步骤06 粘贴文本

将光标定位在需要粘贴内容的位置，❶在“剪贴板”组中单击“粘贴”按钮，❷在展开的列表中单击“只保留文本”选项，如下右图所示。

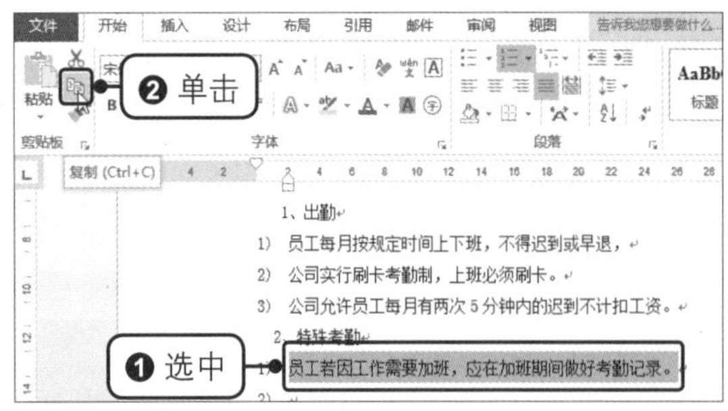

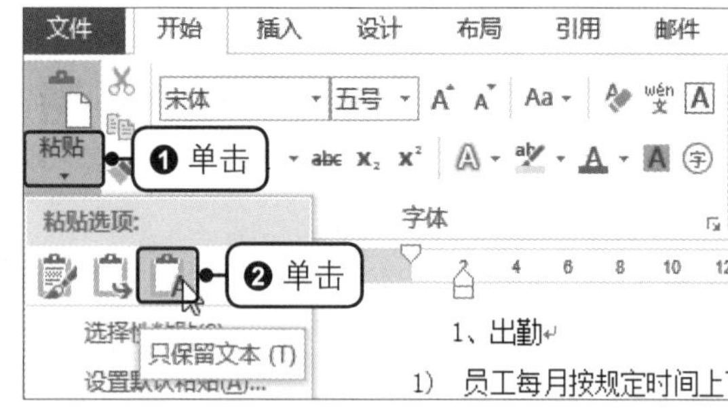

步骤07 复制文本后的效果

此时可以看见，在光标定位处出现了和所选文本一样的文本内容，如下图所示。

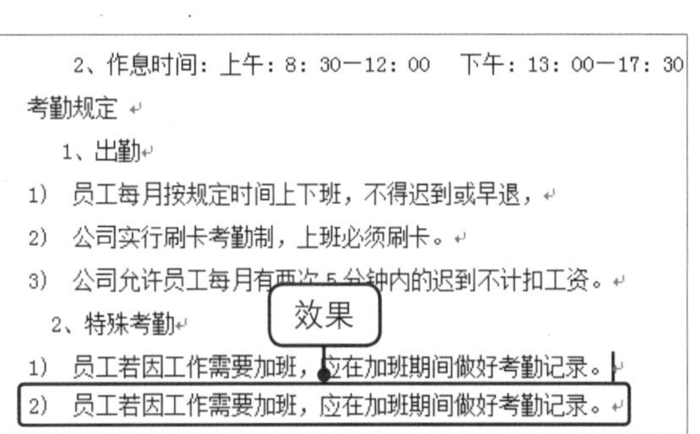

步骤08 修改文本

此时可以在复制粘贴后的文本中稍做修改，快速完成文档的编辑，如下图所示。

考勤规定
1、出勤
1) 员工每月按规定时间上下班，不得迟到或早退，
2) 公司实行刷卡考勤制，上班必须刷卡。
3) 公司允许员工每月有两次5分钟内的迟到不计扣工资。
2、特殊考勤
修改
1) 员工若因工作需要加班，应在加班期间做好考勤记录。
2) 员工若因工作需要出差，应在出差期间做好考勤记录。

生存技巧　强大的选择性粘贴功能

Word 2016具有强大的选择性粘贴功能，当用户复制了文本内容后，在“剪贴板”组中单击“粘贴”下拉按钮，在展开的下拉列表中单击“选择性粘贴”选项，在弹出的“选择性粘贴”对话框中单击选中“粘贴”单选按钮，在右侧“形式”列表框中即可看到多种供用户选择的粘贴选项，如右图所示。

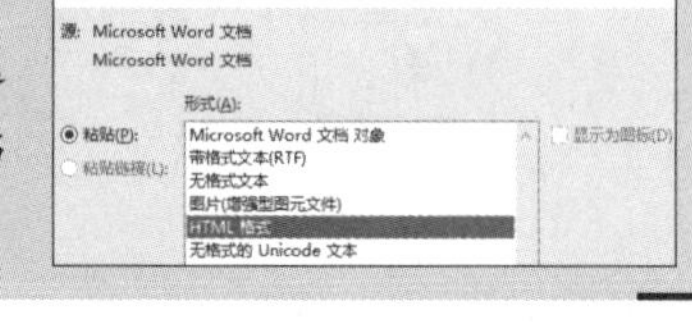

11.2.3　删除和修改文本

删除文本内容是指将文本从文档中清除掉。修改文本内容是指选择文本后，在原文本的位置上输入新的文本内容。

◎ **原始文件：** 下载资源\实例文件\11\原始文件\剪切和复制文本.docx

◎ **最终文件：** 下载资源\实例文件\11\最终文件\删除和修改文本.docx

步骤01 选择要删除的文本

打开原始文件，选择需要删除的文本内容，如下左图所示。

步骤02 删除文本效果

按【Delete】键，可以看到所选文本已被删除，如下右图所示。

考勤规定

1、出勤

1）员工每月按规定时间上下班，不得迟到或早退，

2）公司实行刷卡考勤制，上班必须刷卡。

3）公司允许员工每月有两次5分钟内的迟到不计扣工资。

2、特殊考勤

1）员工若因工作需要加班，应在加班期间做好考勤记录。

2）员工若因工作需要出差，应在出差期间做好考勤记录。

选择

步骤03 选择要修改的文本

选择需要修改的文本内容，如下图所示。

考勤规定

1、出勤

1）员工每月按规定时间上下班，不得迟到或早退，

2）公司实行刷卡考勤制，上班必须刷卡。

3）公司允许员工每月有两次迟到不计扣工资。

2、特殊考勤

1）员工若因工作需要加班，应在加班期间做好考勤记录。

2）员工若因工作需要出差，应在出差期间做好考勤记录。

选择

考勤规定

1、出勤

1）员工每月按规定时间上下班，不得迟到或早退，

2）公司实行刷卡考勤制，上班必须刷卡。

3）公司允许员工每月有两次迟到不计扣工资。

2、特殊考勤

1）员工若因工作需要加班，应在加班期间做好考勤记录。

2）员工若因工作需要出差，应在出差期间做好考勤记录。

效果

步骤04 修改文本的效果

直接输入正确的文本内容，完成修改，如下图所示。

考勤规定

1、出勤

1）员工每月按规定时间上下班，不得迟到或早退，

2）公司实行刷卡考勤制，上班必须刷卡。

3）公司允许员工每月有两次迟到，当迟到时间在半个小时以内，不计扣工资，当迟到时间超过半个小时，以旷工处理。

2、特殊考勤

1）员工若因工作需要加班，应在加班期间做好考勤记录。

2）员工若因工作需要出差，应在出差期间做好考勤记录。

效果

11.2.4　查找和替换文本

对于一个内容较多的文档，用户如果需要快速地查看某项内容，可输入内容中包含的一个词组或一句话，进行快速查找。当在文档中发现错误后，如果要修改多处相同内容的错误，可以使用替换功能。

◎ **原始文件：** 下载资源\实例文件\11\原始文件\查找和替换文本.docx

◎ **最终文件：** 下载资源\实例文件\11\最终文件\查找和替换文本.docx

生存技巧　使用通配符查找和替换

Word中的查找和替换功能非常强大，除了正文介绍的方法外，还可以通过通配符进行模糊查找，如可使用星号“*”通配符搜索字符串，使用问号“?”通配符搜索任意单个字符。

步骤01 单击“替换”按钮

打开原始文件，在“开始”选项卡下单击“编辑”组中的“替换”按钮，如下左图所示。

步骤02 查找文本

弹出“查找和替换”对话框，❶切换到“查找”选项卡，❷在“查找内容”文本框中输入需要查找的内容“每月”，❸单击“查找下一处”按钮，如下右图所示。

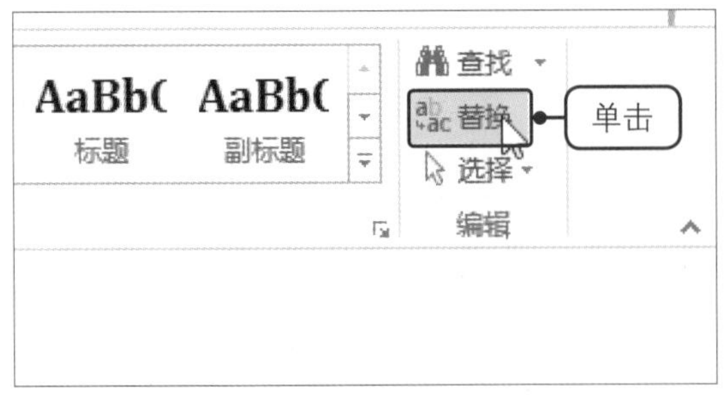

步骤03 查找文本的效果

此时可以看见查找到了第一个“每月”文本内容，继续单击“查找下一处”按钮，可查找其他的“每月”文本内容，如下图所示。

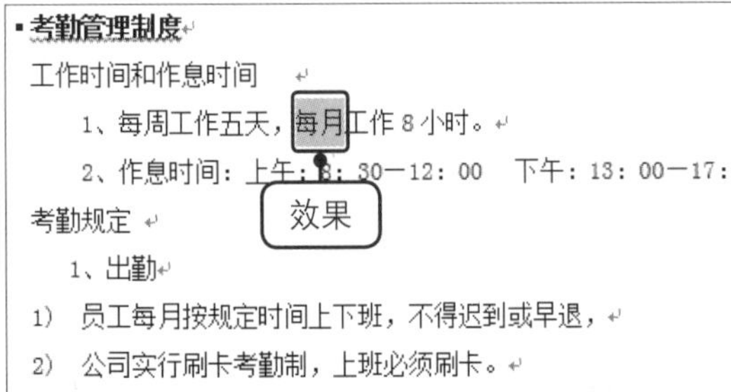

步骤05 突出显示文本的效果

此时，所有“每月”文本内容都被加上黄色背景，如下图所示。

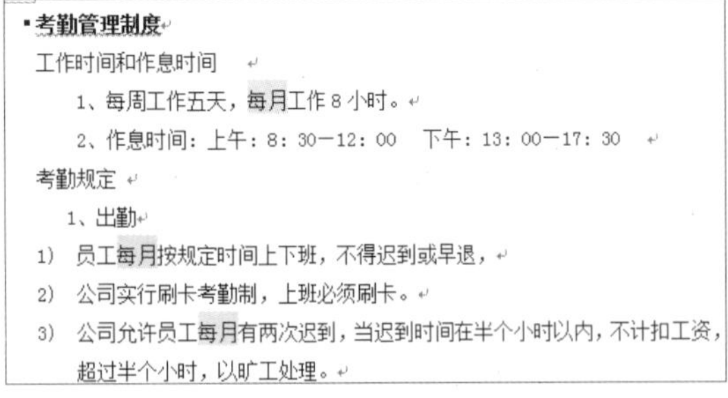

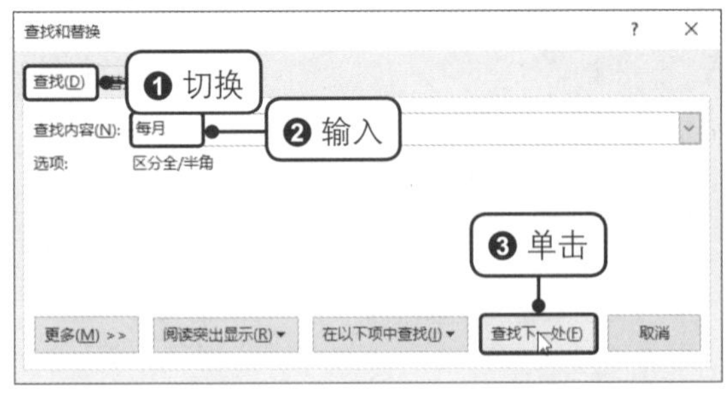

步骤04 突出显示文本

为了方便用户查看文档中的所有“每月”文本内容，可以将内容突出显示。在“查找和替换”对话框中单击“阅读突出显示”按钮，在展开的下拉列表中单击“全部突出显示”选项，如下图所示。

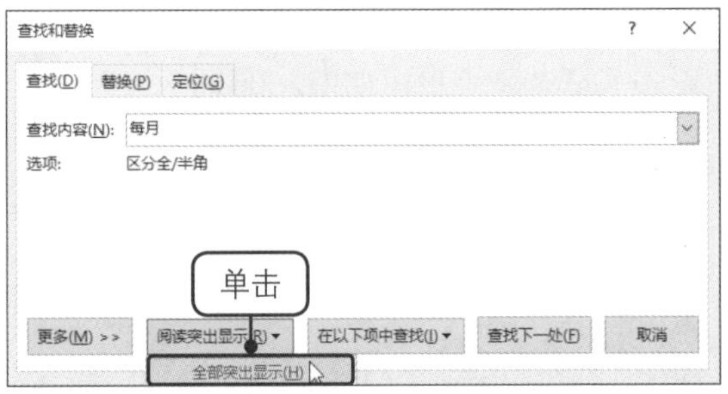

步骤06 输入替换内容

如果查找时只是发现部分内容有误。❶可切换到“替换”选项卡，❷在“替换为”文本框中输入替换内容，如输入“每天”，❸单击“查找下一处”按钮，如下图所示。

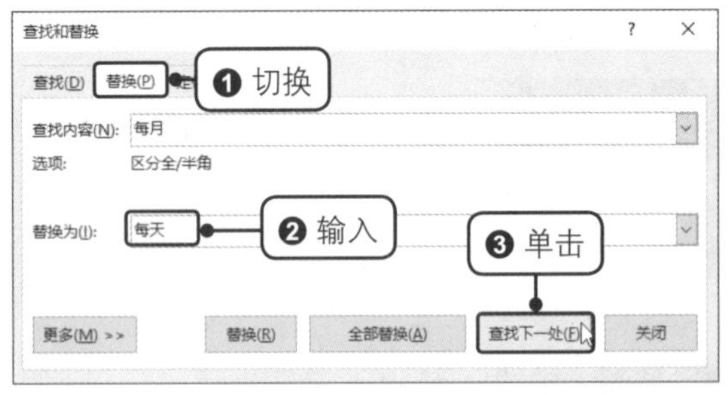

步骤07 查找需要替换的文本

此时系统自动选中第一处“每月”文本内容，根据段落的内容判断出此处有误，如下左图所示。

步骤08 单击“替换”按钮

在“查找和替换”对话框中单击“替换”按钮，如下右图所示。

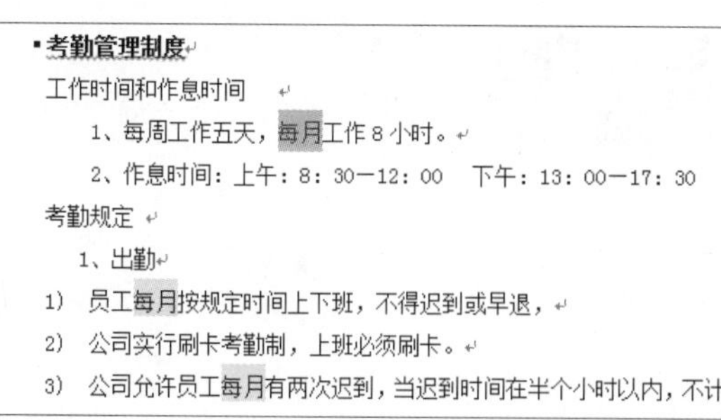

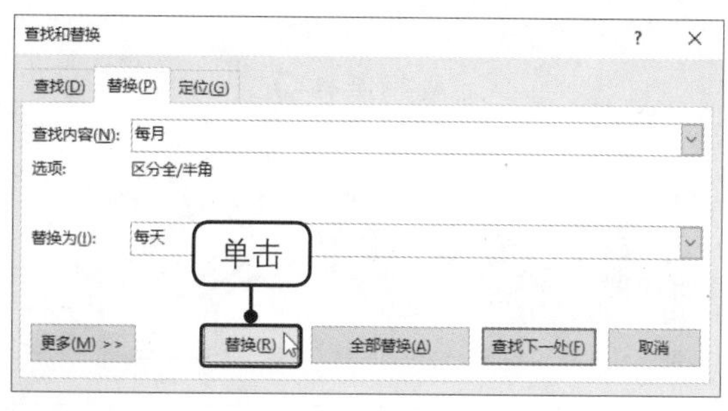

步骤09 单击“确定”按钮

继续替换其他有错的文本，完成替换后弹出提示框，提示用户已完成对文档的搜索，单击“确定”按钮，如下图所示。

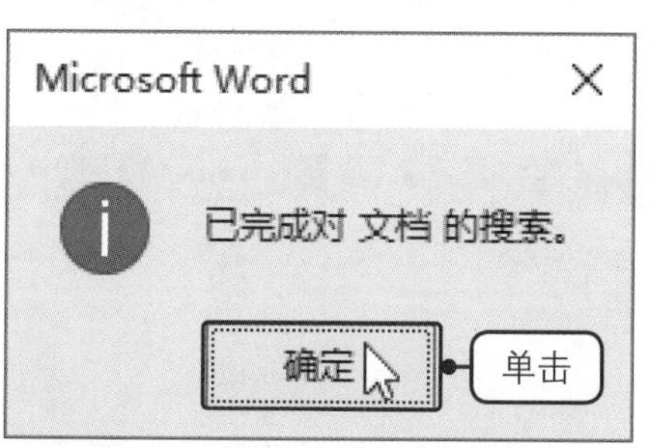

步骤10 替换文本后的效果

返回文档中，可以看见错误的文本内容已被替换成正确的文本内容，如下图所示。

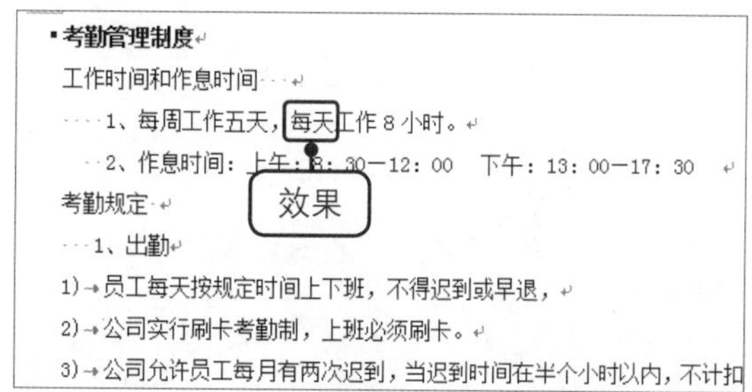

生存技巧　使用“导航”窗格查找

在 Word 中，除了使用“查找和替换”对话框来查找文本外，还可以使用“导航”窗格来查找，只需要在“视图”选项卡下勾选“导航窗格”复选框，在文档左侧展开的“导航”窗格的文本框中输入需要查找的文本内容，即可在文档中看到被突出显示的文本内容。

11.2.5　撤销与重复操作

如果某一步出现操作错误，要恢复到操作之前的效果，可以使用撤销功能。而如果要对多个对象应用同一个操作，可以使用重复操作的功能。

◎ **原始文件：** 下载资源\实例文件\11\原始文件\鞋子的种类.docx
◎ **最终文件：** 下载资源\实例文件\11\最终文件\撤销与重复操作.docx

步骤01 改变图片大小

打开原始文件，拖动图片四个角上的控点调整图片的大小，如下左图所示。

步骤02 撤销操作

释放鼠标后，图片的大小发生改变，使图片自动换行到了下一行，反而不利于文档的排版，此时单击快速访问工具栏中的“撤销”按钮，如下右图所示。

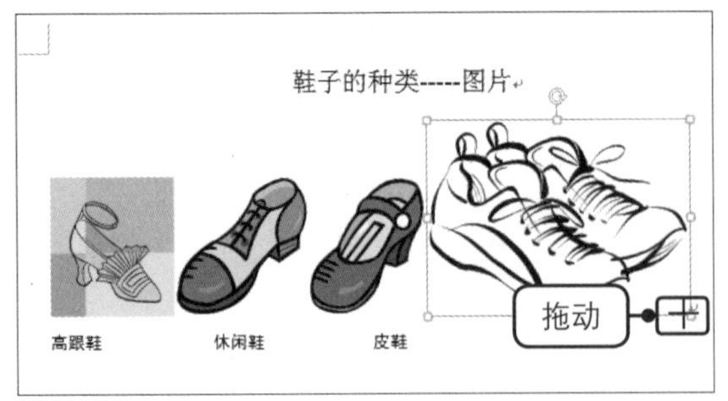

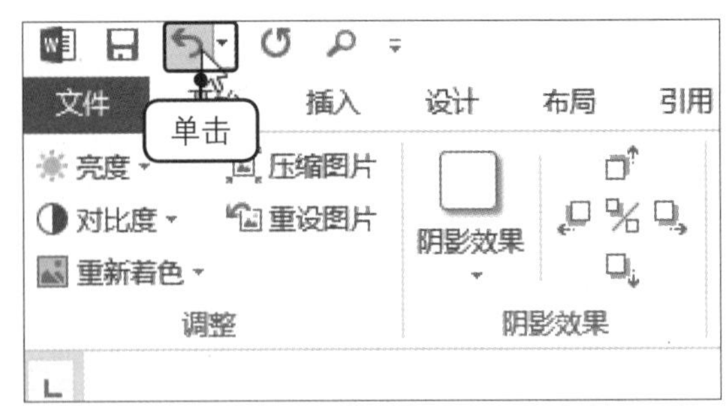

步骤03 撤销操作后的效果

随即撤销了上一步的操作，使文档恢复到最初的样子，如下图所示。

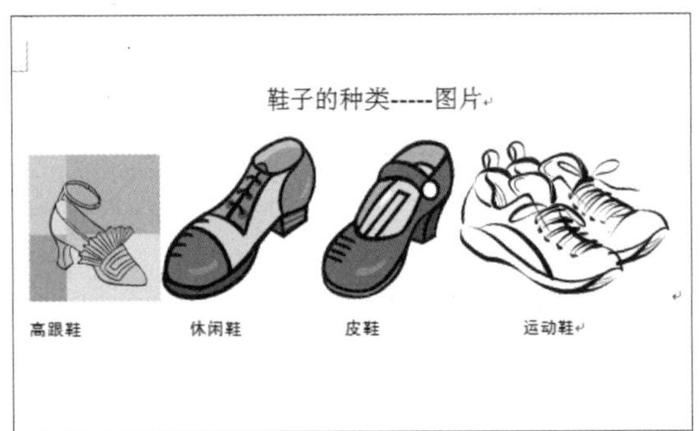

步骤04 应用图片样式

选中第一张图片，切换到“图片工具-格式”选项卡，在“图片样式”组中选择样式库中的“简单框架，白色”样式，为第一张图片应用该样式，如下图所示。

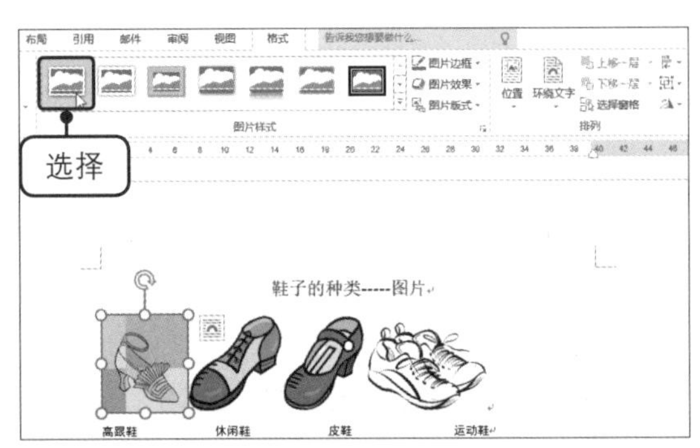

步骤05 重复操作

❶选中第二张图片，❷在快速访问工具栏中单击“重复”按钮，如下图所示。

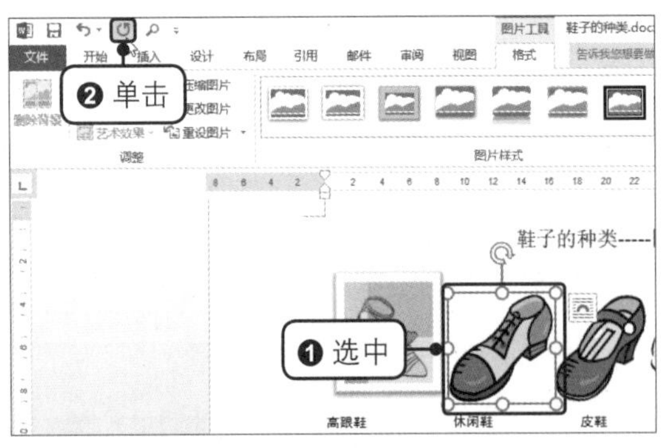

步骤06 重复操作后的效果

此时重复了上一步的操作，为第二张图片应用了相同的样式。使用相同方法为文档中的其他图片应用该样式，如下图所示。

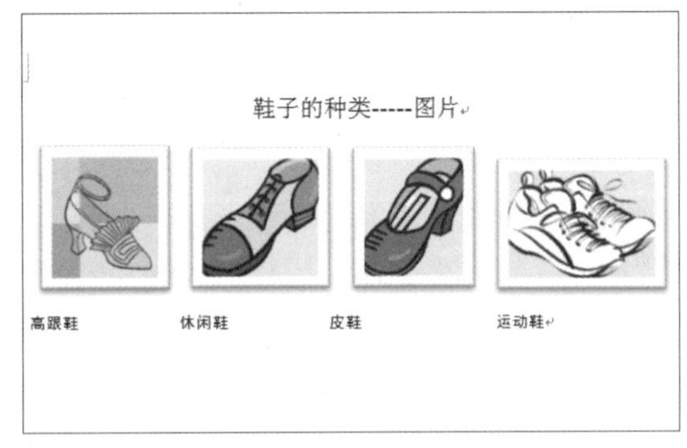

提示

当撤销了一个或多个操作后，如果需要恢复，可以在快速访问工具栏中单击“恢复”按钮。

生存技巧 一次撤销多个操作

如果想快速撤销多个操作步骤，使用连续单击“撤销”按钮的方式不仅浪费时间，还不一定能够得到准确的操作结果，此时可以单击“撤销”按钮右侧的下拉按钮，在展开的下拉列表中选择要撤销至的操作即可，如右图所示。

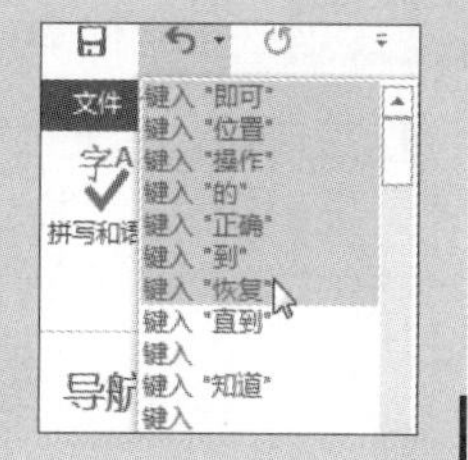

11.3 快速查错

在文档中快速查找错误包括使用“拼写和语法”检查错误、使用“批注”标注有错误的地方，最后可以使用修订来修改文档中的错误。

11.3.1 检查拼写和语法错误

在文档中输入了大量的内容后，为了提高文档的正确率，用户可以利用“拼写和语法”按钮来检查文档中是否存在错误。

◎ **原始文件：** 下载资源\实例文件\11\原始文件\工资制定方案.docx

◎ **最终文件：** 下载资源\实例文件\11\最终文件\检查拼写和语法错误.docx

步骤01 单击“拼写和语法”按钮

打开原始文件，切换到“审阅”选项卡，单击“校对”组中的“拼写和语法”按钮，如下图所示。

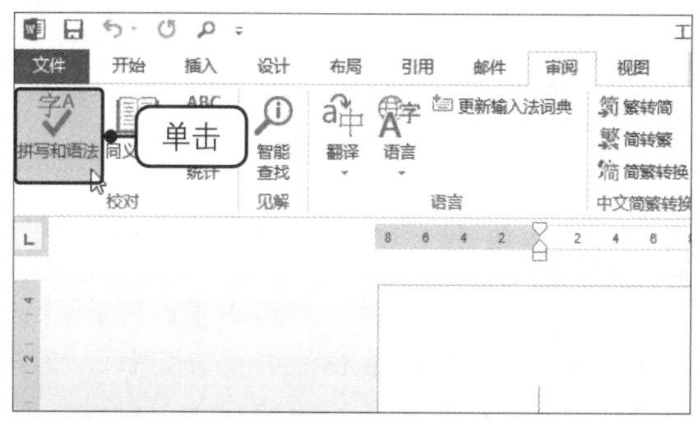

步骤02 查看错误

弹出“语法”窗格，此时可以查看错误的内容，如下图所示。若确实有误，在文档中进行相应修改即可。

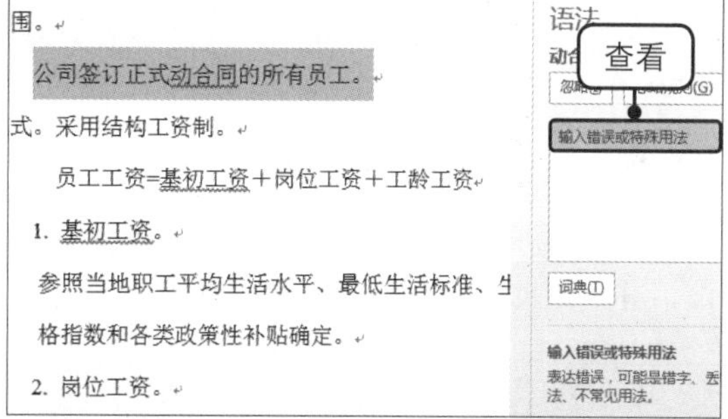

步骤03 查看其他错误

继续查看下一处错误，在文中单击下一处有蓝色波浪线的地方，可以查看该处错误的内容，如右图所示。

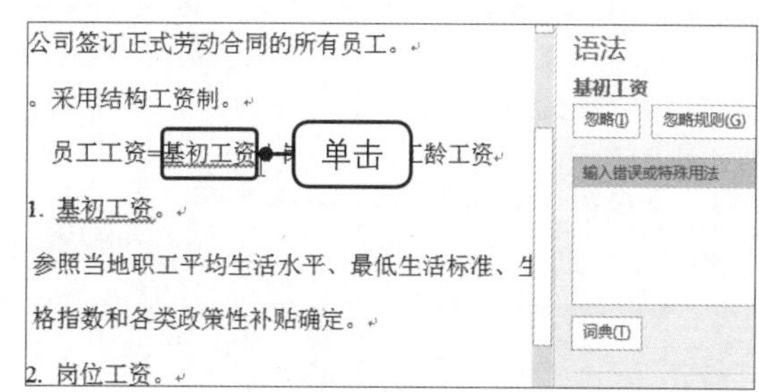

步骤04 完成检查

检查完成后，单击“关闭”按钮，会弹出提示框，提示用户“拼写和语法检查完成”，单击“确定”按钮，如右图所示。

11.3.2 使用批注

当检查到文档中有错误的时候，用户可以在错误的位置插入批注，以便说明错误的原因。

◎ **原始文件：** 下载资源\实例文件\11\原始文件\检查拼写和语法错误.docx
◎ **最终文件：** 下载资源\实例文件\11\最终文件\使用批注.docx

步骤01 新建批注

打开原始文件，将光标定位在要插入批注的位置，切换到“审阅”选项卡，单击“批注”组中的“新建批注”按钮，如下图所示。

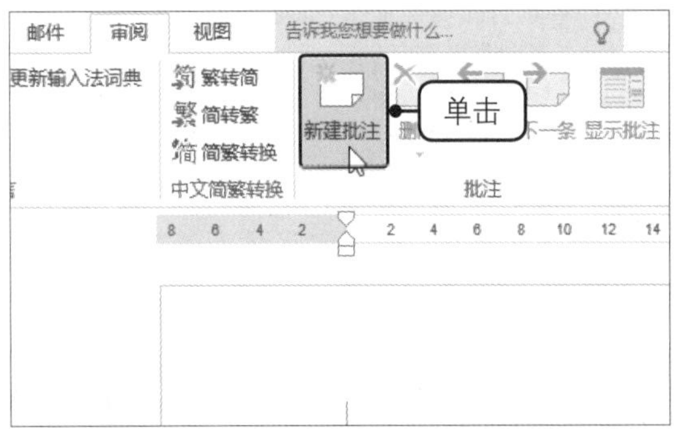

步骤02 输入批注的内容

此时在文档中插入了一个批注，在批注文本框中输入错误的原因或修改建议，如下图所示。

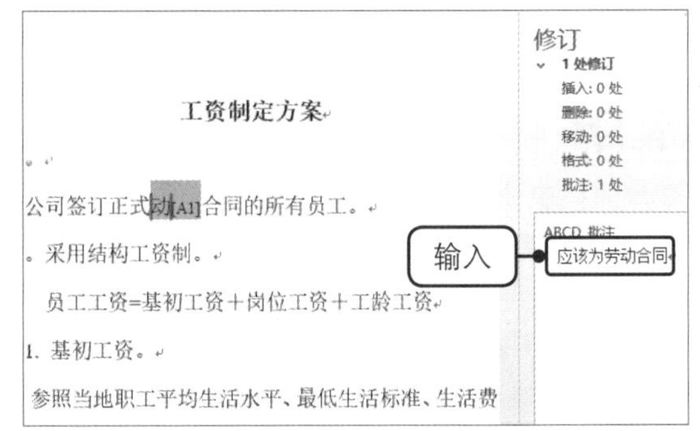

步骤03 插入批注后的效果

利用同样的方法，在文档的其他位置插入批注，并输入批注的内容，如下图所示。

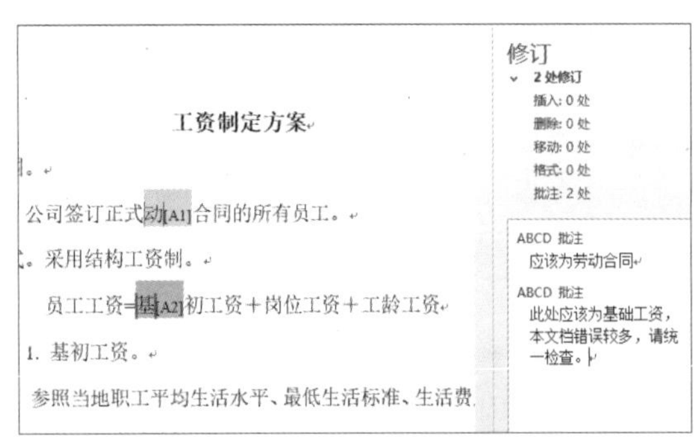

生存技巧 **快速定位批注**

在“查找和替换”对话框中，用户可以使用“定位”功能快速将光标定位至指定位置，例如将光标快速定位至“批注”中。具体方法是打开“查找和替换”对话框，切换至“定位”选项卡，在“定位目标”列表框中单击“批注”选项，在右侧“请输入审阅者姓名”下拉列表中选择需要的选项，再单击“下一处”按钮即可将光标定位到该审阅者的批注上。

生存技巧 批注的完成、删除和答复

在 Word 2016 中，若插入在文档中的批注已经达到了目的，此时为了不让批注影响文档的查看与浏览，用户可以选择将批注标记为完成。具体的操作方法是：右击需要标记为完成的批注，在弹出的快捷菜单中单击“将批注标记为完成”命令。如果用户想要删除该批注，则在弹出的快捷菜单中单击“删除批注”命令即可。如果用户想要答复批注者所批注的问题，则可以在弹出的快捷菜单中单击“答复批注”。

11.3.3 修订文档

如果要跟踪对文档的所有修改，了解修改的过程，可启用修订功能来修订文档。

◎ **原始文件：** 下载资源\实例文件\11\原始文件\使用批注.docx

◎ **最终文件：** 下载资源\实例文件\11\最终文件\修订文档.docx

步骤01 启用修订

打开原始文件，❶在“审阅”选项卡下单击“修订”组中的“修订”下拉按钮，❷在展开的列表中单击“修订”选项，如下图所示。

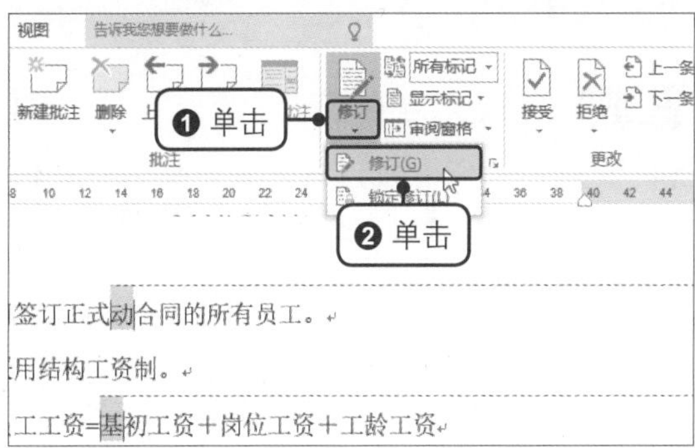

步骤02 修订文本的效果

此时进入修订状态，用户可以参照批注对文档进行修改，删除和插入的内容均会被标记出来，如下图所示。

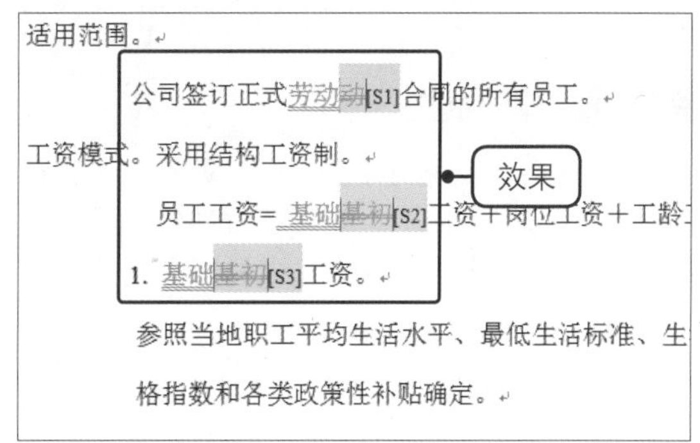

步骤03 打开审阅窗格

如果要查看修订的内容，❶可在“修订”组中单击“审阅窗格”右侧的下拉按钮，❷在展开的下拉列表中选择审阅窗格样式，如单击“垂直审阅窗格”选项，如下图所示。

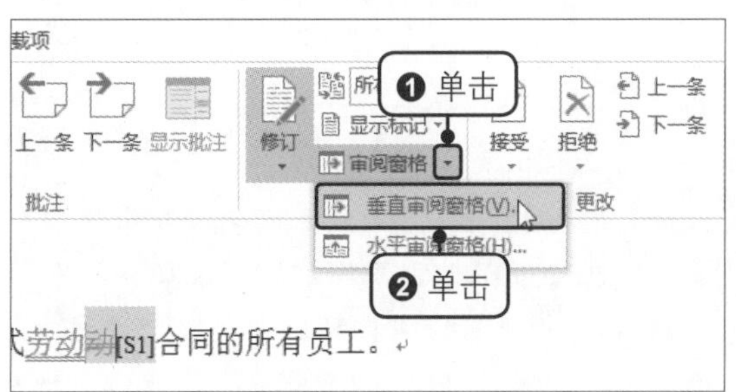

步骤04 查看修订的明细

此时，在文档的左侧显示了垂直审阅窗格，在窗格中用户可以查看所有的批注内容和修订内容，如下图所示。

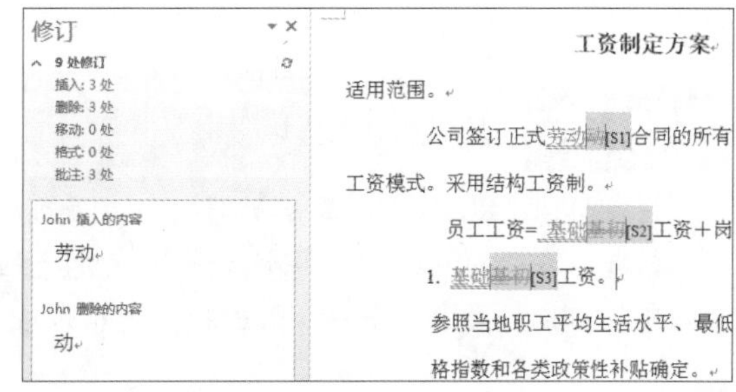

步骤05 接受修订

如果确认文中的修订均正确，❶在“更改”组中单击“接受”下拉按钮，❷在展开的列表中单击“接受所有修订”选项，如下图所示。

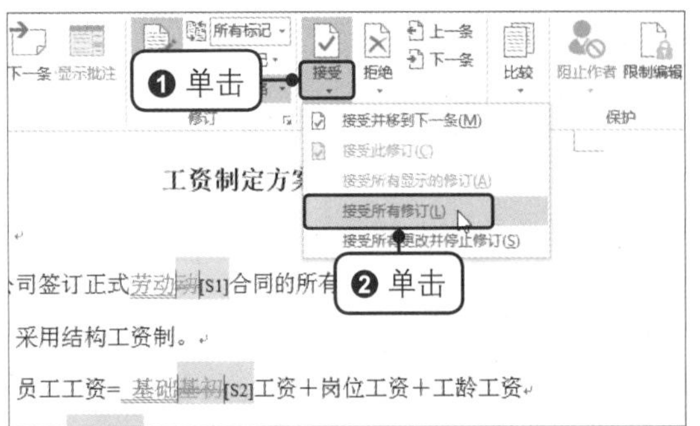

步骤06 接受修订的效果

此时，接受了所有的修订，修订的标记被清除了，如下图所示。

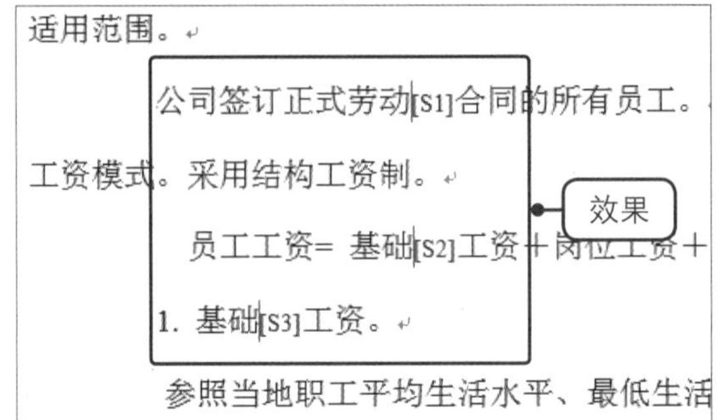

生存技巧 将多位审阅者的修订合并到一个文档中

有时文档可能会被多个审阅者修订，若要进行文档修改就比较麻烦，此时可以使用“合并”文档功能将多个修订合并到一个文档中。只需要在“审阅”选项卡下单击“比较”按钮，在展开的下拉列表中单击“合并”选项，弹出“合并文档”对话框，设置原文档和修订的文档后，单击“确定”按钮即可。

步骤07 删除批注

完成修订后，文档中的批注就没用了，❶在“批注”组中单击“删除”下拉按钮，❷在展开的列表中单击“删除文档中的所有批注”选项，如下图所示。

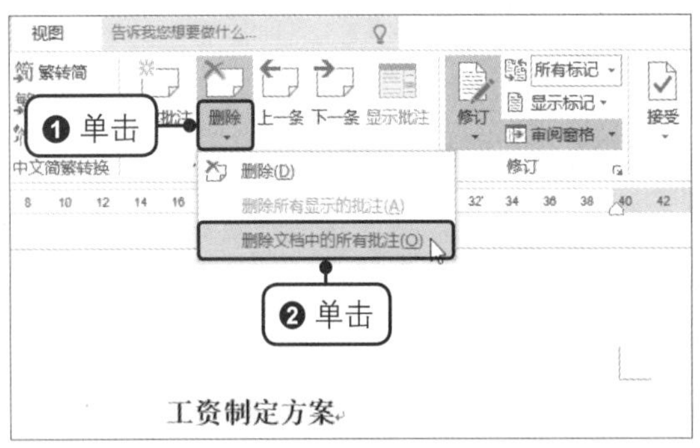

步骤08 完成文档的修订

此时文档中的所有批注被删除。最后在“修订”组中单击“修订”按钮，结束文档的修订状态，如下图所示。

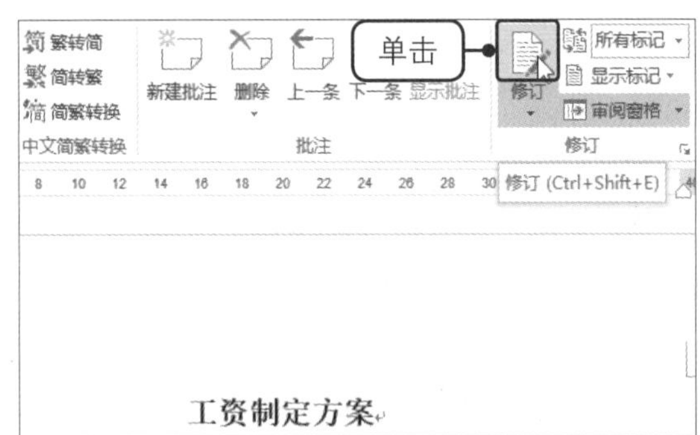

生存技巧 更改修订选项

在 Word 2016 中，默认的修订格式是可以更改的，包括插入内容的文本颜色、删除的标记颜色、批注框格式、跟踪格式等，只需要在“审阅”选项卡下单击“修订”下拉按钮，在展开的下拉列表中单击“修订选项”选项，在弹出的对话框中进行设置即可。

11.4 加密文档

为了保护文档，可以设置文档的访问权限，防止无关人员访问文档，也可以设置文档的修改权限，防止文档被恶意修改。

11.4.1 设置文档的访问权限

在日常工作中，很多文档都需要保密，并不是任何人都能查看，此时可为文档设置密码来保护文档。

◎ **原始文件：** 下载资源\实例文件\11\原始文件\修订文档.docx

◎ **最终文件：** 下载资源\实例文件\11\最终文件\设置文档访问权限.docx

步骤01 用密码进行加密

打开原始文件，在“文件”菜单中单击“信息”命令，❶在右侧的面板中单击“保护文档”按钮，❷在展开的下拉列表中单击“用密码进行加密”选项，如下图所示。

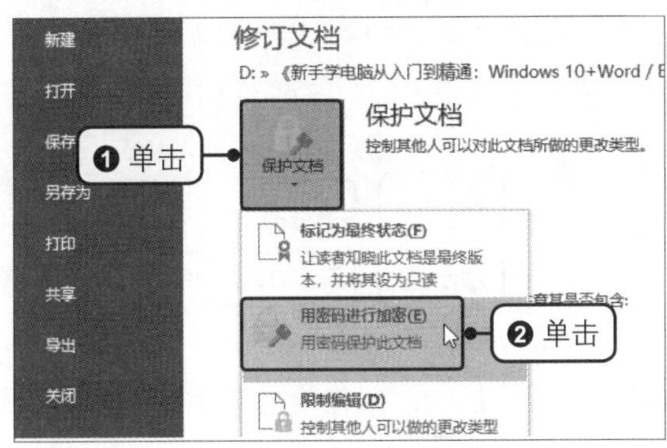

步骤02 输入密码

弹出“加密文档”对话框，❶在“密码”文本框中输入“123456”，❷单击“确定”按钮，如下图所示。

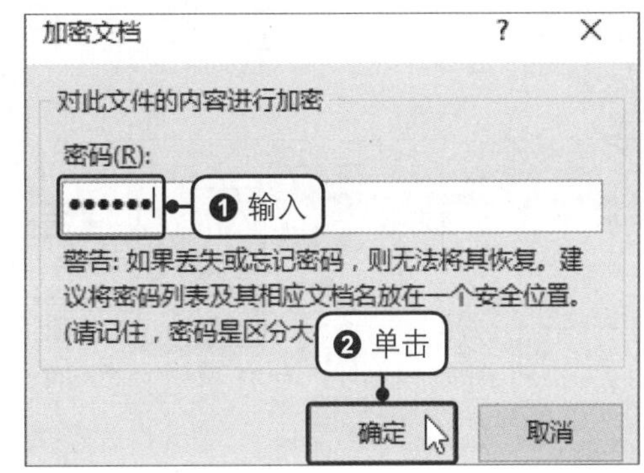

步骤03 确认密码

弹出“确认密码”对话框，❶在“重新输入密码”文本框中输入“123456”，❷单击“确定”按钮，如下图所示。

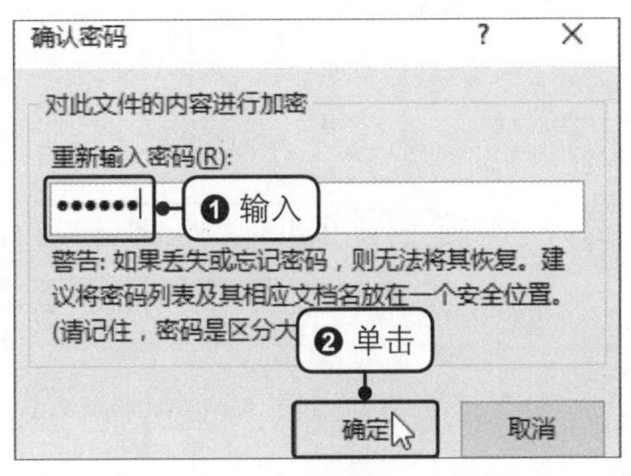

步骤04 查看权限

此时，在“保护文档”下方可以看见设置的权限内容，即“必须提供密码才能打开此文档”，如下图所示。

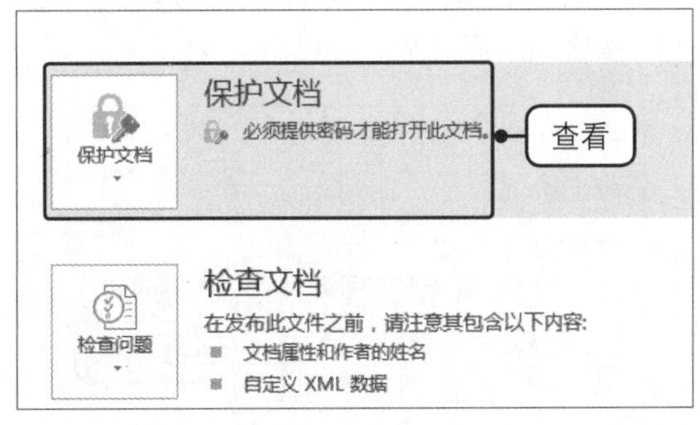

生存技巧 删除文档的访问权限

只有输入正确的密码才能打开设置了访问权限的文档。若要删除文档的访问权限，需在打开文档后，单击“文件＞信息”，在右侧的面板中单击“保护文档＞用密码进行加密”选项，如右图所示，在弹出的“加密文档”对话框中删除密码，单击“确定”按钮后保存文档，即可删除文档的访问权限。

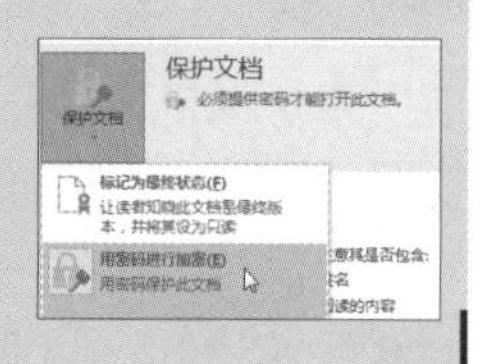

11.4.2 设置文档的修改权限

当文档会被其他用户查看的时候，为了防止他人在文档中做出修改，可以将文档设置为只读状态。

◎ **原始文件：** 下载资源\实例文件\11\原始文件\修订文档.docx

◎ **最终文件：** 下载资源\实例文件\11\最终文件\设置文档的修改权限.docx

步骤01 限制编辑

打开原始文件，切换到“审阅”选项卡，单击“保护”组中的“限制编辑”按钮，如下图所示。

步骤02 启动强制保护

打开“限制编辑”窗格，在“编辑限制”选项组下，❶勾选“仅允许在文档中进行此类型的编辑”复选框，❷设置编辑限制为“不允许任何更改（只读）”，❸单击“是，启动强制保护”按钮，如下图所示。

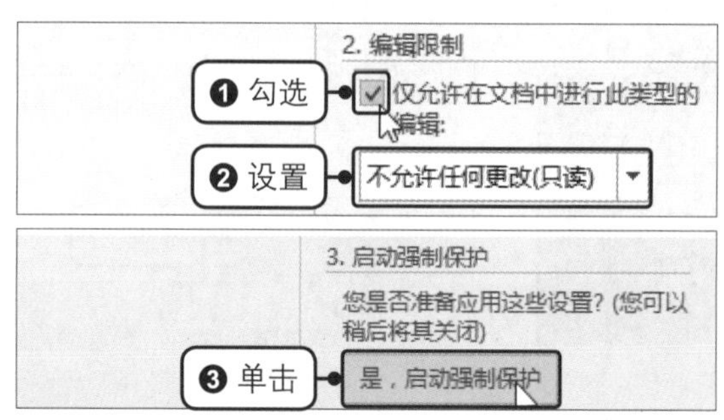

步骤03 输入密码

弹出“启动强制保护”对话框，❶在“新密码”文本框中输入“123”，在“确认新密码”文本框中再次输入“123”，❷单击“确定”按钮，如下图所示。

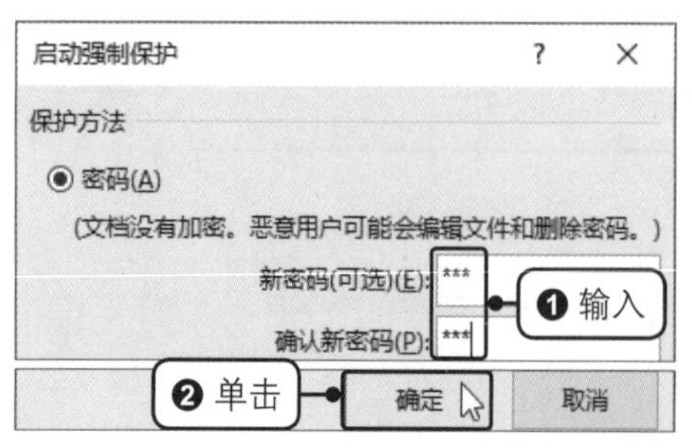

步骤04 设置权限后的效果

此时在“限制编辑”窗格中可以看见设置好的权限内容，如下图所示，当用户试图编辑文档时，可发现无法进行编辑。

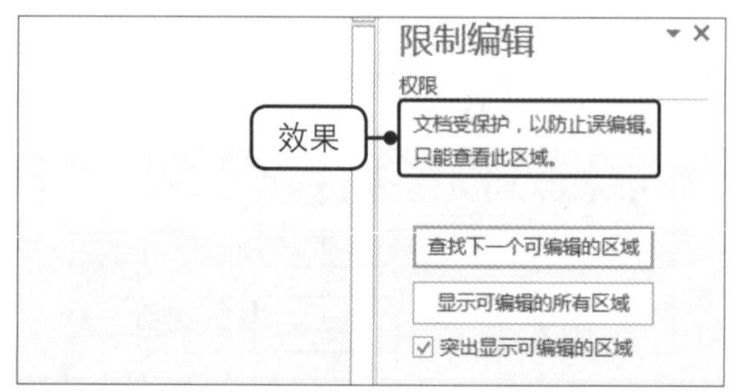

第12章 制作图文并茂的文档

要制作一个精美的 Word 文档，需要将文字和图片相结合，让图片来辅助说明文字或者美化文档。在 Word 文档中添加各种图片、插入艺术字及绘制示意图，都是为了让文档的内容更加丰富。

12.1 插入文本框

如果想要让文档中的文字可以随时移动或调节大小，可以在文档中插入文本框，文本框可以容纳文字和图形。插入文本框的时候，可以选择预设的文本框样式插入，也可以手动在任意地方绘制文本框。

◎ **原始文件：** 无

◎ **最终文件：** 下载资源\实例文件\12\最终文件\插入文本框.docx

步骤01 选择文本框样式

新建一个空白的文档，切换到“插入”选项卡，❶单击“文本”组中的“文本框”按钮，❷在展开的样式库中选择“奥斯汀引言”，如下图所示。

步骤02 插入文本框的效果

此时在文档的最上方插入了一个样式为“奥斯汀引言”的文本框，文本框自动被选中，如下图所示。

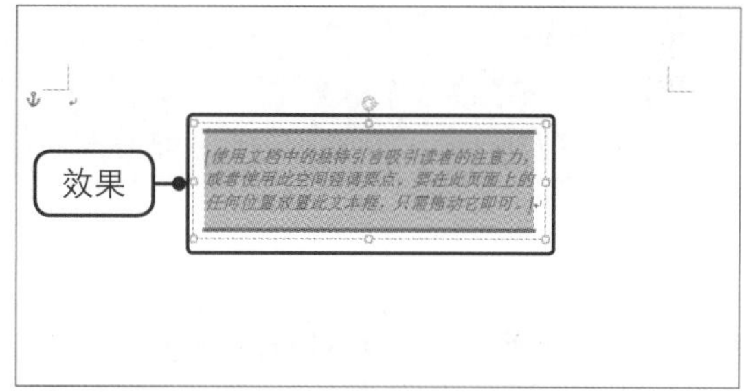

提示

如果用户不需要含有样式的文本框，可以手动绘制出自己需要的文本框。在“文本”组中单击“文本框”按钮，在展开的下拉列表中单击“绘制文本框”或“绘制竖排文本框”选项，然后在文档的任意地方拖动鼠标绘制出一个横排或竖排的文本框。在横排文本框中输入的文字从左到右排列，在竖排文本框中输入的文字从上到下排列。

步骤03 输入文本内容

直接在文本框中输入文本内容“春天……去赏花吧！”，此时文本框的大小自动和内容相匹配，如下左图所示。

步骤04 选择字体样式

切换到“绘图工具-格式”选项卡，在“艺术字样式”组中单击快翻按钮，在展开的样式库中选择“填充-白色，轮廓-着色2，清晰阴影-着色2”样式，如下右图所示。

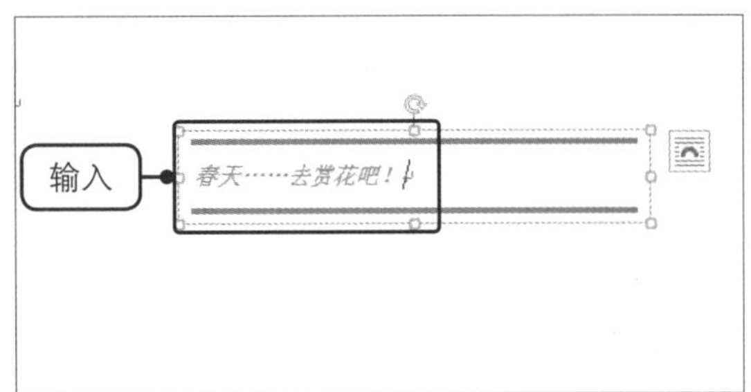

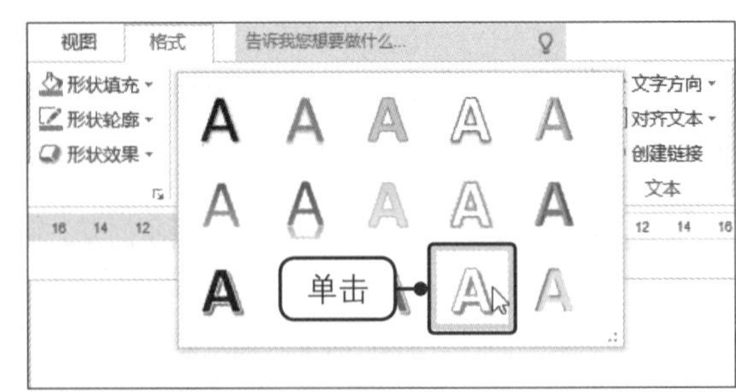

步骤05 设置字体样式后的效果

此时为文本框中的文字应用了预设的样式，将文字居中显示的效果如下图所示。

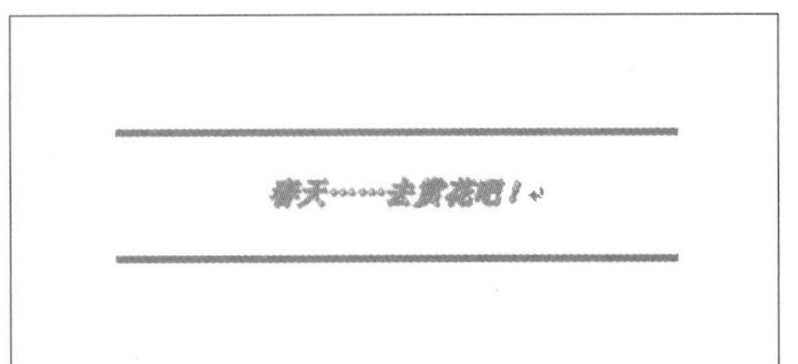

生存技巧 自行设置文本框样式

除了可以为文本框中的文本设置“艺术字样式”以外，还可以为文本框设置“形状样式”。切换到“绘图工具-格式”选项卡，在“形状样式”组中单击快翻按钮，然后在展开的库中选择需要设置的形状样式即可。如果对已有的形状样式不满意，也可以在“形状样式”组中自行设置文本框的形状填充、形状轮廓和形状效果。

生存技巧 巧妙组合多个文本框

若要将文档中的多个文本框对象变成一个对象，以便对文本框进行格式设置，只需要按住【Ctrl】键不放，依次选中多个文本框，再右击鼠标，在弹出的快捷菜单中单击“组合 > 组合”命令即可。

12.2 添加图片

为了使文档内容更加丰富多彩，用户可以为文档插入一些图片，特别是在制作简报或宣传文档时，图片可以起到很好的装饰作用。

12.2.1 插入与编辑本机图片

通常来说，插入图片是指插入电脑中存储的图片，即来自文件中的图片。这些图片也许并不能完全满足用户的需求，所以插入后可对图片做出适当的调整。

◎ **原始文件：** 下载资源\实例文件\12\原始文件\插入文本框.docx、风景.png

◎ **最终文件：** 下载资源\实例文件\12\最终文件\插入与编辑图片.docx

步骤01 插入图片

打开原始文件，将光标定位在要插入图片的位置，切换到“插入”选项卡，单击“插图”组中的“图片”按钮，如下图所示。

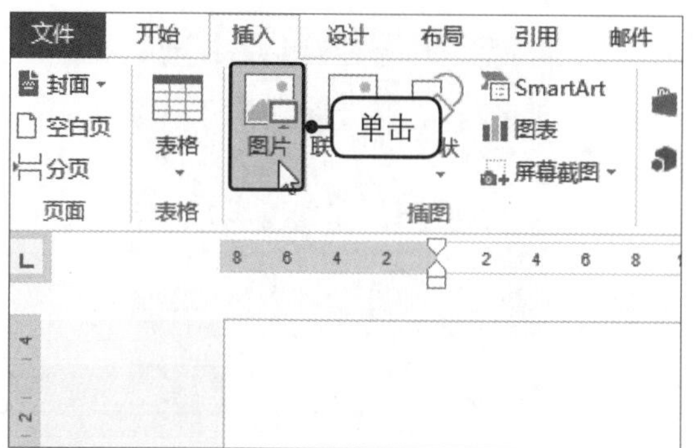

步骤02 选择图片

弹出“插入图片”对话框，❶找到图片保存的位置后，选中图片，❷单击“插入”按钮，如下图所示。

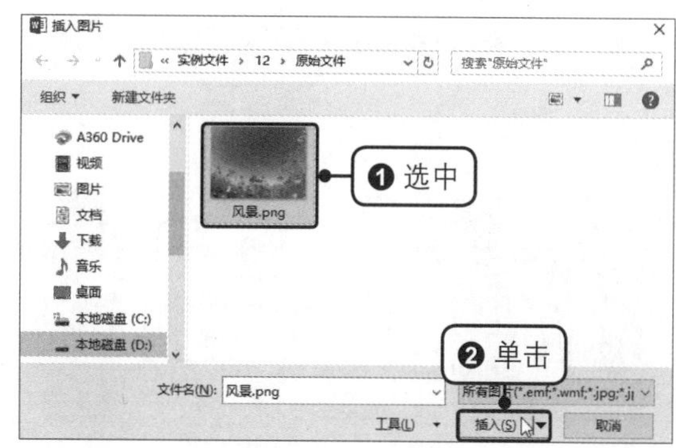

步骤03 插入图片后的效果

此时可在文档中看到插入的图片，效果如下图所示。

步骤04 更改图片颜色

单击图片将其选中，切换到“图片工具-格式”选项卡，单击“调整”组中的“颜色”按钮，在展开的颜色样式库中选择“饱和度400%”，如下图所示。

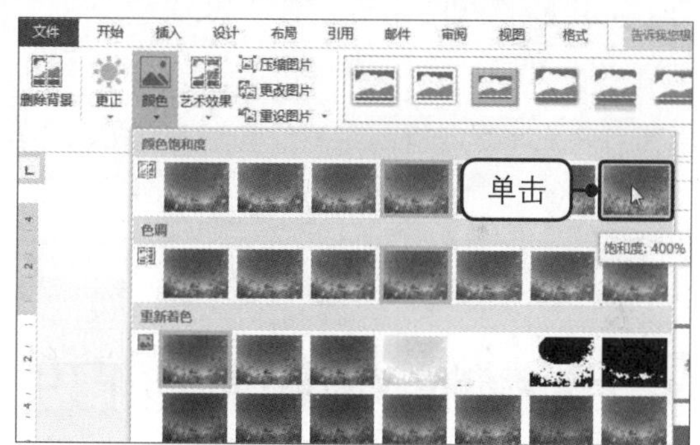

步骤05 更改图片样式

在“图片样式”组中单击快翻按钮，在展开的图片样式库中选择“映像圆角矩形”，如下图所示。

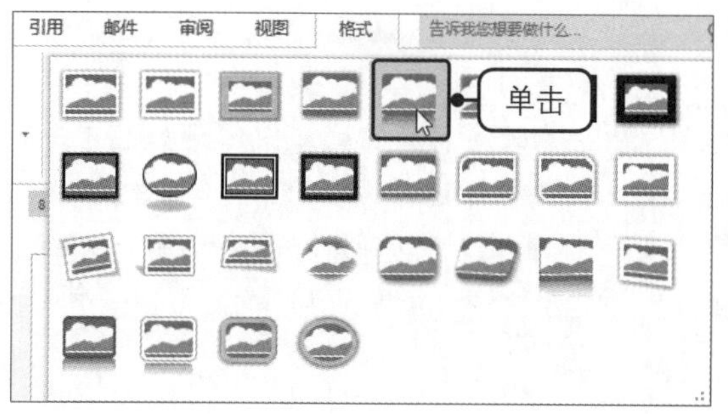

步骤06 更改图片后效果

更改了图片的颜色和样式后，图片看起来更亮丽、美观，如下图所示。

步骤07 柔化图片的边缘

❶在“图片样式”组中单击“图片效果”按钮，❷在展开的下拉列表中单击“柔化边缘>10磅”选项，如下图所示。

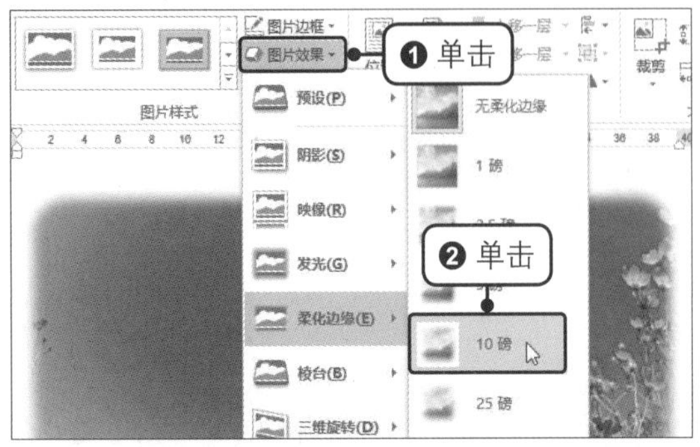

步骤08 柔化边缘后的效果

此时图片的边缘加入了柔化效果，使图片和文档背景更相容，如下图所示。

提示

在调整图片的时候，除了可以调整图片的颜色、样式和边缘柔化度外，还可以设置图片的艺术效果、设置图片的边框、更改图片的大小等。用户可以在“图片工具 - 格式”选项卡下的功能组中找到所有调整图片的功能按钮。

生存技巧　在图片中输入文字

有时用户需要在图片上输入一些文字，那么在Word中如何实现呢？只需要选中插入的图片，切换至“图片工具 - 格式”选项卡，在“排列”组中单击“环绕文字”按钮，在展开的下拉列表中单击“衬于文字下方”选项，操作完毕后，便可以在图片上任意输入文字了，输入文字后再调整图片位置即可。

12.2.2 插入与编辑联机图片

如果在电脑中找不到合适的图片，可以通过联机图片功能，从必应图片搜索引擎、OneDrive网盘等联机来源中搜索并插入图片。

◎ **原始文件：** 下载资源\实例文件\12\原始文件\插入与编辑图片.docx
◎ **最终文件：** 下载资源\实例文件\12\最终文件\插入与编辑联机图片.docx

生存技巧　设置环绕文字的位置

通常用户在设置了图片“紧密型环绕”格式后，该图片的四周会有文本内容，如果只需要在图片左侧保留文字而图片右侧为空白，该怎么办呢？只需要选中插入的图片，在“图片工具 - 格式”选项卡下单击“环绕文字”按钮，在展开的下拉列表中单击“其他布局选项”选项，在“布局”对话框中单击“紧密型”环绕方式，在“环绕文字”选项组中单击选中“只在左侧”单选按钮，完毕后单击“确定”按钮即可。

步骤01　插入图像

打开原始文件，切换到“插入”选项卡，单击“插图”组中的“联机图片”按钮，如下图所示。

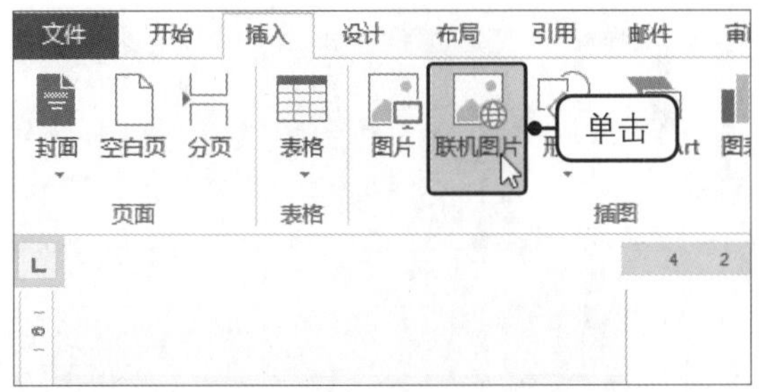

步骤02　搜索图像

弹出“插入图片”对话框，❶在“必应图像搜索”后的文本框中输入“人物”，❷单击“搜索”按钮，如下图所示。

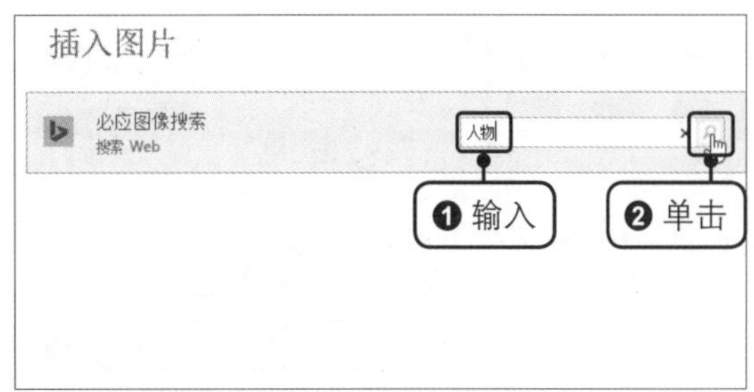

步骤03　选择并插入图像

此时，搜索出了一系列关于“人物”的图像，❶选择需要的图片，❷单击“插入”按钮，如下图所示。

步骤04　设置环绕文字类型

此时在文档中可以看到插入的图片。为了方便放置图片，右击图片，在弹出的快捷菜单中单击“环绕文字>浮于文字上方”选项，如下图所示。

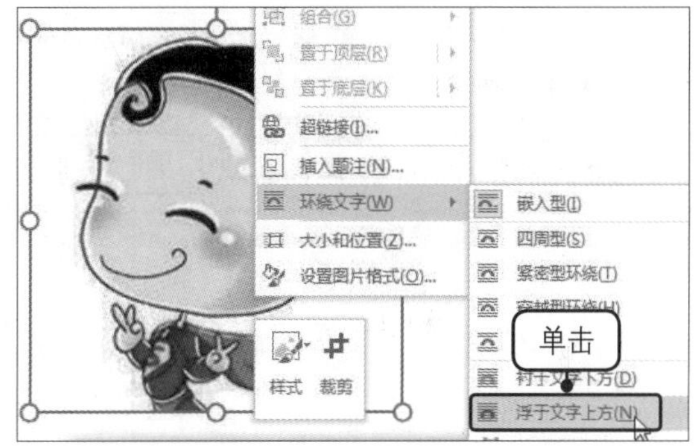

步骤05　拖动图片

将鼠标指向图片，此时鼠标指针呈十字箭头形，拖动图片至适当的位置，如下图所示。

步骤06　更改图片的亮度和对比度

在“图片工具-格式”选项卡下，❶单击“调整”组中的“更正”按钮，❷在展开的样式中选择“亮度：+40% 对比度：-20%”，如下图所示。

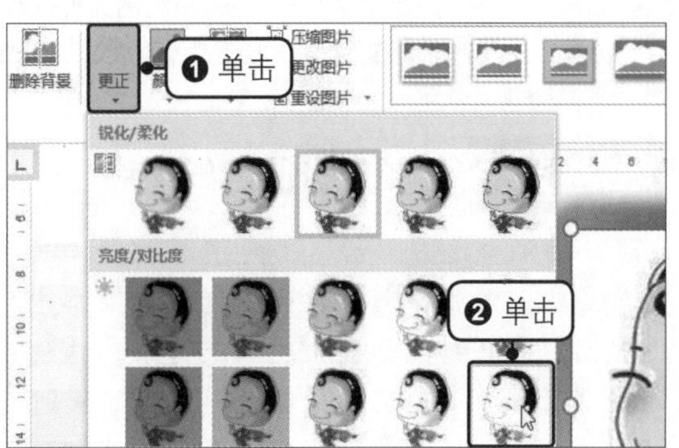

步骤07 旋转图片

为了让图片与画面更契合，再对其进行旋转。在“排列”组中单击“旋转”按钮，在下拉菜单中选择“水平翻转”选项，如下图所示。

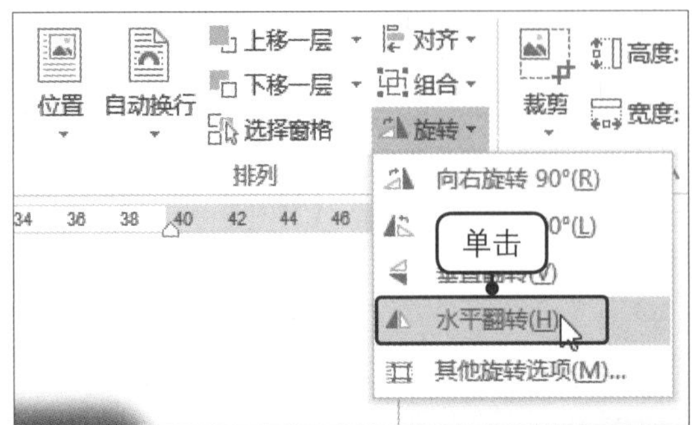

步骤08 缩小图片

将鼠标指针移至图片边缘位置，拖动鼠标，将图片调整为合适的大小，如下图所示。

步骤09 设置图片样式

选中图片，在“图片工具-格式”选项卡下的“图片样式”组中单击“映像圆角矩形”选项，如下图所示。

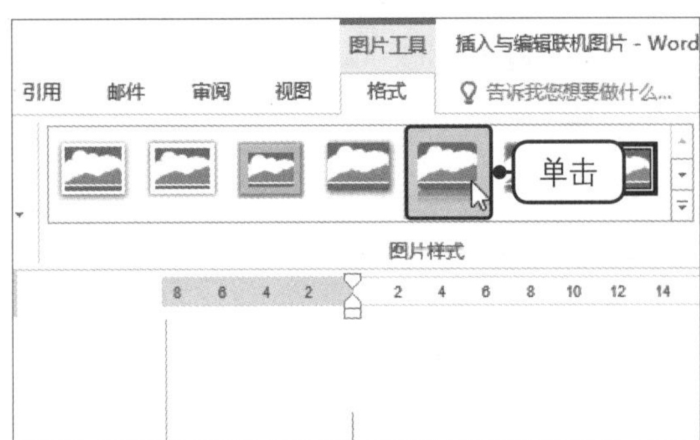

步骤10 编辑图片后的效果

此时可以看到图片的最终效果，如下图所示。

12.2.3 插入与编辑自选图形

自选图形的种类很多，包括基础图形，如圆形、长方形、菱形等，还包括线条、标注图形、箭头图形等。用户在文档中插入了图形后，可在图形中编辑文字。

◎ **原始文件：** 下载资源\实例文件\12\原始文件\插入与编辑自选图形.docx

◎ **最终文件：** 下载资源\实例文件\12\最终文件\插入与编辑自选图形.docx

生存技巧 编辑自选图形的顶点

插入自选图形后，若对图形的整体外观不满意，可以对其顶点进行编辑。右击图形，在弹出的快捷菜单中单击“编辑顶点”命令，所选图形的转折点就会出现黑色方块，这便是图形的顶点，用鼠标左键拖动顶点可以调整其位置，图形的形状也随之更改，如右图所示。

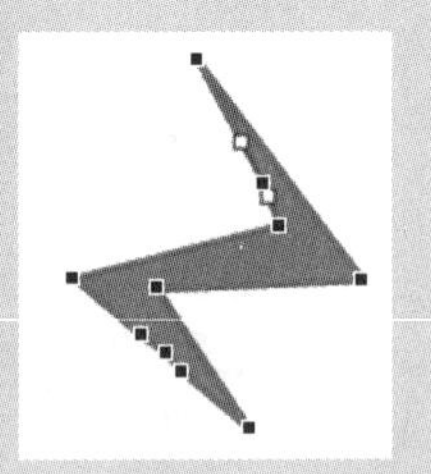

步骤01 插入形状

打开原始文件，❶单击“插图”组中的“形状”按钮，❷在展开的形状库中选择“云形标注”形状，如下图所示。

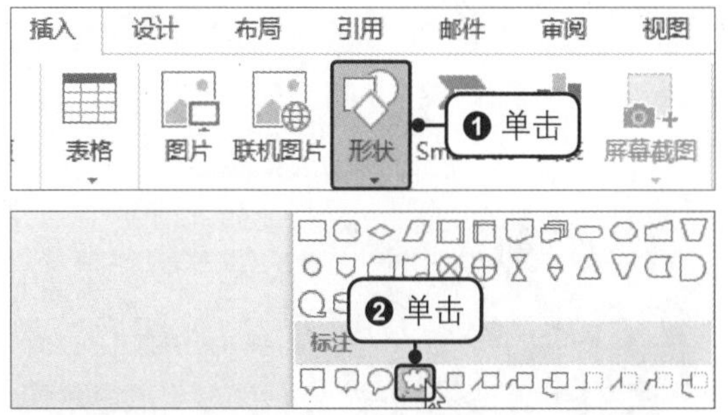

步骤02 绘制形状

此时鼠标指针呈十字形，拖动鼠标绘制形状，如下图所示。

步骤03 单击对话框启动器

释放鼠标后就在文档中插入了一个自选图形。此时可以编辑调整图形。切换到“绘图工具-格式”选项卡，单击“形状样式”组中的对话框启动器，如下图所示。

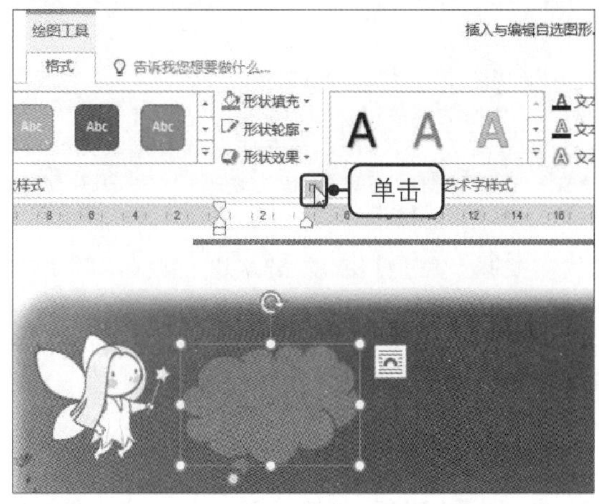

步骤04 设置形状的填充效果

弹出“设置形状格式”窗格，❶在“文本填充”组中单击选中“渐变填充”单选按钮，❷设置颜色为“绿色，个性色，淡色40%”，❸设置渐变光圈位置为“60%”，如下图所示。

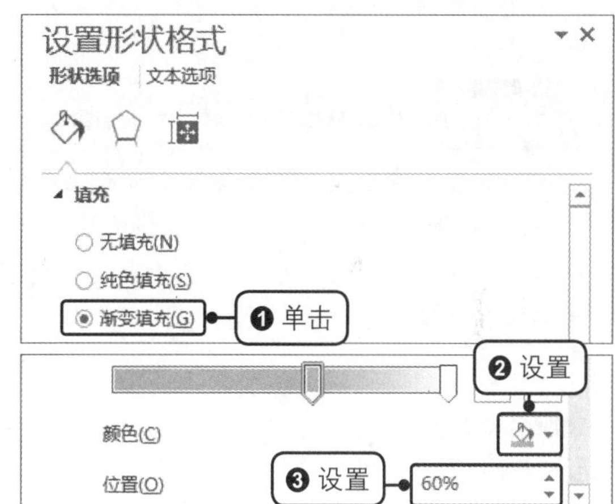

步骤05 设置形状的线条

❶在“线条”组中单击“实线”单选按钮，❷设置线条的颜色为“白色，背景1”，如下图所示。

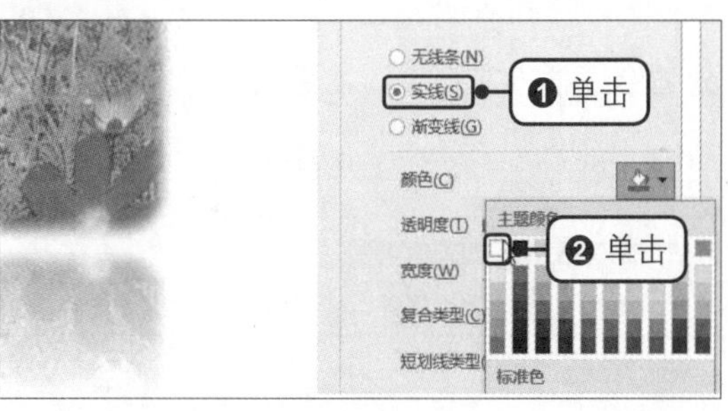

步骤06 拖动调节标注

返回到文档中，可以看见设置了格式后的形状效果。单击形状下方的标注指向按钮，拖动至合适的位置，如下图所示。

步骤07 输入文本内容

❶释放鼠标后，在形状中单击并输入文本内容“快乐地赏花吧”。❷为了使文字排列在一行中，将鼠标指向形状右下角，拖动鼠标改变形状的大小，如下图所示。

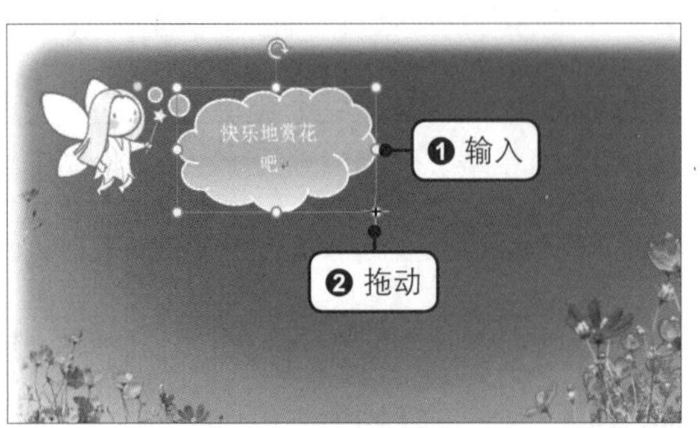

步骤08 设置形状后的最终效果

释放鼠标后，就完成了对形状的调整和编辑，此时用户可以看到整个形状的效果。当公司组织春游时，此文档即可作为一个很活泼的宣传简报，如下图所示。

提示

绘图画布可以将多个形状组合起来，若用户需要插入多个形状，并要统一对它们进行设计，就可创建一个画布。在“插图”组中单击“形状”按钮，在展开的下拉列表中单击“新建绘图画布”选项，此时将在文档中插入一个画布，此画布中不能输入文字。

生存技巧 **设置自选图形的默认格式**

如果用户需要绘制一组格式相同的自选图形，逐个绘制后再调整格式很耗时，是否有办法一次搞定呢？Word考虑到了这点，用户只需要把一个自选图形的格式设置为想要的格式，然后右击它，在弹出的快捷菜单中选择“设置为默认形状”命令，之后再绘制其他自选图形时就将直接采用这个默认的格式。

生存技巧 **图片的替换**

若对插入的图片不满意，不必删除后再重新插入，只需选中要替换的图片，在“图片工具-格式”选项卡下单击“更改图片”按钮，在弹出的“插入图片”对话框中重新选择其他图片，再单击“插入”按钮即可。该功能对于已经设置了图片格式的图片替换非常实用。

12.2.4 插入屏幕剪辑

当打开一个窗口后，发现窗口或窗口中某些部分适合于插入文档中，就可以使用屏幕剪辑功能截取整个窗口或窗口的某部分插入到文档中。

◎ **原始文件：** 下载资源\实例文件\12\原始文件\插入屏幕截图.docx
◎ **最终文件：** 下载资源\实例文件\12\最终文件\插入屏幕截图.docx

步骤01 插入屏幕截图

打开原始文件，❶单击“插图”组中的“屏幕截图”按钮，❷在展开的列表中单击“屏幕剪辑”选项，如下图所示。

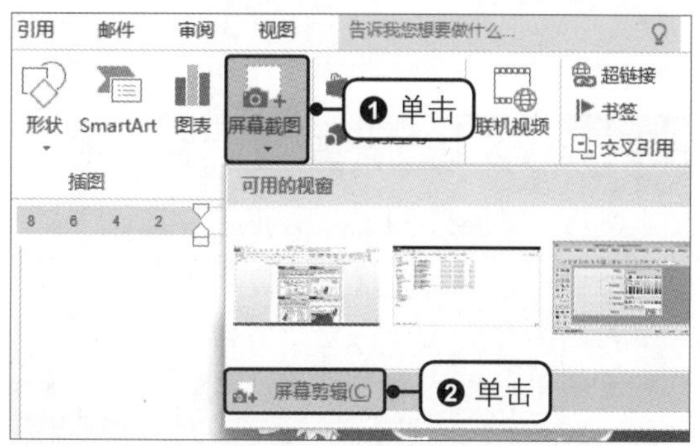

步骤02 截取图像

此时，当前打开的窗口将进入被剪辑的状态中，拖动鼠标，框选窗口中需要剪辑的部分，如下图所示。

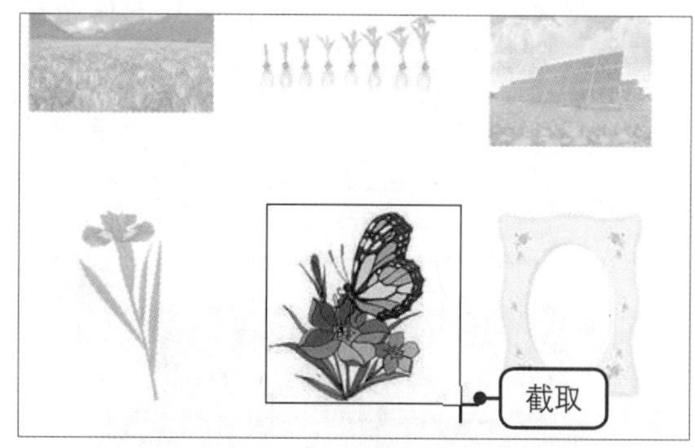

步骤03 调整图片

释放鼠标后，即为文档插入了一张屏幕剪辑的图片，右击图片，在弹出的快捷菜单中单击“环绕文字>浮于文字上方”选项，如下图所示。

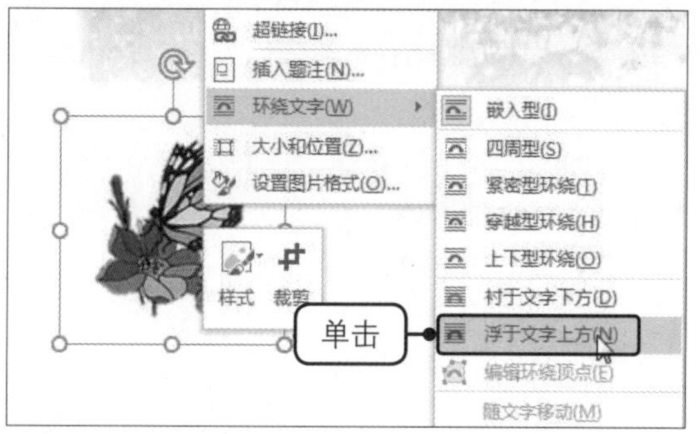

步骤04 拖动图片

拖动图片至文档中适当的位置后释放鼠标，此时图片背景为白色，看起来并不美观，如下图所示。

步骤05 删除背景

切换到“图片工具-格式”选项卡，单击“调整”组中的“删除背景”按钮，如下图所示。

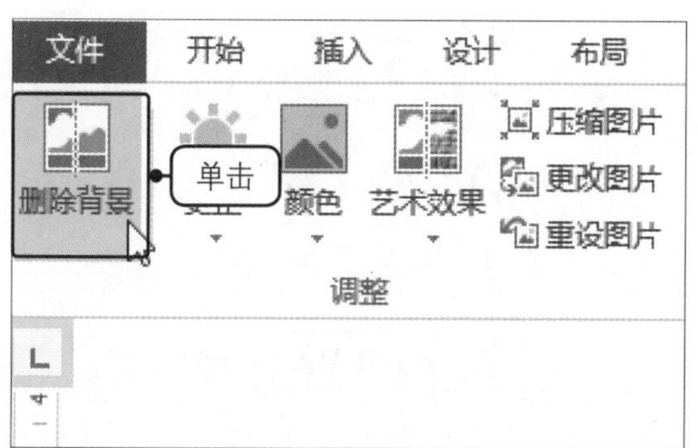

步骤06 确定背景的删除

图中洋红色部分是要删除的区域，在“背景消除”选项卡下单击“关闭”组中的“保留更改”按钮，确定背景的删除，如下图所示。

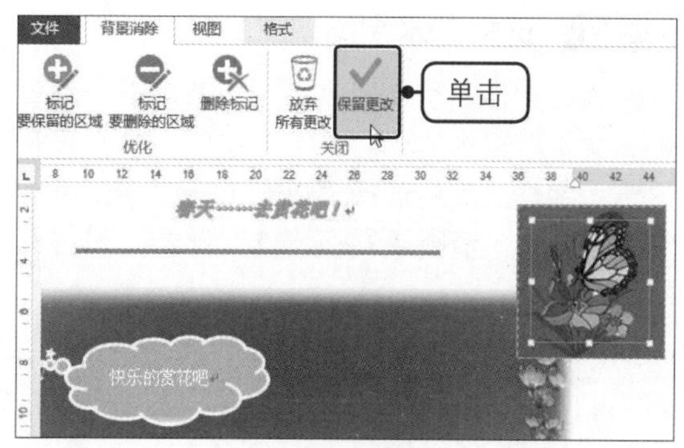

步骤07 删除背景后的效果

此时可见图片的白色背景被删除了，只保留了蝴蝶和花朵的图像，一份精美的简报就完成了，效果如下图所示。综上所述，在文档中插入图片都需要适当地做出调整，图片的调整和编辑包括很多方面，用户只需要根据实际情况选择调整的部分即可。

提示

如果标记的部分不是需要删除的背景区域，用户可以在“背景消除”选项卡下单击“优化”组中的“标记要删除的区域”按钮，然后拖动鼠标绘制要删除的区域即可。

生存技巧　让图片更“瘦”一些

插入的图片越多、图片尺寸越大，文档的大小也会随之增加。若要将文档发给他人，是需要花费一定时间的，此时可以对文档中的图片进行压缩，只需要在“图片工具 - 格式”选项卡下单击“压缩图片”按钮，在弹出的“压缩图片”对话框中设置“压缩选项”和“目标输出”即可。

12.3 插入艺术字

艺术字是一种富于创意性、美观性和修饰性的特殊文字，一般用于文档的标题或文档中需要修饰的内容。艺术字通常都是包含在一个文本框中的。

◎ **原始文件：** 下载资源\实例文件\12\原始文件\组织结构图.docx

◎ **最终文件：** 下载资源\实例文件\12\最终文件\插入艺术字.docx

生存技巧　快速分层叠放艺术字

如果用户在一个文档中插入了多个艺术字，不要担心它们的排列问题，因为 Word 2016 为大家准备了多种排列艺术字的方式，只需要在“绘图工具 - 格式”选项卡下单击“选择窗格”按钮，即可在打开的“选择”窗格中选择需要排列的艺术字，在“排列”组中单击“上移一层”或“下移一层”按钮进行层叠排放。

步骤01 选择艺术字类型

打开原始文件，切换到“插入”选项卡，❶单击“文本”组中的“艺术字”按钮，❷在展开的艺术字样式库中选择“填充-黑色，文本1，轮廓-背景1，清晰阴影-背景1”样式，如右图所示。

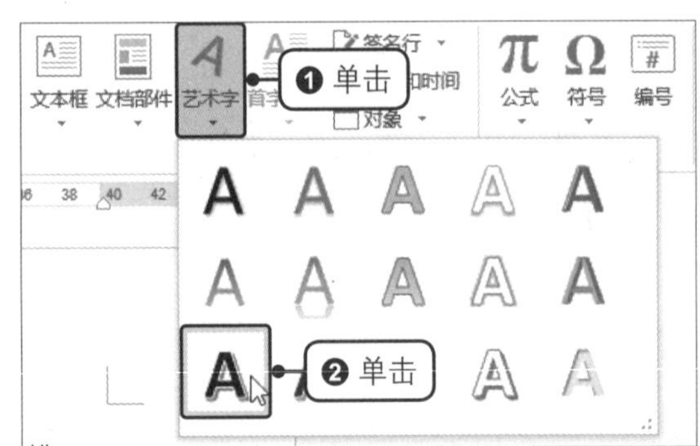

步骤02　插入艺术字效果

此时在文档中插入了一个艺术字文本框，在文本框中包含提示用户“请在此放置您的文字”的字样，如下图所示。

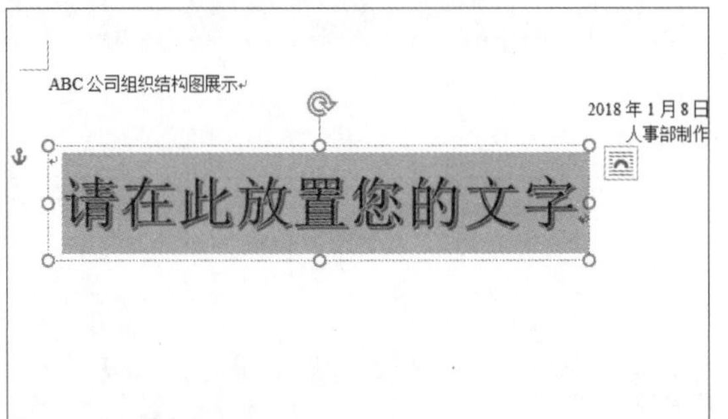

步骤03　输入文本

根据需要在文本框中输入文本内容“公司人员组织结构图”，如下图所示。

步骤04　应用样式

切换到“绘图工具-格式”选项卡，单击“形状样式”组中的快翻按钮，在展开的样式库中选择合适的样式，如下图所示。

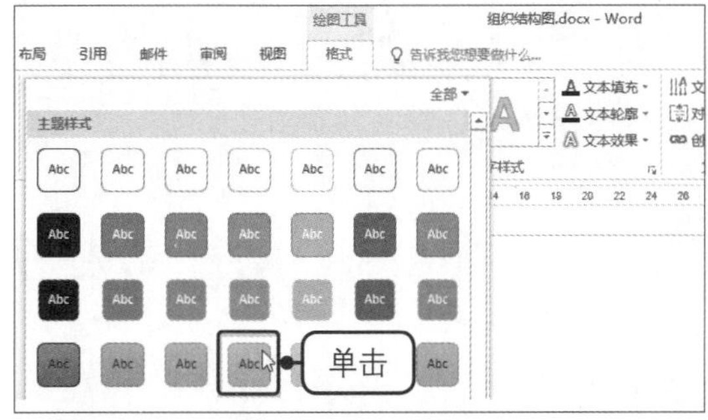

步骤05　更改形状

❶在“插入形状”组中单击“编辑形状”按钮，❷在展开的下拉列表中单击“更改形状”选项，在展开的形状库中选择“棱台”，如下图所示。

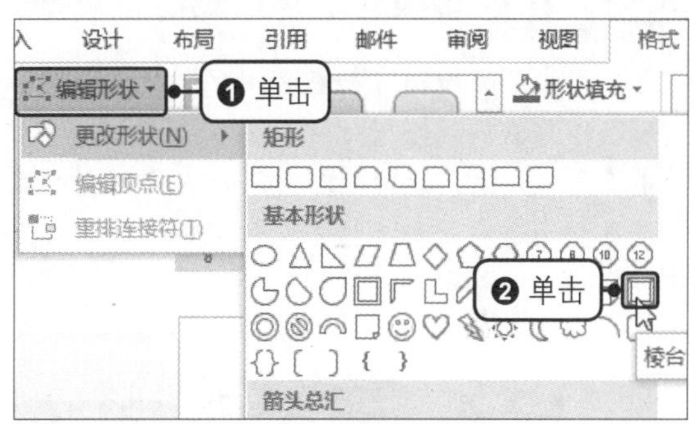

步骤06　更改形状后的效果

更改文本框的样式和形状类型后，可以看见文本框的显示效果，如下图所示。为了让文本框和文档中的文字更匹配，可以调整文本框的大小。

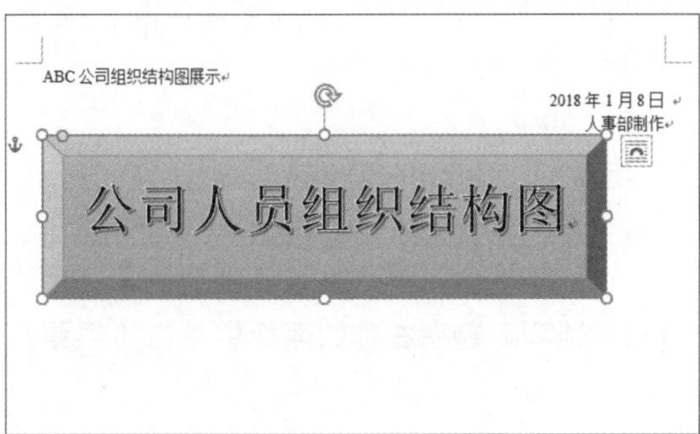

步骤07　调整形状大小

在“大小”组中单击微调按钮，调整形状的高度为“3厘米”、宽度为“15厘米”，如下图所示。

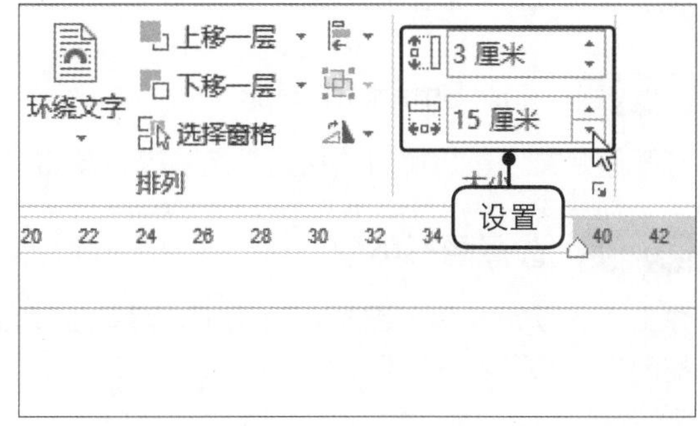

步骤08 调整形状后的效果

调整好文本框的大小后，可以看见文本框的显示效果，此时文本框的外形和文档中的文字更加匹配，如右图所示。

提示

如果要调整文本框中艺术字的字体，可以先选中需要调整的文本，切换到“开始”选项卡下，在“字体”组中即可设置艺术字的字体、字号等内容。

生存技巧 用艺术字为自选图形添加倾斜标注

有时需要给插入的自选图形添加标注，某些情况下还需要使标注文字以一定角度倾斜显示，直接旋转文本框或形状，其中的文字是不会跟着旋转的，那怎么使Word中的文字倾斜呢？这就要用到艺术字了。插入艺术字后，单击并拖动艺术字上方的旋转手柄至适当的角度，然后拖动艺术字至图形中的标注位置即可。

生存技巧 转换艺术字效果

用户还可以通过转换艺术字的外形创建出更丰富的显示效果，例如将艺术字设置为“桥形”，只需要选中艺术字，在“绘图工具-格式”选项卡下单击“文字效果”按钮，在展开的下拉列表中单击“转换”选项，在展开的库中选择“桥形”样式即可，效果如右图所示。

美丽的若尔盖草原

12.4 插入 SmartArt 图形

SmartArt 图形是一种文字和形状相结合的图形，它能直观地表达出信息之间的关系。在日常工作中，SmartArt 图形主要用于制作流程图、组织结构图等。

◎ **原始文件：** 下载资源\实例文件\12\原始文件\插入艺术字.docx
◎ **最终文件：** 下载资源\实例文件\12\最终文件\插入SmartArt图形.docx

步骤01 选择 SmartArt 图形

打开原始文件，切换到“插入”选项卡，单击“插图”组中的“SmartArt”按钮，如下左图所示。

步骤02 选择图形类型

弹出“选择SmartArt图形”对话框，❶单击“层次结构”选项，❷在右侧的面板中单击“组织结构图”，如下右图所示。

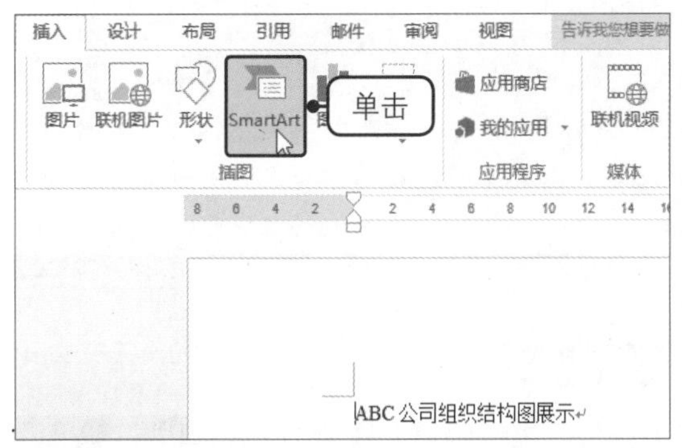

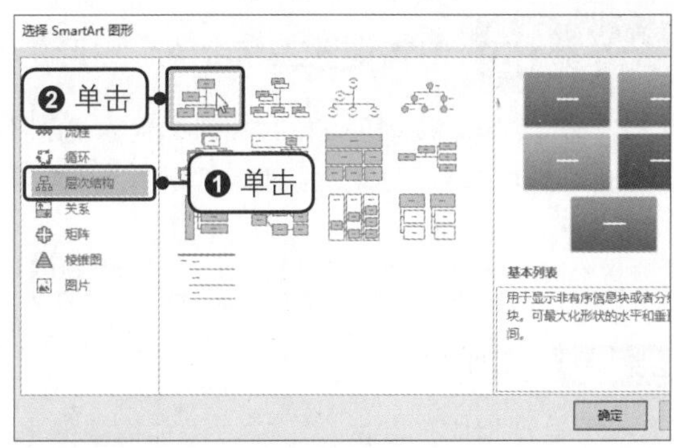

步骤03 插入图形后的效果

单击“确定”按钮后，在文档中插入了一个组织结构图图形，如下图所示。

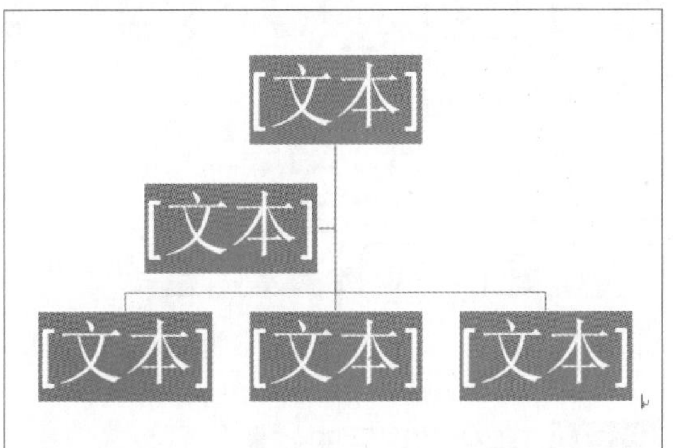

步骤04 输入文本内容

分别选中SmartArt图形中的形状，输入相应的文字内容，如下图所示。

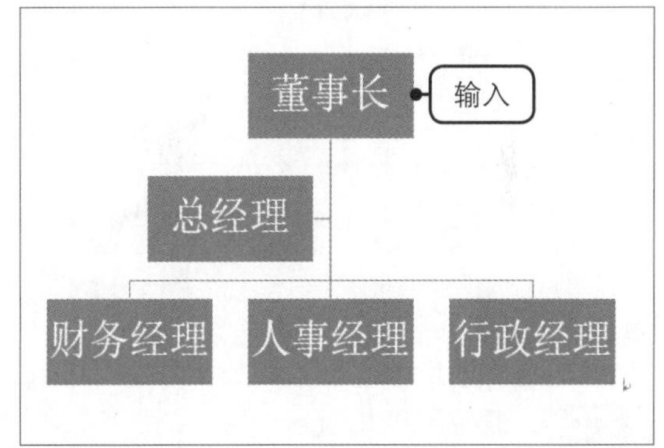

步骤05 添加形状

选中包含“行政经理”的形状，右击鼠标，在弹出的快捷菜单中单击“添加形状”命令，在展开的下级菜单中单击“在后面添加形状”命令，如下图所示。

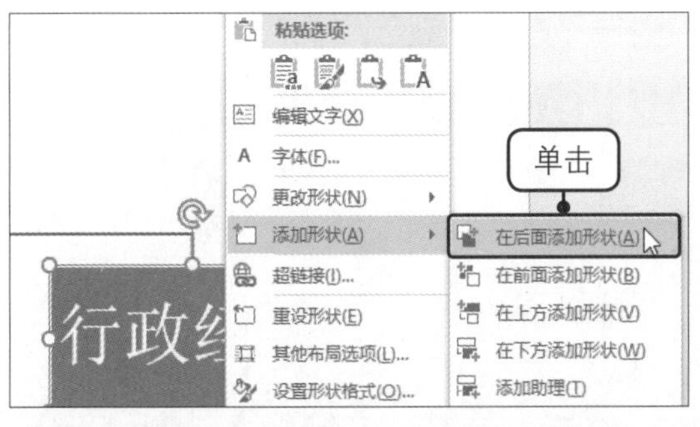

步骤06 添加形状后的效果

此时在所选形状的后面添加了一个形状，再输入相应的文字，如下图所示。

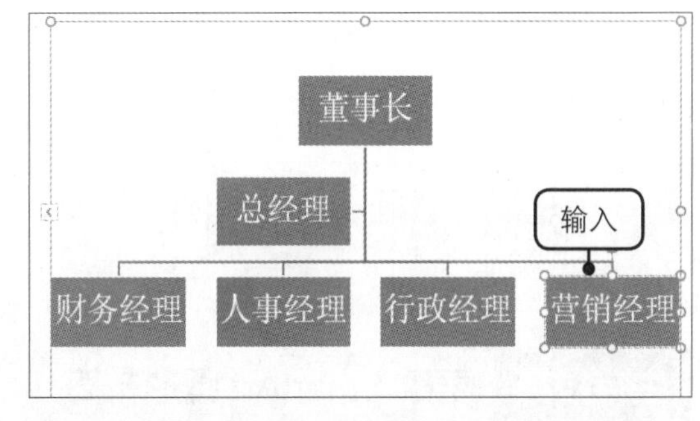

提示

添加形状还可以借助文本窗格。单击 SmartArt 图形左侧的文本窗格展开按钮，会打开文本窗格，在窗格中每个符号占位符即代表一个形状，定位添加形状的位置，按下【Enter】键，即可自动添加形状。

生存技巧 单独更改 SmartArt 图形形状

插入 SmartArt 图形后，可以随意更改任意一个形状的样式。只需要选中该形状，在“SmartArt 工具 - 格式”选项卡下单击“更改形状”按钮，在展开的形状库中选择其他形状样式，即可单独将该形状更改为所选的样式。

步骤07 添加其他形状

根据需要在相应形状的上下左右添加需要的形状，并输入文本，如下图所示。

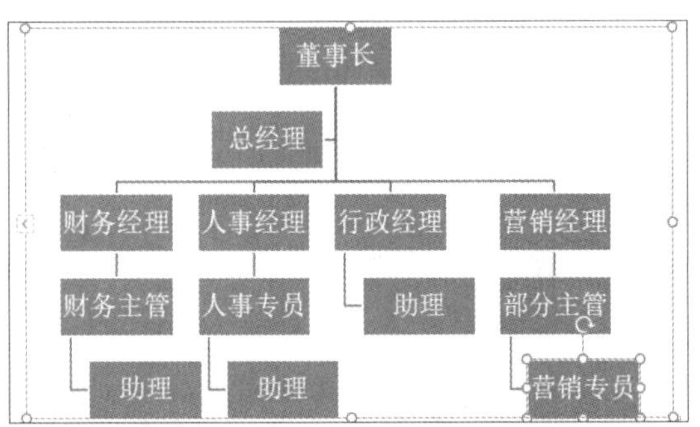

步骤08 更改图形颜色

切换到“SmartArt工具-设计”选项卡，❶单击“SmartArt样式”组中的“更改颜色”按钮，❷在展开的颜色库中选择“渐变循环-个性色3”样式，如下图所示。

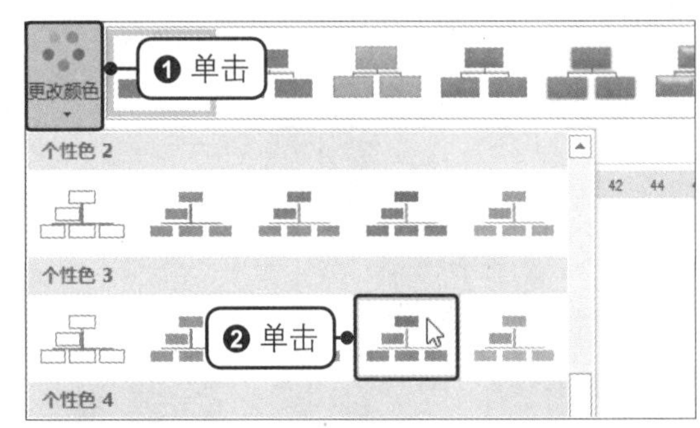

步骤09 更改图形样式

在“SmartArt工具-设计”选项卡下的“SmartArt样式”组中单击样式库中的“细微效果”样式，如下图所示。

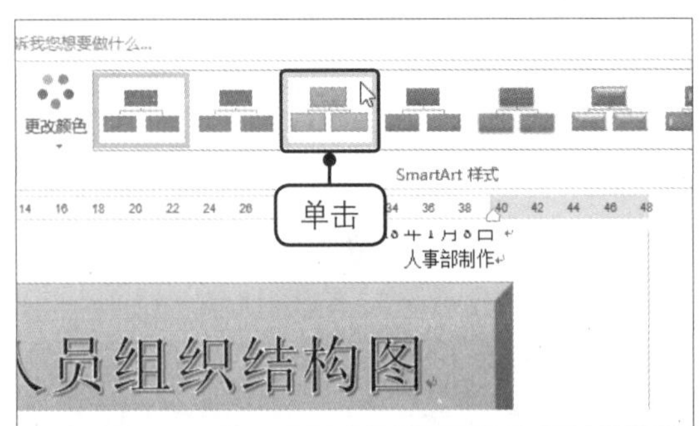

步骤10 美化图形后的效果

为SmartArt图形设置了颜色和样式后，图形的外观和整个文档的风格更相符，效果如下图所示。

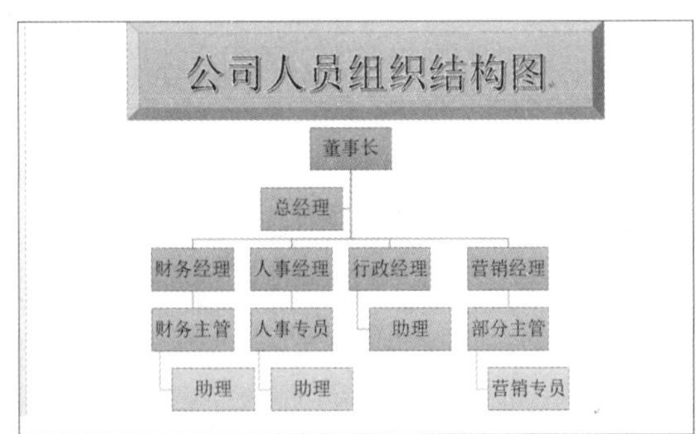

生存技巧 更改 SmartArt 图形布局

除了能更改单独的形状外，用户还可以更改SmartArt图形的整体布局，只需要在“SmartArt 工具 - 设计”选项卡下单击“更改布局”按钮，在展开的布局库中重新选择 SmartArt 布局样式即可。应用不同的布局可以从不同角度诠释信息与观点，从而更有效地传达信息。

第13章 Excel 2016基本操作

和 Word 相比，Excel 在数据处理和分析方面的功能更加强大，并且这些功能对于办公人员来说非常实用。Excel 操作界面由工作簿、工作表和单元格组成，所以 Excel 的基本操作主要就是对工作表和单元格的操作，用户还可以对制作完成的工作表进行美化。

13.1 工作表的基本操作

工作表是用户输入或编辑数据的载体，也是用户的主要操作对象。用户在工作表中存储或处理数据前，应该对工作表的基本操作有相应的了解，如为了便于记忆和查找，对工作表进行重命名或更改工作表标签颜色；当默认的工作表数量不够用时，可在工作簿中插入工作表等。

13.1.1 插入工作表

新建的工作簿包含的工作表数量有限，当用户需要更多的工作表时就需要插入新工作表。插入新工作表的方法多样，用户既可利用“插入”对话框来选取不同类型的工作表，也可利用“开始”选项卡下的“插入”按钮，或者利用“新工作表”按钮快速插入空白工作表。

◎ **原始文件**：下载资源\实例文件\13\原始文件\员工薪资管理表.xlsx

◎ **最终文件**：下载资源\实例文件\13\最终文件\插入工作表.xlsx

步骤01 单击“新工作表”按钮

打开原始文件，在“员工考勤表”工作表标签右侧单击“新工作表”按钮，如下图所示。

员工月度考勤表				
请假日期	员工姓名	请假类型	请假天数	应扣工资
2013/8/3	刘翔云	事假	0.2	20
2013/8/5	张燕	年假	0.5	50
2013/8/6	李强	病假	1	20
2013/8/8	王伟	年假	0.5	50
2013/8/9	叶强	事假	0.2	30
2013/8/11	张毅	事假	0.5	60
2013/8/13	向平	病假	0.5	20
2013/8/15	田晓宇	病假	1	30
2013/8/18	王明	年假	1	60

员工业绩工资表 | 员工加班记录表 | 员工考勤表

单击

步骤02 插入工作表后的效果

此时在“员工考勤表”工作表右侧插入了一张空白工作表，并且工作表标签自动命名为“Sheet 1”，如下图所示。

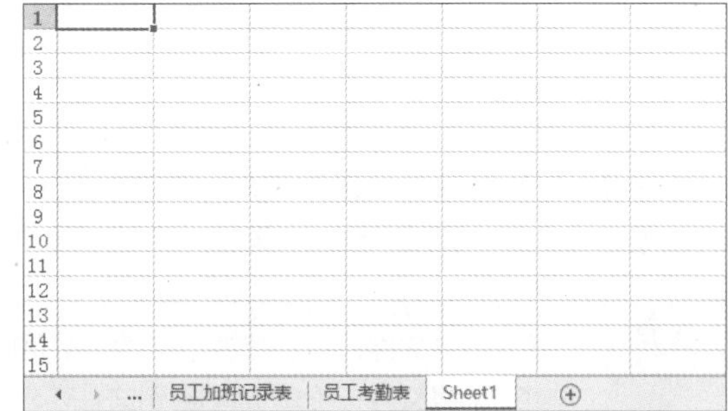

生存技巧 工作表数的默认设置

在 Excel 2016 中，可自定义新建工作簿默认包含的工作表数。单击“文件”按钮，在弹出的视图菜单中单击“选项”命令，打开“Excel 选项”对话框，在“常规”选项面板的“新建工作簿时”选项组中，可根据实际需求设置默认包含的工作表数。

13.1.2 重命名工作表

在插入或新建工作表时，系统会将工作表以“Sheet+*n*”（*n*=1，2，3，…）的形式来命名，但在实际工作中，这种命名方式不利于查找和记忆，所以用户可根据工作表的内容重命名工作表，使其更加形象。

◎ **原始文件**：下载资源\实例文件\13\原始文件\插入工作表.xlsx

◎ **最终文件**：下载资源\实例文件\13\最终文件\重命名工作表.xlsx

步骤01 单击“重命名”命令

打开原始文件，用户可根据员工业绩工资表、员工加班记录表、员工考勤表，在Sheet1中完成对本月员工工资的结算，❶右击“Sheet1”工作表标签，❷在弹出的快捷菜单中单击“重命名”命令，如右图所示。

步骤02 工作表标签处于可编辑状态

此时“Sheet1”工作表标签呈灰底，处于可编辑状态，如下图所示。

步骤03 输入工作表名称

将“Sheet1”工作表标签命名为“本月员工工资结算表”，如下图所示，按【Enter】键确认。

13.1.3 删除工作表

在实际工作中，当用户不再需要使用某一张工作表时，可将其删除。当需要删除多张工作表时，可按住【Ctrl】键依次单击需要删除的多张工作表标签，再执行删除操作。删除工作表的操作既可利用快捷菜单，也可利用功能区按钮完成。

◎ **原始文件**：下载资源\实例文件\13\原始文件\重命名工作表.xlsx

◎ **最终文件**：下载资源\实例文件\13\最终文件\删除工作表.xlsx

生存技巧 利用快捷菜单删除工作表

删除工作表的方法有多种，其中使用快捷菜单删除工作表是最直接简单的。选中要删除的工作表的标签，然后在标签上右击，在弹出的快捷菜单中单击“删除”命令即可。

步骤01 选择需要删除的工作表

打开原始文件，这里需要将前三张工作表删除，❶按住【Ctrl】键依次单击前三张工作表标签，❷在“开始”选项卡下的“单元格”组中单击“删除”右侧的下拉按钮，❸在展开的列表中单击“删除工作表”选项，如右图所示。

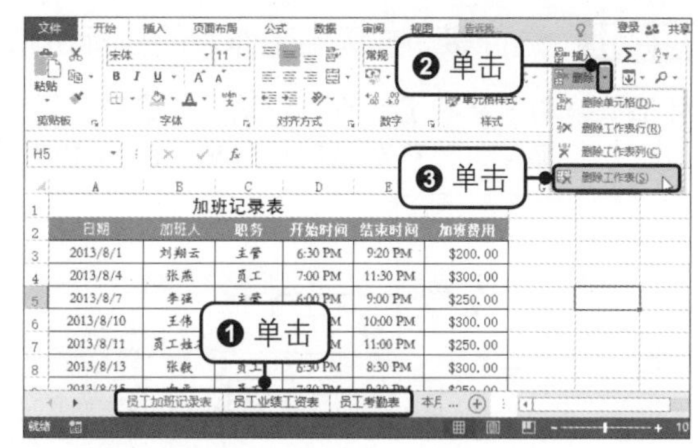

步骤02 确定删除

弹出提示框，提示将永久删除工作表，单击“删除”按钮，如下图所示。

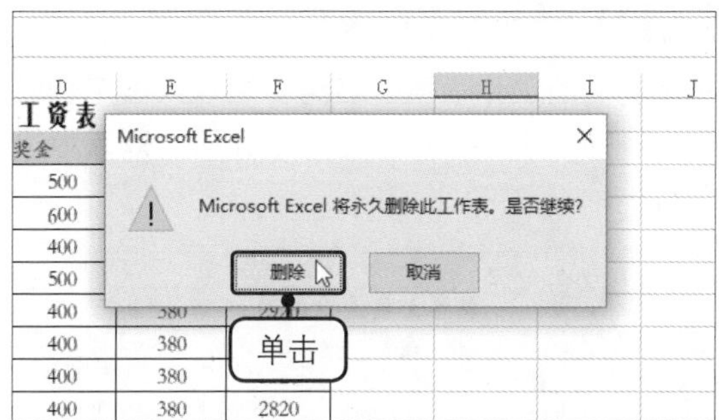

步骤03 删除工作表后的效果

此时员工加班记录表、员工业绩工资表、员工考勤表就被删除了，只剩下本月员工工资结算表，如下图所示。

	A	B	C	D	E
1	员工本月工资统计表				
2	员工姓名	业绩工资	加班工资	考勤扣款	实发工作社保
3	刘翔云	$3,120.00	$250.00	$20.00	$3,350.00
4	张燕	$3,220.00	$300.00	$50.00	$3,470.00
5	李强	$2,840.00	$250.00	$0.00	$3,090.00
6	王伟	$2,920.00	$300.00	$50.00	$3,170.00
7	叶强	$2,920.00	$250.00	$30.00	$3,140.00
8	张毅	$3,220.00	$200.00	$0.00	$3,420.00
9	向平	$3,320.00	$300.00	$20.00	$3,600.00
10	田晓宇	$2,820.00	$350.00	$30.00	$3,140.00

本月员工工资结算表

13.1.4 移动和复制工作表

用户可以任意移动工作表，以调整工作表的次序，但是移动后，原位置的工作表就没有了，若用户希望在移动工作表后保留以前的工作表，则可复制工作表。移动或复制工作表既可以使用直接拖动法，也可以使用对话框来完成。此外，移动和复制工作表不仅可以在同一工作簿中进行，还可以在工作簿之间进行，并且用对话框完成操作会更方便。

◎ **原始文件**：下载资源\实例文件\13\原始文件\删除工作表.xlsx

◎ **最终文件**：下载资源\实例文件\13\最终文件\移动和复制工作表.xlsx

生存技巧 批量移动和复制工作表

一般情况下，移动和复制工作表是逐个进行的，但是当出现要同时移动和复制多个工作表的情况时，则可按住【Ctrl】键选中多个工作表，然后在打开的“移动或复制工作表”对话框中设置目标位置即可。

步骤01 单击“移动或复制”命令

打开原始文件，❶右击“本月员工工资结算表”工作表标签，❷在弹出的快捷菜单中单击“移动或复制”命令，如下左图所示。

步骤02 选择移动或复制工作表的目标位置

弹出“移动或复制工作表”对话框，❶在“下列选定工作表之前”列表框中选择移动或复制后的位置，这里单击“移至最后”选项，❷勾选“建立副本”复选框复制工作表，❸单击“确定”按钮，如下右图所示。

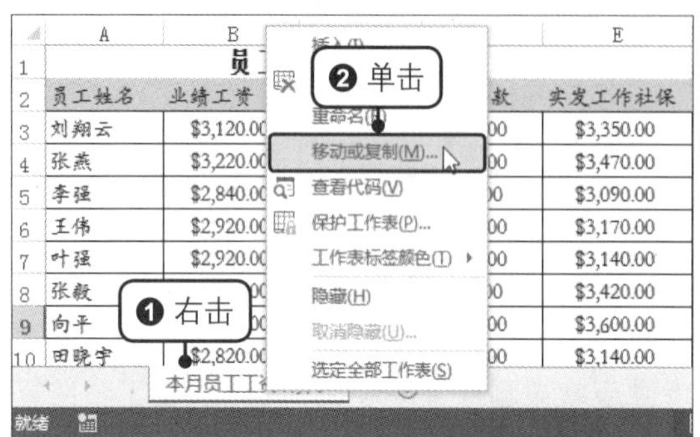

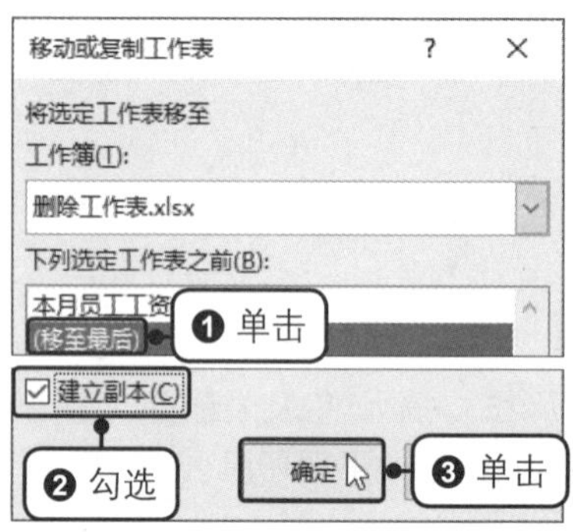

步骤03 复制工作表后的效果

此时系统会将复制后的工作表以“本月员工工资结算表（2）”命名，并且复制后的工作表位于“本月员工工资结算表”之后，如下图所示。

	A	B	C	D	E
1	员工本月工资统计表				
2	员工姓名	业绩工资	加班工资	考勤扣款	实发工作社保
3	刘翔云	$3,120.00	$250.00	$20.00	$3,350.00
4	张燕	$3,220.00	$300.00	$50.00	$3,470.00
5	李强	$2,840.00	$250.00	$0.00	$3,090.00
6	王伟	$2,920.00	$300.00	$50.00	$3,170.00
7	叶强	$2,920.00	$250.00	$30.00	$3,140.00
8	张毅	$3,220.00	$200.00	$0.00	$3,420.00
9	向平	$3,320.00	$300.00	$20.00	$3,600.00
10	田晓宇	$2,820.00	$350.00	$30.00	$3,140.00

本月员工工资结算表　本月员工工资结算表 (2)

步骤04 重命名工作表并修改数据

将复制后的工作表重命名为“管理人员工资汇总”，并对工作表进行修改和完善，效果如下图所示。

	A	B	C	D	E
1	管理人员工资核算				
2	员工姓名	业绩工资	考勤扣款	管理津贴	实发工资
3	田晓宇	$3,120.00	$20.00	$550.00	$3,650.00
4	王明	$3,220.00	$50.00	$400.00	$3,570.00
5	张东阳	$2,840.00	$0.00	$500.00	$3,340.00
6	叶晓萍	$2,920.00	$50.00	$450.00	$3,320.00
7	黄会	$2,920.00	$30.00	$600.00	$3,490.00
8	谭晓晓	$3,220.00	$0.00	$550.00	$3,770.00
9	杨军	$3,320.00	$20.00	$400.00	$3,700.00
10	刘翔云	$2,820.00	$30.00	$500.00	$3,290.00

本月员工工资结算表　管理人员工资汇总

提示

直接拖动法移动工作表的方法是：在需要移动的工作表标签上按下鼠标左键并横向拖动，此时标签左端会显示一个黑色倒三角形，拖动至适当位置时释放鼠标，即可将工作表移动到指定位置。用直接拖动法复制工作表时，按住【Ctrl】键执行同样的操作即可。此外，当在同一工作簿中移动或复制工作表时，用户无需在“工作簿”列表框中选择目标工作簿，但若用户需要将工作表移动或复制到其他工作簿中，需要在“移动或复制工作表”对话框的“将选定工作表移至工作簿”列表中选择相应的工作簿，操作之前应确保该工作簿已打开。

生存技巧 冻结工作表部分行 / 列

在浏览大型工作表时，用户一定遇到过滚动工作表时标题栏字段或标题列字段随着滚动条的下移或右拖而不见的情况，如果它们始终固定在某个位置显示，会极大地方便用户对应查询后面的数据。在 Excel 中，通过冻结工作表的窗格是可以实现这样的目的的。在“视图”选项卡下单击“冻结窗格”按钮，选择冻结首行、首列或冻结拆分窗格选项就能实现相应的效果。

13.1.5　更改工作表标签颜色

当一个工作簿中包含多张工作表时，用颜色突出显示工作表标签可帮助用户迅速找到所需的工作表。

◎ **原始文件：** 下载资源\实例文件\13\原始文件\移动和复制工作表.xlsx
◎ **最终文件：** 下载资源\实例文件\13\最终文件\更改工作表标签颜色.xlsx

步骤01 设置工作表标签颜色

打开原始文件，❶右击“管理人员工资汇总”工作表标签，❷在弹出的快捷菜单中单击“工作表标签颜色>其他颜色”命令，如下图所示。

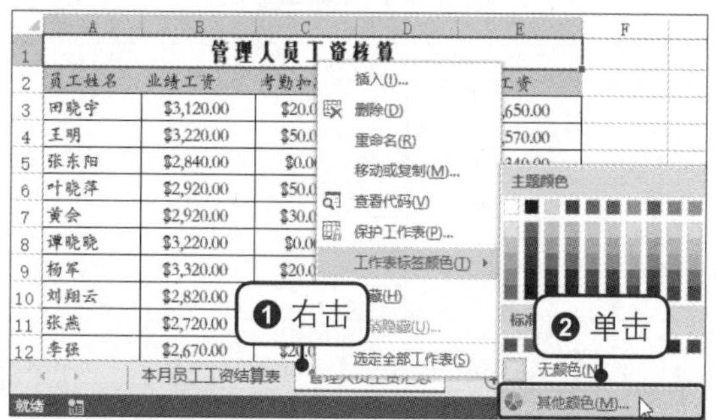

步骤02 选择颜色

弹出“颜色”对话框，❶切换至“标准”选项卡，❷选择标签颜色，❸单击“确定”按钮，如下图所示。

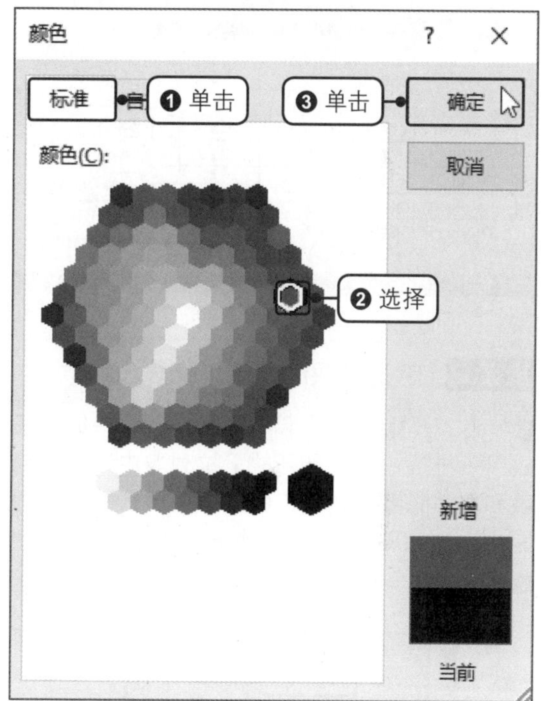

步骤03 更改工作表标签颜色后的效果

返回到工作表中，此时“管理人员工资汇总”的工作表标签就变为了相应的颜色，如下图所示。

管理人员工资核算

员工姓名	业绩工资	考勤扣款	管理津贴	实发工资
田晓宇	$3,120.00	$20.00	$550.00	$3,650.00
王明	$3,220.00	$50.00	$400.00	$3,570.00
张东阳	$2,840.00	$0.00	$500.00	$3,340.00
叶晓萍	$2,920.00	$50.00	$450.00	$3,320.00
黄会	$2,920.00	$30.00	$600.00	$3,490.00
谭晓晓	$3,220.00	$0.00	$550.00	$3,770.00
杨军	$3,320.00	$20.00	$400.00	$3,700.00
刘翔云	$2,820.00	$30.00	$500.00	$3,290.00

本月员工工资结算表　管理人员工资汇总

13.1.6　隐藏与显示工作表

当用户不希望某一工作表被其他用户查看或编辑时，可将该工作表隐藏起来，当用户需要查看或编辑隐藏的工作表时，可再将其显示出来。

◎ **原始文件：** 下载资源\实例文件\13\原始文件\重命名工作表.xlsx
◎ **最终文件：** 下载资源\实例文件\13\最终文件\隐藏与显示工作表.xlsx

生存技巧 单独隐藏列或行

除了能隐藏工作表外，用户还可以只隐藏工作表中的列或行，只需要选中需要隐藏的列或行，并右击鼠标，在弹出的快捷菜单中单击“隐藏”命令，所选列或行即可被隐藏起来。要恢复显示，只需要逆向操作就可以了。

步骤01 单击“隐藏”命令

打开原始文件，❶右击“员工考勤表”工作表标签，❷在弹出的快捷菜单中单击“隐藏”命令，如下图所示。

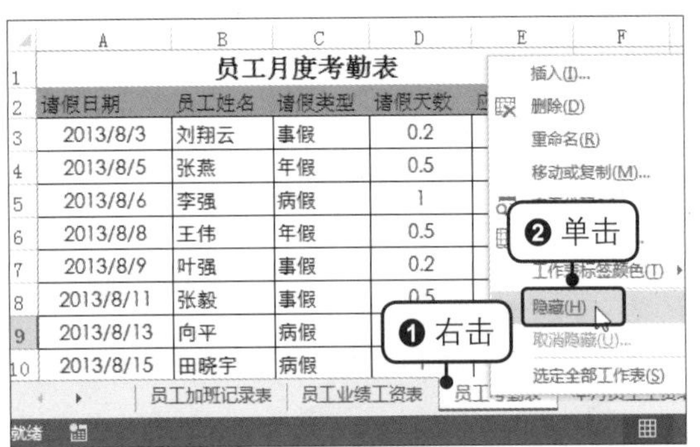

步骤02 隐藏工作表后的效果

此时工作表已经不可见，工作簿窗口只显示了未隐藏的工作表的标签，如下图所示。

员工姓名	业绩工资	加班工资	考勤扣款	实发工作社保
刘翔云	$3,120.00	$250.00	$20.00	$3,350.00
张燕	$3,220.00	$300.00	$50.00	$3,470.00
李强	$2,840.00	$250.00	$0.00	$3,090.00
王伟	$2,920.00	$300.00	$50.00	$3,170.00
叶强	$2,920.00	$250.00	$30.00	$3,140.00
张毅	$3,220.00	$200.00	$0.00	$3,420.00
向平	$3,320.00	$300.00	$20.00	$3,600.00
田晓宇	$2,820.00	$350.00	$30.00	$3,140.00
王明	$2,720.00	$350.00	$60.00	$3,010.00

员工本月工资统计表（工作表标签：员工加班记录表　员工业绩工资表　本月员工工资结算表）

步骤03 单击“取消隐藏工作表”选项

❶单击“开始”选项卡“单元格”组中的“格式”下拉按钮，在展开的下拉列表中单击“隐藏和取消隐藏”选项，❷继续在展开的下级列表中单击“取消隐藏工作表”选项，如下图所示。

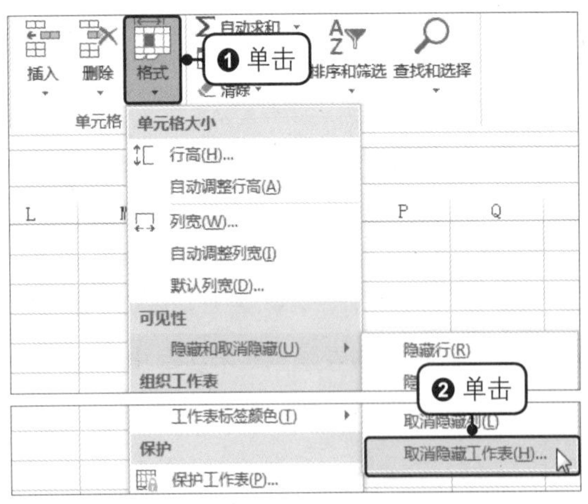

步骤04 选择需要取消隐藏的工作表

弹出“取消隐藏”对话框，❶在“取消隐藏工作表”列表框中单击要取消隐藏的工作表，如“员工考勤表”，❷单击“确定”按钮，如下图所示。

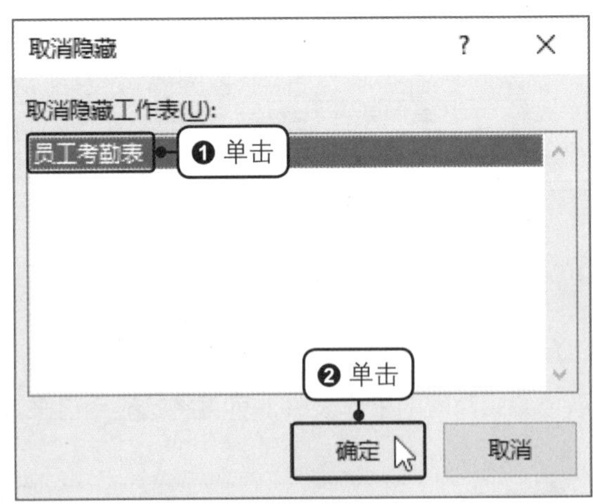

步骤05 取消隐藏工作表后的效果

此时隐藏的工作表“员工考勤表”就显示出来了，如下图所示。

1	员工月度考勤表				
2	请假日期	员工姓名	请假类型	请假天数	应扣工资
3	2013/8/3	刘翔云	事假	0.2	$20.00
4	2013/8/5	张燕	年假	0.5	$50.00
5	2013/8/6	李强	病假	1	$20.00
6	2013/8/8	王伟	年假	0.5	$50.00
7	2013/8/9	叶强	事假	0.2	$30.00
8	2013/8/11	张毅	事假	0.5	$60.00
9	2013/8/13	向平	病假	0.5	$20.00
10	2013/8/15	田晓宇	病假	1	$30.00

员工加班记录表　员工业绩工资表　员工考勤表

就绪

生存技巧　彻底隐藏工作表

使用功能区或右键菜单的隐藏命令，只能暂时隐藏工作表，要彻底隐藏工作表，必须在需要隐藏的工作表中按【Alt+F11】组合键进入VBA编辑状态，按【F4】键展开“属性”窗格，单击Visible选项右侧的下拉按钮，在展开的下拉列表中单击“2-xlSheetVeryHidden”选项，再在菜单栏中依次单击“工具>VBAProject属性”命令，在弹出的对话框中切换至“保护”选项卡，勾选“查看时锁定工程”复选框，并输入密码，再单击“确定”按钮即可。

13.2 单元格的基本操作

工作表中每个行、列交叉就形成一个单元格，它是数据录入的最小单位。用户在制作、完善、美化表格的过程中，会插入、删除、合并单元格，调整行高、列宽，这些都是单元格的基本操作。

13.2.1 插入单元格

在编辑表格时，常常需要在指定位置插入一些单元格来输入新的数据，使表格变得更加完善。

◎ **原始文件**：下载资源\实例文件\13\原始文件\面试结果分析表.xlsx

◎ **最终文件**：下载资源\实例文件\13\最终文件\插入单元格.xlsx

步骤01 单击“插入单元格”选项

打开原始文件，选中目标单元格，如单元格E3，❶在“单元格”组中单击“插入”右侧的下拉按钮，❷在展开的下拉列表中单击“插入单元格”选项，如下图所示。

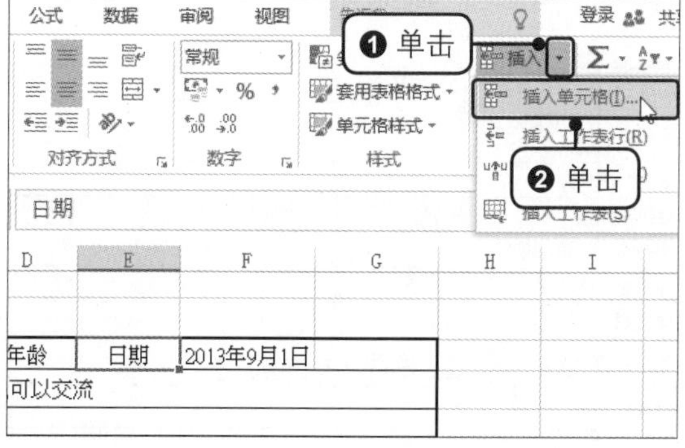

步骤02 选择插入位置

弹出“插入”对话框，❶单击选中“活动单元格右移”单选按钮，❷单击“确定”按钮，如下图所示。

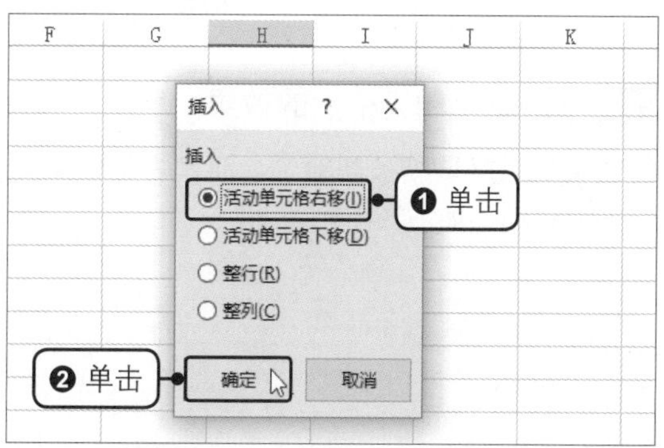

步骤03 插入单元格后的效果

可见单元格E3右侧的内容全部向右移动了一个单元格，此时的单元格E3为一个空白单元格，可以在其中输入数据，如下图所示。

	A	B	C	D	E	F
1						
2	面试结果分析表					
3	姓名	张阳		年龄	25岁	日期
4	外语水平	口语能力	日语口语流利,可以交流			
5		阅读能力	日语专业八级			
6	智力水平	优秀				
7	专业知识	良好				
8	创新能力	强				

生存技巧　在非空行间自动插入空行

在填满数据的数据表中隔行添加空行的情形并不少见，当需要分隔某些数据让表格更加清晰或方便分开打印时，该功能就派上用场了。那么如何实现隔行自动插入空行呢？最简单的方法是先在数据区域一侧按列填充1、3、5等奇数序列到最后一行数据，接着在下一行依次填充2、4、6等偶数序列，填充完毕后，使用升序排列，这样便自动在数据区域中隔行插入了空行。

13.2.2 删除单元格

当表格中出现一些多余的单元格时，可删除这些单元格，此操作既可通过功能区完成，也可通过快捷菜单命令完成。

◎ **原始文件**：下载资源\实例文件\13\原始文件\插入单元格.xlsx

◎ **最终文件**：下载资源\实例文件\13\最终文件\删除单元格.xlsx

步骤01 单击“删除”命令

打开原始文件，❶选择并右击目标单元格区域，如B12 : C13，❷在弹出的快捷菜单中单击“删除”命令，如下图所示。

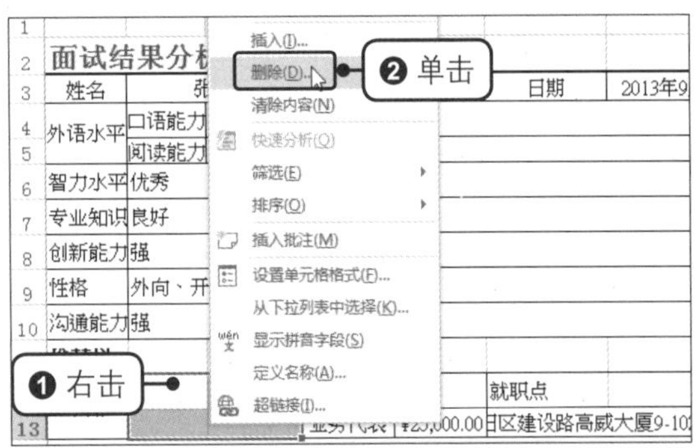

步骤02 选择删除方式

弹出“删除”对话框，❶单击选中“右侧单元格左移”单选按钮，❷单击“确定”按钮，如下图所示。

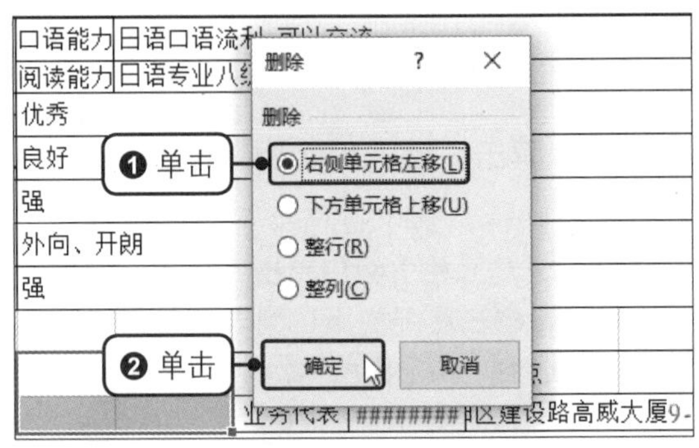

步骤03 删除单元格后的效果

所选单元格区域就被删除了，而其右侧的单元格向左移动，如右图所示。

外语水平	口语能力	日语口语流利,可以交流		
	阅读能力	日语专业八级		
智力水平	优秀			
专业知识	良好			
创新能力	强			
性格	外向、开朗			
沟通能力	强			
推荐栏				
☑录用		职位	薪金	就职点
		业务代表	¥25,600.00	区建设路高威大厦9-102
□待用				

13.2.3　合并单元格

当单元格不能容纳较长的文本或数据时，可将同一行或同一列的几个单元格合并为一个单元格。Excel 提供了三种合并方式，分别是“合并后居中”“跨越合并”“合并单元格”，不同的合并方式能达到不同的合并效果，其中以合并后居中功能最为常用。

◎ **原始文件**：下载资源\实例文件\13\原始文件\删除单元格.xlsx
◎ **最终文件**：下载资源\实例文件\13\最终文件\合并单元格.xlsx

步骤01　单击“合并后居中”选项

打开原始文件，❶选择要合并的单元格区域，如A1 : G2，❷在“对齐方式”组中单击“合并后居中”右侧的下拉按钮，❸在展开的列表中单击“合并后居中”选项，如下图所示。

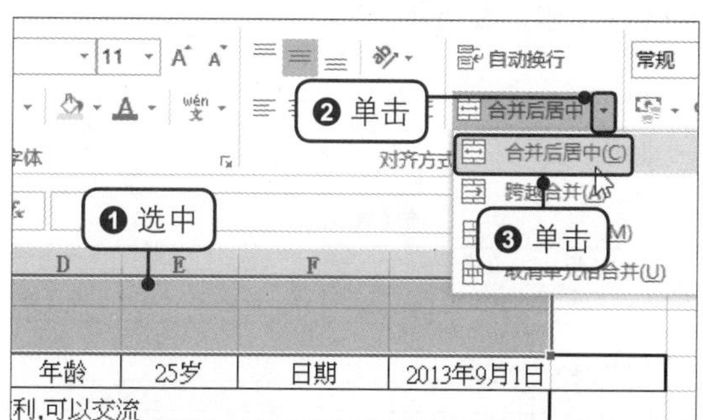

步骤02　合并后的效果

此时单元格区域A1 : G2就合并为一个单元格，其中的文本呈居中显示。用户可按照这种方法对表格中的其他单元格进行合并，如下图所示。

面试结果推荐表					
姓名	张阳	年龄	25岁	日期	2012年9月1日
外语水平	口语能力	日语口语流利,可以交流			
	阅读能力	日语专业八级			
智力水平	优秀				
专业知识	良好				
创新能力	强				
性格	外向、开朗				
沟通能力	强				
推荐栏					
☑录用	职位	薪金	就职点		
	业务代表	¥25,600.00	北京市朝阳区建设路高威大厦9-102		

生存技巧　跨越合并

Excel 的跨越合并能快速将多个连续区域按行分开单独合并。若要进行跨越合并，例如分别合并单元格区域 A2 : C2 和单元格区域 A4 : C4，首先同时选中单元格区域 A2 : C2 和单元格区域 A4 : C4，切换至“开始”选项卡，在“对齐方式”组中单击“合并后居中 > 跨越合并”选项，此时单元格区域 A2 : C2 合并，单元格区域 A4 : C4 也完成了合并。

13.2.4　添加与删除行/列

用户在完善表格时，可在已有表格的指定位置添加一行或一列，若工作表中存在多余的行或列，可将其删除。

◎ **原始文件**：下载资源\实例文件\13\原始文件\合并单元格.xlsx
◎ **最终文件**：下载资源\实例文件\13\最终文件\添加与删除行列.xlsx

步骤01　单击“插入”命令

打开原始文件，❶选择并右击需要插入整列的下一列，❷在弹出的快捷菜单中单击“插入”命令，如下左图所示。

步骤02 插入整列的效果

此时在所选列的位置插入了新的一列，用户可在该列中输入相关内容，如下右图所示。

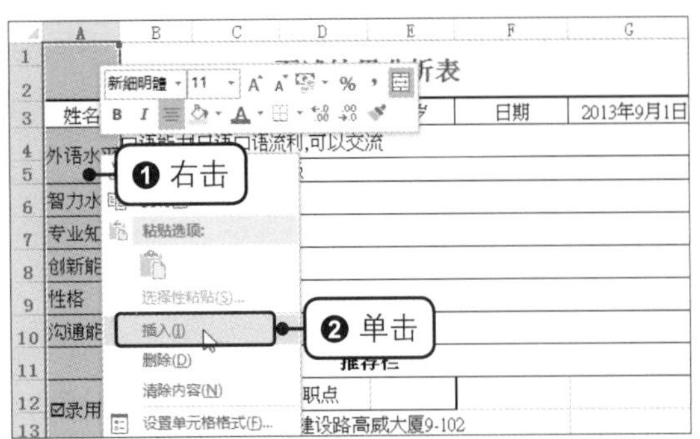

步骤03 单击“删除工作表行”选项

❶选定要删除的行，如第11行，❷在“单元格”组中单击“删除”右侧的下拉按钮，❸在展开的下拉列表中单击“删除工作表行”选项，如下图所示。

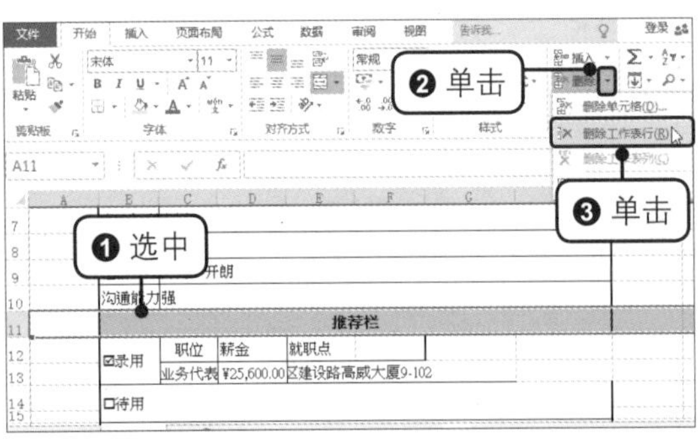

步骤04 删除整行的效果

此时所选行就消失了，而其下方的内容自动上移一行，如下图所示。

生存技巧 **快速删除空行**

如果表格中有很多空行，例如第5、9、12、19行为空行，用户要将这些空行删除，只需要在表格内容的最后一空列新建一个“排序”列，往下填充一个数字序列至表格最后一行，再选择第一列，使用升序排序，此时可看到那些空行已经被排列到表格末尾，选中这些行，并右击鼠标，在弹出的菜单中单击“删除”命令，最后把之前新建的“排序”列删除。

13.2.5 调整行高与列宽

当单元格中的数据或文本较长时，用户可以对行高或列宽进行设置，以美化工作表。行高与列宽既可精确设置，也可通过拖动鼠标设置，还可以根据单元格内容自动调整。

◎ **原始文件：** 下载资源\实例文件\13\原始文件\添加与删除行列.xlsx

◎ **最终文件：** 下载资源\实例文件\13\最终文件\调整行高与列宽.xlsx

步骤01　单击“行高”选项

打开原始文件，❶选择需要调整行高的单元格，如A3:A17，❷在“开始”选项卡中单击“单元格”组中的“格式”按钮，❸在展开的下拉列表中单击“行高”选项，如下图所示。

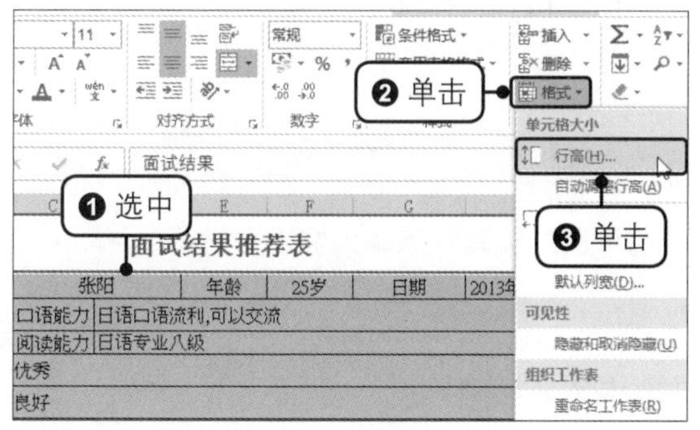

步骤02　输入行高值

弹出“行高”对话框，❶在“行高”文本框中输入行高数值，如15，❷单击“确定”按钮，如下图所示。

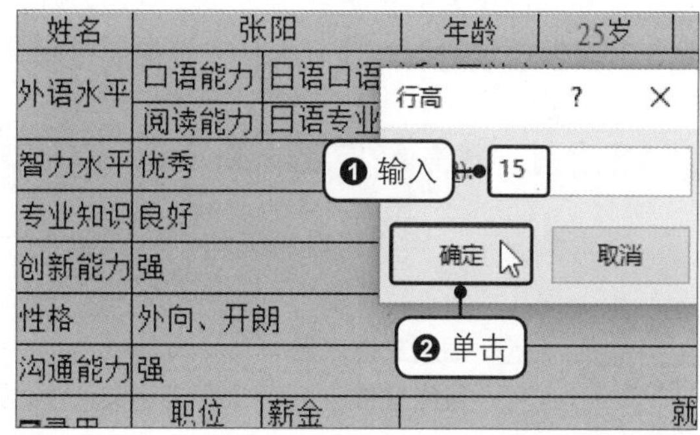

步骤03　调整行高后的效果

返回到工作表中，所选单元格的行高已调整为用户设置的行高值，如下图所示。

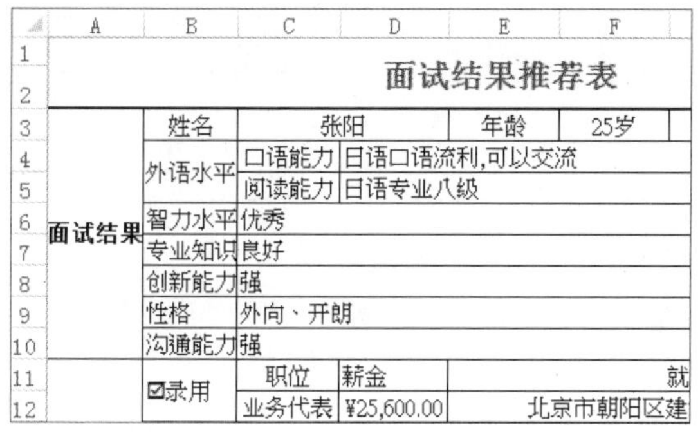

	A	B	C	D	E	F
1			面试结果推荐表			
2						
3	面试结果	姓名	张阳		年龄	25岁
4		外语水平	口语能力	日语口语流利,可以交流		
5			阅读能力	日语专业八级		
6		智力水平	优秀			
7		专业知识	良好			
8		创新能力	强			
9		性格	外向、开朗			
10		沟通能力	强			
11		☑录用	职位	薪金		就
12			业务代表	¥25,600.00		北京市朝阳区建

步骤04　调整列宽

❶选择需调整列宽的单元格，如A3:H17，❷单击“单元格”组中的“格式”按钮，❸在展开的下拉列表中单击“自动调整列宽”选项，如下图所示。

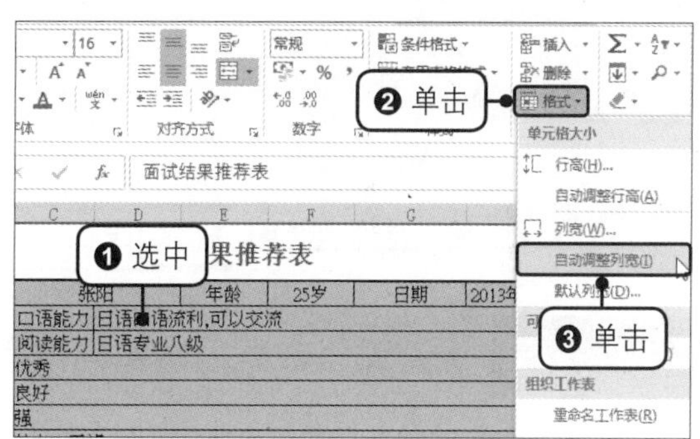

步骤05　调整列宽后的效果

返回到工作表中，系统会按照单元格内容来调整列宽，如下图所示。

1	面试结果推荐表							
2								
3	面试结果	姓名	张阳		年龄	25岁	日期	2013年
4		外语水平	口语能力	日语口语流利,可以交流				
5			阅读能力	日语专业八级				
6		智力水平	优秀					
7		专业知识	良好					
8		创新能力	强					
9		性格	外向、开朗					
10		沟通能力	强					
11		☑录用	职位	薪金	就职点			
12			业务代表	¥25,600.00	北京市朝阳区建设路高威大			

生存技巧　将较长数据换行显示

如果单元格中文本内容太长，想要换行显示，有两种方法可以实现：一种是在“对齐方式”组中单击“自动换行”按钮，可自动按照单元格的宽度将超出的内容换行显示；另一种是强制换行，将光标定位在需要换行的文本前，按【Alt+Enter】组合键，光标后的文本便会强制换到下一行显示。

13.3 在单元格中输入数据

在单元格中输入数据是制作表格必不可少的操作，为了正确录入数据，用户应该对数据输入方法进行了解。例如输入以 0 开头的数据时，应在输入以 0 开头的数据前输入单撇号“'”，又如在输入分数时，要在分数前输入“0”，并且“0”和分数间有一个空格。为了快速录入数据，用户还应对数据录入的技巧进行了解，例如，利用【Ctrl+Enter】组合键在多个单元格中输入相同数据，利用快速填充功能输入有一定规律的数据等。

13.3.1 输入文本

通常情况下，用户可在单元格中直接输入文本，也可通过编辑栏来输入文本。

◎ **原始文件：**无

◎ **最终文件：**下载资源\实例文件\13\最终文件\输入文本.xlsx

步骤01 输入文本

新建空白工作簿，将单元格区域A1:G1合并，输入所需文本，如“工作时间记录卡”，此时在编辑栏中也显示了输入的文本，如下图所示。

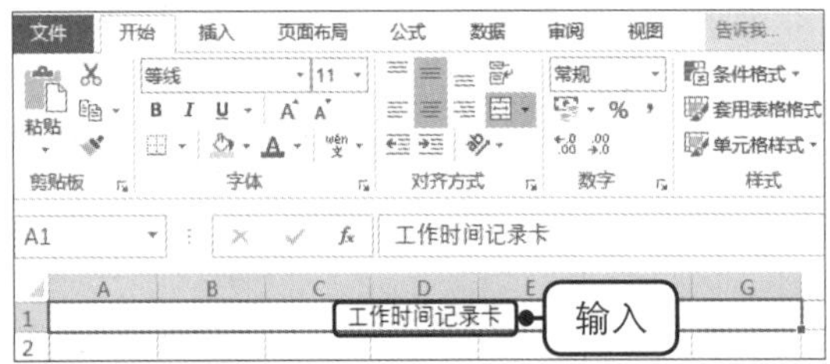

步骤02 输入文本的效果

按【Enter】键确定输入，按照以上方法，继续完成工作时间记录卡中相关文本的输入，并对文本的字体、格式及表格框线进行设置，如下图所示。

工作时间记录卡						
工作时间记录卡				部门:	生产部	
				工龄:	3年	
				工作周:	第八周	
姓名:	向阳平			员工编号:		
日期	开始时间	结束时间	工作量	任务量	完成情况	评价

生存技巧　调整输入数据后的单元格指针移动方向

默认情况下，当用户输入数据后按【Enter】键，会自动跳转到下方的单元格，但用户可根据自己的喜好和习惯设置自动跳转到右侧的单元格，具体方法为：打开“Excel 选项”对话框，在“高级”选项面板中单击“方向”下拉按钮，在展开的下拉列表中单击“向右”选项，完毕后单击“确定”按钮即可。

13.3.2 输入以0开头的数据

在表格中直接输入以 0 开头的数据，按【Enter】键后不会显示 0，只显示 0 之后的数据，这并不是用户想要的显示结果，此时有两种方法可供用户选择，一种是将单元格格式设置为文本，另一种是在输入以 0 开头的数据前输入单撇号“'”。

◎ **原始文件：**下载资源\实例文件\13\原始文件\输入文本.xlsx

◎ **最终文件：**下载资源\实例文件\13 \最终文件\输入以0开头的数据.xlsx

步骤01 输入以0开头的数据

打开原始文件，选中单元格F5，并输入“'0005”，如下图所示。

工作时间记录卡					
工作时间记录卡			部门:	生产部	
			工龄:	3年	
			工作周:	第八周	
向阳平			员工编号:	'0005	
开始时间	结束时间	工作量	任务量	完成情况	评价

输入

步骤02 输入以0开头数据的效果

按【Enter】键后，单元格中就显示了“0005”，而键入的单撇号并不会出现在单元格中，在单元格的左上角有一个绿色的三角形符号，这说明系统自动将数据处理为文本型，如下图所示。

工作时间记录卡					
工作时间记录卡			部门:	生产部	
			工龄:	3年	
			工作周:	第八周	
向阳平			员工编号:	0005	
开始时间	结束时间	工作量	任务量	完成情况	评价

生存技巧　**负数的输入技巧**

在 Excel 中，如需要输入负数 -500，除了可以直接在键盘上按减号键再输入数字外，还可按下面的方法输入：选中需要输入数字的单元格，输入带括号的数字“(500)”，按【Enter】键，此时数字“(500)”变为负数“-500”。

13.3.3　输入日期和时间

在单元格中输入日期时，需要在年、月、日之间添加“/”或“-”，在输入时间时，需要在时、分、秒之间添加“:”，以便 Excel 识别。当然，用户还可以在“设置单元格格式”对话框中设置日期或时间的显示方式。

◎ **原始文件**：下载资源\实例文件\13\原始文件\输入以0开头的数据.xlsx

◎ **最终文件**：下载资源\实例文件\13\最终文件\输入日期和时间.xlsx

步骤01 输入日期

打开原始文件，选中单元格A8，输入“2014-1-15”，如下图所示。

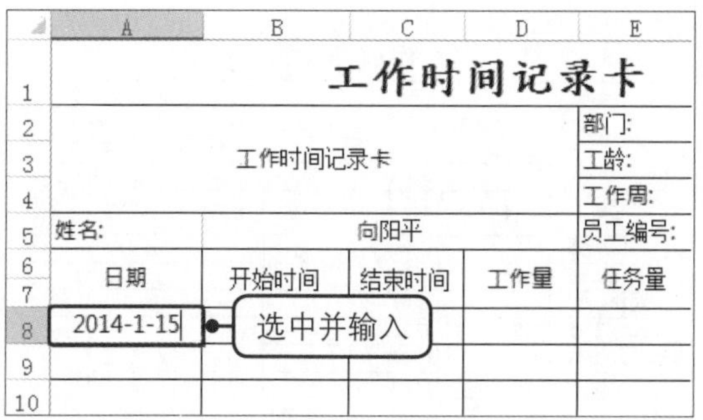

步骤02 输入日期后的效果

按【Enter】键，单元格A8中显示“2014/1/15”。按照以上方法，完成单元格区域A9:A14中日期的输入，如下图所示。

	A	B	C	D	E	F	G
1	工作时间记录卡						
2	工作时间记录卡				部门:	生产部	
3					工龄:	3年	
4					工作周:	第八周	
5	姓名:	向阳平			员工编号:	0005	
6-7	日期	开始时间	结束时间	工作量	任务量	完成情况	评价
8	2014/1/15						
9	2014/1/16						
10	2014/1/17						
11	2014/1/18						
12	2014/1/19						
13	2014/1/20						
14	2014/1/21						

步骤03 输入时间

选中单元格B8并输入“9:00”，如下图所示。

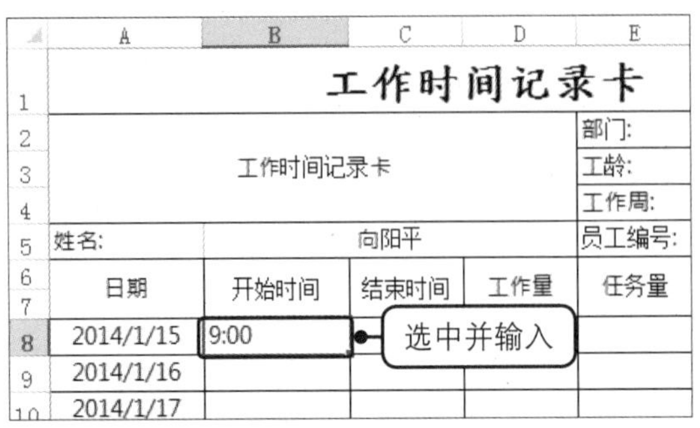

	A	B	C	D	E
1	工作时间记录卡				
2	工作时间记录卡				部门:
3					工龄:
4					工作周:
5	姓名:	向阳平			员工编号:
6-7	日期	开始时间	结束时间	工作量	任务量
8	2014/1/15	9:00			
9	2014/1/16				
10	2014/1/17				

步骤04 输入时间后的效果

按【Enter】键确认后，在单元格B8中显示“9:00”，编辑栏中显示的是“9:00:00”。按照以上方法完成其他单元格的输入，如下图所示。

B8 | 9:00:00

	A	B	C	D	E	F	G
1	工作时间记录卡						
2	工作时间记录卡				部门:	生产部	
3					工龄:	3年	
4					工作周:	第八周	
5	姓名:	向阳平			员工编号:	0005	
6-7	日期	开始时间	结束时间	工作量	任务量	完成情况	评价
8	2014/1/15	9:00	17:00				
9	2014/1/16	9:00	18:00				
10	2014/1/17	9:00	19:00				
11	2014/1/18	9:00	17:30				
12	2014/1/19	9:00	16:00				

生存技巧 快速输入当前日期和时间

在Excel 2016中，用户可以很方便地输入当日的日期，只需要选中准备输入日期的单元格，再按【Ctrl+；】组合键，即可在该单元格中显示当前日期。若要输入当前时间，可以使用【Ctrl+Shift+；】组合键来快速输入。

13.3.4 输入分数

分数的格式是“分子/分母”，为了区分分数和日期，在单元格中输入分数时，要在分数前输入“0”，并且在“0”和分数间有一个空格。

◎ **原始文件**：下载资源\实例文件\13\原始文件\输入日期和时间.xlsx

◎ **最终文件**：下载资源\实例文件\13\最终文件\输入分数.xlsx

步骤01 输入分数

打开原始文件，填写相关数据后，选中单元格F8，输入“0 4/5”，如下图所示。

工作时间记录卡					
工作时间记录卡			部门:	生产部	
			工龄:	3年	
			工作周:	第八周	
向阳平			员工编号:	0005	
开始时间	结束时间	工作量	任务量	完成情况	评价
9:00	17:00	4	5	0 4/5	
9:00	18:00				
9:00	19:00				
9:00	17:30				
9:00	16:00				

选中并输入

步骤02 输入分数后的效果

按【Enter】键确定输入，再次选中单元格F8，在编辑栏中以小数“0.8”的形式来显示分数结果，如下图所示。

F8 | 0.8

	A	B	C	D	E	F	G
1	工作时间记录卡						
2	工作时间记录卡				部门:	生产部	
3					工龄:	3年	
4					工作周:	第八周	
5	姓名:	向阳平			员工编号:	0005	
6-7	日期	开始时间	结束时间	工作量	任务量	完成情况	评价
8	2014/1/15	9:00	17:00	4	5	4/5	
9	2014/1/16	9:00	18:00				
10	2014/1/17	9:00	19:00				
11	2014/1/18	9:00	17:30				
12	2014/1/19	9:00	16:00				
13	2014/1/20	9:00	17:00				

13.3.5　在多个单元格中输入相同数据

当用户需要在多个不连续的单元格中输入相同数据时，有一种比较快捷的方式，即利用【Ctrl+Enter】组合键。

◎ **原始文件**：下载资源\实例文件\13\原始文件\输入分数.xlsx
◎ **最终文件**：下载资源\实例文件\13\最终文件\在多个单元格中输入相同数据.xlsx

步骤01 选中多个单元格

打开原始文件，❶选中单元格D9，按住【Ctrl】键，依次单击单元格D11、D13、D14，❷在单元格D14中输入“5”，如下图所示。

				部门:	生产部
工作时间记录卡				工龄:	3年
				工作周:	第八周
姓名:	向阳平			员工编号:	0005
日期	开始时间	结束时间	工作量	任务量	完成情况
2014/1/15	9:00	17:00	4	5	4/5
2014/1/16	9:00	18:00			
2014/1/17	9:00	19:00			
2014/1/18	9:00	17:30			
2014/1/19	9:00	16:00			
2014/1/20	9:00	17:00			
2014/1/21	9:00	18:00	5		

❶ 选中
❷ 输入

步骤02 按【Ctrl+Enter】组合键

按【Ctrl+Enter】组合键，此时选中的单元格中都输入了“5”，如下图所示。

				部门:	生产部
工作时间记录卡				工龄:	3年
				工作周:	第八周
姓名:	向阳平			员工编号:	0005
日期	开始时间	结束时间	工作量	任务量	完成情况
2014/1/15	9:00	17:00	4	5	4/5
2014/1/16	9:00	18:00	5		
2014/1/17	9:00	19:00			
2014/1/18	9:00	17:30	5		
2014/1/19	9:00	16:00			
2014/1/20	9:00	17:00	5		
2014/1/21	9:00	18:00	5		

生存技巧　为数据自动插入小数点

如果用户输入到数据表中的数据大多带有小数点，而用户又希望能自动省略小数点的输入，可利用Excel提供的自动插入小数点功能：在“Excel选项”对话框的“高级”选项面板中勾选“自动插入小数点”复选框，并设置自动插入小数的位数，假设设置为2，那么当用户预备输入0.03时，只需输入“3”，单元格中就会自动显示0.03了，非常方便。

13.3.6　快速填充数据

若用户想在相邻的多个单元格中输入相同或具有一定规律的数据，可以利用Excel的快速填充数据功能，此功能可通过拖动法或自动填充命令来实现。

◎ **原始文件**：下载资源\实例文件\13\原始文件\在多个单元格中输入相同数据.xlsx
◎ **最终文件**：下载资源\实例文件\13\最终文件\快速填充数据.xlsx

步骤01 向下拖动鼠标

打开原始文件，❶选中单元格E8，并将鼠标指针放在其右下角，当指针变成十字形状时，❷按住鼠标左键不放向下拖动鼠标，如下左图所示。

步骤02 快速填充数据后的效果

将鼠标拖动至适当位置，释放鼠标，此时鼠标指针经过的单元格都填充了“5”，如下右图所示。

工作时间记录卡				部门:	生产部
				工龄:	3年
				工作周:	第八周
姓名:	向阳平			员工编号:	0005
日期	开始时间	结束时间	工作量	任务量	完成情况
2014/1/15	9:00	17:		5	4/5
2014/1/16	9:00	18:00			
2014/1/17	9:00	19:00			
2014/1/18	9:00	17:30	5		
2014/1/19	9:00	16:00			
2014/1/20	9:00	17:00	5		
2014/1/21	9:00	18:00	5		
总计					

❶ 选中

❷ 拖动

工作时间记录卡				部门:	生产部
				工龄:	3年
				工作周:	第八周
姓名:	向阳平			员工编号:	0005
日期	开始时间	结束时间	工作量	任务量	完成情况
2014/1/15	9:00	17:00	4	5	4/5
2014/1/16	9:00	18:00	5	5	
2014/1/17	9:00	19:00		5	
2014/1/18	9:00	17:30	5	5	
2014/1/19	9:00	16:00		5	
2014/1/20	9:00	17:00	5	5	
2014/1/21	9:00	18:00	5	5	
总计					

释放鼠标

步骤03 完成数据的录入

在其他单元格中输入文本和数据，并完善表格，如下图所示。

工作时间记录卡						
工作时间记录卡				部门:	生产部	
				工龄:	3年	
				工作周:	第八周	
姓名:	向阳平			员工编号:	0005	
日期	开始时间	结束时间	工作量	任务量	完成情况	评价
2014/1/15	9:00	17:00	4	5	4/5	良好
2014/1/16	9:00	18:00	5	5	1	优秀
2014/1/17	9:00	19:00	4	5	4/5	良好
2014/1/18	9:00	17:30	5	5	1	优秀
2014/1/19	9:00	16:00	4.5	5	8/9	良好
2014/1/20	9:00	17:00	5	5	1	优秀
2014/1/21	9:00	18:00	5	5	1	优秀
总计			32.5	35	1	优秀

提示

除了利用拖动法，用户还可使用“填充”命令来填充数据，在选定单元格区域后，切换至“开始”选项卡，在“编辑”组中单击“填充”下拉按钮，在展开的下拉列表中单击各个方向选项，此时所选单元格区域就会按方向进行填充。若要填充的数据具有一定的规律，可在展开的下拉列表中单击“序列”命令，在“序列”对话框中设置填充方式、步长值、终止值，这样就能实现特定的序列填充。

生存技巧 快速填充工作日

在登记考勤或其他工作日记录时，需要在日期列输入工作日的日期，若对照日历逐个输入，不仅麻烦还容易出错。此时可在单元格中输入第一个日期数据，将鼠标指针放置在该单元格的右下角，当鼠标指针变为十字形状时，单击并向下拖动鼠标至合适的位置后释放鼠标，单击右下角的“自动填充选项”按钮，在展开的列表中单击“以工作日填充”单选按钮，即可在自动填充的日期序列中排除非工作日数据。

13.4 设置数字格式

对于货币、小数、日期等类型的数据，用户可根据需要设置格式。例如，货币类数据可通过设置数字格式快速变更货币符号，又或者将小数、分数设置为百分比等。

13.4.1 设置货币格式

在会计工作中应用 Excel 时，需要将数据设置为会计专用的格式，快速更改货币符号。

◎ **原始文件**：下载资源\实例文件\13\原始文件\月度考勤统计表.xlsx
◎ **最终文件**：下载资源\实例文件\13\最终文件\设置货币格式.xlsx

步骤01　应用会计专用格式

打开原始文件，❶选择单元格区域G3：G13，❷在“开始”选项卡中单击“数字”组中的“会计数字格式”右侧的下拉按钮，❸在展开的下拉列表中单击“中文（中国）”选项，如下图所示。

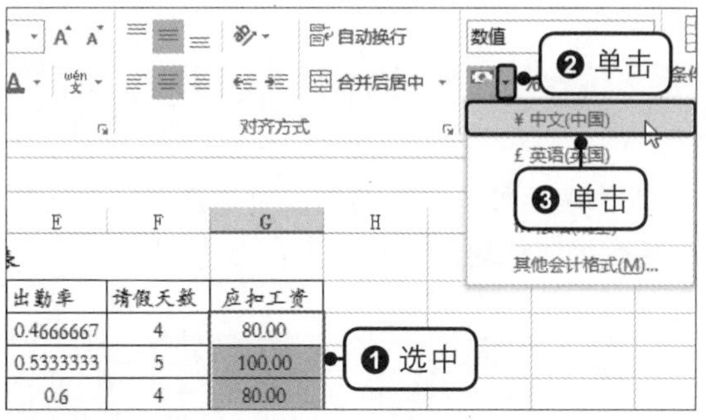

步骤02　应用会计格式的效果

此时所选单元格中的数据就应用了会计专用格式。与货币格式不同的是，会计专用格式不仅能添加相应的货币符号，还对该列数据进行了小数点对齐，如下图所示。

员工姓名	部门	实到天数	应到天数	出勤率	请假天数	应扣工资
田甜	销售部	14	30	0.4666667	4	¥ 80.00
将名	销售部	16	30	0.5333333	5	¥ 100.00
寇自强	行政部	18	30	0.6	4	¥ 80.00
王艳	供应部	19	30	0.6333333	3	¥ 60.00
周波	行政部	20	30	0.6666667	2	¥ 40.00
谭丽莉	供应部	16	30	0.5333333	3	¥ 60.00
秦明	行政部	23	30	0.7666667	3	¥ 60.00
李春明	行政部	24	30	0.8	2	¥ 40.00
陈雨	销售部	15	30	0.5	4	¥ 80.00
刘晓强	供应部	16	30	0.5333333	5	¥ 100.00
高盛	供应部	20	30	0.6666667	2	¥ 40.00

生存技巧　**设置“长日期”格式的日期**

在 Excel 2016 中，内置了多种“日期”格式供用户选择，例如长日期、短日期等。假设日期格式为“2016/1/1”，若要将其设置为“2016 年 1 月 1 日”的长日期格式，需要选中输入日期的单元格，切换至“开始”选项卡，在“数字格式”下拉列表中单击“长日期”选项。

13.4.2　设置百分比格式

为了让表格中的数据更加清晰明了，用户可将小数或分数设置为以百分比格式显示。与设置货币格式类似，设置百分比格式既可以在“数字”组中完成，也可以单击“数字”组的对话框启动器，在“设置单元格格式”对话框中完成。

◎ **原始文件：**下载资源\实例文件\13\原始文件\设置货币格式.xlsx

◎ **最终文件：**下载资源\实例文件\13\最终文件\设置百分比格式.xlsx

步骤01　单击“数字”组对话框启动器

打开原始文件，❶选择单元格区域E3：E13，❷单击“数字”组右下角的对话框启动器，如下图所示。

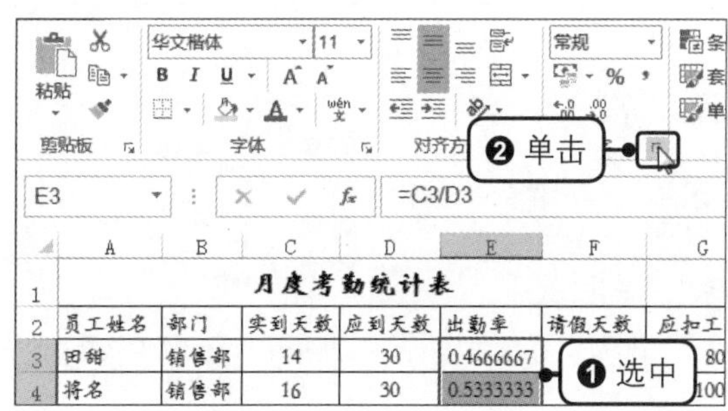

步骤02　设置百分比格式

弹出“设置单元格格式”对话框，❶在“数字”选项卡下“分类”列表框中单击“百分比”选项，❷设置“小数位数”为“0”，如下图所示。

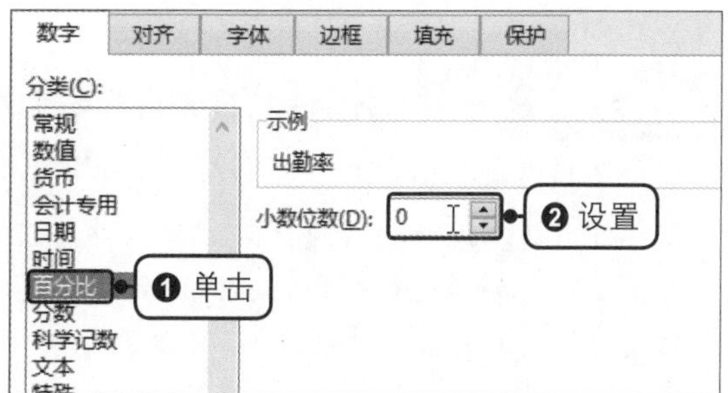

步骤03 设置百分比格式后的效果

单击“确定”按钮，返回工作表，此时所选单元格区域内的数据都以百分比格式显示，如右图所示。

	月度考勤统计表						
1							
2	员工姓名	部门	实到天数	应到天数	出勤率	请假天数	应扣工资
3	田甜	销售部	14	30	47%	4	¥ 80.00
4	将名	销售部	16	30	53%	5	¥ 100.00
5	寇自强	行政部	18	30	60%	4	¥ 80.00
6	王艳	供应部	19	30	63%	3	¥ 60.00
7	周波	行政部	20	30	67%	2	¥ 40.00
8	谭丽莉	供应部	16	30	53%	3	¥ 60.00
9	秦明	行政部	23	30	77%	3	¥ 60.00
10	李春明	行政部	24	30	80%	2	¥ 40.00

13.5 美化工作表

当用户完成工作表内容的编辑和录入后，为了让工作表更加美观、简洁，可通过套用单元格样式、表格格式或者自定义单元格样式来创建一个个性化的工作表。

13.5.1 套用单元格样式

在 Excel 中有多种预先设置好的单元格样式，用户可套用单元格样式来快速设置出专业的外观效果，省去了手动自行设置的麻烦。

◎ **原始文件**：下载资源\实例文件\13\原始文件\商品库存统计表.xlsx

◎ **最终文件**：下载资源\实例文件\13\最终文件\套用单元格样式.xlsx

步骤01 选择“标题”样式

打开原始文件，❶选择单元格区域A1：F1，❷在“样式”组中单击“单元格样式”下拉按钮，❸在展开的样式库中选择“标题1”样式，如下图所示。

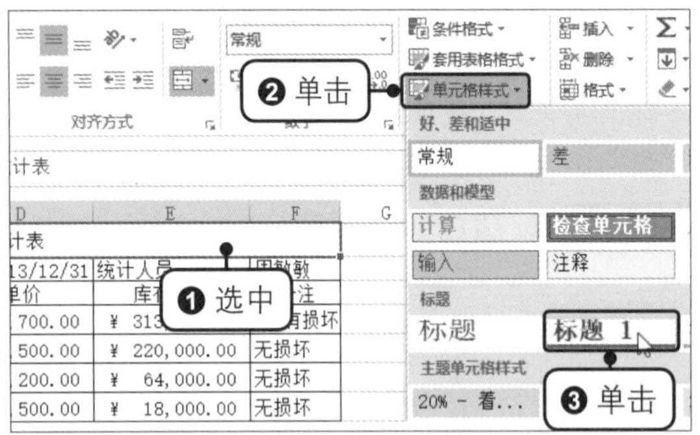

步骤02 应用标题样式后的效果

此时，所选单元格区域就应用了选择的标题单元格样式，如下图所示。

A	B	C	D	E
商品库存统计表				
库房名称：	鸿威大厦	统计时间：	2013/12/31	统计人员：
货号	商品名称	库存量（件）	单价	库存金额
A-101	电视机	55	¥ 5,700.00	¥ 313,500.
A-102	电脑	40	¥ 5,500.00	¥ 220,000.
A-103	空调	20	¥ 3,200.00	¥ 64,000.
A-104	洗衣机	12	¥ 1,500.00	¥ 18,000.
B-101	摩托车	8	¥ 2,800.00	¥ 22,400.
B-102	自行车	12	¥ 550.00	¥ 6,600.
B-103	小轿车	8	¥ 80,000.00	¥ 640,000.
B-104	货车	2	¥ 65,000.00	¥ 130,000.
B-105	吊车	2	¥ 50,000.00	¥ 100,000.

生存技巧 将单元格样式添加到快速访问工具栏

单元格样式种类比较多，但经常使用的比较少，所以，用户可以将其添加到快速访问工具栏中，以便于快速使用。右击要使用的单元格样式，在弹出的快捷菜单中单击“添加到快速访问工具栏”命令即可，如右图所示。

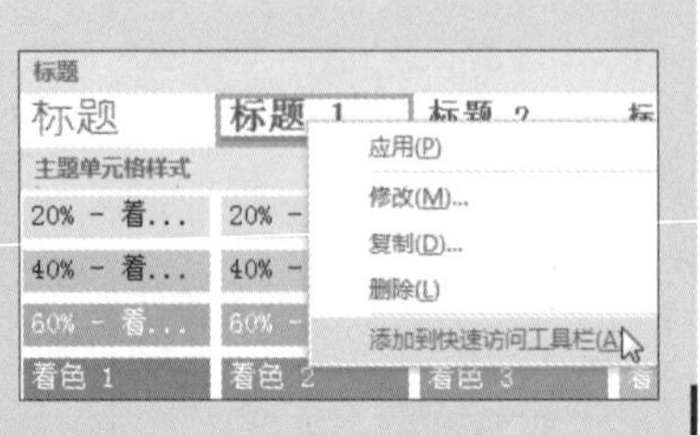

步骤03 继续应用单元格样式

用同样的方法将单元格区域A3：F3设置为“40%-着色2”的样式，可以看到相应的格式效果，如右图所示。

A	B	C	D	E
商品库存统计表				
库房名称：	鸿威大厦	统计时间：	2013/12/31	统计人员：
货号	商品名称	库存量（件）	单价	库存金额
A-101	电视机	55	¥ 5,700.00	¥ 313,500.
A-102	电脑	40	¥ 5,500.00	¥ 220,000.
A-103	空调	20	¥ 3,200.00	¥ 64,000.
A-104	洗衣机	12	¥ 1,500.00	¥ 18,000.
B-101	摩托车	8	¥ 2,800.00	¥ 22,400.
B-102	自行车	12	¥ 550.00	¥ 6,600.

13.5.2 套用表格格式

用户在创建表格时，可利用Excel内置的表格格式为表格快速添加样式，也就是套用表格格式。这种方式能将表格快速格式化，创建出漂亮的表格。

◎ **原始文件**：下载资源\实例文件\13\原始文件\套用单元格样式.xlsx

◎ **最终文件**：下载资源\实例文件\13\最终文件\套用表格格式.xlsx

步骤01 选择表格格式

打开原始文件，❶选择单元格区域A3：F12，❷单击“套用表格格式”下拉按钮，❸选择样式，如下图所示。

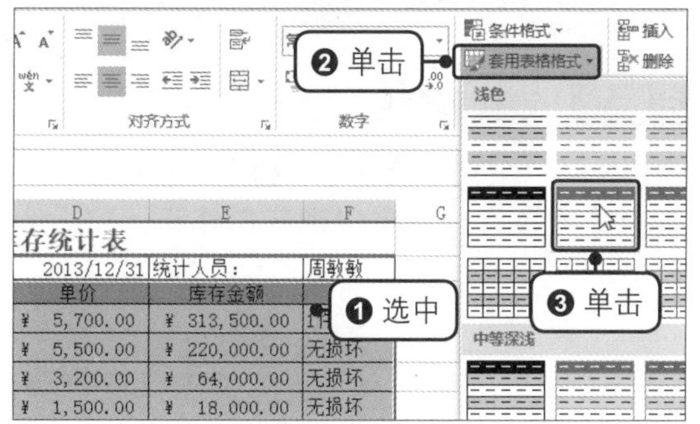

步骤02 选择表格格式的数据来源

弹出“套用表格格式”对话框，❶勾选“表包含标题”复选框，❷单击“确定”按钮，如下图所示。

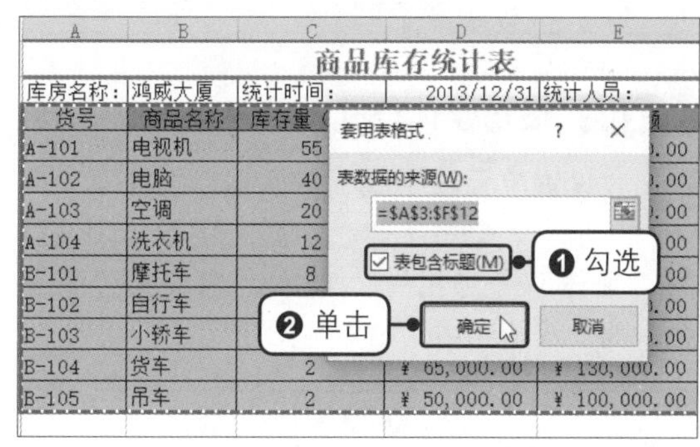

步骤03 套用表格格式后的效果

返回工作表，此时所选单元格区域就套用了所选的表格格式，如右图所示。

1	商品库存统计表				
2	库房名称：	鸿威大厦	统计时间：	2013/12/31	统计人员：
3	货号	商品名称	库存量（件）	单价	库存金
4	A-101	电视机	55	¥ 5,700.00	¥ 313,5
5	A-102	电脑	40	¥ 5,500.00	¥ 220,0
6	A-103	空调	20	¥ 3,200.00	¥ 64,0
7	A-104	洗衣机	12	¥ 1,500.00	¥ 18,0
8	B-101	摩托车	8	¥ 2,800.00	¥ 22,4
9	B-102	自行车	12	¥ 550.00	¥ 6,6
10	B-103	小轿车	8	¥ 80,000.00	¥ 640,0

生存技巧 新建表格格式

用户除了可以直接套用表格格式以外，还可以新建表格格式。单击“套用表格格式”下拉按钮，在展开的列表中单击“新建表格样式”选项，然后在弹出的“新建表样式”对话框中设置样式即可。

13.5.3 自定义单元格样式

用户除了套用 Excel 系统提供的单元格样式外，还可以根据需要自定义单元格样式。

◎ **原始文件**：下载资源\实例文件\13\原始文件\套用表格格式.xlsx
◎ **最终文件**：下载资源\实例文件\13\最终文件\自定义的单元格样式.xlsx

步骤01 单击“新建单元格样式”选项

打开原始文件，❶在“样式”组中单击“单元格样式”下拉按钮，❷在展开的下拉列表中单击“新建单元格样式”选项，如下图所示。

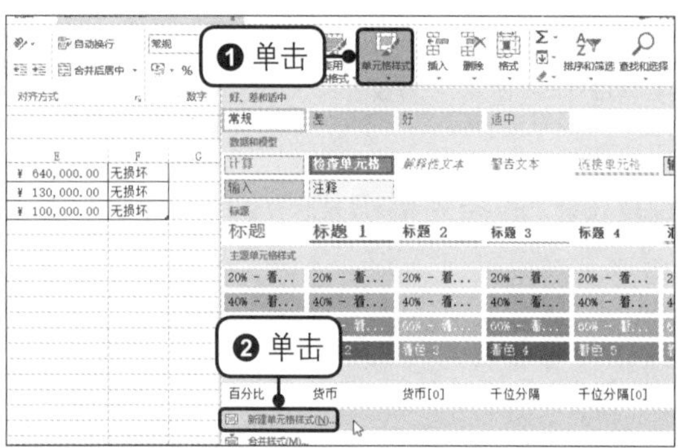

步骤02 自定义样式名称

弹出“样式”对话框，❶在“样式名”后的文本框中输入“自定义样式1”，❷取消勾选“数字”复选框，❸单击“格式”按钮，如下图所示。

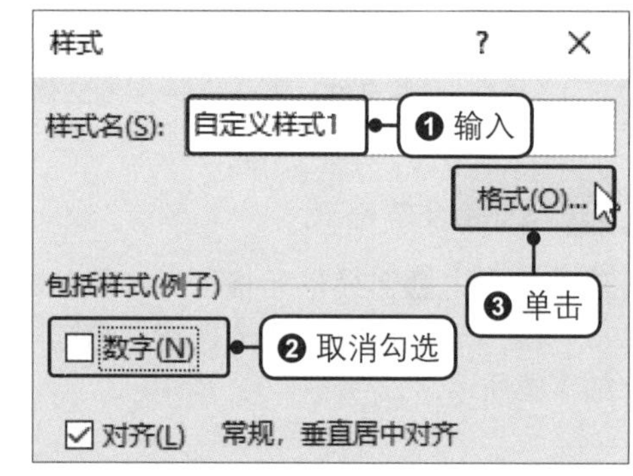

步骤03 设置字体格式

弹出“设置单元格格式”对话框，切换至“字体”选项卡，❶将字体、字形、字号分别设置为“黑体”“加粗”“12”，❷设置“下画线”为“双下画线”，如下图所示。

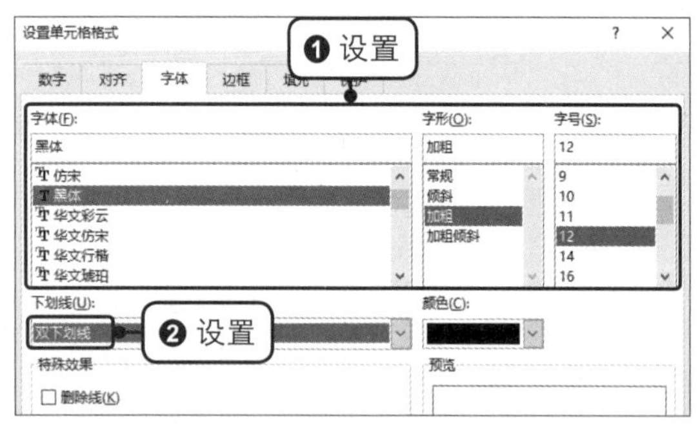

步骤04 设置背景色

❶切换至“填充”选项卡，❷将“背景色”设置为“橙色”，单击“确定”按钮，如下图所示。

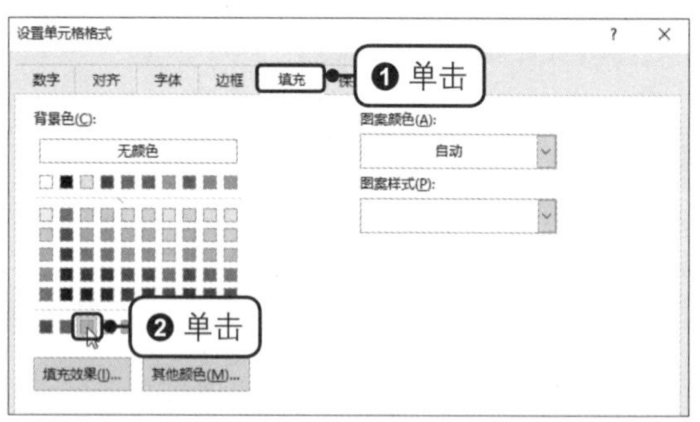

生存技巧 使用单元格样式对数字进行格式设置

对单元格中的数字进行格式设置时，除了可以在“设置单元格格式”对话框中和“数字”组中进行设置以外，还可以直接使用“单元格样式”下拉按钮中的“数字格式”，如右图所示。

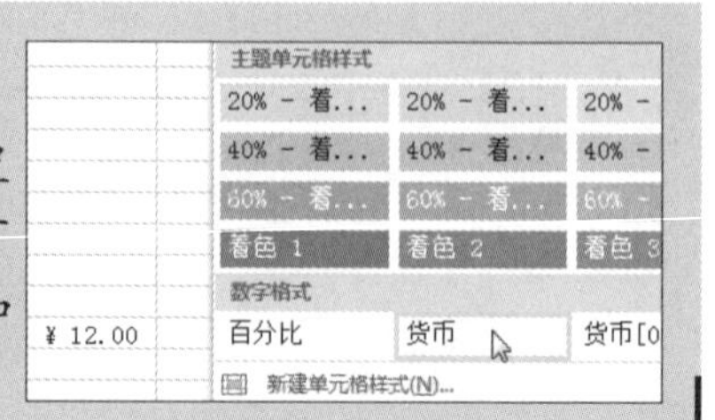

步骤05　选择“自定义样式1”样式

依次单击“确定”按钮，❶同时选中单元格B2、D2、F2，❷在“样式”组中单击“单元格样式”下拉按钮，❸选择“自定义样式1”样式，如下图所示。

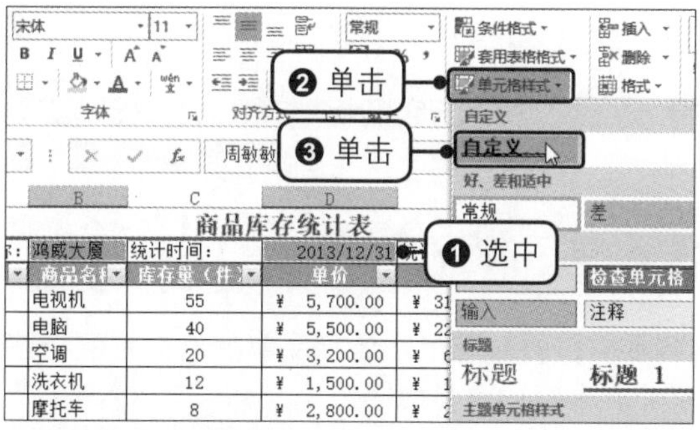

步骤06　应用自定义单元格样式后的效果

此时，所选单元格就应用了自定义的单元格样式，如下图所示。

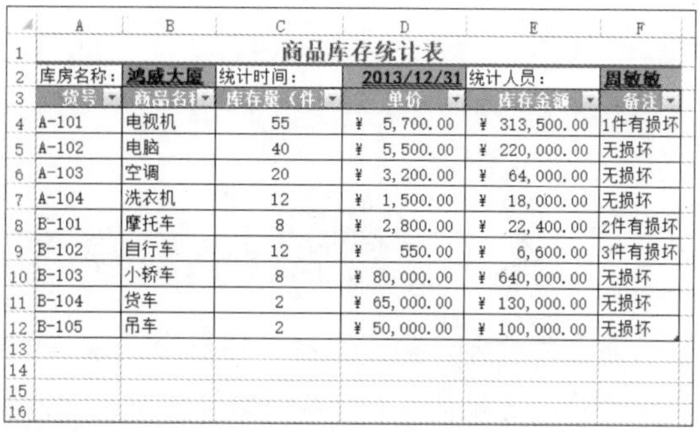

	A	B	C	D	E	F
1	商品库存统计表					
2	库房名称：	鸿威大厦	统计时间：	2013/12/31	统计人员：	周敏敏
3	货号	商品名称	库存量（件）	单价	库存金额	备注
4	A-101	电视机	55	¥ 5,700.00	¥ 313,500.00	1件有损坏
5	A-102	电脑	40	¥ 5,500.00	¥ 220,000.00	无损坏
6	A-103	空调	20	¥ 3,200.00	¥ 64,000.00	无损坏
7	A-104	洗衣机	12	¥ 1,500.00	¥ 18,000.00	无损坏
8	B-101	摩托车	8	¥ 2,800.00	¥ 22,400.00	2件有损坏
9	B-102	自行车	12	¥ 550.00	¥ 6,600.00	3件有损坏
10	B-103	小轿车	8	¥ 80,000.00	¥ 640,000.00	无损坏
11	B-104	货车	2	¥ 65,000.00	¥ 130,000.00	无损坏
12	B-105	吊车	2	¥ 50,000.00	¥ 100,000.00	无损坏

生存技巧　合并样式

在工作簿中新创建的单元格样式，用户可能希望将它们应用于其他工作簿中，这时可以将这些单元格样式从该工作簿复制到另一工作簿，这就是合并样式。先打开包含要复制单元格样式的工作簿，再打开要将单元格样式复制到的工作簿，单击“单元格样式”按钮，在展开的库中单击“合并样式”选项，在“合并样式来源”中单击包含要复制样式的工作簿，确定后，在当前工作簿的单元格样式库中即可看到合并过来的新单元格样式。

学习笔记

第14章 PowerPoint 2016基本操作

PowerPoint 2016 是用于制作和放映演示文稿的组件。在日常工作中，会议或培训课程中经常会用到 PowerPoint。使用 PowerPoint 制作演示文稿需要了解幻灯片编辑中的一些基本操作。

14.1 幻灯片的基本操作

若要学会制作演示文稿，在学会新建一个空白演示文稿的基础上，还需要掌握幻灯片的一些基本操作，包括插入幻灯片、移动幻灯片、复制幻灯片和删除幻灯片等。

14.1.1 新建空白演示文稿

新建空白演示文稿是 PowerPoint 2016 中最基本的操作，新建的空白演示文稿默认自带一张幻灯片。

◎ **原始文件：** 无

◎ **最终文件：** 下载资源\实例文件\14\最终文件\新建空白演示文稿.pptx

步骤01 新建空白演示文稿

启动PowerPoint 2016，在开始屏幕右侧的面板中单击“空白演示文稿”图标，如下图所示。

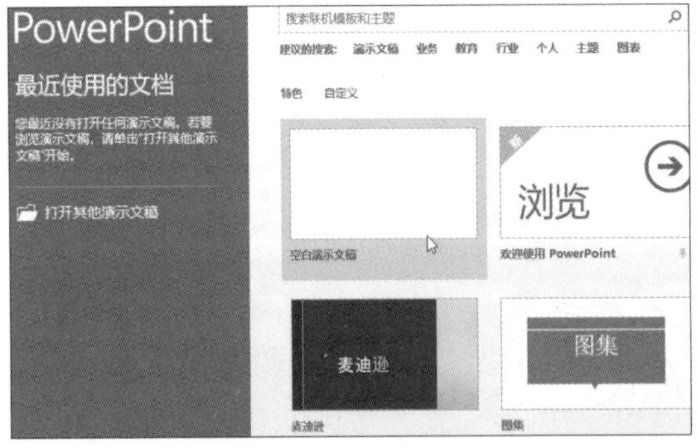

步骤02 新建空白演示文稿的效果

此时创建了一个默认版式的空白演示文稿，并且自动命名为“演示文稿2”，如下图所示。

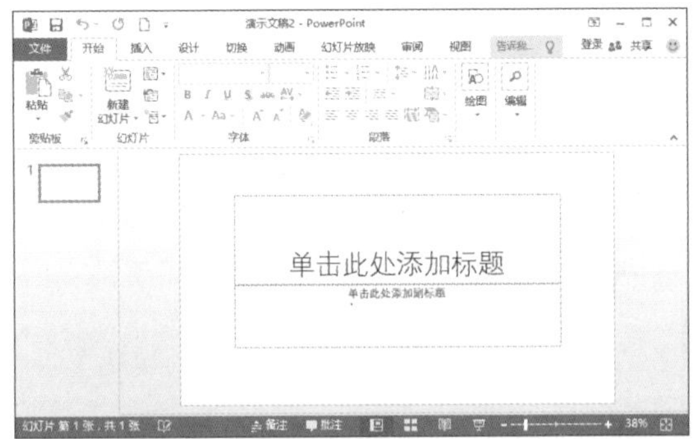

提示

PowerPoint 2016 为用户提供了许多演示文稿的模板，用户不仅可以创建空白的演示文稿，还可以创建基于模板的演示文稿。执行“文件 > 新建”命令，在页面给出的选项中选择自己想要使用的模板，再在此基础上创建演示文稿即可。

14.1.2　插入幻灯片

一个演示文稿通常包含多张幻灯片，但新建的空白演示文稿中只有一张幻灯片，远远不能满足用户需求，于是就需要用户插入不同版式的幻灯片。

◎ **原始文件：** 下载资源\实例文件\14\原始文件\怎样做好行政管理.pptx

◎ **最终文件：** 下载资源\实例文件\14\最终文件\插入幻灯片.pptx

步骤01 选择幻灯片版式

打开原始文件，❶在“开始”选项卡下单击“幻灯片”组中的“新建幻灯片”下拉按钮，❷在展开的库中选择“标题和内容”版式，如下图所示。

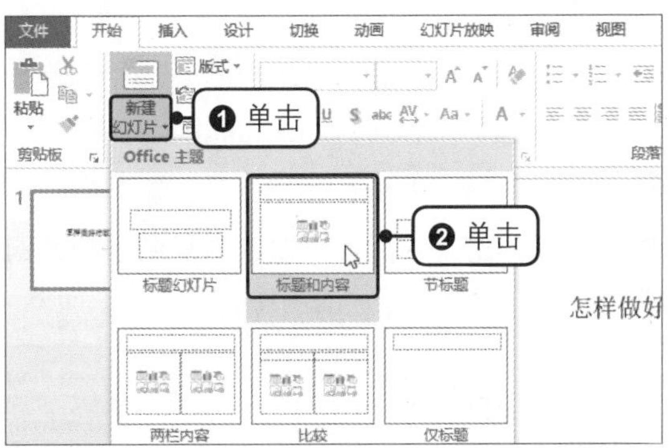

步骤02 插入幻灯片的效果

此时，插入了一张“标题和内容”版式的幻灯片，即左边幻灯片浏览窗格中显示的序号为“2”的幻灯片，如下图所示。

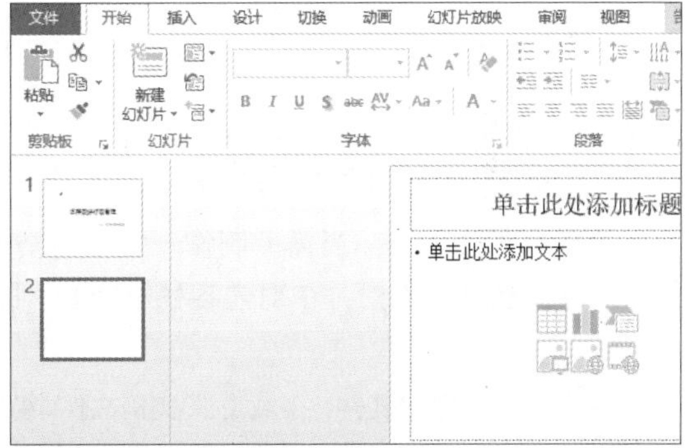

步骤03 输入文本内容

采用同样的方法，插入其他版式的幻灯片，并编辑好幻灯片的内容，完成一个演示文稿的制作，如右图所示。

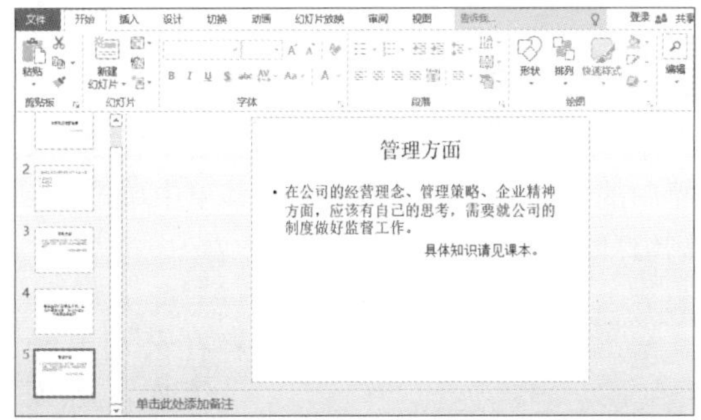

提示

在“新建幻灯片”提供的幻灯片库中选择某个版式的幻灯片进行插入后，如选择“标题幻灯片”版式，那么当需要再次插入幻灯片而直接单击“新建幻灯片”按钮时，系统自动默认插入版式为之前所选择的“标题幻灯片”。

14.1.3　移动幻灯片

当用户插入多张幻灯片并输入文本内容后，可能需要调整某些幻灯片的位置，此时就要移动幻灯片。当幻灯片被移动后，在幻灯片浏览窗格中幻灯片的编号将发生相应变化。

◎ **原始文件：** 下载资源\实例文件\14\原始文件\插入幻灯片.pptx

◎ **最终文件：** 下载资源\实例文件\14\最终文件\移动幻灯片.pptx

步骤01 移动幻灯片

打开原始文件，在左栏中选中要移动的幻灯片“5”，拖动至合适的位置处，如拖动至第三张幻灯片的上方，如下图所示。

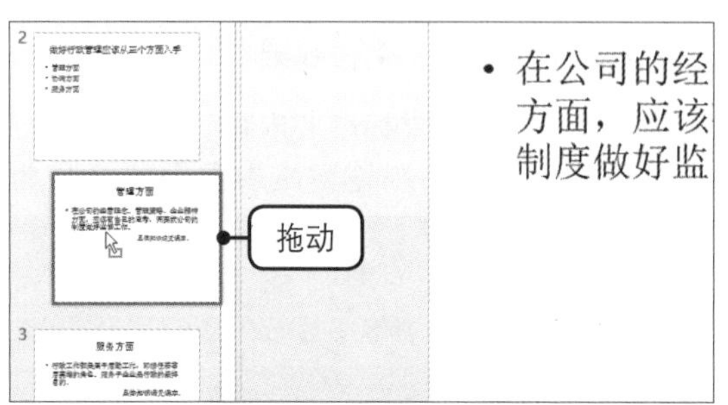

步骤02 移动幻灯片的效果

释放鼠标后，将第五张幻灯片移动到了第三张幻灯片的位置，幻灯片的编号自动更新，如下图所示。

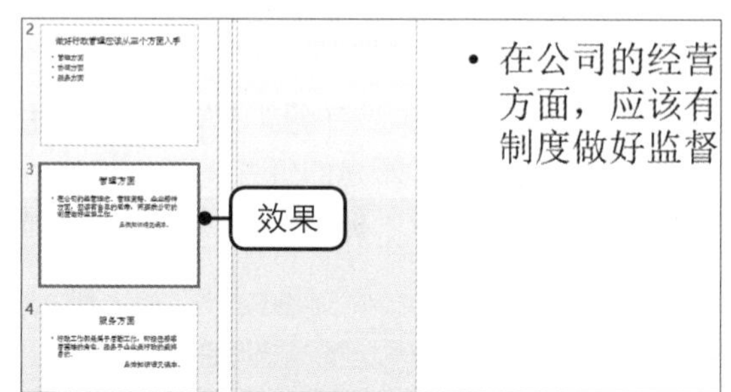

14.1.4 复制幻灯片

为提高工作效率，当需要制作一张相同格式或内容相近的幻灯片时，可以选择复制已有的幻灯片，在新生成的幻灯片中对内容稍做修改，即可快速完成一张新幻灯片的制作。

◎ **原始文件：** 下载资源\实例文件\14\原始文件\插入幻灯片.pptx

◎ **最终文件：** 下载资源\实例文件\14\最终文件\复制幻灯片.pptx

步骤01 复制幻灯片

打开原始文件，在幻灯片浏览窗格中右击需要复制的幻灯片，在弹出的快捷菜单中单击“复制幻灯片”命令，如下图所示。

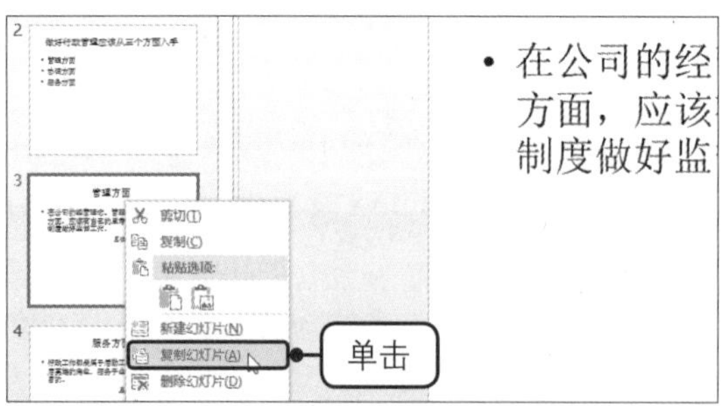

步骤02 复制幻灯片的效果

此时在选中的幻灯片下方自动生成了一张相同的幻灯片，如下图所示。

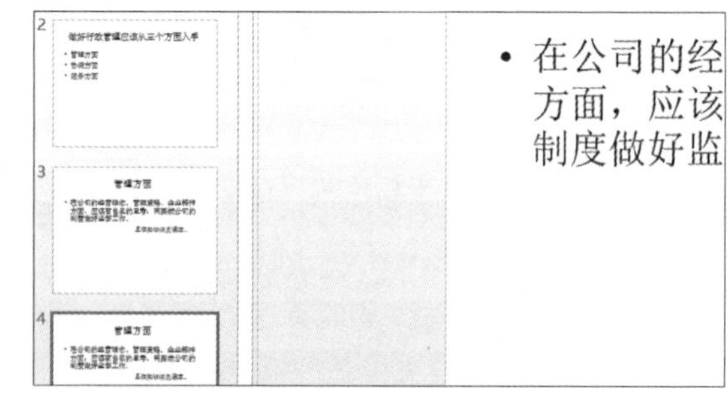

步骤03 更改幻灯片的内容

在复制生成的新幻灯片中，根据需要保留幻灯片中的某些内容和格式，并修改幻灯片的其他内容，如右图所示。

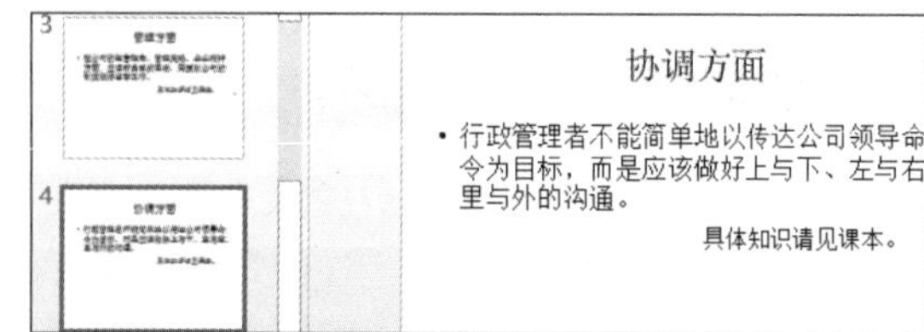

生存技巧 重用幻灯片及合并演示文稿

在制作幻灯片时，用户可能会需要重复使用其他演示文稿中的幻灯片，此时可以应用 PowerPoint 2016 中的“重用幻灯片”功能。首先在幻灯片浏览窗格中要放置重用幻灯片的位置单击，再在“开始”选项卡中单击“新建幻灯片”下拉按钮，在展开的下拉列表中单击“重用幻灯片”选项，然后在打开的“重用幻灯片”窗格中选择要使用的演示文稿，并选择相应幻灯片即可。如果希望插入的重用幻灯片保留原本的格式，则要勾选“保留源格式”复选框。

如果需要把多个演示文稿的幻灯片合并，并且希望它们分别保持原样，则首先打开需要合并的某一演示文稿，在“审阅”选项卡中单击“比较”按钮，弹出“选择要与当前演示文稿合并的文件”对话框，在对话框中选择要与当前演示文稿合并的另一个演示文稿，单击“合并”按钮，然后执行接受修订操作，即可实现两个演示文稿的合并。实际上，利用“重用幻灯片”功能也可实现演示文稿的合并，用户可自己尝试操作。

14.1.5 删除幻灯片

创建了一组幻灯片后，如果发现某张幻灯片不能满足需要，可将其删除。删除幻灯片后，该幻灯片之后的其他幻灯片的编号将发生相应变化。

◎ **原始文件：** 下载资源\实例文件\14\原始文件\复制幻灯片.pptx
◎ **最终文件：** 下载资源\实例文件\14\最终文件\删除幻灯片.pptx

步骤01 删除幻灯片

打开原始文件，❶右击要删除的幻灯片，❷在弹出的快捷菜单中单击“删除幻灯片”命令，如下图所示。

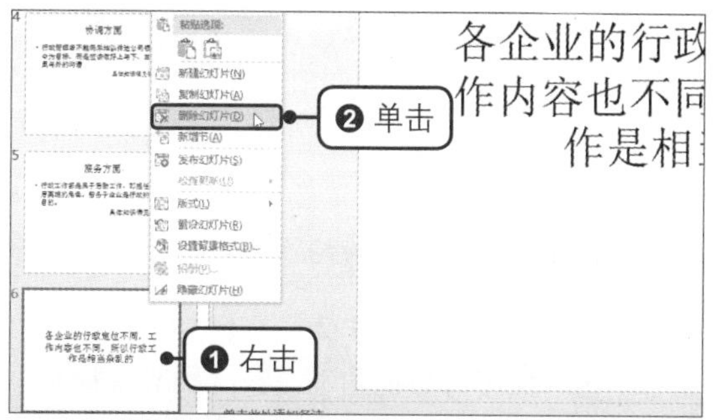

步骤02 删除幻灯片的效果

此时即删除了一张幻灯片，幻灯片数量由6张变为5张，幻灯片序号发生相应的变化，如下图所示。

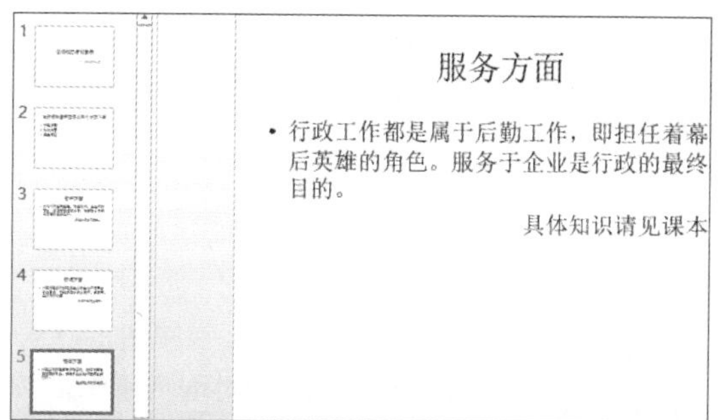

提示

还可以选中幻灯片，按【Delete】键将其删除。

14.2 母版的运用

母版的作用主要是统一每张幻灯片的格式、背景及其他美化效果等。母版的应用有三个方面，即幻灯片母版、讲义母版和备注母版。

生存技巧　准备更多套的幻灯片版式

在新建幻灯片库中，用户有多种版式可以选择，这些版式实际是通过当前幻灯片母版中的设计反映的。如果用户希望版式库中有更多套设计方案以供选择，可以在幻灯片母版中再新建其他的幻灯片母版，并应用其他的主题等设计方案，或者在母版中再自定义新建其他版式，这样，新建幻灯片版式库中就会有更多选择方案了。

14.2.1　幻灯片母版

幻灯片母版中可以储存多种信息，具体包括文本、占位符、背景、颜色主题、效果和动画等，用户可以根据需要将这些信息插入到幻灯片母版中。

◎ **原始文件：** 下载资源\实例文件\14\原始文件\职业生涯规划.pptx

◎ **最终文件：** 下载资源\实例文件\14\最终文件\幻灯片母版.pptx

步骤01　单击“幻灯片母版”按钮

打开原始文件，切换到“视图”选项卡，单击“母版视图”组中的“幻灯片母版”按钮，如下图所示。

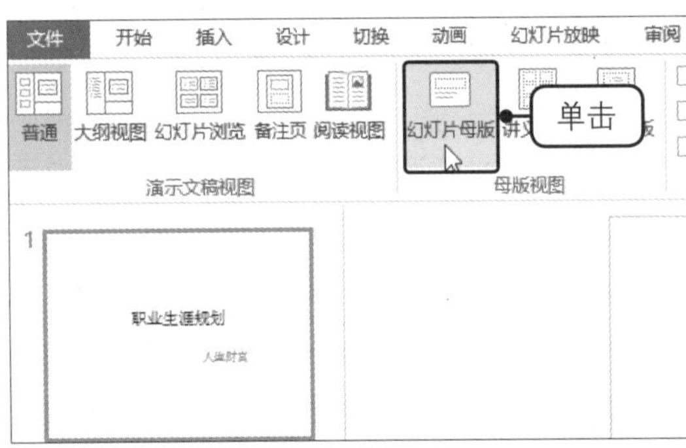

步骤02　设置字体

此时进入到“幻灯片母版”选项卡，选中第一张幻灯片，❶在“背景”组中单击“字体”按钮，❷在展开的下拉列表中单击“Office 2007-2010”选项，如下图所示。

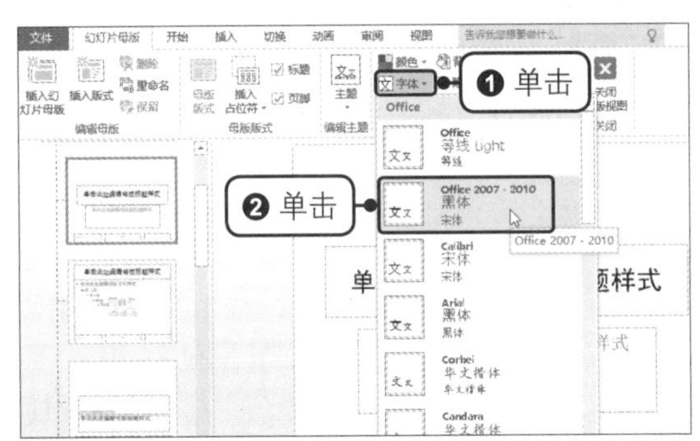

步骤03　设置背景

在“背景”组中单击“背景样式”按钮，在展开的背景库中选择“样式9”，如下图所示。

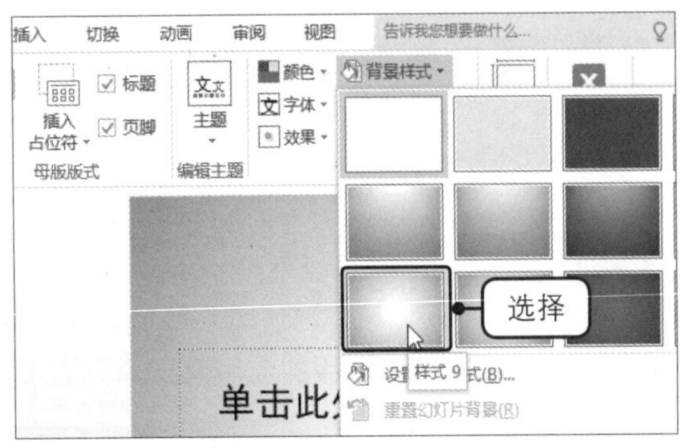

步骤04　关闭母版视图

此时即为母版设置好了字体和背景，在“关闭”组中单击“关闭母版视图”按钮，如下图所示。

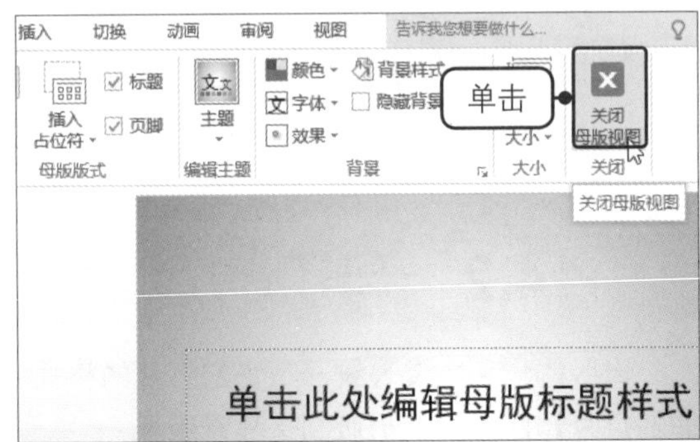

步骤05　设置幻灯片母版的效果

返回到普通视图中，可以看见演示文稿中的所有幻灯片都应用了母版的字体和背景样式，如右图所示。

提示

为了快速美化母版，也可以在“编辑主题”组中单击“主题”按钮，在展开的下拉列表中选择默认的主题样式，即可为母版应用系统中自带的主题。

生存技巧　把公司徽标放到所有幻灯片上

在为公司制作幻灯片时，为了增加专业性，通常会把公司的徽标放进幻灯片中，为了避免误删徽标图片，以及让徽标图片能显示在所有幻灯片中，可以在“幻灯片母版”中插入徽标图片，并设置好图片格式，这样当退出母版视图后，所有的幻灯片都会统一添加上公司的徽标。

14.2.2　讲义母版

如果要打印幻灯片，则可以使用讲义母版的功能，它可将多张幻灯片排列在一张打印纸中，以节约纸张。在讲义母版中也可以对幻灯片的主题、颜色等做设置。

◎ **原始文件：**下载资源\实例文件\14\原始文件\幻灯片母版.pptx

◎ **最终文件：**下载资源\实例文件\14\最终文件\讲义母版.pptx

步骤01　单击“讲义母版”按钮

打开原始文件，在“母版视图”组中单击“讲义母版”按钮，如下图所示。

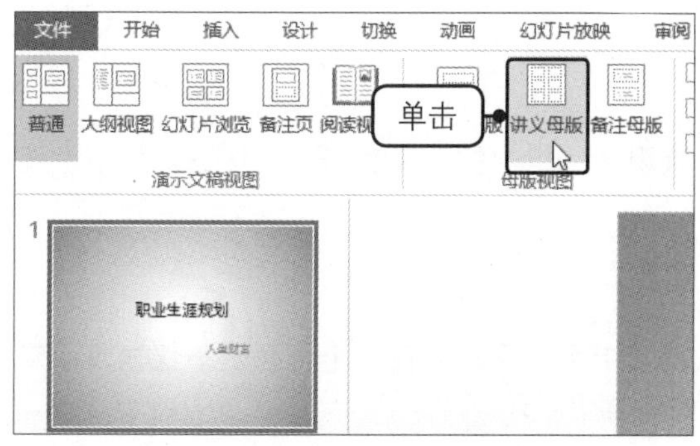

步骤02　设置幻灯片的数量

进入到“讲义母版”选项卡，❶在“页面设置”选项卡下单击“每页幻灯片数量”按钮，❷在展开的下拉列表中单击“3张幻灯片”选项，如下图所示。

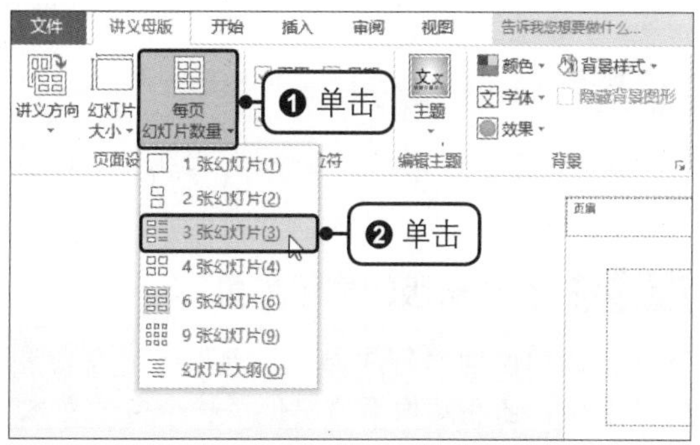

步骤03 设置数量后的效果

此时在一个页面中排列了3张幻灯片，即可以将这3张幻灯片打印在一张纸上，如下图所示。

步骤04 设置讲义方向

❶在“页面设置”组中单击“讲义方向”按钮，❷在展开的下拉列表中单击“横向”选项，如下图所示。

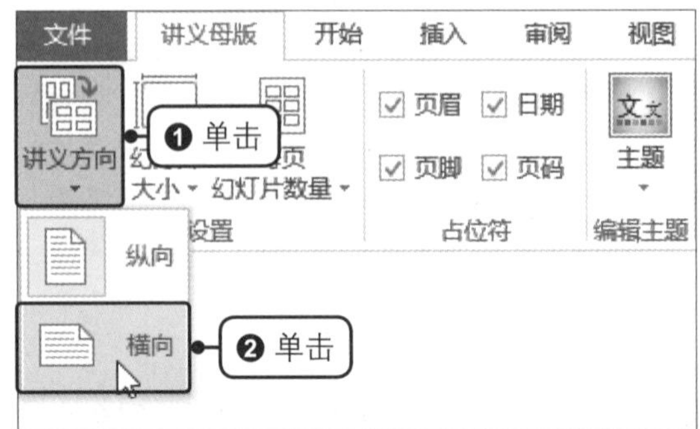

步骤05 关闭母版视图

此时将3张幻灯片的布局由纵向变为横向。如果要退出“讲义母版”视图，可在“关闭”组中单击“关闭母版视图”按钮，如下图所示。

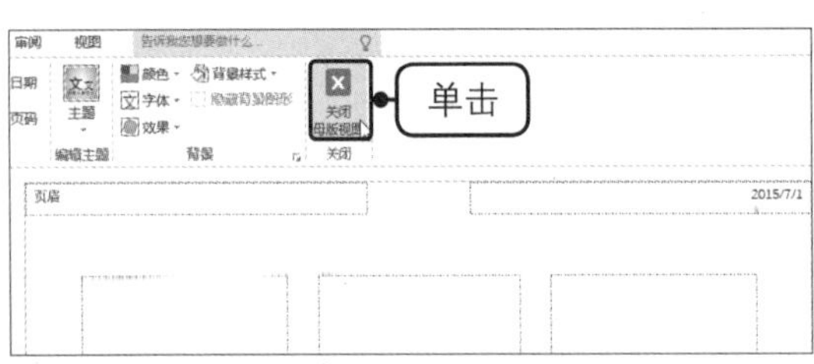

生存技巧 打印讲义

在做演讲时经常会用到PowerPoint，有时演讲者会提前将讲义分发给在场听众，以便更好地针对内容进行交流，这时就涉及讲义的打印。打印讲义前要设置好讲义母版，然后使用“文件”菜单中的“打印”命令，设置好打印份数、每页幻灯片数、纸张方向、颜色等选项，再单击“打印”按钮即可。

14.2.3 备注母版

在备注母版中有一个备注窗格，用户可以在备注窗格中添加文本框、艺术字、图片等内容，使其与幻灯片打印在同一张纸上。

◎ **原始文件：**下载资源\实例文件\14\原始文件\讲义母版.pptx

◎ **最终文件：**下载资源\实例文件\14\最终文件\备注母版.pptx

步骤01 单击“备注母版”按钮

打开原始文件，切换到“视图”选项卡，单击“母版视图”组中的“备注母版”按钮，如下左图所示。

步骤02 备注母版的显示效果

此时自动切换到“备注母版”选项卡，在备注母版视图中可以看见，在一个页面上不仅显示了幻灯片图像，还在图像下方出现了一个备注文本框，如下右图所示。

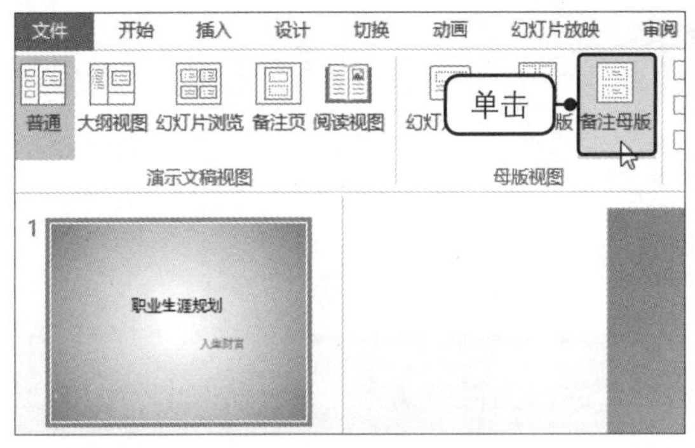

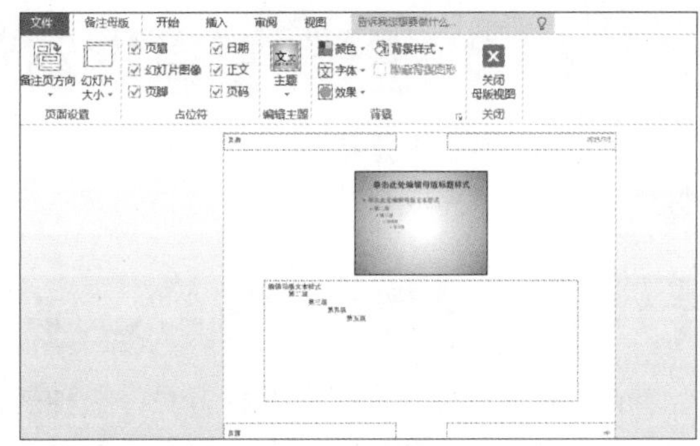

步骤03 单击“页面设置”按钮

为了使幻灯片图像和备注文本框大小相匹配，可以改变幻灯片的大小。在“页面设置”组中单击“幻灯片大小”按钮，在弹出的下拉菜单中单击“自定义幻灯片大小”选项，如下图所示。

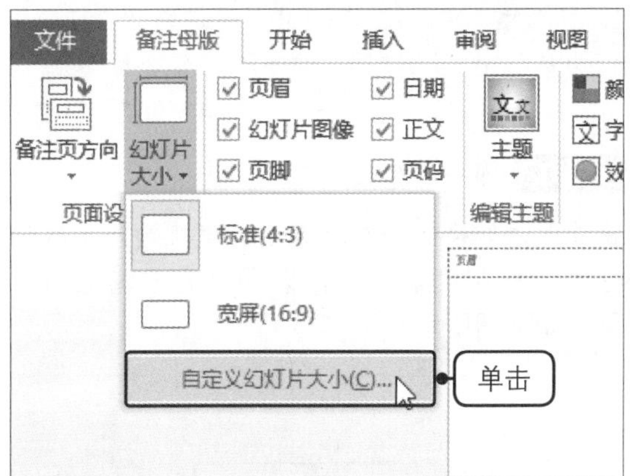

步骤04 设置幻灯片的大小

弹出“幻灯片大小”对话框，❶在“幻灯片大小”选项组下设置宽度为“50”、高度为“30”，❷在“方向”选项组下单击“纵向”单选按钮，❸单击“确定”按钮，如下图所示。

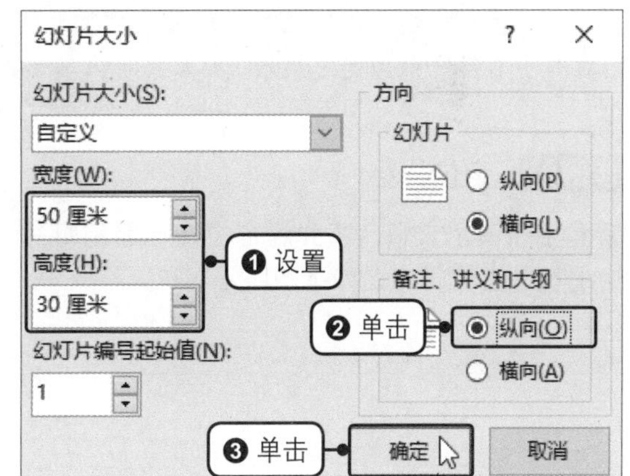

步骤05 设置后的效果

改变幻灯片图像大小后，可以看见在页面中图像和备注文本框几乎各占一半，如右图所示。

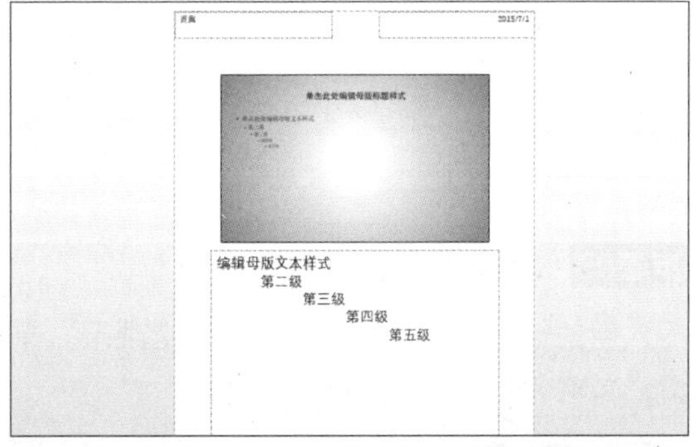

提示

在设置了讲义母版和备注母版后，打印演示文稿的时候就可以选择打印的版式为讲义或备注页。

生存技巧 在幻灯片中插入批注

在制作演示文稿时，可将需要展示给观众的内容做在幻灯片中，而不需要展示的内容就可写到备注里。如果有重要的内容需要在幻灯片中提示，也可以添加批注。只需在幻灯片中选择需要批注的位置，切换至“审阅”组中单击“新建批注”按钮，出现批注框后输入批注内容即可。

14.3 编辑与管理幻灯片

编辑幻灯片主要是指在幻灯片中输入文本、设置文本的格式，而管理幻灯片一般可以使用幻灯片节的功能来完成。

14.3.1 在幻灯片中输入文本

在幻灯片中输入文本有两种方式：一种是在幻灯片的占位符中输入；另一种是利用大纲视图，在大纲窗格中输入。

◎ **原始文件：** 无
◎ **最终文件：** 下载资源\实例文件\14\最终文件\输入文本.pptx

生存技巧　在大纲视图中使用快捷键调整文本级别

在大纲视图中，将光标定位在要更改大纲级别的标题文本中，按下【Tab】键，则该行标题文本会自动降级为内容文本。如果要将内容文本升级为标题文本，按下【Shift+Tab】组合键即可。

步骤01 定位光标

新建空白演示文稿，将光标定位在标题幻灯片中的标题占位符中，如下图所示。

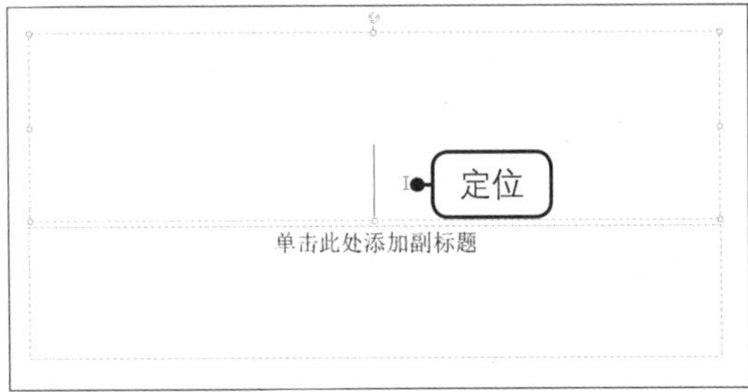

步骤02 输入文本

将输入法切换到中文状态后，直接输入文本内容“考核制度培训”，以同样方法输入副标题，如下图所示。

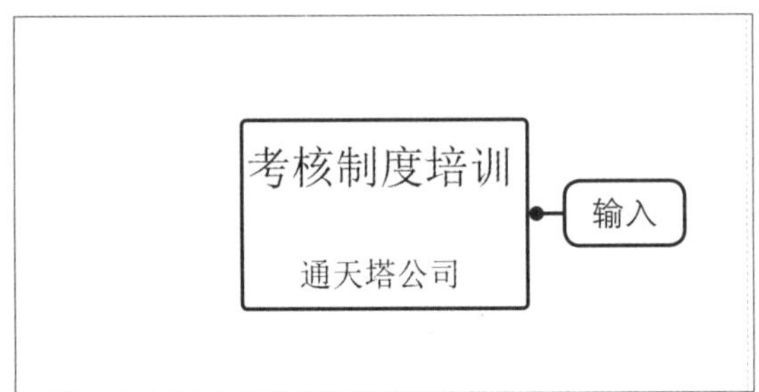

步骤03 单击“大纲视图”按钮

插入新的幻灯片，切换到“视图”选项卡，单击“大纲视图”按钮，如下图所示。

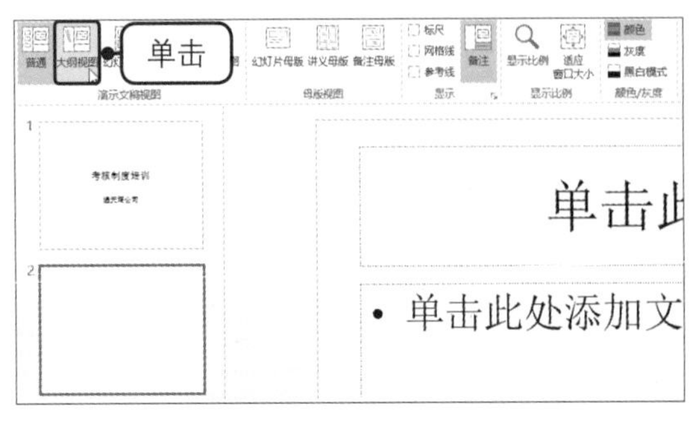

步骤04 输入文本

切换到大纲视图后，将光标定位在第2张幻灯片图标右侧，输入文字，如下图所示。

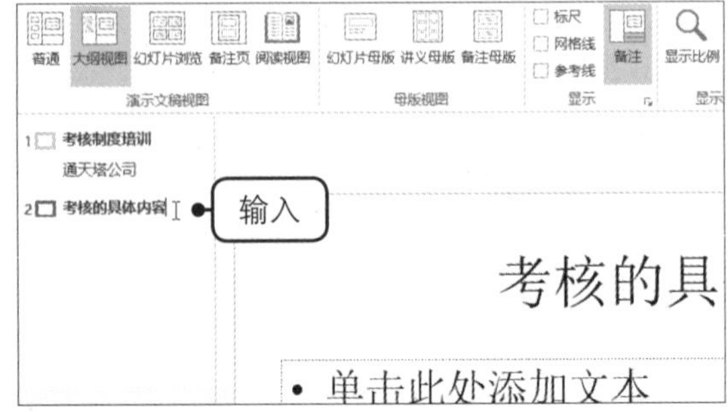

步骤05 定位光标

单击幻灯片中的内容占位符后，将光标定位在下一行中，如右图所示。

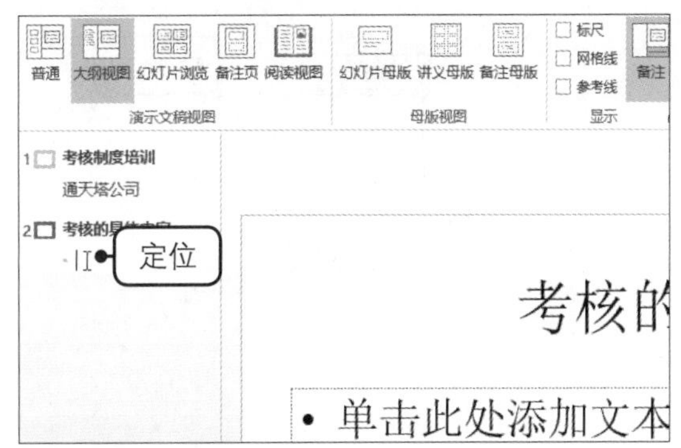

提示

如果不通过单击幻灯片中的内容占位符来定位光标，而是按【Enter】键定位光标，系统将自动默认为添加一张新的幻灯片，而不会切换到内容占位符中。

步骤06 继续输入文本

此时可继续输入相应的文本内容。在同一个占位符中输入的时候，可以按【Enter】键换行，如下图所示。

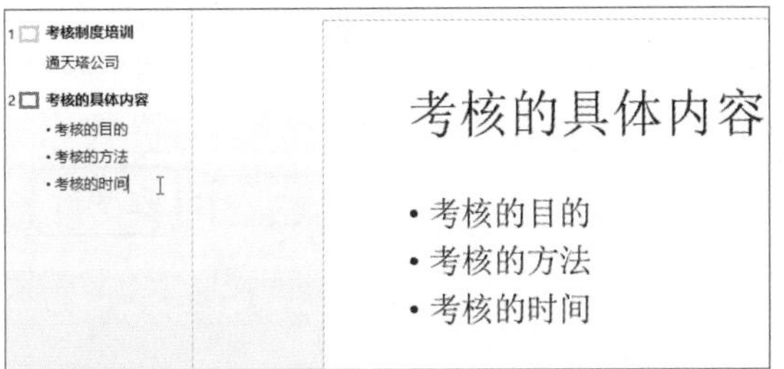

步骤07 完成演示文稿

根据需要，插入其他新的幻灯片，并输入文本内容，完成演示文稿的制作，如下图所示。

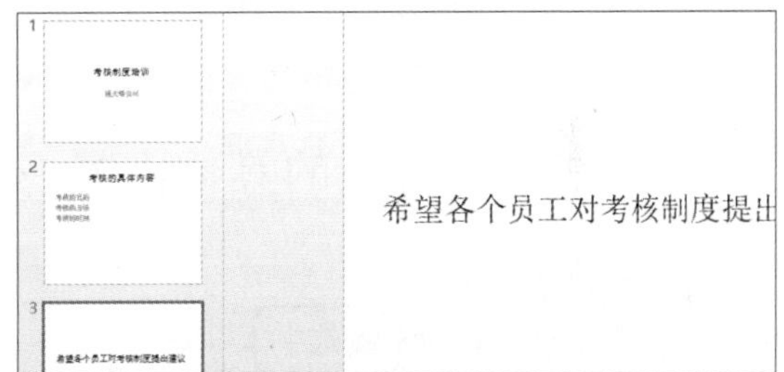

生存技巧 快速切换字母大小写

有的用户在打字时会常按到【Caps Lock】键，从而改变了字母的大小写状态，有什么方法能将大写字母改为小写，而无须重新输入呢？选中需要改写的文本内容，再按【Shift+F3】组合键，此时会发现大写字母都变成了小写，再按一下变成首字母大写，再按一下则又会变成全部大写。

14.3.2　编辑幻灯片文本

编辑幻灯片的文本主要包括设置占位符中文字的字体、字号、对齐方式和设置段落的行距等。编辑后可以使文本内容更好地分布在幻灯片中。

◎ **原始文件：**下载资源\实例文件\14\原始文件\输入文本.pptx

◎ **最终文件：**下载资源\实例文件\14\最终文件\编辑文本.pptx

步骤01 设置文本的对齐方式

打开原始文件，切换至第1张幻灯片，选中标题占位符中的文本内容，❶单击"开始"选项卡下"段落"组中的"对齐文本"按钮，❷在展开的列表中单击"顶端对齐"选项，如下左图所示。

步骤02 设置文本的对齐方式后的效果

此时标题文本内容自动显示在占位符的顶端位置上，如下右图所示。

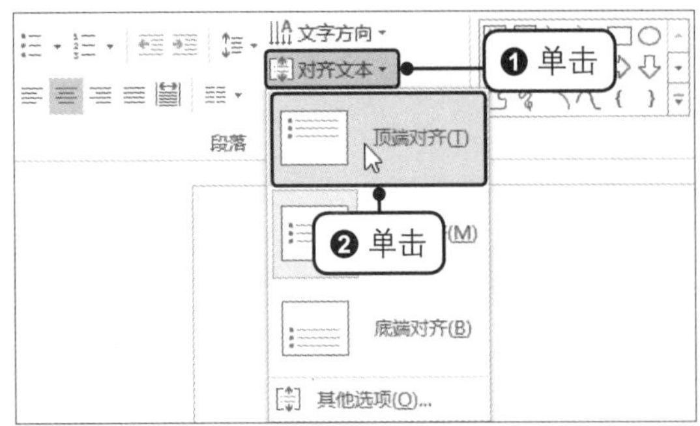

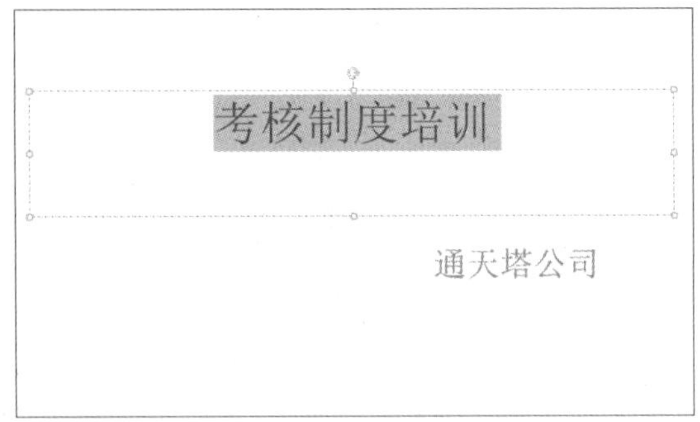

步骤03 设置段落对齐方式

切换至第2张幻灯片，❶选中内容占位符中的文本，❷在“段落”组中单击“居中”按钮，如下图所示。

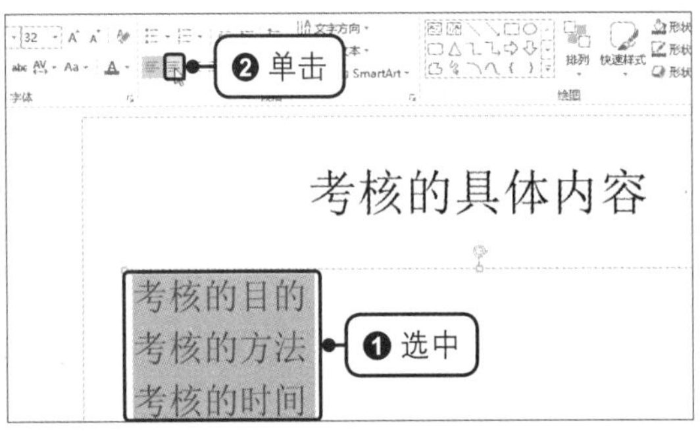

步骤04 设置行距

此时文本显示在占位符的居中位置上，❶单击“段落”组中的“行距”按钮，❷在展开的下拉列表中单击“2.5”选项，如下图所示。

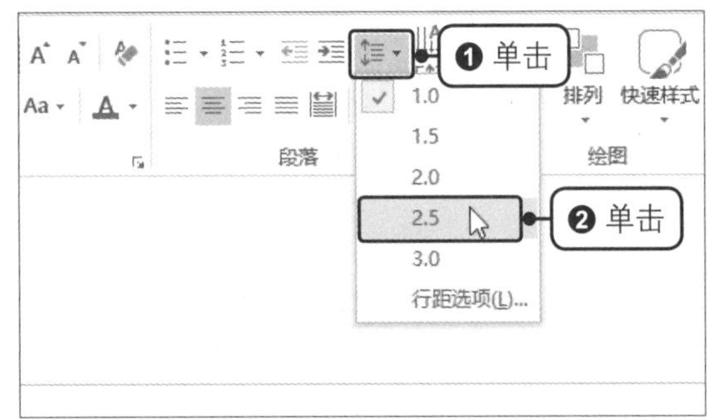

步骤05 设置段落后的效果

此时段落更美观地分布在幻灯片中，如下图所示。

步骤06 设置字体

切换至第3张幻灯片，❶选中占位符中的文本，❷单击“字体”右侧的下拉按钮，❸在展开的列表中单击“华文琥珀”选项，如下图所示。

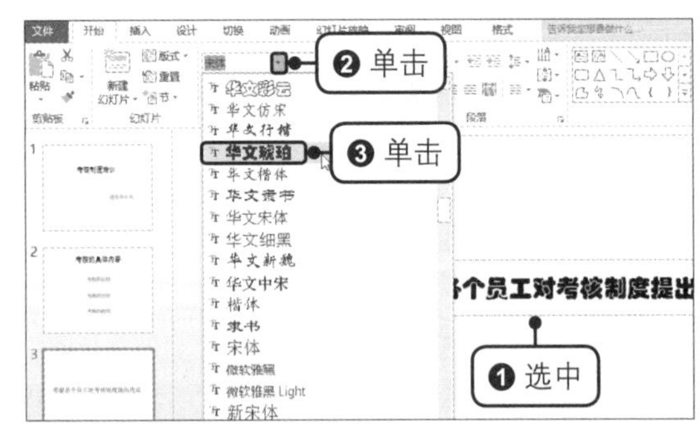

生存技巧 将文本转换成 SmartArt 图形

将文本转换为 SmartArt 图形是一种将现有幻灯片转换为商业设计插图的快速方法。只需要在幻灯片中选中目标文本，在“开始”选项卡下单击“转换为 SmartArt”按钮，在弹出的 SmartArt 样式库中选择图形样式，或单击“其他 SmartArt 图形”选项，在弹出的对话框中选择其他图形即可。

步骤07 设置字体后的效果

此时可以看见设置字体后的效果，如右图所示。

希望各个员工对考核制度提出建议

生存技巧 自动更新日期和时间

若用户需要在幻灯片中插入自动更新的日期和时间，可以在“插入”选项卡下单击“日期和时间”按钮，弹出“页眉和页脚”对话框，勾选“日期和时间”复选框，单击选中“自动更新”单选按钮，再选择日期和时间的格式，最后单击“全部应用”按钮即可。

14.3.3　更改版式

当插入一张特定版式的幻灯片并添加好文本内容后，依然可以对幻灯片的版式做出更改，具体操作如下。

◎ **原始文件：** 下载资源\实例文件\14\原始文件\编辑文本.pptx

◎ **最终文件：** 下载资源\实例文件\14\最终文件\更改版式.pptx

步骤01 选择版式

打开原始文件，切换至第3张幻灯片，❶在“开始”选项卡下单击“幻灯片”组中的“版式”按钮，❷在展开的版式库中选择“标题幻灯片”版式，如下图所示。

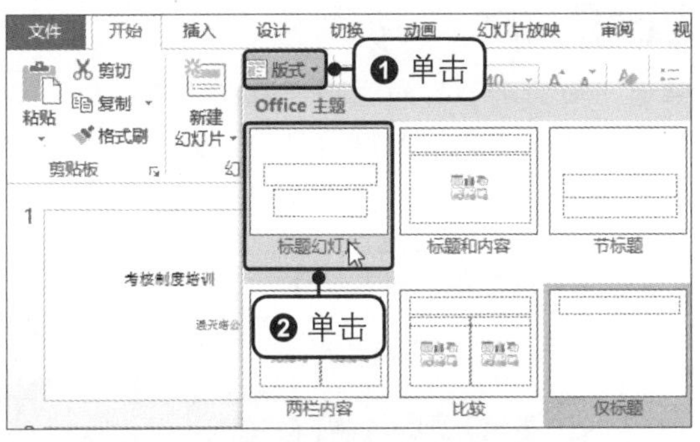

步骤02 更改版式后的效果

此时为幻灯片更改了版式，自动增加了一个占位符，在占位符中输入所需文字，如下图所示。

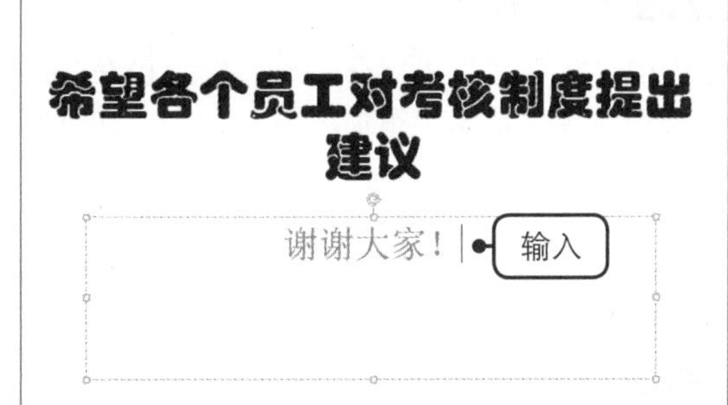

14.3.4　使用节管理幻灯片

在一个包含很多幻灯片的演示文稿中，如果标题幻灯片和正文内容幻灯片混杂在一起，就可以插入节来管理幻灯片。

◎ **原始文件：** 下载资源\实例文件\14\原始文件\更改版式.pptx

◎ **最终文件：** 下载资源\实例文件\14\最终文件\应用幻灯片节.pptx

步骤01 插入新幻灯片并定位光标

打开原始文件，根据需要插入新的幻灯片，将光标定位在第2张和第3张幻灯片之间，如下图所示。

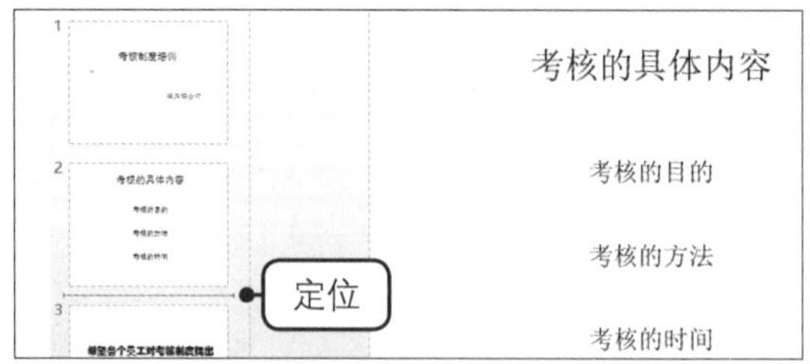

步骤02 新增节

❶在“开始”选项卡下单击“幻灯片”组中的“节”按钮，❷在展开的下拉列表中单击“新增节”选项，如下图所示。

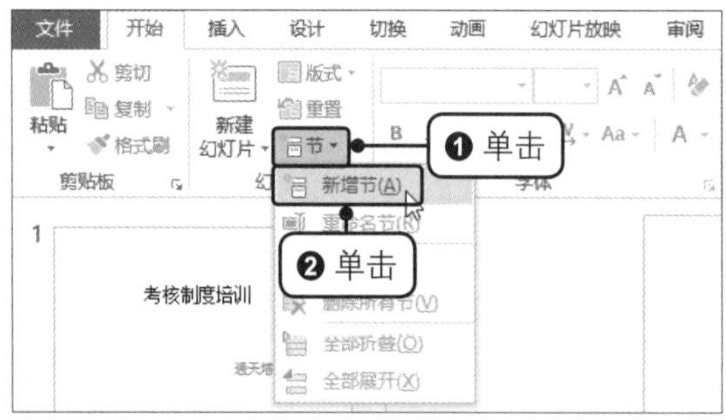

步骤03 新增节的效果

此时在幻灯片浏览窗格中插入了两个幻灯片节，一个默认显示在第1张幻灯片之上，命名为“默认节”，另一个显示在光标定位的位置上，自动命名为“无标题节”，如下图所示。

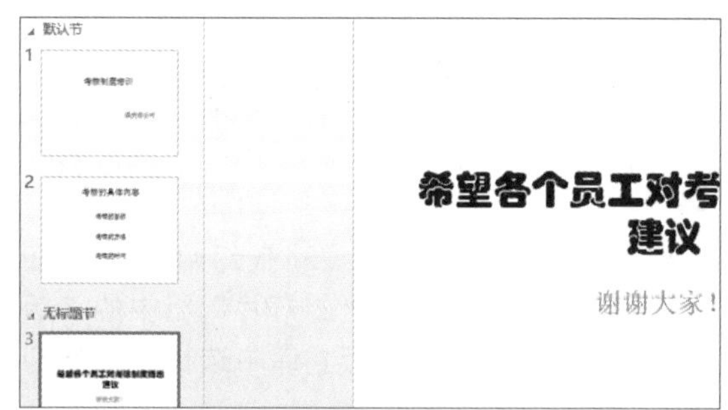

步骤04 重命名节

❶选中“默认节”，然后右击鼠标，❷在弹出的快捷菜单中单击“重命名节”命令，如下图所示。

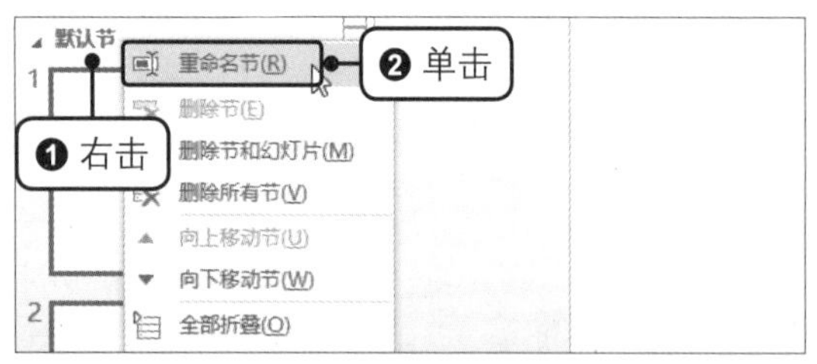

步骤05 设置节的名称

弹出“重命名节”对话框，❶在“节名称”文本框中输入“考核制度培训”，❷单击“重命名”按钮，如下图所示。

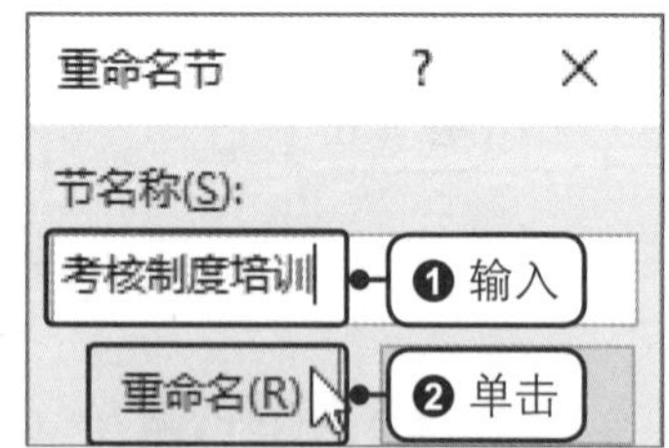

生存技巧 计算字数和页数

如果需要了解整个演示文稿的页数、字数、隐藏幻灯片张数等信息，可以在PowerPoint中单击“开始”按钮，在弹出的菜单中单击“信息”命令，在右侧会出现“属性”窗格，单击底部的“显示所有属性”按钮，即可展开详细的属性信息，在其中可以查看当前演示文稿的详细统计数据。

生存技巧 使用制表位设置段落格式

除了能在Word 2016中应用制表位设置段落，还能在PowerPoint 2016中使用制表位设置段落格式。选择要设置的文本内容，单击“段落”组对话框启动器，在“段落”对话框中单击“制表位”按钮，弹出“制表位”对话框，设置“制表位位置”“默认制表位”及“对齐方式”，再单击“确定”按钮即可。

步骤06　重命名后的效果

此时默认节被重新命名，采用同样的方法将另一个节命名为“第一部分：考核内容”，如下图所示。

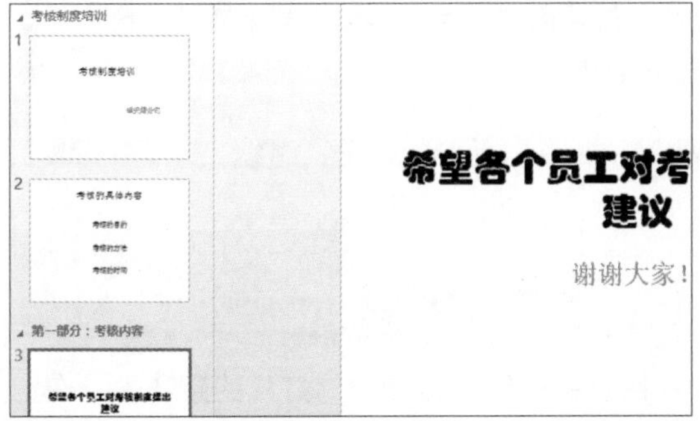

步骤07　折叠幻灯片

如果要将节下面的幻灯片隐藏起来，可以单击节左侧的“折叠节”按钮，如下图所示。

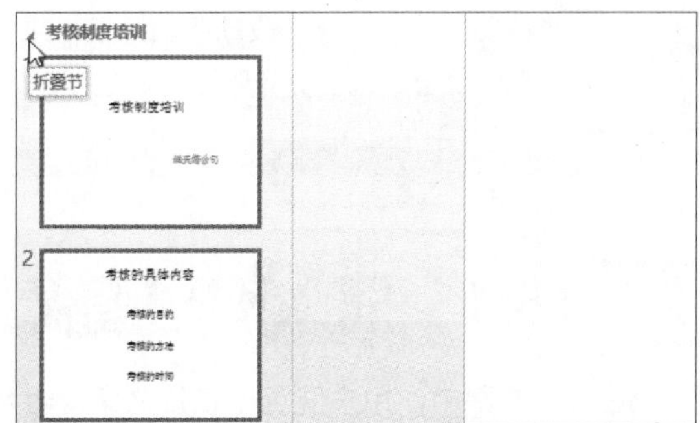

步骤08　折叠幻灯片的效果

此时将节下的幻灯片折叠了起来，如果要重新显示幻灯片，只需要单击“展开节”按钮即可，如右图所示。

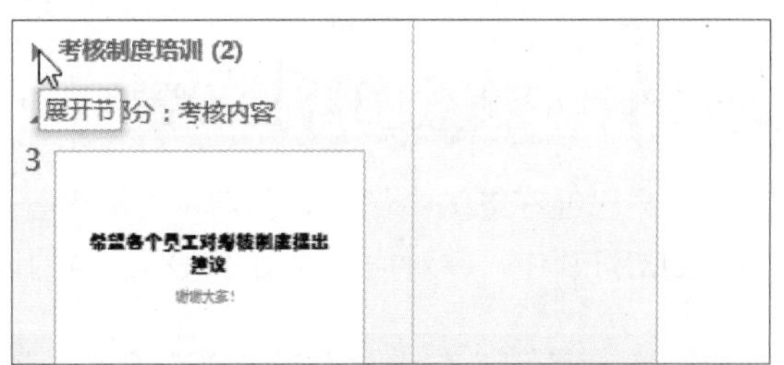

学习笔记

第15章 制作有声有色的幻灯片

如果幻灯片中只有文本内容，就会显得非常单调，不能吸引观众的眼球。在幻灯片中插入一些精美的图片，或一段动听的音乐，或一段和幻灯片内容相关的视频，整个演示文稿就会变得声色俱全，也会更有吸引力，达到更好的演示效果。

15.1 插入图形图像

在演示文稿中，用户既可以使用文字，也可以利用相关的图片，增添幻灯片的趣味性。在幻灯片中插入的图片可以是来自文件中的图片、自选图形、联机图片和屏幕截图等。

15.1.1 插入图片并设置

如果已经在电脑中储存有和演示文稿内容相关的图片，那么用户可以直接选择文件中的图片插入到幻灯片中，并对插入的图片进行适当的设置。

◎ **原始文件：** 下载资源\实例文件\15\原始文件\个人记事录.pptx、背景.jpg

◎ **最终文件：** 下载资源\实例文件\15\最终文件\插入图片.pptx

步骤01 插入图片

打开原始文件，❶选中第1张幻灯片，准备为其设计图片背景，❷切换到“插入”选项卡，单击“图片”按钮，如下图所示。

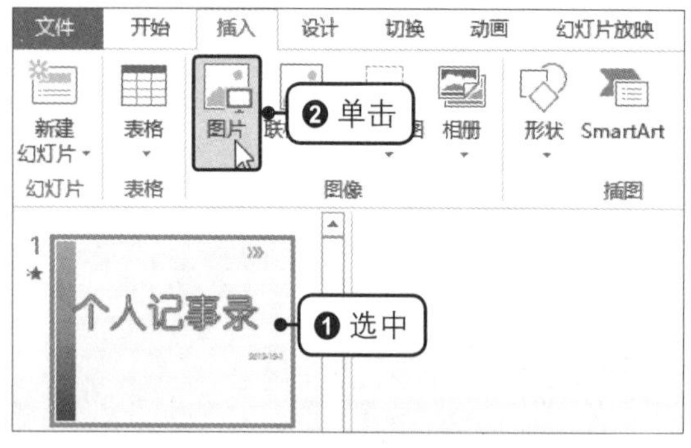

步骤02 选择图片

弹出“插入图片”对话框，❶选择图片保存的路径后，选中要插入的图片，❷单击“插入”按钮，如下图所示。

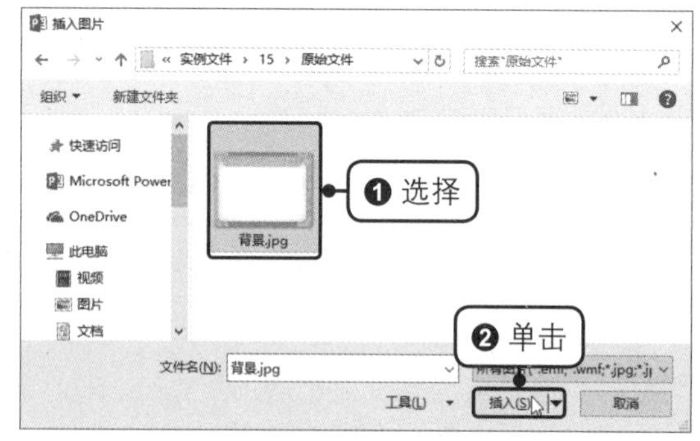

步骤03 插入图片后的效果

此时可以看见在幻灯片中插入了一张图片。但是图片过大，覆盖了整张幻灯片，使幻灯片中的文本内容被隐藏了起来，如下左图所示。

步骤04　设置图片的叠放次序

右击图片，在弹出的快捷菜单中单击“置于底层>置于底层”命令，如下右图所示。

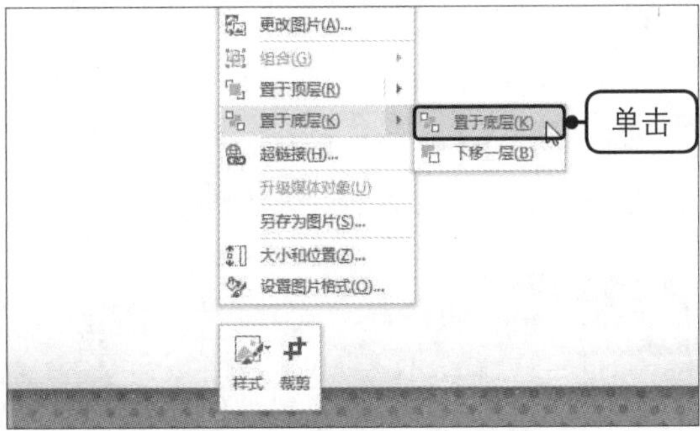

生存技巧　调整幻灯片的对象布局

为了更好地展示自己所要表达的内容，用户通常会在幻灯片中插入大量的图片、形状、表格、文本框等对象，如何才能将这些对象快速进行排列呢？这时就要用到排列功能了。以排列对齐三张图片为例，选中所有图片后，在“图片工具-格式”选项卡下单击“对齐”按钮，在展开的下拉列表中选择相应的排列选项，如顶端对齐、纵向分布或横向分布等。

步骤05　应用图片样式

将图片放置在最底层后，幻灯片中的文本内容显现出来了，切换到“图片工具-格式”选项卡，在“图片样式”组中选择样式库中的“棱台亚光，白色”样式，如下图所示。

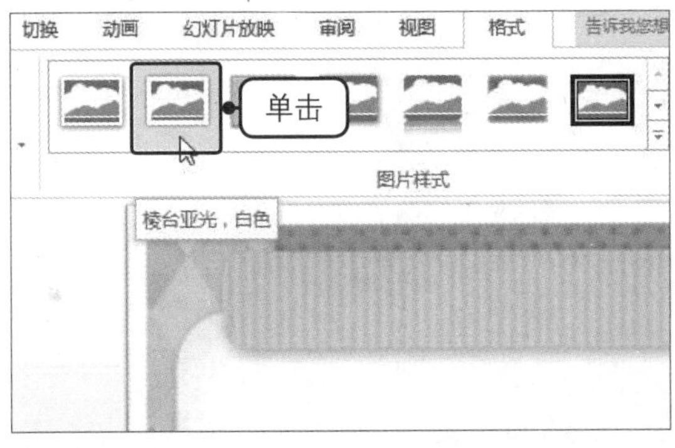

步骤06　应用样式后的效果

为图片应用了默认的样式后，图片看起来更美观了，如下图所示。

步骤07　裁剪图片

❶在“大小”组中单击“裁剪”下拉按钮，❷在展开的列表中单击“裁剪为形状”选项，❸在展开的形状库中选择“折角形”，如下左图所示。

步骤08　裁剪图片后的效果

此时可以看见图片被裁剪成了折角形，更富有立体感，如下右图所示。

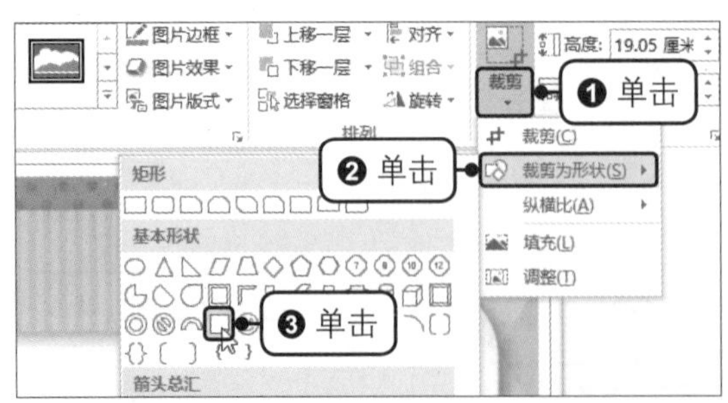

生存技巧　快速导出幻灯片中的图片

若需要获取幻灯片中的图片，可以直接选中该图片并右击鼠标，在弹出的菜单中单击“另存为图片”命令，在弹出的对话框中选择保存图片的位置，再单击“保存”按钮即可。

15.1.2　插入自选图形

自选图形包含圆、方形、箭头等图形。用户可以利用这些图形设计出自己需要的图案，以表达幻灯片的内容层次、流程等。

◎ **原始文件：** 下载资源\实例文件\15\原始文件\插入图片.pptx

◎ **最终文件：** 下载资源\实例文件\15\最终文件\插入自选图形.pptx

步骤01 选择形状

打开原始文件，切换至第2张幻灯片，❶单击“插入”选项卡下“插图”组中的“形状”按钮，❷在形状库中选择“椭圆”，如下图所示。

步骤02 绘制形状

此时鼠标指针呈十字形，在幻灯片的合适位置拖动鼠标绘制一个椭圆形，如下图所示。

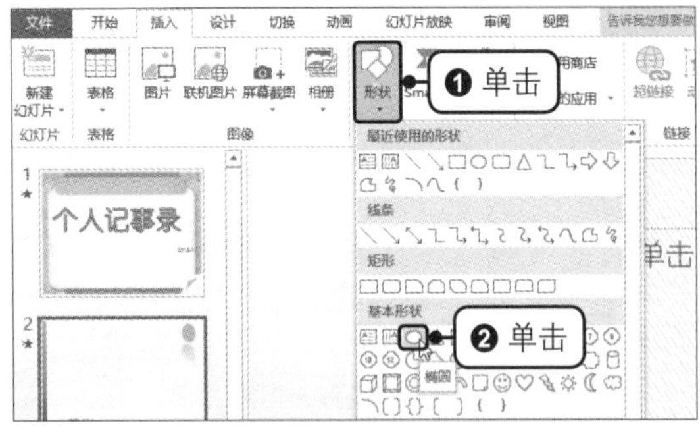

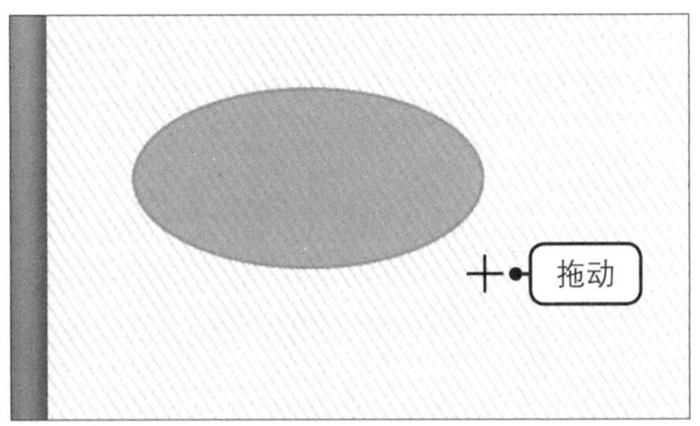

步骤03 绘制所有形状后的效果

释放鼠标后绘制出了一个椭圆，根据需要绘制其他的椭圆，并利用同样的方法绘制出两个环形箭头，如下左图所示。

步骤04 设置对齐方式

选中最左边的椭圆，切换到“绘图工具-格式”选项卡，❶单击“排列”组中的“对齐”按钮，❷在展开的下拉列表中单击“左对齐”选项，如下右图所示。

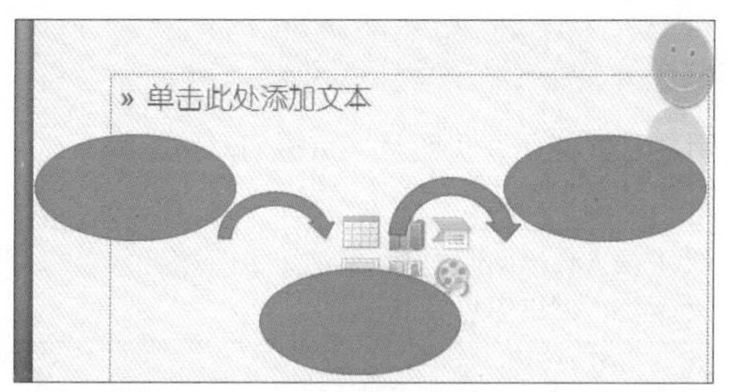

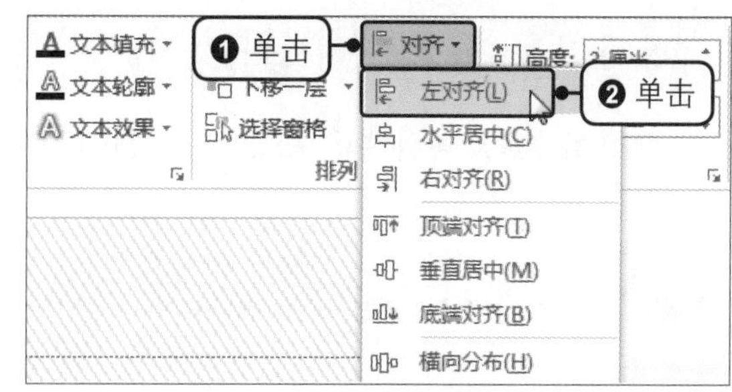

生存技巧　添加辅助线

用户在制作幻灯片时，可以使用辅助线（即网格线和参考线）来规划对象位置，只需要在“视图”选项卡的“显示”组中勾选“网格线”和“参考线”复选框，即可显示幻灯片的辅助线，如右图所示。

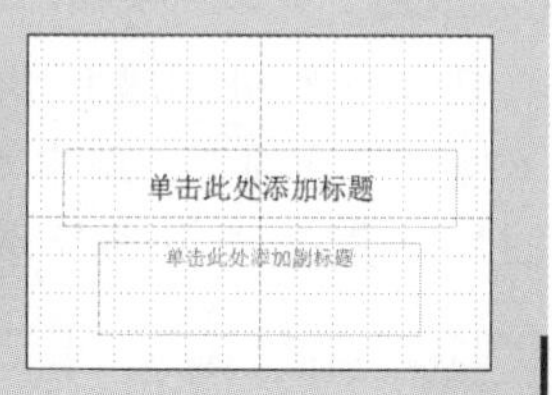

步骤05　设置第二种对齐方式

选中最右边的椭圆，❶单击“排列”组中的“对齐”按钮，❷在展开的下拉列表中单击“右对齐”选项，如下图所示。

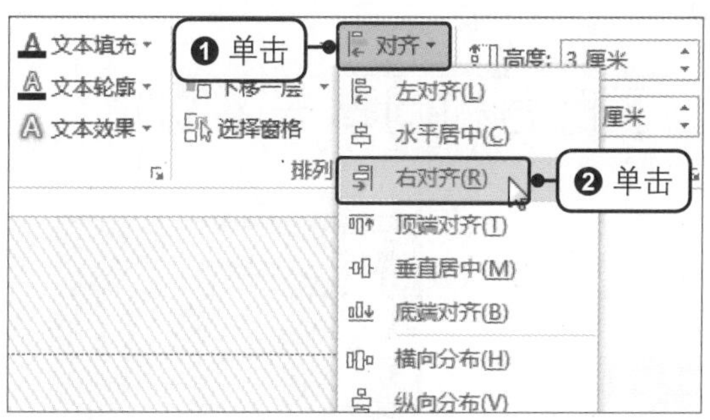

步骤06　选择形状

再次设置中间的椭圆的对齐方式为“水平居中”，设置好椭圆的布局后，选中最左边的环形箭头，拖动形状中的旋转控点至合适的角度，如下图所示。

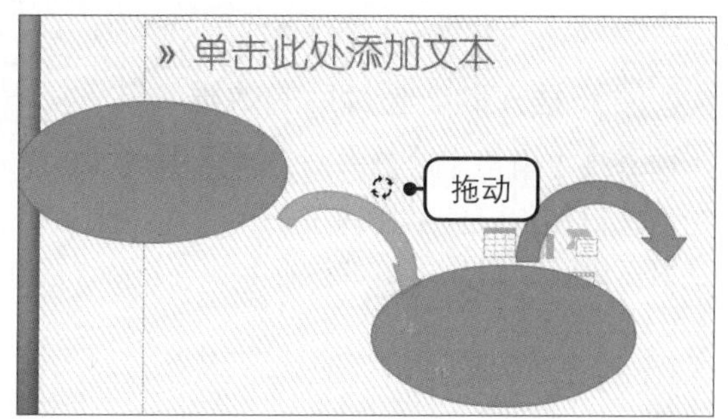

步骤07　调整形状后的效果

释放鼠标后，改变了环形箭头的显示角度，使箭头正好连接两个椭圆。利用同样的方法设置第二个环形箭头的方向。分别选中每个形状，在形状中输入相应的文本内容，便完成了一个自定义的流程图，如右图所示。

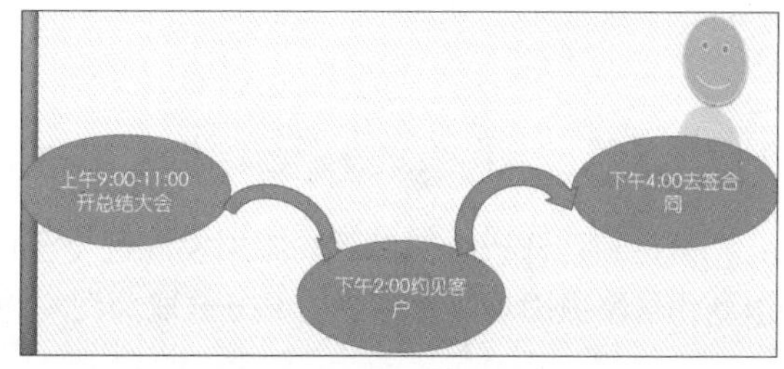

生存技巧　更为丰富的形状设置

当 PowerPoint 中内置的形状不能满足需要时，用户可以使用“合并形状”功能创建更为丰富的形状效果。选中需要合并的多个形状，切换至“绘图工具 - 格式”选项卡，在“插入形状”组中单击“合并形状”按钮，在展开的列表中选择相应的合并选项，包括“联合”“组合”“拆分”“相交”“剪除”，即可将所选形状合并为一个或多个新的形状。

15.1.3 插入联机图片

联机图片是从各种联机来源中查找到的图片。用户可以使用联机图片来点缀幻灯片。

◎ **原始文件：** 下载资源\实例文件\15\原始文件\插入自选图形.pptx

◎ **最终文件：** 下载资源\实例文件\15\最终文件\插入联机图片.pptx

步骤01 单击“联机图片”按钮

打开原始文件，选中第3张幻灯片，切换到“插入”选项卡，单击“图像”组中的“联机图片”按钮，如下图所示。

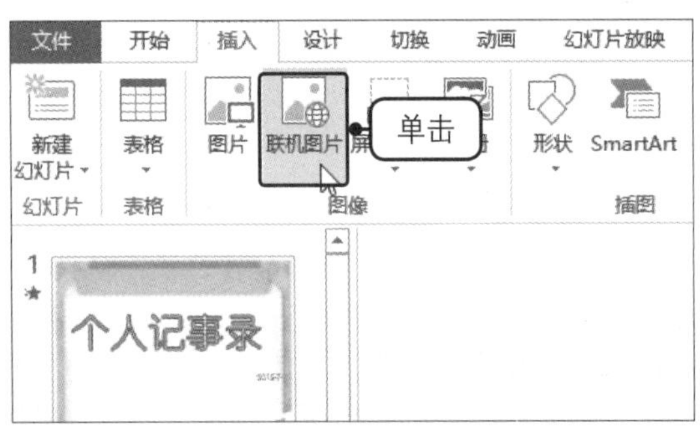

步骤02 搜索联机图片

打开“插入图片”对话框，❶在“必应图像搜索”后的文本框中输入搜索文字为“咖啡”，❷单击“搜索”按钮，如下图所示。

步骤03 插入联机图片后的效果

在搜索结果中选中所需图片，单击“插入”按钮，此时在幻灯片中插入了一个和内容相关并且富有趣味的图片，如右图所示。

15.1.4 插入屏幕截图

当用户打开一个窗口后，如果发现这个窗口或窗口中的某一部分很适合应用到幻灯片中，可以利用屏幕截图功能将想要的部分截取为图片并插入幻灯片中。

◎ **原始文件：** 下载资源\实例文件\15\原始文件\插入联机图片.pptx

◎ **最终文件：** 下载资源\实例文件\15\最终文件\插入屏幕截图.pptx

步骤01 单击“屏幕剪辑”选项

切换至第4张幻灯片，切换到“插入”选项卡，❶单击“图像”组中的“屏幕截图”按钮，❷在展开的下拉列表中单击“屏幕剪辑”选项，如下左图所示。

步骤02 截图

此时桌面上的窗口呈剪辑状态，鼠标指针呈十字形，在窗口中拖动鼠标截取需要的部分，如下右图所示。

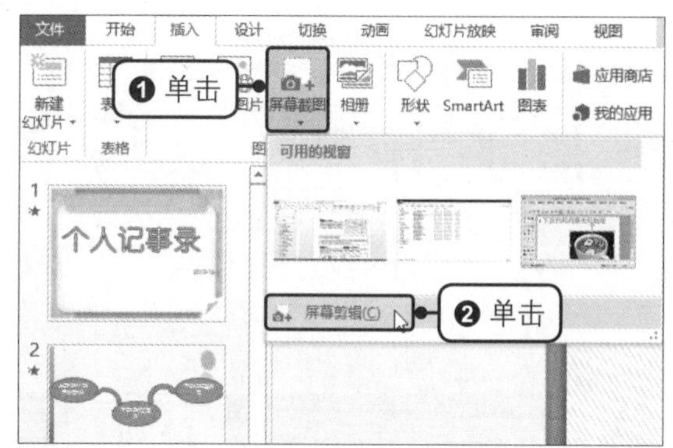

步骤03 插入截图后的效果

释放鼠标，返回到幻灯片中，即可看到插入的屏幕截图，如右图所示。

15.2 插入音频并设置音频效果

为了让幻灯片更加生动，可以在幻灯片中插入音频文件。对插入的音频文件可进行适当的编辑，例如为音频添加书签、剪裁音频和设置音频的播放选项等。

15.2.1 插入音频

演示离不开声音。PowerPoint 2016 提供了添加音频的功能。用户既可以插入电脑中的音乐，也可以自己录制音频插入到幻灯片中。

◎ **原始文件：** 下载资源\实例文件\15\原始文件\旅游分享.pptx、音乐.mp3

◎ **最终文件：** 下载资源\实例文件\15\最终文件\插入音频.pptx

步骤01 插入音频

打开原始文件，选中第1张幻灯片，切换到“插入”选项卡下，❶单击“媒体”组中的“音频”下拉按钮，❷在展开的下拉列表中单击“PC上的音频”选项，如右图所示。

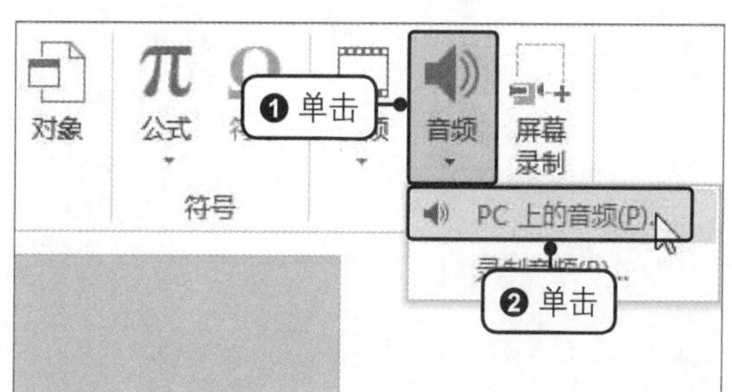

步骤02 选择音频

打开“插入音频”对话框，❶选中要插入的音频文件，❷单击“插入”按钮，如下图所示。

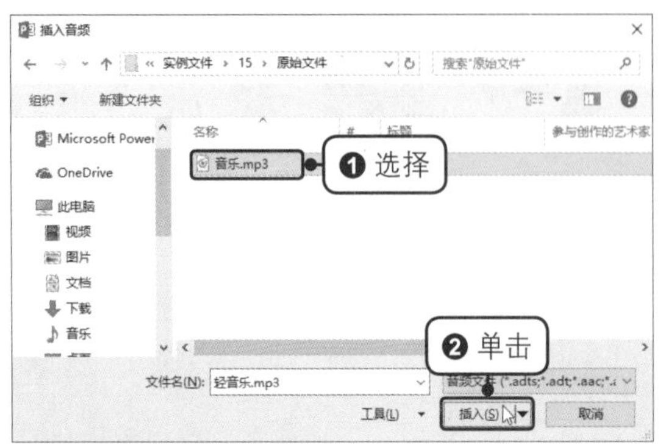

步骤03 插入音频后的效果

此时在幻灯片中出现了一个音频图标，如下图所示，即在幻灯片中插入了一个来自电脑的音频文件。

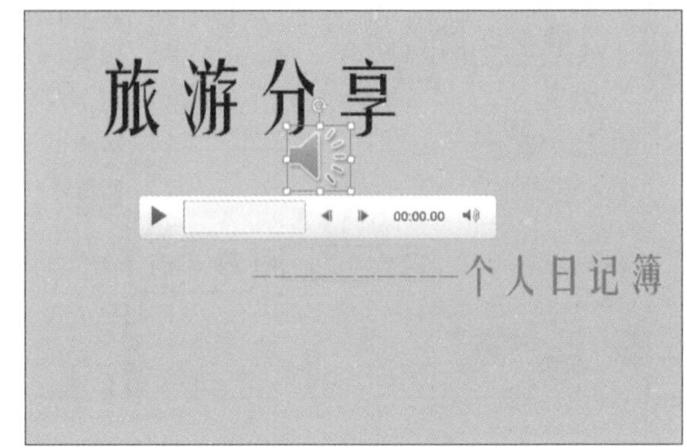

生存技巧 改进的音频功能

早期版本的PowerPoint只支持WAV格式文件的嵌入，其他格式的音频文件均是链接，必须一起打包才行。而在PowerPoint 2016中，可直接内嵌MP3格式的音频文件，不用再担心音频文件会丢失。

15.2.2 预览音频文件

插入音频后，若想要知道音频是否适合应用在幻灯片中，可以对音频文件进行预览。

◎ **原始文件：** 下载资源\实例文件\15\原始文件\插入音频.pptx

◎ **最终文件：** 无

步骤01 单击“播放”按钮

打开原始文件，单击音频图标，切换到“音频工具-播放”选项卡，单击“预览”组中的“播放”按钮，如下图所示。

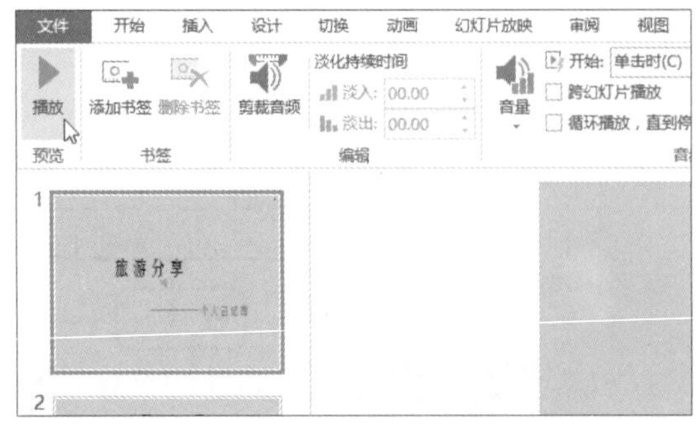

步骤02 收听播放效果

此时音频进入播放状态。用户可以听到音频的播放效果，在音频控制栏中还能看见播放的进度，如下图所示。

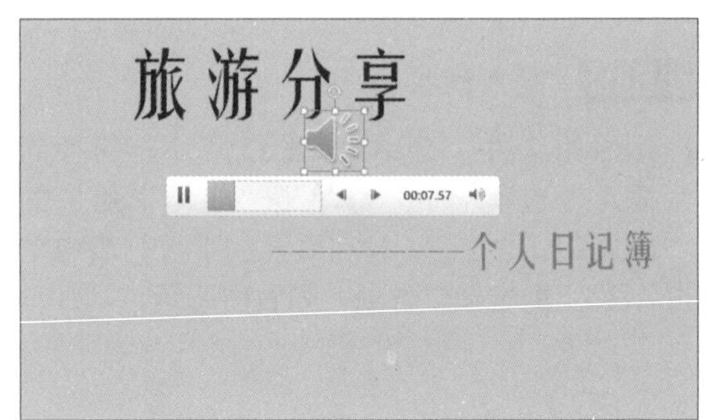

提示

除了在“预览”组中单击“播放”按钮来预览音频文件外，也可以直接在音频控制栏中单击“播放”按钮来播放音频。

生存技巧　兼容模式下不能使用音频

PowerPoint 2016 中插入的 MP3 音频必须在 PowerPoint 2016 中才可以播放。如果将演示文稿另存为 97-2003 兼容格式，MP3 音频文件会被自动转换成图片，无法播放。

15.2.3　在音频中添加或者删除书签

为了快速地跳转到音频文件中的某个关键位置，用户可以在这些位置上添加书签，单击书签就可快速定位音频。

◎ **原始文件：** 下载资源\实例文件\15\原始文件\插入音频.pptx

◎ **最终文件：** 下载资源\实例文件\15\最终文件\添加书签.pptx

步骤01　添加书签

打开原始文件，选中音频图标，将声音暂停在要添加书签的位置，单击“书签”组中的“添加书签”按钮，如下图所示。

步骤02　添加书签的效果

此时可以在控制栏中看见添加了一个书签标志，如下图所示。

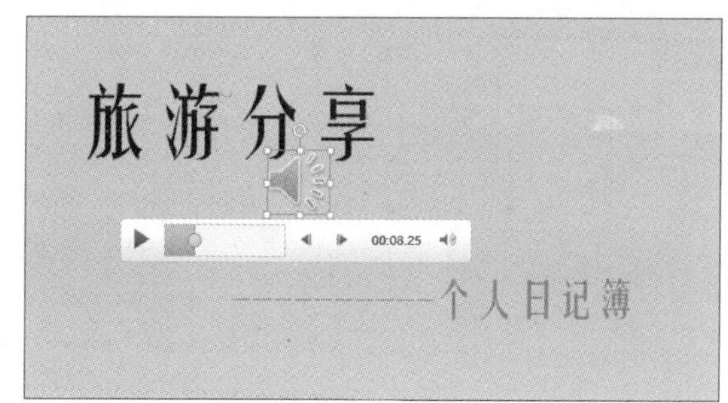

步骤03　使用书签

根据需要继续添加其他书签，单击书签即可实现跳转。例如，单击第3个书签，如下图所示。

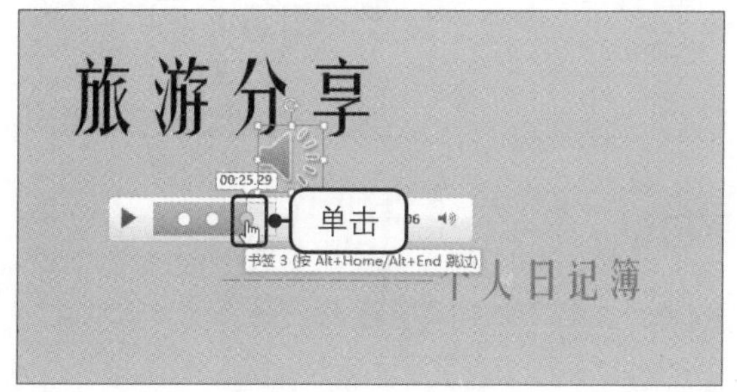

步骤04　删除书签

如果书签位置不合适，可以删除书签。在“书签”组中单击“删除书签”按钮，如下图所示。

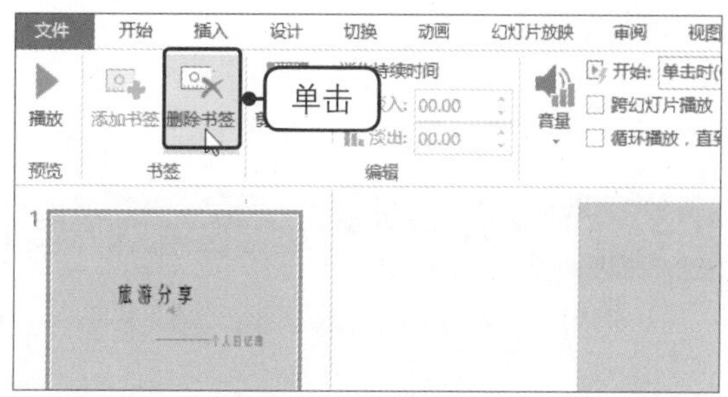

步骤05 删除书签后的效果

此时可以看到该书签已被删除，如下图所示。

生存技巧 添加书签便于定位与剪裁

在音频中添加书签不仅可以帮助用户快速查找某段音频的特定时间点，还有助于提示用户可以在音频开头或结尾处裁剪掉过长时间的内容，所以添加书签的功能与剪裁音频的功能常常结合使用。

15.2.4 剪裁音频

如果添加到幻灯片中的音频只有某一部分适合幻灯片的情景，这时可以利用剪裁音频的功能将不需要的部分剪裁掉。

◎ **原始文件：** 下载资源\实例文件\15\原始文件\添加书签.pptx

◎ **最终文件：** 下载资源\实例文件\15\最终文件\剪裁音频.pptx

步骤01 剪裁音频

打开原始文件，选中音频图标，切换到“音频工具-播放”选项卡，单击“编辑”组中的“剪裁音频”按钮，如下图所示。

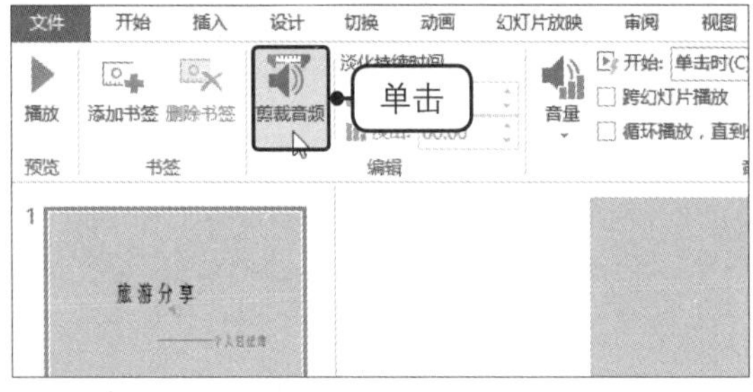

步骤02 剪裁音频的开始

弹出“剪裁音频”对话框，拖动开始处的剪裁片至合适的位置，对声音的开始时间进行剪裁，如下图所示。

步骤03 剪裁音频的结尾

❶拖动结尾处的剪裁片，剪裁掉结尾处不需要的部分，❷单击“确定”按钮，完成剪裁，如右图所示。

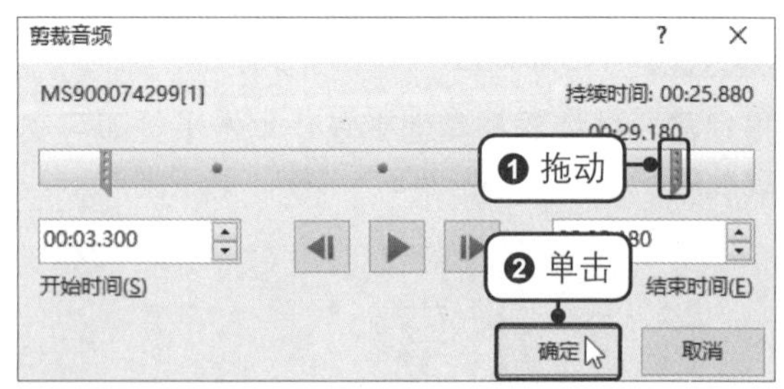

生存技巧 如何避免剪裁的音频听起来很突兀

有时剪裁后的音频听起来会比较突兀，这时可以在“编辑”组中设置音频的淡入淡出时间，这样就能使音频播放效果显得比较自然。

15.2.5　设置音频播放选项

为了使音频在幻灯片演示过程中有更好的播放效果，可以对音频进行播放设置，例如设置音频开始播放的方式、播放时的显示效果和播放的音量大小等。

◎ **原始文件：** 下载资源\实例文件\15\原始文件\剪裁音频.pptx

◎ **最终文件：** 下载资源\实例文件\15\最终文件\设置音频播放选项.pptx

步骤01　设置音频的播放

打开原始文件，选中音频图标，在“音频工具-播放”选项卡下勾选“跨幻灯片播放”“循环播放，直到停止”“播完返回开头”“放映时隐藏”复选框，如下图所示。

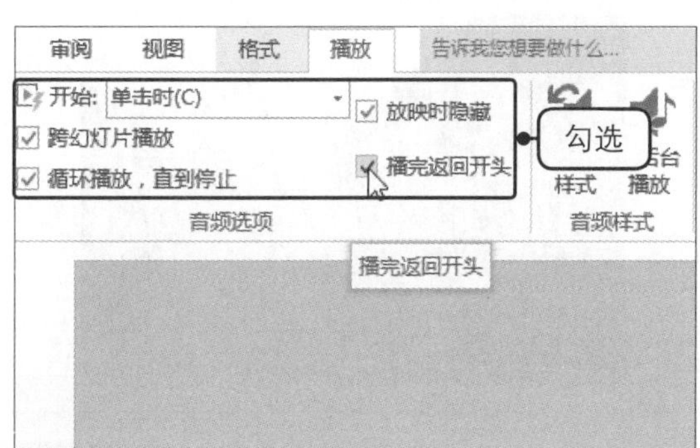

步骤02　设置音量

❶单击“音频选项”组中的“音量”按钮，❷在展开的下拉列表中单击“中”，如下图所示。设置完播放选项后，放映幻灯片，即可查看设置后的播放效果。

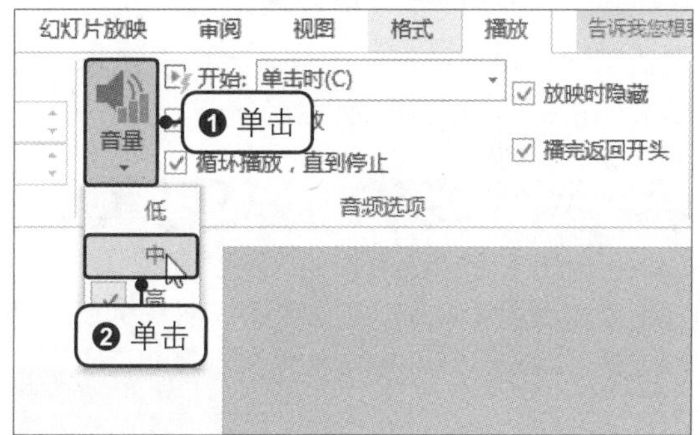

15.3　插入视频并设置视频效果

在幻灯片中除了可以插入音频外，还可以插入视频。一般情况下，如果用户在电脑中保存有可用的视频，就可以选择插入这些视频。如果电脑中没有可用的视频文件，那么可以在联机视频中寻找满足需要的视频文件。

15.3.1　插入视频

为了让视频文件符合演示需求，通常情况下，用户可以选择电脑中已有的视频文件插入到幻灯片中，例如在《我的旅游日记》中就可以插入自己拍摄的视频文件。

◎ **原始文件：** 下载资源\实例文件\15\原始文件\我的旅游日记.pptx、冰山游记.wmv

◎ **最终文件：** 下载资源\实例文件\15\最终文件\插入视频.pptx

步骤01　插入视频

打开原始文件，选中第2张幻灯片，切换到“插入”选项卡，❶单击“媒体”组中的“视频”按钮，❷在展开的下拉列表中单击“PC上的视频”选项，如下左图所示。

步骤02 选择视频

弹出“插入视频文件”对话框，找到视频保存的路径后，❶选中要插入的视频，❷单击“插入”按钮，如下右图所示。

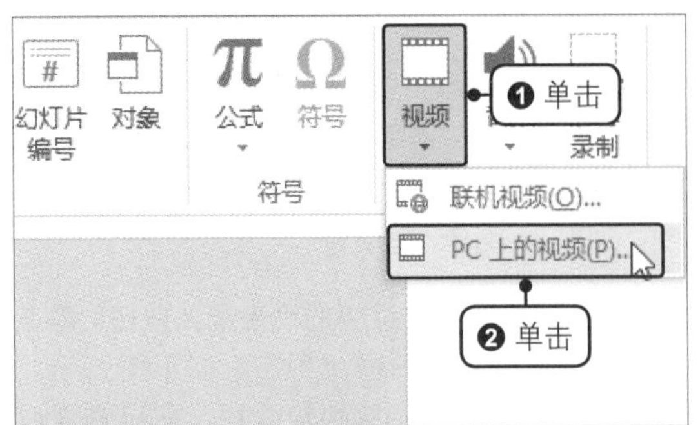

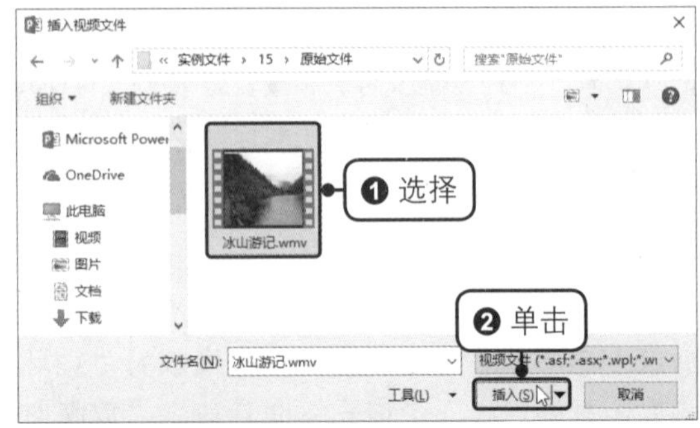

步骤03 插入视频后的效果

此时可以看见在幻灯片中插入了一个视频，默认显示最开始的画面，如右图所示。

提示

除了可以插入PC上的视频外，用户还可以在“视频”列表中单击“联机视频”选项，选择免费视频文件插入到幻灯片中。

生存技巧 将视频文件链接到演示文稿

上述方法是将视频嵌入到演示文稿中，会导致演示文稿体积较大，用户还可以选择以链接方式插入视频文件，以减小演示文稿的大小，具体方法为：在“插入视频文件”对话框中选择要链接的视频文件后，单击“插入”选项右侧的下拉按钮，选择“链接到文件”即可。为了防止链接断开，最好将视频文件复制到演示文稿所在文件夹后再链接。

生存技巧 插入 Flash 文件

要在 PowerPoint 2016 中插入 Flash 文件，只需在“插入”选项卡下单击“插入对象”按钮，在弹出的对话框中单击“由文件创建”按钮，再单击“浏览”按钮，在弹出的“浏览”对话框中设置 Flash 文件所在的路径，并将其选中，再单击“打开”按钮即可。

15.3.2 设置视频

设置视频包括设置视频的大小、视频在幻灯片中的对齐方式及视频的样式等内容。

◎ **原始文件：** 下载资源\实例文件\15\原始文件\插入视频.pptx
◎ **最终文件：** 下载资源\实例文件\15\最终文件\设置视频.pptx

步骤01　设置视频的大小

打开原始文件，选中视频，切换到“视频工具-格式”选项卡，在“大小”组中单击微调按钮，调整视频的高度为“13厘米”、宽度为“17.33厘米”，如下图所示。

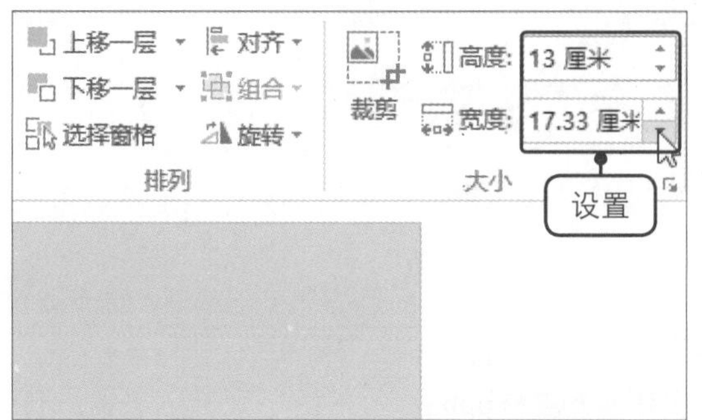

步骤02　设置水平对齐方式

❶在“排列”组中单击“对齐”按钮，❷在展开的下拉列表中单击“水平居中”选项，如下图所示。

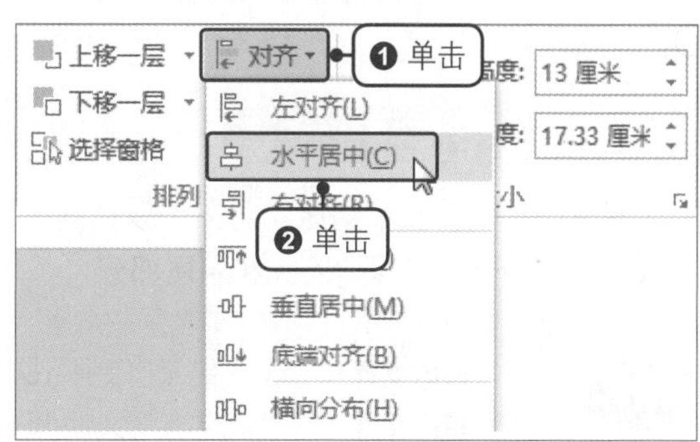

步骤03　设置垂直对齐方式

在“对齐”下拉列表中单击“垂直居中”选项，如下图所示。

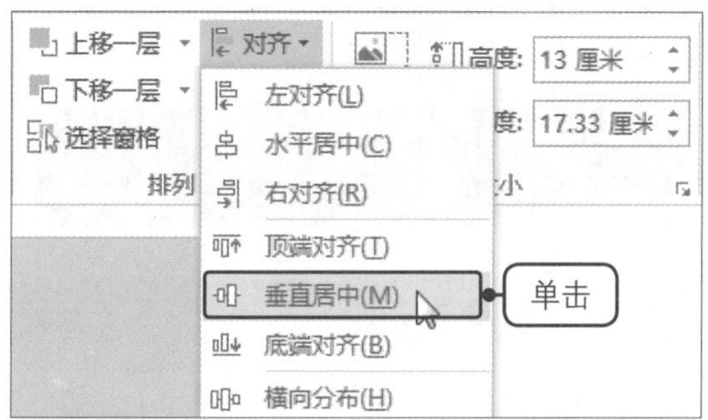

步骤04　设置后的效果

设置好视频的大小和对齐方式后，效果如下图所示。

步骤05　选择样式

在“视频样式”组中单击快翻按钮，在展开的样式库中选择“画布，灰色”样式，如下图所示。

步骤06　设置样式的效果

为视频套用了预设的样式后，视频更加美观了，如下图所示。

生存技巧 为视频添加标牌框架

标牌框架提供了预览视频内容的功能。用户可以选择插入图片文件作为标牌框架，也可以选择视频中的某一帧画面作为标牌框架。选中视频后，在“视频工具 - 格式”选项卡下单击“标牌框架”按钮，在列表中选择“文件中的图像”，可以从电脑中选择图片；选择“当前框架”，即可将当前画面作为标牌框架。

15.3.3 剪裁视频

对于视频的开头和结尾，用户可以根据需要进行剪裁，保留需要的中间部分；但是不能剪裁视频的中间部分，只保留开头和结尾部分。

◎ **原始文件：** 下载资源\实例文件\15\原始文件\设置视频.pptx

◎ **最终文件：** 下载资源\实例文件\15\最终文件\剪裁视频.pptx

步骤01 单击“剪裁视频”按钮

打开原始文件，选中视频，切换到“视频工具-播放”选项卡，单击“编辑”组中的“剪裁视频”按钮，如下图所示。

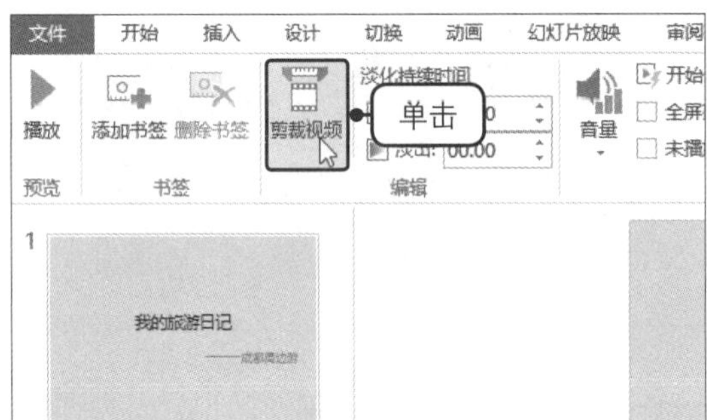

步骤02 设置剪裁的位置

弹出“剪裁视频”对话框，此时可对视频进行播放，当播放到需要开始剪裁的画面时，暂停播放，❶拖动剪裁片至画面位置处，❷单击“确定”按钮，如下图所示。

步骤03 剪裁后的效果

返回幻灯片中，播放视频，可见视频的前半部分被剪裁掉了，如下图所示。如果拖动结尾部分的剪裁片，就可以剪裁视频的结尾部分。

生存技巧 为视频添加书签

若需要在播放视频时随时跳转到指定的某个片段，也可以像音频一样为视频添加书签。在播放视频时，用鼠标单击视频下方的播放条至需要的位置，再切换至“视频工具 - 播放”选项卡，单击“添加书签”按钮，此时在播放条中显示了一个黄色圆点，如下图所示。在放映幻灯片时播放视频，单击该黄色圆点，即可跳转到之前设置的位置。